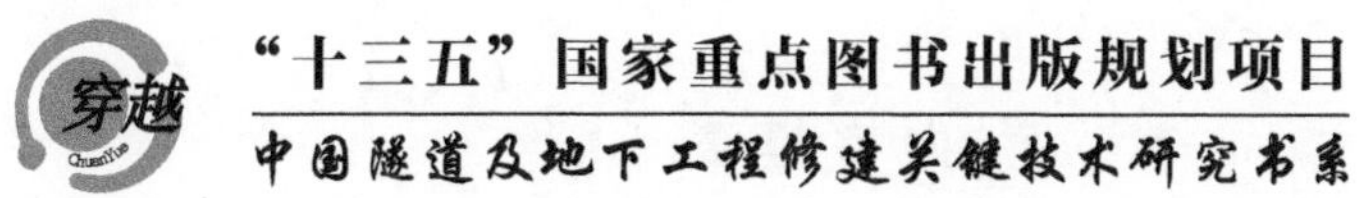

矿山法隧道关键技术

Key Techniques of the Tunnel by Mining Method

关宝树

人民交通出版社股份有限公司
China Communications Press Co.,Ltd.

内 容 提 要

本书围绕隧道结构物的"建造技术"、隧道结构物的"使用技术"展开论述。前者，包括6篇内容，分别对隧道围岩、地下水、初期支护、衬砌（永久支护）、施工技术、信息化施工的关键问题加以介绍；后者，包括1篇内容，对隧道维修管理加以阐述。

本书可供从事隧道工程施工、设计的工程技术人员以及科研人员使用，也可作为相关专业本科生、研究生的学习参考书。

图书在版编目（CIP）数据

矿山法隧道关键技术/关宝树编著. —北京：人民交通出版社股份有限公司，2016.8

ISBN 978-7-114-13150-9

Ⅰ.①矿… Ⅱ.①关… Ⅲ.①矿山—隧道工程—研究 Ⅳ.①TD

中国版本图书馆CIP数据核字(2016)第144537号

书　　名：矿山法隧道关键技术
著 作 者：关宝树
责任编辑：张江成
出版发行：人民交通出版社股份有限公司
地　　址：(100011)北京市朝阳区安定门外外馆斜街3号
网　　址：http://www.ccpcl.com.cn
销售电话：(010)59757973
总 经 销：人民交通出版社股份有限公司发行部
经　　销：各地新华书店
印　　刷：北京虎彩文化传播有限公司
开　　本：787×1092　1/16
印　　张：20.25
字　　数：474千
版　　次：2016年8月　第1版
印　　次：2021年4月　第2次印刷
书　　号：ISBN 978-7-114-13150-9
定　　价：80.00元

前　言

据统计，截至2015年底，我国铁路运营隧道已达13400座，总长超过13000km；目前正在建设中的约3800座，总长约8700km。截至2014年底，全国已修建公路隧道12404处，累计长度10756.7km，已建成的各类水工隧洞也超过10000km。这些铁路、公路、水工隧道绝大多数是用矿山法构筑的，因此，对修建隧道的矿山法而言，我们积累的经验和教训极为丰富，这对发展矿山法隧道技术具有重要意义。本书以此为重点，介绍矿山法隧道中的一些技术问题，一方面总结我们的基本经验，另一方面借此机会介绍一下国外在这方面的技术现状和发展趋势，进而找出差距，大力创新，把我国矿山法隧道的修建技术提高到一个符合时代要求的水平。

应该说，在采用矿山法构筑隧道方面，我们所积累的技术经验是最丰富的，它在解决一个又一个技术难题中，不断发展和进步。到今天为止，可以说，矿山法已经成为全地质型的施工方法，随着技术的进步，与掘进机法、盾构法一样，也一步一步地向着工厂化施工技术的方向发展。

我们的经验表明，在矿山法隧道的设计、施工和运营管理中要牢记其所面对的两个对象，一个是围岩，一个是地下水。只有把这两个对象搞清楚、处理好，才能解决实质性的问题，因为在设计、施工和运营管理中所出现的问题恰恰表现在这两个对象上。

围岩和地下水，是客观存在的。开挖隧道时，会扰动坑道周边围岩的初始状态或改变地下水流的平衡和流动路径，这是不可避免的。因此，隧道设计和施工，毋庸置疑，就是要想尽办法来解决这两个问题。

从目前已经达到的隧道技术水平来看，解决“围岩”的基本技术，实质上是解决好隧道“开挖”和“支护”的关系。根据围岩的具体情况，隧道开挖和支护的关系，不外乎“先开挖、后支护”和“先支护、后开挖”这两种情况。前者是对具有自支护能力的围岩采用的技术，后者则是对不良围岩或自支护能力不充分的围岩采用的技术。因此，形成了各式各样的组合方法。例如，视围岩情况可形成：先开挖+初期支护，先开挖+强化的初期支护，先（预）支护+后开挖+初期支护，先（预）支护+后开挖+强化的初期支护+二次衬砌等组合方法。这也是确保隧道及地下工程结构长期稳定性和耐久性的基本对策。

解决"地下水"问题的基本技术,也只有两种,一种是"排",一种是"堵",正确地处理"排"与"堵"的关系是解决地下水问题的关键。前者是在容许地下水位降低条件下的技术,后者是在考虑对周边环境影响的技术。

一句话,隧道及地下工程,就是与"水"斗,与"围岩"斗。因此,搞清楚"围岩"和"地下水"的来龙去脉,理顺"开挖"和"支护"的关系,正确处理"排"与"堵"的关系是非常重要的,这就是我们获得的基本经验。

在千变万化的地质和水文条件下,隧道开挖和支护技术也是千变万化的,但不管如何变化,万变不离其宗,总是围绕上述的基本技术而变。

写本书的目的,就是想从上述问题出发,重新整理思路,来谈解决关键问题的方法。有些是"老生常谈",有的是新的认识。书中的许多资料,都是从国内外一些文献、标准、规范中引用的,大家可以参考相关文献。

本书将围绕隧道结构物的"建造技术"、隧道结构物的"使用技术"展开论述。前者,包括6篇内容,分别对隧道围岩、地下水、初期支护、衬砌(永久支护)、施工技术、信息化施工的关键问题加以介绍;后者,包括1篇内容,对隧道维修管理加以阐述。

本书不是全面阐明矿山法隧道技术的各个方面,而是针对矿山法隧道设计、施工、维修管理中的关键问题展开的,例如:在现有的技术水平上,如何提高混凝土二次衬砌的耐久性,在可能发生大变形的围岩中,如何不让大变形发生,以及如何通过"数据管理"改进隧道的设计、施工及维修管理的现状等问题。目的是提高我们现行的隧道设计、施工、维修管理的技术水平,以满足不断提高的隧道工程建设的需求。

本书所涉及的问题,在十年前我写的《隧道工程设计要点集》、《隧道工程施工要点集》、《隧道工程维修管理要点集》及《软弱围岩隧道施工技术》都有所论述,也可以说是这四本书的补遗,特别补充了近几年矿山法隧道技术发展的一些概况。"它山之石,可以攻玉",了解其他国家在隧道工程中的一些做法和研究进展,对我们也是很好的启发。

有些拙见,可能会引起一些异议,希望大家关注并给予指正。

关宝树

2016年6月于北京

目 录

I 围 岩 篇

隧道工程首先要面对的是“围岩”，因此，无论是施工前、施工中或施工后（使用中）尽可能地搞清楚“围岩”，是非常重要的。这是认识隧道工程技术特性的基础知识，也是隧道工程设计、施工、维修管理中，必须具备的知识。

本篇将集中说明以下几个问题：

1. 围岩的基本概念
2. 隧道开挖后的围岩动态
3. 隧道开挖后围岩的稳定性
4. 设计、施工中应关注的围岩——软弱围岩和土砂围岩
5. 掌子面前方围岩的探查技术——认识围岩的基本技术

一、围岩的基本概念

一般来说,施工前要想搞清楚"围岩"是极为困难的,只能在施工中揭露围岩后,才能进一步加深对围岩的认识。从目前的认识水平看,我们对围岩的认识可以归纳如下。

(1)这里所谓的"围岩",通常指受到隧道开挖影响范围内的地质体,或者说是受到开挖后应力再分配范围内的地质体,即所谓的**周边围岩**(图 1-1-1)。必须指出,隧道的稳定性决定于隧道**周边围岩**的稳定性,而周边围岩的稳定性又决定于施工技术及其自身的工程特性。

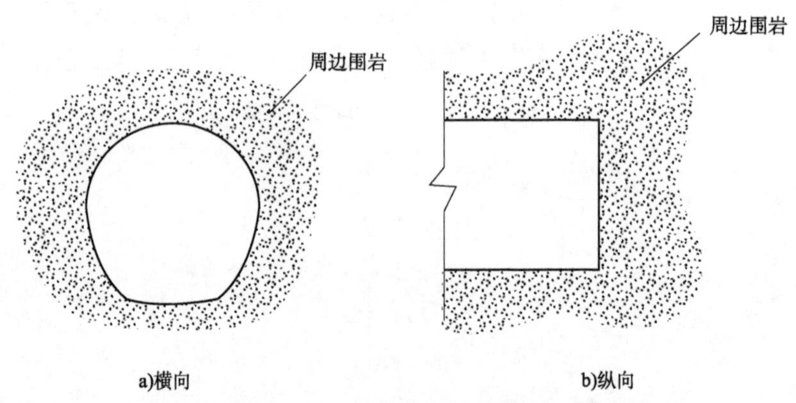

图 1-1-1　隧道周边围岩的概念

我们知道,隧道周边围岩不稳定是无法施工的。只有隧道周边围岩稳定或暂时稳定,施工才有可能。因此,**以稳定和利用隧道周边围岩为重点,来规划隧道的设计和施工是隧道工作者追求的永恒目标。**

(2)在一般情况下,隧道的周边围岩是三维的,它包括:**掌子面**、掌子面后方没有支护的**横向范围内的围岩**,以及**掌子面前方一定范围内的围岩**(图 1-1-1)。

实质上,**周边围岩的稳定性主要决定于掌子面和掌子面前、后方围岩的稳定性。**过去我们十分关注隧道掌子面后方横向的影响范围内的围岩动态,初期支护的选定基本上是以此范围的围岩动态决定的。对隧道来说,实质上,**掌子面前方围岩和掌子面自身的稳定性**更为重要。必须强调的是:掌子面也是一个支护构件,开挖过后它起着极为重要的支护作用。它的稳定与否,至关重要。施工中出现的许多问题,多数与掌子面的自稳性有关,因此,维护**掌子面的稳定**是非常重要的。这也是当前隧道施工技术发展的重要领域之一,也是预支护技术有了突破性发展的主要原因。

(3)除特殊构造的围岩条件外,一般来说,**隧道开挖对周边围岩的影响范围是有限的。**其范围与周边的地质条件和隧道的开挖方法有极大的关系,但大致在(1~3)D(D 为隧道开挖宽度)(图 1-1-2)。从理论上说,周边围岩的范围是由隧道开挖后的应力重分布的范围决定的,在此范围外应力仍然处于原始状态。从地质构造上说,周边围岩的范围是由其构造、岩类特性,特别是开挖后的动态所决定的,其范围与围岩动态密切相关。

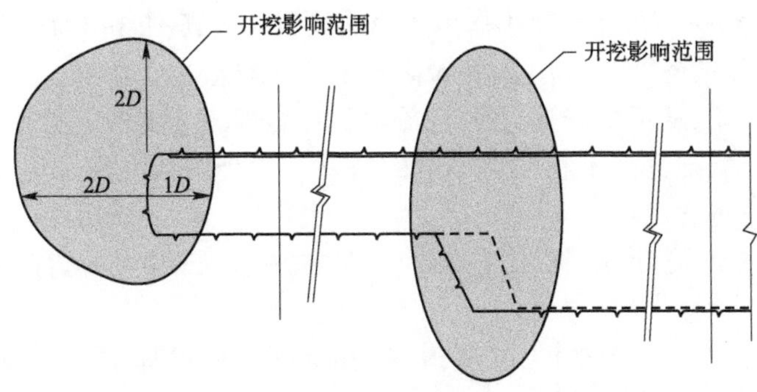

图 1-1-2　隧道开挖和围岩扰动(OGG, 2007)

(4)在通常情况下周边围岩是**隧道结构的主体**,也就是说,矿山法隧道结构的主体是周边围岩。众所周知,天然的洞穴都是无支护的,它可以依靠自身的支护能力(以后称为自支护能力),存在几百年、几千年甚至几万年。这说明,围岩本身是有**"自支护"能力**的,也就是说,围岩可以自己支护自己。实质上,从地质条件看,具有自支护能力的围岩,占大多数,而只有少部分围岩的自支护能力不足或缺乏自支护能力。因此,在隧道设计施工中,对良好围岩来说,爱护和"利用"围岩、尽可能地减少对周边围岩的损伤,避免围岩过度的松弛,充分发挥围岩的自支护能力,是非常重要的。而对一些缺乏自支护能力或没有自支护能力的围岩,在设计、施工中则应千方百计地采取对策"改造"围岩,提高围岩的自支护能力,显得更为重要。

(5)围岩也是构成**隧道主体结构的材料**。它对矿山法隧道的设计、施工具有重要的、不可忽视的影响。这种材料的特点与其他材料,如金属、混凝土不同,具有**潜在的不确定性以及易受施工影响的可变性**。因此,通过施工中采取的各种**开挖方法**(全断面开挖与分部开挖、爆破开挖与非爆破开挖等)和**支护方法**(初期支护、超前支护以及围岩补强等),来利用和改变围岩作为构造材料的特性"为我所用",这也是矿山法隧道施工技术发展的重要趋势。

(6)从设计角度看,围岩也是作用在隧道结构上的**"荷载"**。任何结构物的设计,都需要有一个明确的荷载。而隧道结构的荷载是什么?理论上是:在无支护条件下是开挖后的再分配的应力与围岩强度的关系,在有支护的条件下则是支护与围岩相互作用的结果。因此,它受到支护刚性、围岩刚性、支护设置时间以及施工方法的影响,是很难用一句话说清楚的。但肯定地说,**这种荷载(应力)与开挖、支护技术有关,是可变的,也是可以控制的,可大可小。**这是隧道结构物的作用荷载的基本特征。因此**设计、施工中把可能产生的荷载(松弛、应力)控制在最小限度内**,也是发展矿山法隧道技术的一个重要前提。

(7)**周边围岩是可以改造的**。与其他材料不同的是,其改造过程是在施工过程中完成的。实质上,我们的施工就是利用围岩的这个特性,通过各种方法(如锚杆、注浆)和手段(预支护等),把周边围岩改造成**"为我所用"**的材料。

(8)围岩的特性是随**时间**和**环境**改变而变化的。它的变化可能诱发荷载、材料性能以及围岩承载性能的变化。这种变化虽然是缓慢的,但对使用中隧道的影响不容忽视。

作为一个隧道工程技术人员,要牢牢记住:**"结构体—作用荷载—构成材料—时间""四位一体"**是隧道工程的重要的、独一无二的技术特征。因此,也就形成了**"充分利用围岩的结**

构作用(自支护能力)—尽可能地减小作用荷载的量级—提高围岩作为材料的强度”的技术理念。我们目前采用的各种技术方法,都脱离不了这一理念。

总之,隧道的一切,从规划、调查、设计、施工到维修管理都是由这个特性决定的。这是隧道工程最具特色的、与其他工程截然不同的特性。这个特性决定了隧道工程的设计、施工、维修管理的基本理念。

因此,可以把隧道设计、施工、维修管理的基本理念,归纳为一句话,就是要以“**围岩为本**”。

以“围岩为本”,不是一句空话,在隧道施工前、施工全过程中、施工后(运营)必须采取各种方法来了**解围岩、认识围岩**,并通过实践**利用围岩、改造围岩**,达到“**为我所用**”的目的。

二、隧道开挖后的围岩动态

隧道开挖后周边围岩的动态,视地质条件、开挖方法等是多种多样的。因此,**搞清楚和正确评价开挖后的围岩动态,是解决隧道设计、施工中出现问题的最基本的前提条件**,也是我们一直想解决,但到目前还没有完全解决的问题。

对围岩开挖后的动态,有许多说法,但多数与围岩分级联系在一起,其中比较通行的,列举如下。

新奥法(NATM)描述的围岩的动态类型(Schubert 和 Goricki,2004)如表 1-2-1 所示。

动态类型(Schubert 和 Goricki, 2004)　　表 1-2-1

序号	基本的动态类型	隧道开挖中潜在的失稳模式/机理的说明
1	稳定的	稳定的岩体,有潜在的小型局部重力引起的掉块或滑动
2	稳定的、潜在的连续面 - 控制型岩块掉落	深部连续面 - 控制型,小型局部重力引起的掉块或滑动,偶尔局部剪切失稳
3	浅埋剪切失稳	浅埋,应力 - 控制型剪切失稳,与连续面和重力 - 控制型围岩失稳相配合
4	深埋剪切失稳	深部应力 - 控制型,剪切失稳和大变形
5	岩爆	高应力、脆性岩石和积累的应变能迅速释放引起的突然和猛烈的失稳
6	屈服失稳	狭小间距不连续面的岩石屈服,经常发生剪切失稳
7	在低围压条件下的剪切失稳	潜在的过量超挖,和逐步发展的烟囱型剪切失稳,主要是由缺乏侧压力所引起的
8	松散围岩	无内聚力的干燥(或潮湿)、强烈破碎的岩石或土的流动
9	流动围岩	有高含水量的强烈破碎的岩石或土的流动
10	膨胀	由于岩石的物理 - 化学反应和产生的岩体体积随时间的增加和水的应力缓和,导致隧道周边围岩向内移动
11	动态的频繁变化	非均质岩体条件下或在岩块充填构造混杂的情况(脆性的断层带)下造成的应力和变形的急剧变化

此外,Martin(1999)、Hoek(1995)等总结地下开挖的动态,给出了图 1-2-1 所示的 10 种失稳模式。

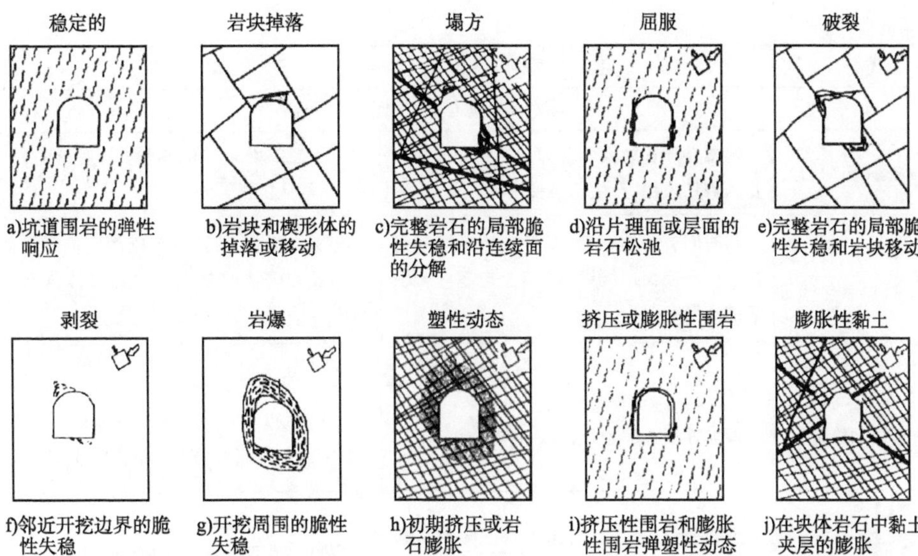

图 1-2-1 地下开挖中的围岩动态类型(Martin et al,1999)

表 1-2-2 是根据 Hoek、Brown (1980) 和 Hudson (1989) 的研究成果,把失稳模式(不稳定),包括对地下水的影响分为三大组,各组可归纳如下:

地下开挖的动态类型

表 1-2-2

动态类型		定义	结论	
第 1 组 重力-控制型				
a. 稳定的		围岩在无支护条件下稳定几天或更长些	在低、中等埋深条件下的整体的、耐久的岩石	
b. 岩块掉落	单块	稳定的,有单独岩块掉块的可能	连续面-控制型失稳	
	多块	稳定的,有许多岩块掉块的可能(体积小于 $10m^3$)		
c. 塌方		大量的岩石碎片或碎块(大于 $10m^3$)向净空内快速移动	遭遇高度节理化或破碎的岩石	
d. 松散围岩		微粒材料迅速侵入隧道,直到在掌子面形成一个稳定的斜坡,自稳时间是 0 或接近于 0	例如在地下水位以上的中粗砂和砾石	
第 2 组 应力-控制型				
e. 屈服		隧道表面的岩石成为碎片	在各向异性、坚硬、脆性岩石中发生,在很大荷载下由于岩石构造变异引起的	脆性动态
f. 应力造成的破裂		在隧道表面逐步破碎成片、块或片帮	由于应力再分配造成片帮和岩爆的时间效应	
g. 剥裂		侧壁和顶部的岩片突发的、猛烈的分离	中等和大埋深应力条件下整体、坚硬、脆性岩石,包括弹出或剥落	
h. 岩爆		比片帮来得更为猛烈,并涉及相当大的体积(严重的岩爆经常像地震)	大埋深的整体、坚硬、脆性岩石	

续上表

动态类型		定义	结论	
第2组　应力－控制型				
i. 塑性动态(初期的)		经常伴随连续面和重力－控制型失稳发生的剪切失稳，产生初期变形	位于超应力条件的塑性(易变形的)岩石，经常从挤压开始	塑性动态
j. 挤压		与时间有关的变形，变形在施工期间可能会终止或长期继续，基本上与超应力引起的蠕变有关	超压的塑性，和具有高比例的低膨胀能力的云母矿物或黏土矿物的整体岩石和材料	
第3组　水的影响				
k. 分解形成的松散		围岩逐渐分解成片、块或片帮	一些适度的连贯、易碎的材料的解体(崩解)，如泥岩和坚硬的裂隙黏土	水化作用
l. 膨胀	母岩	围岩提前进入隧道，由于水的吸附引起膨胀，过程中有时会被误认为是挤压	在岩石中发生膨胀，其中硬石膏、石盐(岩盐)和膨胀的黏土矿物如蒙脱石(蒙脱石)等是重要的部分	膨胀性矿物
	黏土夹层或充填物	黏土夹层的膨胀是因水的吸附引起的，这导致岩块的松弛和黏土抗剪强度的降低	膨胀黏土矿物(蒙皂石、蒙脱石)充填的夹层发生膨胀	
m. 流动围岩		水和固体的混合物迅速从四面八方浸入隧道，包括仰拱	可能发生在地下水位以下的具有很小或没有内聚力的微粒材料的隧道中	水的影响
n. 浸水		承压水通过开挖的渠道或在岩石中的通道浸入	可能会发生在多孔和可溶性岩石，或沿明显的通道或断裂和节理的路径浸入	

第1组：重力－控制型，大多是不连续性控制的失稳(块体掉落)，一旦开挖，在顶部和侧壁预先存在的碎片或块体能够自由移动。

第2组：应力－控制型，由过大应力——即在超过围岩材料的局部强度引起的应力，造成的重力失稳。这种失稳可能发生两种主要形式，即：

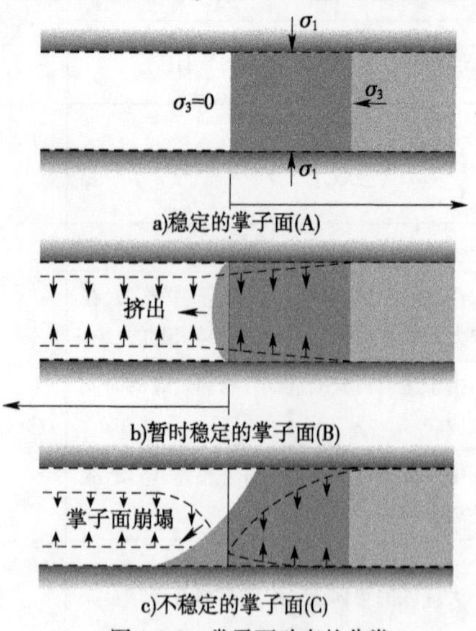

a)稳定的掌子面(A)
b)暂时稳定的掌子面(B)
c)不稳定的掌子面(C)

图1-2-2　掌子面动态的分类

(1)具有脆性特性的屈服、片帮或岩爆，即整体的脆性围岩；

(2)具有韧性或变形特性的塑性变形、蠕变或挤压，即整体的、软弱/韧性或连续的松散围岩。

第3组：水的影响。在设计中水压力是一个重要的荷载因子，必须考虑，尤其是在不同种类的围岩条件下。起因于地下水的失稳可能发生在含有大量水的流动性围岩，和能够引发不稳定状态的一些含有某些矿物质的岩石(如膨胀、崩解等)的围岩。水也可以溶解石灰石、方解石等矿物。

近年，在意大利法中，提出了围岩变形与控制的基本理念，形成了意大利法的核心技术，其中把对掌子面前方围岩的变形响应及前方围岩的应力－应变特性分为如图1-2-2所示的3个可能的状态，即：

(1)稳定的掌子面动态(A);

(2)暂时稳定的掌子面动态(B);

(3)不稳定的掌子面动态(C)。

这是从围岩三维动态的角度对掌子面前方围岩分类的一个方法。稳定的掌子面动态(A)是自身形成稳定的状态。B和C的动态是属于暂时稳定和不稳定的状态,为使它们处于A的稳定状态,就必须采取事前的约束对策。其判定基准列于表1-2-3。

掌子面稳定性的判定基准 表1-2-3

判定条件	A	B	C
围岩强度	围岩强度能够保持隧道稳定	围岩强度能够保持围岩暂时稳定	围岩强度小于围岩应力,隧道失稳
拱效应	解决开挖轮廓面形成拱效应	远离开挖轮廓面形成拱效应	不能形成拱效应
围岩变形	变形处于弹性范围内,大小以cm计	变形处于弹塑性范围内,大小以cm计	必须对掌子面前方围岩进行补强,否则掌子面会出现显著的不稳定现象
掌子面状态	这个掌子面是稳定的	掌子面能够维持暂时稳定	必须对掌子面前方围岩进行补强,否则掌子面会崩塌
地下水影响	只要地下水不降低围岩强度,隧道稳定性就不会受地下水的影响	地下水会降低围岩强度,从而影响隧道的稳定性,需要采取排出地下水的措施	必须采取对策把地下水排出,否则会严重影响隧道的稳定性
支护模式	主要是防止围岩劣化和保持开挖轮廓面的稳定	掌子面后方采取传统的约束围岩方法,有时也需要对掌子面前方围岩采取超前约束对策	必须对掌子面前方围岩进行补强,以提供人为的超前约束效应

这种分类的方法,虽然简单明确,具有一定的实用价值,但如何判定掌子面的稳定性仍然是个问题。

依上所述,围岩开挖后的动态,也就是稳定性受到许多因素的影响,是多种多样的,但其外观的综合表现,就是**变形(包括掌子面的挤出变形、体积膨胀的变形以及再分配应力的变形等)、掉块、滑移或松弛(动)、流动、崩解等。**过去仅仅用“变形”一词是很难概括隧道开挖后的围岩动态。围岩开挖后动态的不同,决定了对应的支护对策和施工方法的不同。

对于某些类型的围岩,动态可以从一个类型发展到另一个类型,如从最初的塑性动态发展为长期的挤压状态。

对于某些类型的围岩,可能发生多个类型的动态,这取决于应力和(或)某些矿物质的含量的大小。如前所述,即使围岩处于整体的、完整的区域,也必须强调和考虑岩块不稳定的风险。

从国内外的矿山法隧道的施工经验看,围岩开挖后的动态,按围岩构造及特性,基本上可按表1-2-4分类。

隧道周边围岩的基本类型及动态　　表 1-2-4

围岩	坚硬、软弱,但构造完整的围岩	大、中块状围岩,包括层状围岩	土砂(包括碎块状及断层破碎带等)围岩	特殊围岩(包括挤压性和膨胀性围岩)
围岩开挖后的动态	弹性变形	掉块、松动	松弛、崩塌	挤压性变形,挤入
	塑性变形	滑移	大变形,挤入	膨胀性变形,挤入
	应力突然释放		变形持续时间长	变形不收敛,持续时间长
	掌子面长期稳定或暂时稳定	掌子面基本稳定或暂时稳定	要考虑地下水对开挖后动态的影响	要考虑地下水对开挖后动态的影响
			掌子面不稳定	掌子面不稳定

表 1-2-4 实质上是我国铁路隧道围岩分级的基础,我国铁路隧道围岩分级与周边围岩稳定性、开挖后围岩动态及相应的对策关系可归纳于表 1-2-5。

围岩分级的定性概念　　表 1-2-5

围岩级别	Ⅰ	Ⅱ	Ⅲ、Ⅳ	Ⅴ、Ⅵ
稳定性	**长期稳定**	**基本稳定**	**暂时稳定**	**不稳定**
现象及措施	一般不需要支护,仅进行表面防护	毛洞有一定的自稳时间,可能有局部掉块或滑移,必要时采用局部锚杆或喷混凝土支护	自稳时间较短,开挖后围岩发生松弛,初期支护或加强的初期支护基本上可以使变形收敛,无须采用预支护方法	开挖后可能立即崩落,仅用初期支护难以控制变形的发展,需要进行预支护,先行控制可能发生的变形及松弛
与围岩构造的关系	坚硬、构造完整的围岩	大块状、厚层的坚硬围岩或软岩、构造完整的围岩	中块状围岩,包括有软弱夹层的层状围岩	土砂围岩,碎块状围岩,特殊围岩
开挖后的围岩动态	稳定、以弹性变形为主,可能出现岩爆	以局部掉块和弹塑性变形为主	弹塑性变形为主,易发生局部坍塌	松弛、坍塌为主,掌子面挤出变形,极易发生大变形
与支护结构的关系	无须支护,围岩具有充分的自支护能力,为防止围岩风化,可喷砂浆或混凝土防护	构造需要,采用薄层喷混凝土支护,局部掉块可采用随机锚杆支护	采用通用的初期支护或加强初期支护,二次衬砌作为安全储备	预支护、初期支护并重,必要时,二次衬砌承担后期的附加荷载

三、隧道开挖后周边围岩的稳定性

这里所谓的稳定性,通常是指开挖后在一定时间内无支护地段的**周边围岩**的稳定性。所谓的**周边围岩**,不仅指开挖面周边横向一定范围内的围岩,也包括掌子面前方(纵向)一定范围内的围岩。隧道开挖后,周边围岩不需要进行特别的处理,而在一定时间内能保持不发生有害变异(例如大变形、崩塌、掉块、挤入等)的自支护能力称为围岩稳定性,也有称之为围岩自稳性或开挖面自稳性的。

从连续介质力学概念出发,受开挖影响的围岩仅仅是紧靠掌子面的前后方一定距离内的周边围岩。也就是说,以掌子面(指开挖面的正面)为界,可把开挖面分为掌子面前方围岩、掌子面、掌子面后方围岩(图1-3-1),其应力-应变的变化是三维的。离开此范围以外的围岩,可以按二维的应力-应变状态考虑。

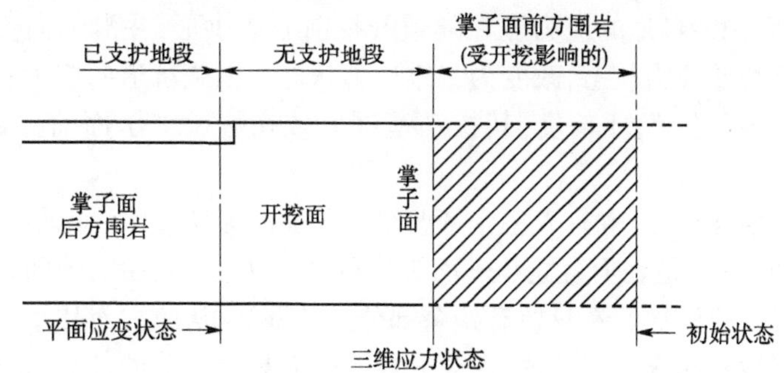

图1-3-1 开挖面的概念图

因此,在谈围岩稳定性的场合,主要指此范围内的围岩稳定性。

此范围围岩的稳定性,在裸洞的场合,不仅取决于掌子面后方周边围岩(或无支护地段)的稳定性,也决定于掌子面及其前方围岩的稳定性。从工程实际和理论分析可以肯定,在某些情况下,维护掌子面及其前方围岩的稳定性,比维护掌子面后方周边围岩的稳定性更为重要。因此,在软弱围岩场合,把重点放到**维护掌子面前方的周边围岩稳定性是非常重要的**。

以全断面法为例,按最基本的状态,即侧压系数为1的状态,也就是静水压状态的圆形隧道场合的掌子面状况,围岩开挖后的应力分布状况分别示于图1-3-2。左图表示是通过隧道中心的主应力线,可以看出,在掌子面附近主应力线倾向拱形形状,形成承载拱,由于隧道开挖的应力减少向掌子面深部围岩分配,进而保持稳定,应力分配的范围超过隧道直径以上,同时,拱顶的隅角处产生很大的应力。右图表示掌子面附近的最大剪应力分布,距掌子面一定距离形成承载拱的部分,应力大,掌子面因开挖而松弛,是易于不稳定的部分。实际

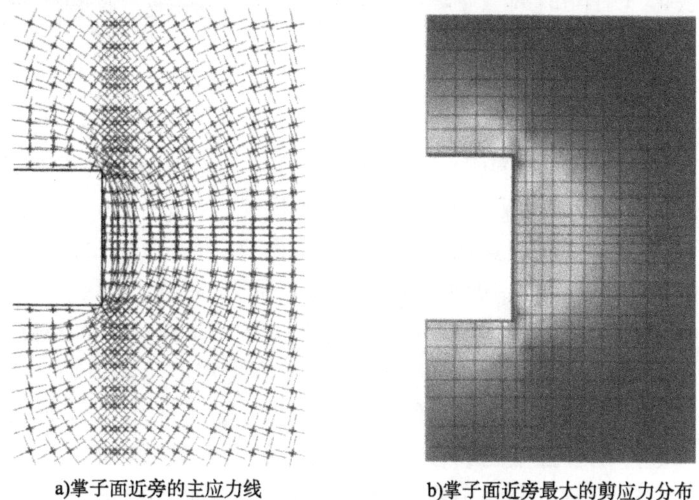

a)掌子面近旁的主应力线　　b)掌子面近旁最大的剪应力分布

图1-3-2 掌子面附近的主应力和最大剪应力分布

上的掌子面稳定，如图所示是距掌子面深部的穹拱状部分所保持的，距掌子面深部的围岩部分有称为“围岩岩蕊”的，不让此部分松弛对保持掌子面稳定是非常重要的，这也是形成意大利法的核心技术。

以台阶法施工为例，理论分析说明，隧道开挖扰动了周边围岩的初始应力状态，围绕推进的掌子面周围形成一个灯泡形的三维应力场，这样的应力场示于图 1-3-3。

在隧道掌子面，围绕隧道的应力流在隧道开挖前方成拱形，并沿纵向变化，在离开掌子面一定距离后达到初始应力状态，改变为二维应力状态。围绕坑道的应力扰动程度，主要取决于围岩条件、开挖尺寸、循环长度，其扰动范围大致在隧道掌子面前方达到开挖直径的 2 倍。

为了确保掌子面自稳性，也有人主张从改变掌子面的形状着手，即采用曲面掌子面或斜掌子面。前面的图 1-3-3 是表示直立掌子面近旁的主应力流，但在掌子面处产生穹拱效应，靠近掌子面的穹拱效应流被切断只留有残余部分。此部分，从应力看比形成穹拱的部分小，难以对掌子面稳定性发挥作用，是开挖面受开挖影响而易于松弛的部分，是受重力直接影响而易于不稳定的部分。图 1-3-4 表示掌子面形成曲面场合的主应力流线，围岩内的应力流线与图 1-3-3 的直立掌子面几乎没有变化，从印象上看是很合理的。

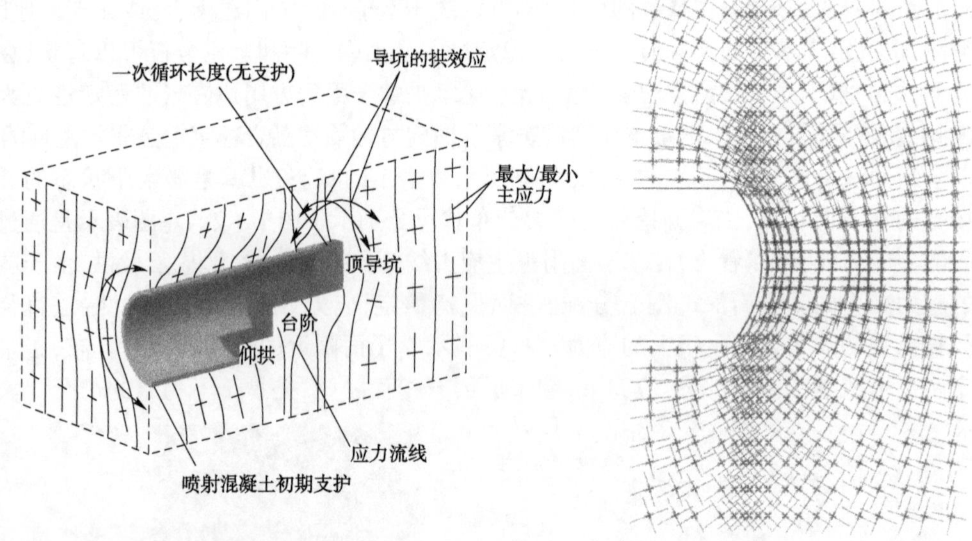

图 1-3-3　隧道周围的应力流(Wittke,1984)　　图 1-3-4　曲面掌子面近旁的主应力

图 1-3-5 表示曲面掌子面附近的最大剪应力的状况，与图 1-3-6 比较，应力变化的范围与直立掌子面的情况没有很大的变化，即，曲面掌子面，从应力上看变化不大，对掌子面整体的稳定也没有影响，但可以回避靠近掌子面的不稳定部分，对掌子面稳定是很有利的。

图 1-3-6 表示直立和曲面掌子面的纵向的挤出位移。曲面掌子面的位移比直立掌子面的位移小，这说明曲面掌子面没有包括掌子面附近的不稳定部分的位移。从这一点看，曲面掌子面是有利的。因此，从确保掌子面稳定性的观点出发，比直立掌子面容易。特别是，在掌子面周边的应力超过围岩强度的场合，掌子面的维护更为重要。但从施工角度看，目前的施工机械开挖曲面掌子面有一定的困难，因此，很少采用曲面掌子面。但近期的一些研究表明，开发曲面掌子面的技术已经受到关注，并在进行试验施工。

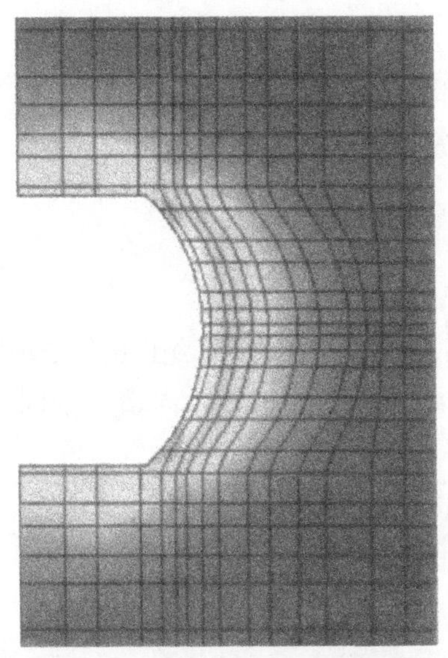
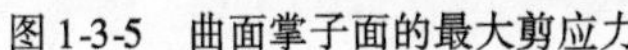

图 1-3-5 曲面掌子面的最大剪应力

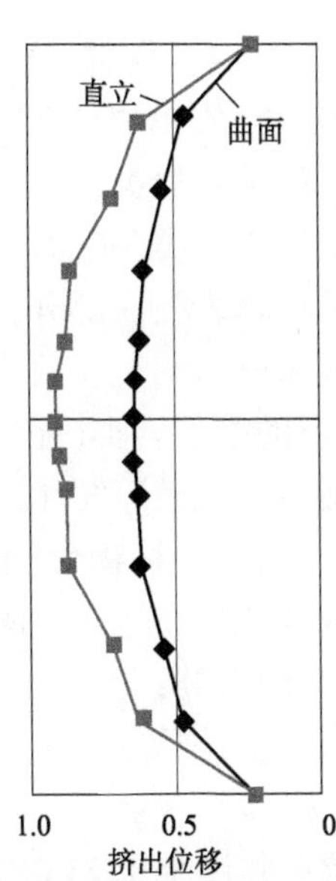

图 1-3-6 曲面掌子面的水平挤出位移(单位:m)

开挖面或者说掌子面的自稳性,在均质围岩中,基本上是围岩暴露面积和暴露时间的函数。一般说,开挖后的空间在无支护条件下能够保持稳定的时间,谓之自稳时间。暴露面积越小自稳时间越长,无支护地段长度越长稳定性越差。因此,长时间以来,在施作支护前不能确保自稳时间的场合,多采用把隧道断面分割为小断面、短进尺顺次开挖、支护来完成整个断面的开挖方法。应该认识到这种分割的方法,是不得已的方法,是与施工条件相互配合的消极的方法。最近的隧道修建技术发展表明,**隧道开挖方法正向着不是分割断面,而是积极地补强围岩的大断面开挖的方向发展。**在这种情况下稳定掌子面和掌子面前方的围岩,更为重要。一般说,大断面开挖可以确保较大的施工空间,进行较高效施工,对掌子面的应力再分配也是有利的,同时也是稳定掌子面的超前支护等辅助工法的发展所致。

四、设计、施工中应该关注的围岩——软弱围岩及特殊围岩

众所周知,我们在修建隧道过程中所遇到的围岩大多数是具有自支护能力的围岩,或者只用初期支护就能够促使其稳定的围岩。在这种情况下,采用推荐的标准设计的支护模式,用通常的施工对策和方法就可以获得公认的长期稳定的隧道结构物,这种围岩我们称为一般围岩。因此,隧道的设计、施工应该关注的围岩,是指那些缺乏自支护能力或具有特殊性质的围岩,即所谓的软弱围岩和特殊围岩。

软弱围岩是一个包括范围很广的围岩的概念,具体地说,软弱围岩及特殊围岩包括:

1)从岩类划分

(1)剥离显著的变质岩(片岩类,片麻岩、千枚岩等);

(2)剥离显著的或细层理的中生代、古生代的堆积岩类(黏板岩、页岩等);

(3)节理等发育的火成岩;

(4)中生代的堆积岩类(页岩、黏板岩等);

(5)火成岩(流纹岩,安山岩、玄武岩等);

(6)古第三纪层的堆积岩类(页岩,泥岩、砂岩等);

(7)新第三纪的堆积岩类(页岩、砂岩、砾岩)、凝灰岩等;

(8)古第三纪的堆积岩类一部分;

(9)风化的火成岩;

(10)新第三纪层的堆积岩类(泥岩、粉砂岩、砂岩、砾岩)、凝灰岩等;

(11)风化和热水变质及破碎发育的岩石(火成岩类、变质岩类及新第三纪以前的堆积岩类);

(12)第四纪更新世的堆积物(砾、砂、粉砂、泥及火山灰等构成的低固结~未固结的堆积物)、新第三纪堆积岩的一部分(低固结层、未固结层、砂等);

(13)糜烂化的花岗岩类;

(14)表土,崩积土、岩堆等。

2)从岩性划分

(1)岩石单轴抗压强度小于25MPa的各类软岩;

(2)围岩强度应力比小于2MPa的围岩;

(3)膨胀性围岩;

(4)挤压性围岩;

(5)土砂围岩;

(6)显著湿陷性的黄土等。

3)从地质构造划分

(1)岩堆;

(2)大规模的断层破碎带;

(3)裂隙密集带等;

(4)风化和热水变质带;

(5)褶皱扰乱带等;

(6)预计发生高压和大量涌水的围岩;

(7)土砂围岩。

4)从自稳性和稳定性划分

(1)自稳性短暂、承载力低的围岩;

(2)常常伴有掌子面崩塌流动、大变形和支护变异;

(3)需要采用稳定掌子面的大规模的辅助工法及早期仰拱闭合、提高支护刚性的新型支护等对策,甚至需要采取变更开挖工法或极端情况下变更线路等对策。

五、掌子面前方围岩探查技术——超前钻孔技术的应用

1.概述

诸葛亮的“空城计”之所以能够成功,是因为他了解司马懿的“多疑性”,“借东风”也是

如此,是因为他了解气象的变化,隧道施工也是一样,要想控制围岩的松弛,就必须了解掌子面前方围岩的特性及其变化。因此,近几年,为了确实掌握隧道开挖中掌子面前方围岩的状况,掌子面前方围岩探查技术获得极为迅速的发展。

通常的观察、量测是以掌握开挖后的掌子面状况和隧道周边围岩动态为目的的,而前方探查则是施工时从洞内外积极地掌握掌子面前方的围岩状况的调查,是对断层、破碎带等不良围岩区间的事前掌握和提高事前调查精度并反馈到设计施工中而进行的。

在"数据管理"时代,隧道施工中,获得可靠的地质信息是非常重要的。超前钻孔就是获取掌子面前方围岩地质信息的一个重要途径。日本在2009年版的《山岭隧道观察、量测指南》中把"前方围岩探查"与"观察""量测""试验"并列为获取信息的四个手段之一。

前方围岩探查技术包括钻孔、调查坑以及物探等几个方面,日本在洞内外实施的各种掌子面前方围岩探查方法及其应用现状列于表1-5-1。

由表1-5-1的最后一栏可以看出,其中钻探和调查坑这种直接调查围岩状况的方法是应用最多、可靠性最大的方法,也是获得信息量最多、最丰富的方法,我们在这方面尚需努力。

2. 超前钻孔技术的应用

从隧道掌子面周边向其前方钻进的超前钻孔技术已经成为山岭隧道施工中不可缺少的技术之一。日本在40年前,修建山阳新干线福冈隧道时遭遇大量的高压涌水,首次引进高速的超前钻孔用钻机,效果显著。当时,从主洞的下导坑和左右的排水坑道的最前端,每周进行一次地质调查和排水用的水平超前钻孔。为了不影响隧道开挖作业,钻孔都是在星期天(休息日)利用半天的时间钻设,预计一周开挖长度约50m的钻孔,要求机械能够具有半天搬入→钻50m钻孔→搬出的性能,对掌子面开挖几乎没有造成影响。这个方法在此后修建青函隧道中发挥了更大的作用,不同的是,把钻进1周的开挖长度,发展到能够开挖1~2个月的钻进长度(按当时的记载,月进尺按130m计,每300m设一个钻孔基地,1个650m长的钻孔,适应5个月的掘进),一次钻孔长度可以达到数百米,甚至千米以上,最长的钻孔达2150m。而在20年后修建的安房隧道中,实施了12个水平排水钻孔,总长约1850m进行排水,也取得成功。近几年在日本的筑紫等新干线隧道中,瑞士在圣哥达隧道中,都开始采用方向控制的钻孔技术进行地质调查。

超前钻孔按其长度大致分为4级。即:短:20~50m;中:数百米以下;长:数百米以上;超长:1000m以上。

从机械能力和钻孔的要求两方面看,掌子面超前钻孔多采用短~中长的钻孔。短超前钻孔的优点是可以用钻孔台车的凿岩机钻孔;长和超长钻孔要不影响掌子面掘进钻孔,因此,要设钻孔基地。

按钻孔的目的划分,通常的超前钻孔可如下分类:

(1)地质调查钻孔:事前掌握掌子面前方围岩的状况;

(2)排水钻孔:事前排出掌子面前方的水或气体,减轻水压或气压;

(3)注浆用钻孔:补强或改良掌子面前方围岩;

(4)其他钻孔:设置锚杆,用于通风、投料等。

地质调查钻孔与排水钻孔,在许多场合都是兼用的。

前方探查技术的现状和评价(从洞内实施的调查技术)

表 1-5-1

探查方法概要		掌子面观察、图像处理	钻孔、调查坑道的利用										物理探查				
			钻孔调查		调查坑的施工	孔内观察、图像处理	各种孔内试验、捡层	各种试件试验	各种原位试验	钻孔捡层	地温测定	围岩先行位移测定	洞内电阻比测定	洞内简易弹性波探查	洞内水平弹性波探查	表面波探查	电磁波反射法
			无岩芯	有岩芯													
基本事项	调查内容	掌子面的围岩状况	钻孔信息	岩芯信息	各种围岩信息	孔内围岩信息	各种物理量等			破坏能量	围岩温度	围岩先行位移	电阻比分布	弹性波速度	弹性波反射面等	表面波传播速度	断层部反射面等
	探查可能距离(m)	掌子面	钻孔、调查坑的深度							80	数米	20	数米	数米	100	30	10
	准备、作业时间	○	△	△	△	△		△		△	◎	◎	◎	○		○	◎
	解析时间	◎	◎	△	△	△		○		◎	◎	◎	◎	○	○	◎	◎
调查项目 地层状况变化	破碎带等的位置		○	◎	◎				◎				○		○	○	○
	同上、走向、倾斜	◎			◎				△						○		○
	同上规模(宽度等)			◎	◎				◎						△		
	有无地下空洞	○	◎	◎	◎				◎				△				○
	瓦斯赋存位置		○	○	◎				△								
	(岩质、地层对比)	◎	△	◎	◎	◎			○					△	○	○	△

续上表

探查方法概要		掌子面观察、图像处理	钻孔、调查坑道的利用										物理探查				
			钻孔调查		调查坑的施工	孔内观察、图像处理	各种孔内试验、捡层	各种试件试验	各种原位试验	钻孔捡层	地温测定	围岩先行位移测定	洞内电阻比测定	洞内简易弹性波探查	洞内水平弹性波探查	表面波探查	电磁波反射法
			无岩芯	有岩芯													
调查项目 地下水	含水层位置		○	○	◎					○	○		○		△	△	○
	含水层的渗透性	△			△		◎	◎	◎								
	同上、水压	△			△		◎		◎								
地质状态	不连续面间隔	◎		◎	◎	◎											
	不连续面状态	◎		◎	◎	◎											
	风化、变质	◎	○	◎	◎	◎	◎	◎	◎	○			○	△	△	△	
力学性质	围岩强度	△	△	△	○		◎	◎	◎	○				○	△	△	
	变形系数	△					◎	◎	◎			○		○	△		
	各向异性	△					◎	◎	◎								
	松弛区域	△	△	△	△	○	◎	○	◎	○		△		◎	○		
实用化的水平		◎	◎	◎	◎	◎	◎	◎	◎	○	△	△	△	◎	○	○	△

注:1. 探查可能范围:即使采用同一技术因地质条件等围岩条件不同,也会产生差异。

2. 准备、作业时间:◎表示1、2小时左右;○表示半日左右;△表示1日以上。

3. 解析时间:◎表示实时;○表示数日以内;△表示1周以上。

4. 有关调查项目的评价:◎表示可靠性高的信息;○表示具有一定趋向的信息;△表示可以参考的信息。

5. 实用化水平:◎表示实用化技术、通用技术;○表示试行阶段的技术;△表示试验阶段的技术。

此外，超前钻孔即可从洞外进行也可以从洞内进行，多数场合是从洞内进行的。

3. 从掌子面实施的短超前钻孔

在掌子面采用长钻孔和中长钻孔的场合，要尽可能地不对掌子面作业产生影响，为此要利用掌子面作业停止的休止日或在掌子面后方设置钻孔机座实施。这些钻孔都需要专用机械和专业人员进行，有计划地实施，费用不菲，而且也不得不限制每个掌子面的钻孔数。

对此，可采用利用搭载在凿岩台车上的凿岩机，向掌子面前方钻长 20～50m 的短无岩芯钻孔的探孔方法。此方法利用凿岩台车，由隧道作业人员进行，施工比较容易，时间短，成本也低，并能随机应变，对开挖循环影响也比较小。

此外，钻孔获得的钻孔速度、打击能量等钻孔数据也有助于定量评价掌子面前方的围岩，特别是对以快速施工为前提的 TBM 施工，在迅速并确实地掌握前方围岩状况上非常重要。

在掌子面前方以排水为目的的钻孔，为确保排水需要的时间，及早掌握地下水的状况，在多数场合，都采用长、中长排水钻孔，而且在地质复杂的场合，仅仅采用长、中长钻孔还可能残留没有排除的水。在脆弱的地质条件下，水可能是造成崩塌的主因，为确实地排除掌子面周边的水，也要配合实施短超前钻孔排水。

(1)钻孔方法

钻设爆破孔和锚杆孔，采用搭载在凿岩台车上的凿岩机。接续钻杆的脚手架通常利用台阶法的台阶，但钻设拱顶高处的钻孔时，可利用装备在台车上的吊篮作为接续钻杆的脚手架。

(2)钻孔长度、孔数、位置、方向

一次钻孔长度(探查长度)因围岩状况和钻孔精度而异，一般为 20～30m。钻孔方向和角度取决于隧道掘进方向和预计的断层、破碎带的位置关系。钻孔的搭接长度，多采用 5～10m。为使钻孔时的岩粉排出和防止卡钻，钻孔直径要大些，同时向上 3°～4°为宜。在孔壁不能自稳的场合，卡钻事故比较多，要加以注意。

钻孔配置，因断面分割尺寸及其目的而异。图 1-5-1 是采用辅助台阶的全断面法时，把钻孔设置在掌子面下半部的中央的配置实例。图中是从下半断面钻孔的，但在能够确保上半断面钻孔时的安全性和接续作业空间的场合，从上半断面施工也是可以的。断层、破碎带与隧道斜交的场合，钻孔方向也要向斜方向钻孔。图 1-5-2 是兼做排水钻孔的配置实例，在出口处考虑涌水处理，采用孔底向隧道断面外左右配置的方法。

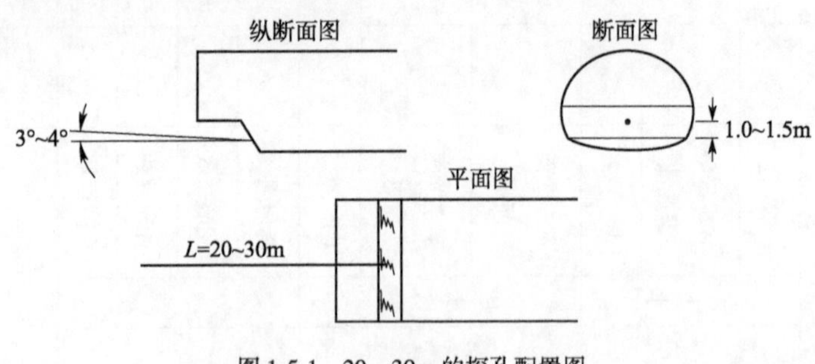

图 1-5-1　20～30m 的探孔配置图

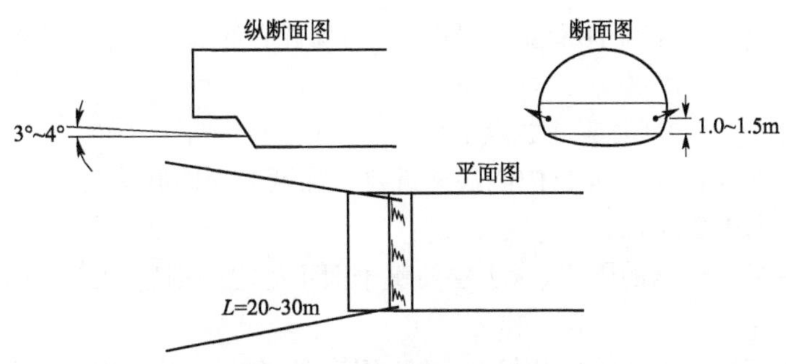

图 1-5-2 兼做排水钻孔的配置实例

4. 在掌子面钻设的中长钻孔

在掌子面钻设的中长钻孔，是在地质状况复杂、变化显著的隧道，涌水对施工有妨碍的场合，预测有破碎带、大量涌水带等存在的场合采用的超前钻孔，同时，根据事前调查和洞内物探结果预计掌子面前方存在地质分界线和断层破碎带、大量涌水带、土砂围岩存在的场合，为进行详细调查、确认而实施的钻孔调查，也适用于作为辅助工法的排水。

钻设中长钻孔的主要目的如下：

- 通过地质调查，确认距掌子面 1 周至 1 个月后掘进距离的掌子面的地质状况、涌水位置、涌水量、涌水压、有无有害气体等；
- 详细调查预计的断层破碎带和含水层等地质分界面的位置和规模、不良程度、围岩物性等；
- 探查得知含水层的排水和掌子面前方的水压降低对掌子面稳定性的影响；
- 分辨、判定管理弃渣（矿化变质岩、第三系的海成泥岩等）；
- 根据以上信息进一步研究辅助工法、施工方法以及事前对策。

这里划分的中长钻孔的施工长度，除短超前钻孔外，均在数百米以下。通常，作为超前钻孔实施的中长钻孔都是在掌子面作业停止的周末实施的。此时在包括准备、拆除等的限制时间内要求掘进 100 ~ 150m。排水钻孔也要求在掌子面停止作业时间内进行高速钻孔。因此中长钻孔一般都采用钻孔速度高的旋转式的冲击钻。

（1）钻孔配置

从钻孔长度实际看，根据周末的开挖作业停止时间，从机器、材料搬入到钻孔终止、拆除，以40 ~ 250m 范围的长度为目标值。钻孔数，通常是左右交差各 1 个。搭接长度约 10m。在涌水多的场合，在同一掌子面处要增加孔数，或者缩短钻孔的间隔。根据事前调查结果预计存在断层破碎带和高压涌水带的场合，不仅限于周末，在距掌子面前方 10m 左右的隔水壁就停止作业，开始实施钻孔。

（2）施工场所

钻孔的实施位置，采用矿山法时都在掌子面后方数米处，采用 TBM 的场合是在刀盘处，采用盾构的场合是在盾构的后方。

（3）钻孔方法

钻孔机械一般采用旋转式冲击钻。钻孔多采用 ϕ101 ~ 225mm。通常的超前钻孔、排水钻孔多是无岩芯钻孔；需要对断层破碎带进行详细调查的场合，可采用取岩芯的工法；在崩塌性围岩和未固结围岩中可采用双重管开挖方式;预计有涌水的场合,要备有排水处理装置(清浊分离)。

编制中长钻孔施工计划时应注意以下事项:

(1)选定在短时间(0.5d~1d)内能够钻进要求深度的高性能钻头;

(2)检查作业时的掌子面;

(3)地质条件显著变化的围岩、含水层使掌子面不稳定的围岩,要追加钻孔,与短钻孔组合进行掌子面管理;

(4)在可燃性瓦斯涌出和喷出的场合,要采用防爆型机材,拔管时要稀释瓦斯。

5.从掌子面实施的长钻孔

(1)目的

为获得前方比较长的地段的详细地质信息以及事先预计有涌水带而需要排水的场合,应实施距掌子面100m至数百米长的超前钻孔的对策。

从掌子面实施长钻孔的目的如下:

- 采取岩芯,掌握断层破碎带等详细的地质状况;
- 调查涌水位置、涌水量、涌水压等涌水状况;
- 准备好大量涌水带的排水。

长钻孔的设备规模较大,需要1个月至数月的时间,对掌子面的进尺会有影响,因此要考虑与开挖平行作业及整体进度来编制施工计划。

(2)施工场所、打设方向、角度

与隧道开挖平行作业进行钻孔的场合,一般在掌子面后方20~50m处设钻孔用的横洞,或用扩挖方法设钻孔支座,其中设置必要的机械,也有在隧道停工的时间从掌子面直接钻孔的方法。

钻孔的平面打设方向,在有钻孔支座和横洞的场合,可与隧道平行或者考虑孔的弯曲,向外侧偏3°~4°打设。特别是在从掌子面进行钻孔的场合,为了避免钻孔涌水使掌子面条件恶化,基本上应在断面外钻孔。纵向打设角度为便于岩芯排出,应向上2°~4°打设。

(3)长度、孔数

采用反循环套管工法时,钻孔长度视地质状况可在100~1000m范围之内。钻孔数,以地质调查为目的时,1处设1个;以排水为目的时,1处可设几个钻孔。

反循环套管工法因为是用钻孔口部向外管和内管之间的空隙送水的压力把钻孔前端部推回内管,同时钻孔岩芯向孔外排出的机构,要具有能够抵抗送水压的、封堵严密的装置。为此,距孔口10~20m要设置比盾管径大的孔口管。孔口管与围岩间用水泥浆充填,确保封堵效果。

反循环套管工法要在回收岩芯的内管和外管的前端安装钻头,同时一边回转一边掘进。此时,因发生孔壁崩塌和围岩挤出等原因而造成扭矩上升、钻孔困难的场合,可把外管作为套管保留,内管作为外管插入小口径的盾管继续钻孔。

(4)临时设备计划

图 1-5-3 是反循环套管工法的设备机械配置实例。在编制临时设备计划时,需要确保必要设备机械、管路接续分离以及供给管路作业等的空间。

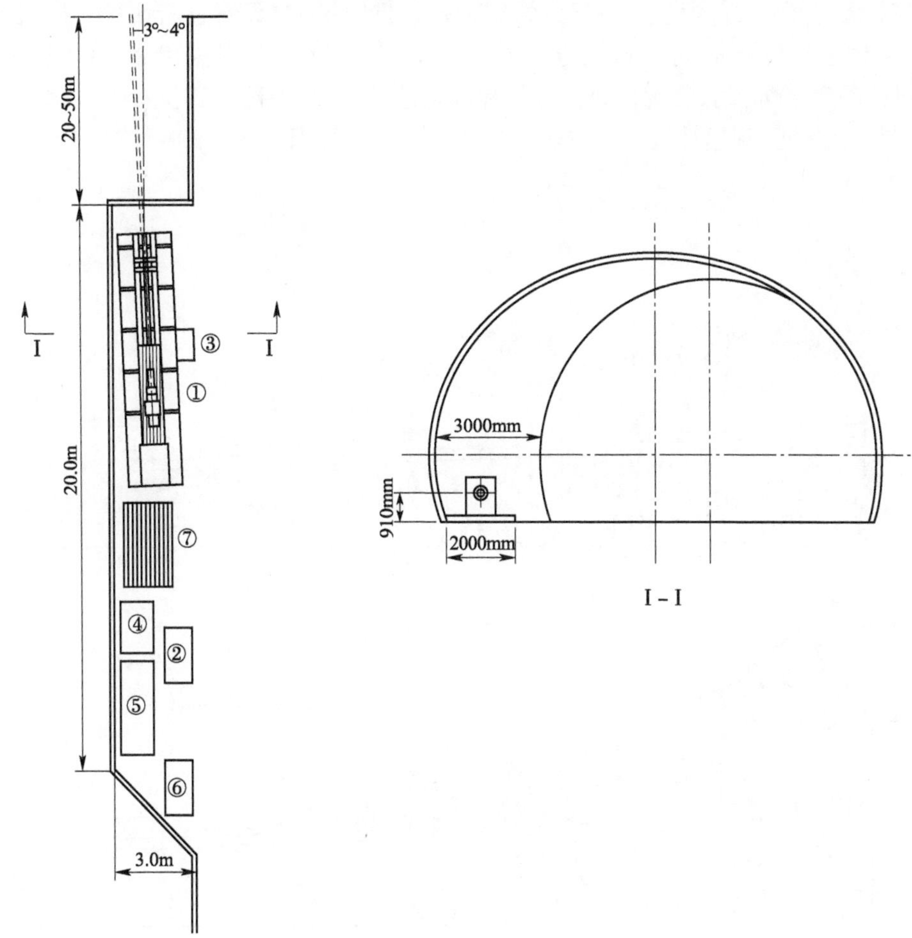

图 1-5-3 反循环盾管工法临时设备实例

①-钻机;②-空压机;③-操作盘;④-钻机用泵;⑤-液压单元;⑥-套管放置处;⑦-岩芯存放台

6. 从洞口实施的超前钻孔探查

在隧道施工中,特别是洞口段地质变化频繁的地段,通常采用从洞外进行超前钻孔进行地质调查的方法,日本在九州新干线筑紫隧道采用绳索取芯工法(Wire Line Core Method)进行前方围岩探查,就是一例。

筑紫隧道最南方的工区(山浦工区)小埋深区间约 1km,埋深约 40m。此区间是由更新世砂砾层构成的丘陵堆积物,其下方是全风化花岗岩。电气探查几乎是同一的比电阻值,因此进行控制钻孔调查岩芯状况是必要的。

借用农闲期的水田,以倾斜 17°角开始掘进,一边掘进一边使钻孔轨迹逐步变成水平方向掘进,而后在隧道下方用通常的绳索取芯工法掘进了 500m。

掘进孔径,在倾斜段是 ϕ111mm,控制地段是 ϕ76mm。倾斜测定的频率在倾斜段是 1 次/25m;控制段是 1 次/11m;水平段 1 次/20m;最终的容许精度是 ±5m。

钻孔的口部，是从平地的水田开始掘进的，最初采用反铲开挖探坑；其次在接近隧道位置前，因无须取岩芯可高速掘进，因此采用了旋转式冲击钻开挖控制位置。

从控制区间开始，采用绳索取芯工法，用轴式钻机倾斜 17°设置进行掘进。控制掘进通常采用 NQ 绳索钻头掘进，每 11m 测定一次倾斜和方位，只在控制处采用 BQ 绳索钻头进行。结果掘进到深度 200m 附近，确认是沿计划标高钻进，进入水平掘进后，在 400m 附近再次调整，对控制进行修正，到达计划深度 500m，取得良好的效果（图 1-5-4）。

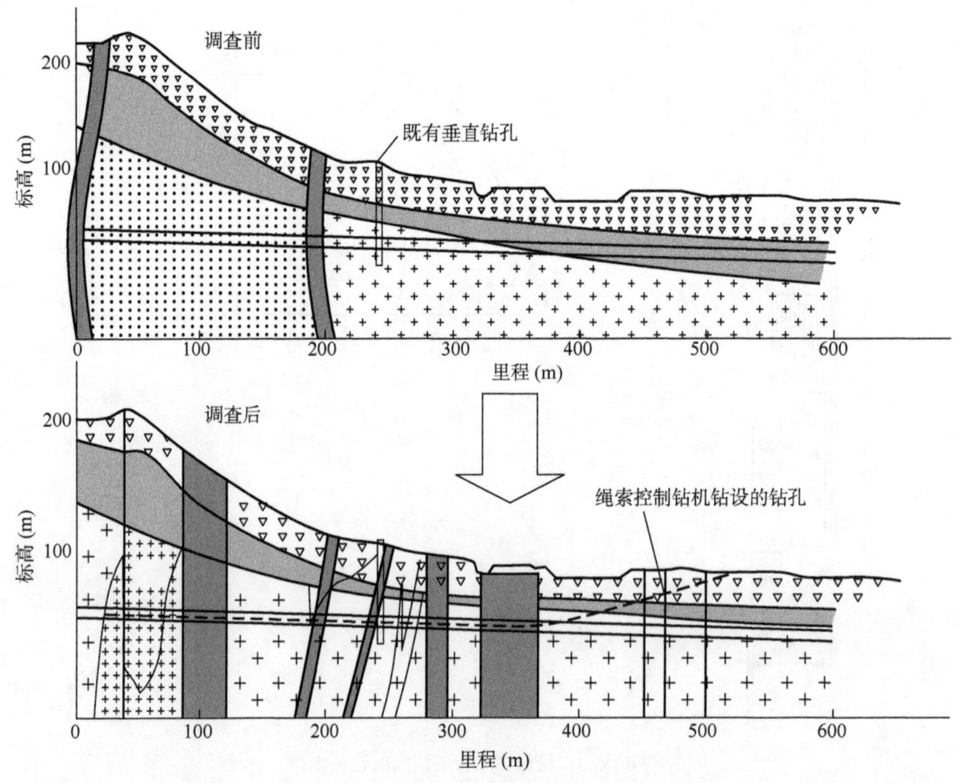

图 1-5-4　调查前后的地质对比图

在断层区间也采用类似的探查方法调查断层的位置及其状况和断层的影响范围。为此从口部一开始就采用了绳索取芯工法。口部采用 PQ（ϕ711mm），依次采用 HQ（ϕ118mm）、NQ（ϕ711mm）、BQ（ϕ62mm）进行掘进，并根据孔径插入套管，计划掘进 550m。

孔口的倾斜设定在 -30°，但在计划控制的地点围岩比较差，掘进中出现向下扎头的现象，因此从 110m 围岩变好的地段又开始控制，力求沿隧道掘进，最终掘进长度 550m，大致处于隧道的下方，掘进 280m 处离隧道约 24m，作为超前钻孔起到充分的效果（图 1-5-5）。

7. 钻孔信息的处理

首先，应该指出，在隧道信息化施工中，掌握掌子面前方的围岩状况是非常重要的。目前，掌子面前方围岩探查方法的开发已经成为隧道施工技术发展的重要领域，我们也应给予充分的关注。

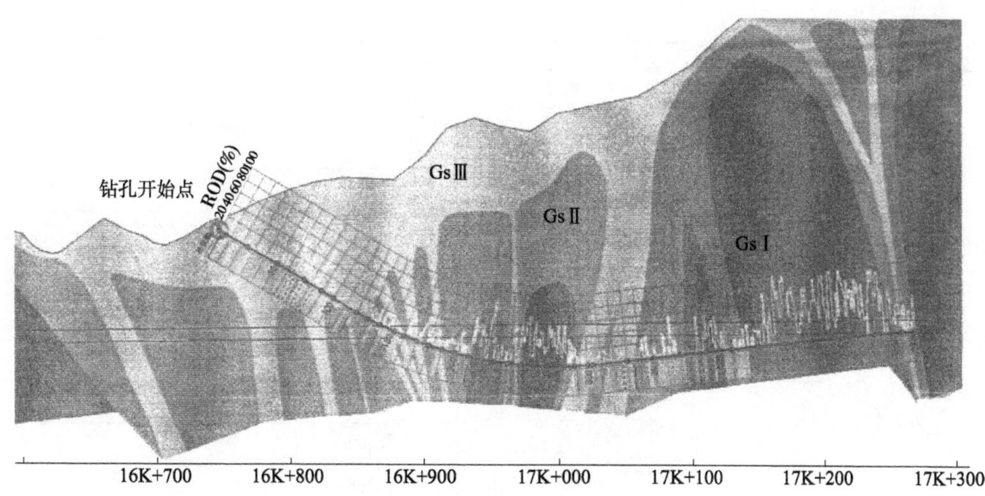

图 1-5-5 地质调查结果图(南烟工区)

GsⅠ-新生带;GsⅡ-风化带;GsⅢ-极风化带

进行掌子面前方围岩地质调查的目的非常明确,就是要取得掌子面前方围岩的各种"信息"作为判定随后开挖遭遇的围岩状况,以便采取相应的对策,下面举例加以说明。

【实例一】

在日本北海道的公路隧道中,基于北海道开发局的规定,距掌子面大约每掘进 100m 实施的超前钻孔,不仅要进行确认地质的 P 波捡层和岩石试验,也要获取表 1-5-2 所列的信息。根据北海道施工的 16 座隧道的数据,首先用预测的围岩级别和施工围岩级别一致度来表示超前钻孔的效果。研究的对象包括基于事前调查(岩类、弹性波速度等)设定的围岩级别、基于超前钻孔设定的围岩级别和实际施工的围岩级别 3 个,共 1245 个数据。

超前钻孔调查的记载项目 表 1-5-2

隧道名称		
位置	里程(m)	起点
		终点
	钻孔编号	
	深度(m)	
埋深		
岩类	地层名称	
	柱状图岩类	
	风化	
	变质	
	符号	
事前调查	围岩弹性波速度 V_{pg}(km/s)	
	龟裂系数 K_g(%)	
	围岩级别	
	设计模式	

续上表

<table>
<tr><td colspan="4">隧 道 名 称</td></tr>
<tr><td colspan="2" rowspan="4">位置</td><td rowspan="2">里程(m)</td><td>起点</td></tr>
<tr><td>终点</td></tr>
<tr><td colspan="2">钻孔编号</td></tr>
<tr><td colspan="2">深度(m)</td></tr>
<tr><td rowspan="28">超前钻孔</td><td colspan="3">P 波捡层 V_{ph}(km/s)</td></tr>
<tr><td colspan="3">龟裂系数 K_h(%)</td></tr>
<tr><td colspan="3">加载试验 E(MPa)</td></tr>
<tr><td colspan="2" rowspan="4">岩石试验</td><td>σ_c(MPa)</td></tr>
<tr><td>V_{pc}(km/s)</td></tr>
<tr><td>ρ_t(g/cm^3)</td></tr>
<tr><td>E_c(MPa)</td></tr>
<tr><td colspan="2" rowspan="3">RQD</td><td>RQD(10)</td></tr>
<tr><td>最大岩芯长度</td></tr>
<tr><td>柱状岩芯率</td></tr>
<tr><td colspan="2" rowspan="3">平均 RQDI</td><td>RQD(10)</td></tr>
<tr><td>最大岩芯长度</td></tr>
<tr><td>柱状岩芯率</td></tr>
<tr><td colspan="2" rowspan="6">岩芯长度(cm)</td><td>①</td></tr>
<tr><td>②</td></tr>
<tr><td>③</td></tr>
<tr><td>④</td></tr>
<tr><td>⑤</td></tr>
<tr><td>合计</td></tr>
<tr><td colspan="3">最大涌水量(L/min)</td></tr>
<tr><td colspan="3">围岩强度应力比(用 V_{pg} 计算)</td></tr>
<tr><td colspan="3">围岩强度应力比(用 V_{ph} 计算)</td></tr>
<tr><td colspan="3">围岩强度应力比[σ_c(γh)]</td></tr>
<tr><td colspan="3">基于围岩强度应力比(用 V_{pg} 计算)的围岩级别</td></tr>
<tr><td colspan="3">基于围岩强度应力比(用 V_{ph} 计算)的围岩级别</td></tr>
<tr><td colspan="3">基于围岩强度应力比[(σ_c/(γh)]的围岩级别</td></tr>
<tr><td colspan="3">基于平均 RQD(10)的围岩级别</td></tr>
<tr><td colspan="3">基于超前钻孔的围岩级别</td></tr>
</table>

表 1-5-3 是基于事前调查设定的围岩级别与实际施工的围岩级别的关系。表 1-5-4 是基于超前钻孔设定的围岩级别与实际施工的围岩级别的关系。基于上述预测与实际施工一致的、或差的、或好的结果汇总在表 1-5-5。

事前调查的围岩级别与施工结果的关系 表 1-5-3

施工时的围岩级别		C1	C2	D1	D2	E
事前调查的围岩级别	C1	57	117	11		
	C2		717	49	37	1
	D1	3	40	72	10	
	D2	1	2	22	91	8
	E			1		6

超前钻孔的围岩级别与施工结果的关系 表 1-5-4

施工时的围岩级别		C1	C2	D1	D2	E
超前钻孔的围岩级别	C1	60	19		1	
	C2	1	514	18	2	
	D1		6	100	32	2
	D2		3	4	89	
	E					6

预测围岩级别的一致度 表 1-5-5

围岩级别	事前调查—施工		超前钻孔—施工	
	施工数	比例(%)	施工数	比例(%)
+2 级以上	49	3.9	5	0.6
+1 级	184	14.8	69	8.1
一致	943	75.7	769	89.7
-1 级	62	5.0	11	1.3
-2 级以上	7	0.6	3	0.4
合计	1245	100.0	857	100.0

表 1-5-5 说明,事前调查结果与施工结果一致的约占 76%,有 19% 比预计降低 1 ~2 级,其中从 C1、C2 变更到 D1、D2、E 级的占总数的 11%。也出现施工时比预计的围岩位移大,从无仰拱模式变更到设仰拱模式的情况。而在超前钻孔的场合,一致的约占 90%,9% 降低 1 ~2 级,而从 C 级变更到 D 级的只有 2.5%。施工中没有较大的工法变更。

这样的围岩级别预测的一致率的差值,可明确地反映到隧道施工时的净空位移的差值上。从没有实施超前钻孔的隧道与上述超前钻孔的隧道比较,后者的净空位移小。特别是在 D1、D2 级围岩中,其差值很大。

也就是说,采用超前钻孔能够获得详细的围岩的地质信息,能够进行精度高的围岩分级,结果在施工中变更工法的比较少,而且净空位移也小。

由此项研究可以看出,利用超前钻孔的信息,可以对掌子面前方围岩的状况予以评价。但此法仍在试验中,并力求向建立与超前钻孔对应的围岩分级方法方向发展。

Ⅱ 地下水篇

无论哪一个国家，在修建隧道及地下工程中，地下水问题都被认为是困扰隧道设计、施工的关键问题之一。在这方面，虽然各国的地质条件、技术条件以及对环境影响考虑有所不同，但认识基本上是一致的。各国在地下水控制技术上也是大同小异，差异在各自的技术条件、对策方法以及地下水泄漏控制基准上。

本篇集中说明以下几个问题：

1. 地下水控制技术的基本观点
2. 隧道涌水及其分类
3. 涌水（地下水）处理的基本目标
4. 排堵结合——控制地下水的最有效方法
5. 防水型隧道

一、地下水控制技术的基本观点

在开挖处于地下水位以下的隧道时(城市隧道或大多数的深埋山岭隧道多处于此种条件),可能发生涌水现象,为了工程安全而顺利进行,必须采取相应的控制涌水对策,也就是地下水控制对策。但采取什么样的对策,应从多方面的观点来考虑。表2-1-1列出考虑地下水对策的基本观点。

考虑地下水对策的基本观点 表2-1-1

施工阶段	"受"地下水的影响	"对"地下水的影响
施工中	·作业效率降低 ·结构物质量降低 ·底鼓等开挖底面不稳定 ·支护等出水、土砂流入 ·工费增加、延误工期	·现场周边水位下降 ·地下水质变化 ·因地下水位下降,促使地层下沉
施工后	·因地下水压,地下结构物上浮 ·地下水流入地下结构物内	·遮断地下水流,而对地层产生不同的环境影响

依上所述,考虑地下水对策必须依据以下3个条件(图2-1-1):

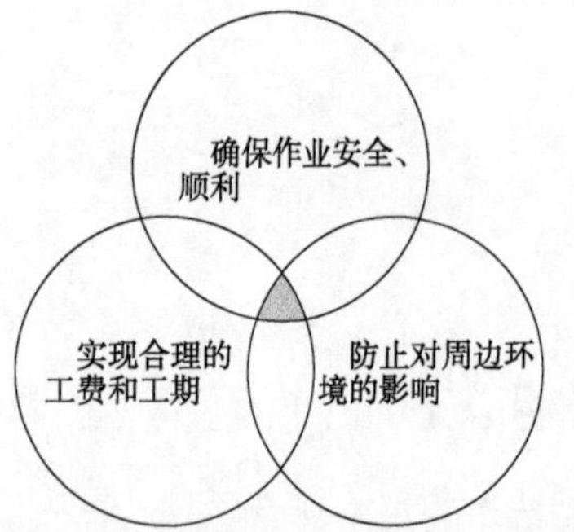

图2-1-1 地下水对策应符合的条件

(1)确保施工作业安全、顺利进行;

(2)不对周边环境产生有害影响;

(3)实现合理的工费和工期。

具体地说,首先要认识到**地下水是重要的地下资源**,作为地下资源即要保护也要利用,这是处理地下资源的基本方针。只要遇到与地下水有关的问题,都要考虑这一点。

其次,隧道及地下工程施工发生涌水时,必然影响地下水的变动,如地下水位下降(上升)或水的异常涌出等,扰乱地下水原始的"水平衡"状态,甚至对周边环境产生不利的影响(如地层下沉、水质劣化、地下水从隧道中大量涌出等)。

地下水以隧道涌水的形态出现,对隧道施工也有重大、不可忽视的影响,如导致作业效率大幅度降低作业质量难以保证等。

因此,在决定地下水控制对策时,即要考虑隧道施工对地下水的影响,也要考虑地下水对隧道施工的影响。它决定了地下水控制技术的内涵和发展趋势。

从工程实践来看,地下水的影响可归纳为表2-1-2。

由表2-1-2可知,地下水位下降与上升均对环境、地层等产生影响。特别是在城市地区,由于地下水位下降会产生地层的压密下沉,地下水位上升会产生地下结构物漏水的增加等;在山岭隧道中,由于地下水位下降有时会产生井点枯竭,改变地下水的初始状态。而不管是水位下降和上升均会对动植物的生态环境产生不良影响。因此,从环境保护的角度出发,

“保持自然环境构成的要素(地下水)处于良好状态”和**“确保生态系的多样性的同时,保护自然环境(例如地下水环境)适应地域的自然社会条件”**是非常重要的。

地下水的影响　　表 2-1-2

地下水的影响		地下水位上升	地下水位下降
对地下水利用的影响	水量变化	·增加	·井点枯竭 ·水田失水
	水质变化	·滞留 ·污染物质扩散	·盐化 ·氧化
对地层、结构物的影响	地层	·液化危险性增大 ·地层湿浊化 ·冻结和溶解时的下沉 ·水浸下沉	·压密下沉 ·地表干燥化
	结构物	·结构物上浮 ·结构物漏水增大	·桩基腐蚀 ·对地中埋设物的影响
对自然环境、动植物生态系统的影响	自然环境	·湖沼泛滥 ·地表气象变化	·涌水枯竭 ·河川、湖沼减水 ·地表的气象变化
	动植物生态系	·根腐	·植物枯死 ·对水生生物、水生植物的影响

因隧道开挖发生的涌水,多成为隧道开挖困难的主要因素,特别是突发涌水和高压大量涌水,使隧道开挖变得极为困难,并成为伴随大量涌水、土砂流出等对隧道开挖影响极大的主要因素。此外,由于隧道开挖的同时易发生井水枯竭、地表面下沉、农作物的水源枯竭等对周边环境、居民的影响,因此隧道施工后产生的巨额经济补偿有时也难以避免。目前,在隧道施工前调查、设计中,准确预测开挖可能引发的涌水或枯水是很困难的。

二、隧道涌水及其分类

地表的降水,一部分渗透到地中,或者蒸发到大气中。渗透到地中的降水,成为地下水。多数的地下水起源于降水。隧道涌水的产生是因为隧道开挖释放为大气压的压力,造成周边围岩内的孔隙水压比大气压力低,则周边围岩的地下水流入隧道而产生隧道涌水。

隧道涌水,视其发生位置、涌水量、发生时期、涌水量的历时变化等,有多种表现形式。隧道开挖中的涌水,根据其发生位置和测定位置,可分为**掌子面涌水、区间涌水和洞口涌水**3类(图 2-2-1)。

在工程实践中,隧道涌水现象总是与地质构造有关。日本根据已有的工程实践经验,总结了地质构造与涌水现象的关系(表 2-2-1),作为采取地下水对策的基本依据。

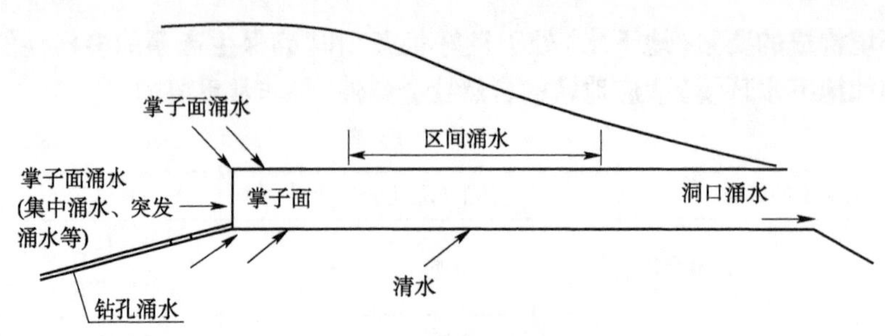

图 2-2-1　隧道涌水的分类

地质构造与涌水现象的关系　　表 2-2-1

地下水类型	地质条件		地质构造	隧道涌水现象
地层水	未固结含水层	水平层～缓倾斜层		·水量小,掌子面崩塌 ·掌子面崩塌后,发生地表面下沉
		难透水层互层		·难透水层的裂隙水 ·突发涌水的同时,发生掌子面崩塌
		含水层不整合分布		·伴随大量涌水,发生泥土状崩塌 ·涌水的同时,有山鸣现象
	固结含水层			·崩塌现象少,从掌子面、洞壁易发生涌水
洞窟水	地下溶洞的贮水			·掌子面裂隙的集中涌水 ·爆破后集中涌水,掌子面崩塌
裂隙水	侵入岩的裂隙围岩			·侵入岩前后的突发涌水 ·有时出现掌子面崩塌
	裂隙发育的围岩			·有时掌子面出现集中涌水 ·泥土充填崩落
破碎带水	黏土质破碎带			·直接过破碎带时突发涌水 ·有时掌子面崩塌
	有含水层的破碎带			·从掌子面裂隙出现大量涌水 ·有时破碎带的土砂流出
	有变质黏土和含水的破碎带			·混有砾石的土挤出、崩塌 ·涌水的同时,出现山鸣现象

从地质构造与涌水现象的关系来看，可能出现的涌水现象大体上可分为，局部集中涌水、局部突发涌水、正常涌水，以及伴随涌水的崩塌及土砂流出等。其中，**伴随开挖的集中涌水、异常涌水、随掌子面崩塌的突发涌水、开挖初期阶段的大量涌水、伴随涌水的土砂流出**等对施工安全、环境影响极大，**是我们防治隧道涌水所关注的重点**。

在裂隙围岩中隧道围岩的地下水分布和涌水发生模式化如图 2-2-2 所示。

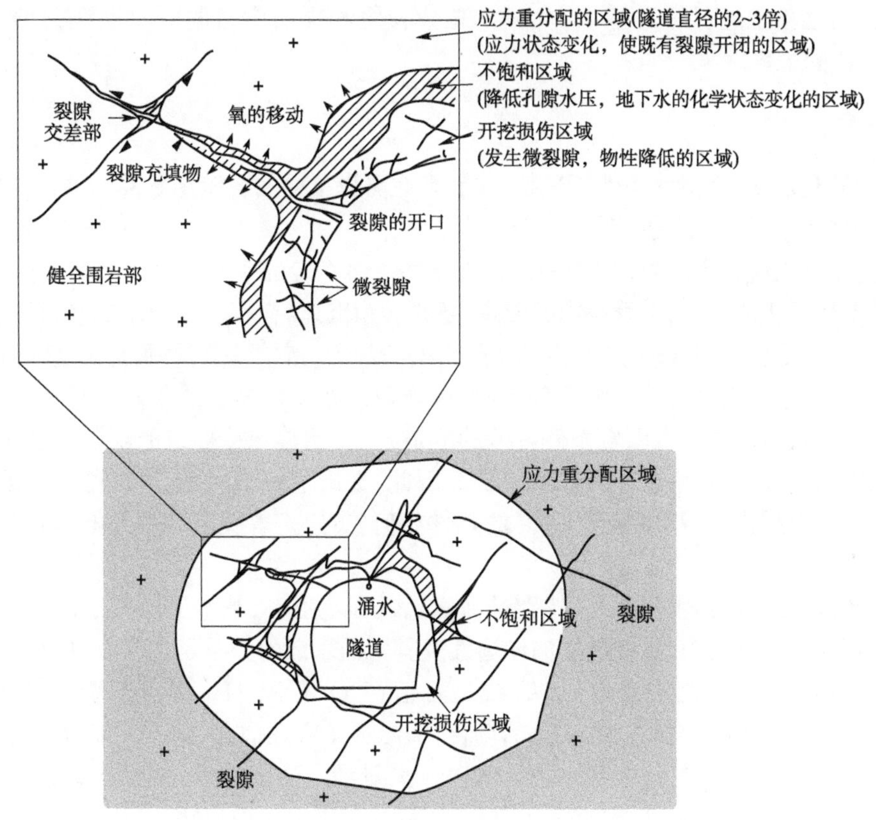

图 2-2-2　隧道围岩的地下水分布和涌水发生模式

由此可见，隧道的涌水形态，与地质状况与地下水存在形态密切相关。特别是突发的异常涌水分布极不均匀，涌水突然发生，水量不可预计，会形成水荷载状态的异常。因此，在隧道施工时，要掌握隧道周边的地下水存在形态、水文地质构造等，及时应对隧道开挖过程中可能出现的涌水问题。

因此，尽管对地下水有这样那样的分类，但重要的是如何对隧道涌水进行分类，以便有的放矢地采取相应的对策。

三、涌水(地下水)处理的基本目标

从施工角度出发，涌水处理应达到以下三个目标：

目标一:确保隧道施工在**无水条件**下进行,或者是在**可以接受的渗漏水条件**下进行,或者是在对**周边环境“可接受干扰”的条件下进行**。

目标二:**二次衬砌原则上不承受水压作用,必须承压时,把水压控制在二次衬砌容许的范围内。**

从结构角度出发,应达到**运营中的隧道洞内不能成为地下水流经的通道,隧道衬砌背后必须形成一个纵横交错、不易堵塞、通畅的排水系统的目标。**

目标三:达到上述目标是基本方法是:**充分利用和提高围岩的隔水性能,合理处理好“排”与“堵”的关系。**

1. 目标一

【确保隧道施工,在**无水条件**下进行,或者是在**可以接受的渗漏水条件**下进行,或者是在对**周边环境“可接受干扰”的条件下进行**】

隧道,原则上应在**无水条件**下施工,既应在掌子面稳定的条件下施工。实际上,所谓的无水条件是理想化的条件,不管是山岭隧道,还是城市隧道,在存在地下水的条件下,要保持无水条件施工,是较为困难的,而且也是不经济的。因此,多数隧道,特别是围岩条件良好的隧道,地下水对掌子面稳定性影响比较小时,完全可以在正常排水的条件下顺利施工,这已为许多工程实践所证实。在围岩条件较差的隧道,只要能够保持隧道的渗漏水在施工可接受的范围内,采用施工排水也是可以施工的。因此,提出了一个问题:施工可**接受的渗漏水条件**,或者说,**对周边环境“可接受干扰”的条件**如何确定,是解决围岩较差隧道正常施工的关键因素之一。

大家知道,隧道的涌水量状态,特别是涌水量及涌水形态,基本上取决于围岩的构造及其渗透性能。因此,研究和掌握围岩的渗透性及其与涌水量的关系是十分必要的。

围岩的渗透性可以用渗透系数(k)或吕容值(Lu)表示(1Lu 相当于渗透系数 1.3×10^{-5}cm/s)。一般说,吕容值在 10~20 的场合,即渗透系数在$(1.3\sim2.6)\times10^{-4}$cm/s,达西定律是不适用的。也就是说,在集中涌水和高压大量涌水的条件下,达西定律是不适用的。在这种情况下,一些渗流场解析方法,也是不适用的,基本上无理论解。

从工程实践来看,围岩是一个不连续介质,从能够抗渗的坚硬岩石到高渗透性的围岩,其水力特性差异大。这说明,围岩本身往往是一个很好的抗渗屏障,具有显著的气密性特点,也具有良好的隔水性能。但由于其是天然的、不匀质的,其性质相差很大。

在挪威的工程实践中,认为围岩是一个典型的节理含水层,水在透水的不连续面活动,或沿其通道流动。围岩的渗透性主要取决于主体岩石渗透性及岩石的节理状态。其中,岩石本身的渗透性很低,而节理的渗透性差异极大,它是决定涌水量的基本因素,也是形成相应涌水的基本因素。

进入隧道的涌水量取决于多种因素,如:

- 隧道的开挖断面积;
- 隧道的深度;
- 岩石的初始渗透系数;
- 水流的初始梯度;

- 降水量的补充值等。

工程实践证实,隧道的涌水量,与地下水赋存状态、围岩的渗透系数直接相关。即隧道的涌水量 q 与**围岩综合渗透系数 k**、**水头 h** 均成比例相关,渗透系数越大,或水头越大,涌水量也越大。因此,了解围岩综合渗透系数是十分必要的。

我国《水利水电工程地质勘察规范》(GB 50287—2006)规定的岩土渗透性的分级,列于表2-3-1。

岩土渗透性分级(水利水电工程)　　表2-3-1

渗透性等级	标准		岩体特征
	渗透系数 k(cm/s)	透水率 q(Lu)	
极微透水	$k<10^{-6}$	$q<0.1$	完整岩体,含等价开度小于0.025mm裂隙的岩体
微透水	$10^{-6}\leq k<10^{-5}$	$0.1\leq q<1$	含等价开度0.025~0.05mm裂隙的岩体
弱透水	$10^{-5}\leq k<10^{-4}$	$1\leq q<10$	含等价开度0.05~0.1mm裂隙的岩体
中等透水	$10^{-4}\leq k<10^{-2}$	$10\leq q<100$	含等价开度0.1~0.5mm裂隙的岩体
强透水	$10^{-2}\leq k<1$	$q\geq 100$	含等价开度0.5~2.5mm裂隙的岩体
极强透水	$k>1$		含连通孔洞或等价开度大于2.5mm裂隙的岩体

注:$1\text{Lu}=1.3\times10^{-5}\text{cm/s} = 1.3\times10^{-7}\text{m/s}$。

从表2-3-1的渗透系数分级来看,如果围岩的渗透系数(k)小于 1×10^{-6}cm/s,围岩可以认为是不透水的,即使在渗透系数小于 1×10^{-5}cm/s 的条件下,基本上也能够在不采取排水对策的条件下进行施工。因此,在事前调查和施工过程中,能够正确掌握围岩综合渗透系数,或对渗透到围岩中的涌水量进行分级,对决定控制涌水的对策是很重要的。

为了便于制定地下水对策,一些国家中的指南、标准,对隧道的涌水量进行了分级。下面是部分分级结果。

《铁路隧道设计规范》(TB 10003—2005)的规定,见表2-3-2。

我国《工程岩体分级标准》(GB 50218—2014)与《水利水电工程地质勘察规范》(GB 50287—2006)规定的地下水出水状态的分级,基本一致,如表2-3-3所示。

渗水量分级　　表2-3-2

级别	状态	渗水量[L/(min·m)]	级别	状态	渗水量[L/(min·m)]
Ⅰ	干燥或湿润	<1	Ⅲ	经常渗水	2.5~12.5
Ⅱ	偶有渗水	1.0~2.5	Ⅳ	严重涌水	>12.5

地下水出水状态分级　　表2-3-3

地下水出水状态	p、Q 范围	地下水出水状态	p、Q 范围
潮湿或点滴状出水	$p\leq0.1$ 或 $Q\leq25$	涌流状出水	$p>0.5$ 或 $Q>125$
淋雨状或线流状出水	$0.1<p\leq0.5$ 或 $25<Q\leq125$		

注:1. p 为围岩裂隙水压值,MPa。

2. Q 为每10m隧道长度的出水量,L/(min·10m)。

RSR围岩分级中有关渗水量的分级见表2-3-4。

渗水量的分级 表2-3-4

渗水量[L/(min·m)]	<0	3	3~15	>15
级别	无	轻度渗水	中度渗水	严重渗水

RMR 围岩分级中有关水压和渗水量的分级见表2-3-5。

水压和渗水量的分级 表2-3-5

水压(MPa)	0	<0.1	0.1~0.2	0.2~0.5	>0.5
渗水量[L/(min·m)]	0	<1	1~2.5	2.5~12.5	>12.5
出水状态	干燥	潮湿	滴水	线状流水	涌水

表2-3-3和表2-3-5都把水的状态与水压值联系在一起。在涌水的状态下，水压值有可能超过1MPa。

这些规定，基本上把隧道涌水状态分为5级，即**干燥潮湿、渗水滴水、线状流水、经常涌水、突发大量涌水。**一般说在干燥潮湿、滴水渗水的状态下，基本上可以不采取排水对策进行施工。而在其他场合，均需采取不同的排堵水措施进行施工。也就是说，**在涌水量 $q \leqslant$ 2.5L/(min·m)时，基本上可以认为是在无水条件下施工。**在一般情况下，线状流水、经常涌水可以用自然排水方式排出，而大量、突发涌水，则需要采取特殊的地下水对策予以解决。对地下水控制技术来说，这是大家最为关注的问题，也是当前地下水控制技术发展的主流方向。

通过对上述基准、规定进行比较，我们的隧道渗水量的规定，还是比较严格的。

2. 目标二

【二次衬砌原则上不承受水压作用，必须承压时，把水压控制在二次衬砌容许的范围内】

水压(水荷载)的处理，各国的观点基本上是一致的，都是按照二次衬砌是否承受水压来划分的。这里可分为3种情况，即：

(1)衬砌不承受水压，即所谓的完全排水型隧道；

(2)衬砌承受全部水压，即所谓的非排水型隧道；

(3)衬砌背后设置注浆区域，分担衬砌所承受的水压，衬砌只承受部分容许的水压。

从目前的隧道设计实际情况来看，在山岭隧道中多数是采用(1)方案，在城市隧道中多采用(2)方案，在高水压和大量、突发涌水的极端情况下采用(3)方案。

理论上，各种情况下作用在衬砌或注浆域的水压(水荷载)分布如图2-3-1。

应当指出，上述的荷载分布是理论上的简化，实际上，水荷载的分布区域与围岩构造密切相关，实际分布是很难概括的。

1)排水型隧道

在以自然排水为前提的山岭隧道，衬砌周围处于流水状态，此时隧道衬砌只承受动水压的作用(图2-3-1)。水荷载量都不大，设计时可以忽略。也就是说，排水型隧道也会有可以接受的水荷载。

2)非排水型(防水型)隧道

隧道衬砌，理论上承受全水头作用的水压，即如图2-3-1b)所示的水荷载，这种情况多发生在城市隧道中或埋深较浅的山岭隧道中。

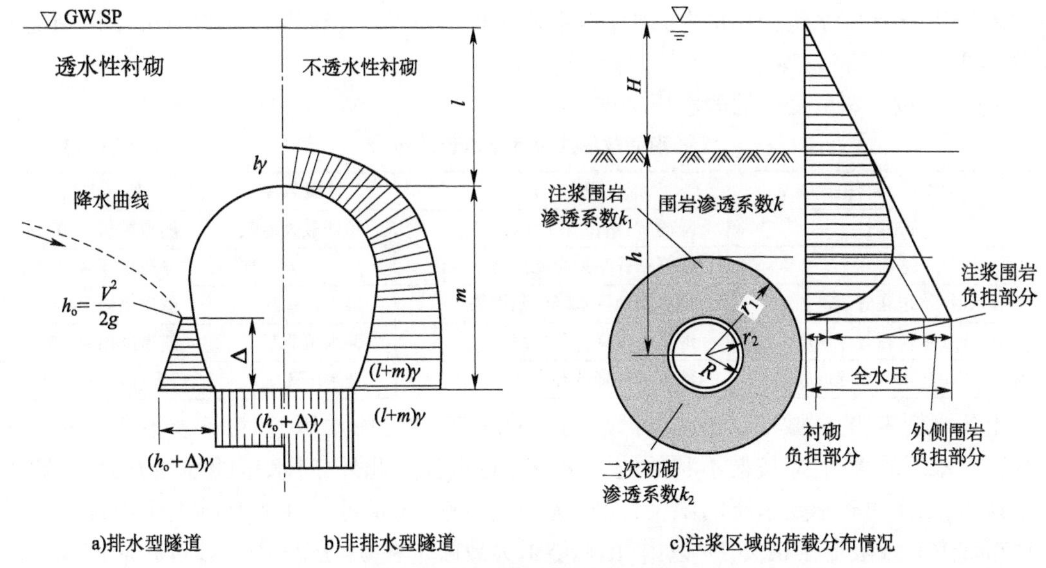

图 2-3-1 隧道衬砌作用的水压概念图

日本在《铁道结构物等设计标准》中的城市矿山法隧道篇，对初砌承受全部水压做了如下规定：

在地下水位以下的防水型隧道的二次衬砌及仰拱的设计中，应考虑水压。

设计考虑的水压特性值原则上取孔隙水压。在确定孔隙水压有较大困难时，可在实测中假定地下水位，计算水压。

一般来说，在考虑水压时，最好采用高水位（丰水期的水位）或者低水位（枯水期的水位）。但在以下地形、地下水条件下，隧道运营期间水位可能出现显著变化，应考虑异常水位，研究衬砌的承载状态。

- 谷形地带，地表水和地下水易于集中的场合。
- 扇形地带存在丰富的地下水脉，隧道两侧水压产生显著不均衡的场合。
- 水位经常变动的场合，设计时要考虑水压变动。

在设定水压时要注意以下几点：

（1）地下水位，不仅随季节性降雨而发生变化，而且近接施工也会引起变化；

（2）由于不准随意抽取地下水，地下水水位年年上升的情况也会发生；

（3）因近接施工产生垂直荷载作用在衬砌上时，设定高水位不一定是安全的，因此，要按高水位和低水位分别进行研究；

（4）谷形地带和扇形地带等遮断地下水脉的场合，有时会产生偏水压。此时，即使水位低，也会使衬砌产生很大弯矩，因此要按偏水压设计。

日本在城市防水型隧道衬砌设计中，不考虑土压，水压按水位在拱顶 ±0m、拱顶上 5m、拱顶上 10m、拱顶上 50m 四种情况，进行设计。

例如，日本大万木公路隧道，长 4878m，其中位于广岛侧处于小埋深，并且通过断层破碎带和河流，如采用排水型隧道有可能造成河水流量降低，从而影响当地的农业用水。因此，以保障河流流量为目的，采用了钢筋混凝土衬砌的防水型隧道构造。

● 该地区年降水量变化很大，预计地下水位的波动也大，经研究认为作用在衬砌上的荷载形式有5种(表2-3-6)。

● 水压按随深度变化的静水压考虑。

初砌荷载形式及地下水位的组合 表2-3-6

水位条件	概况	荷载条件	地下水位
降雨时	降雨多，水位处于地表	短期最大荷载	隧道拱顶+30.0m
平时	根据钻孔结果得到的地下水位	长期最大荷载	隧道拱顶+28.0m
有水时(水位在隧道拱顶)	枯水期地下水降低到拱顶	偏水压荷载	隧道拱顶+0.0m
有水时(水位在隧道拱肩)	地下水位降低到拱肩	偏水压荷载	隧道拱顶-1.91m
水位降低时(水位在隧道底部)	地下水位降低到隧道底部	偏水压荷载	隧道拱顶-8.85m

上述事例表明，在城市隧道或埋深浅的山岭隧道，在考虑水压值时，不能不考虑地下水位变化对水压的影响，应按最不利的地下水位进行设计。此外，对水压的处理方面，多数国家都认为，二次衬砌承受水压的限值，应在考虑经济性、技术可能性的基础上予以确定。日本城市隧道大致限定在0.3MPa以内，山岭隧道大致限定在0.6MPa内。超过相应值应采用注浆方法，降低水压，这也是各国普遍采用的方法。

目前，各国在处理水荷载上，大都是根据**经验加以判定**的。例如，Barton的涌水量和水压的建议值(表2-3-7)，就是一例。

水压分级 表2-3-7

分级	节理间水的状态	水压值(MPa)
A	干燥状态，开挖后局部有少量涌水，水量小于5L/min	小于0.1
B	中等程度涌水，或者中等程度的水压，有时出现节理充填物流出	0.10~0.25
C	没有充填物的节理，承载力充分的岩体内出现大量涌水，或者承压水	0.25~1.0
D	大量涌水或承压水，充填物流出量较大	
E	爆破时，会意外出现大量涌水或承压水，它们随时间衰减	大于1.0
F	意外出现大量涌水或承压水，但它们不随时间衰减	

美国根据隧道使用条件和施工经验数据，在《公路隧道设计施工技术手册》(2010版)中，提出隧道结构上的经验水荷载(图2-3-2)，由水荷载图可知，在隧道拱顶附近，静水压力值最大(水头H)，在仰拱处水压力降低到静水压力的10%左右($0.1H$)。

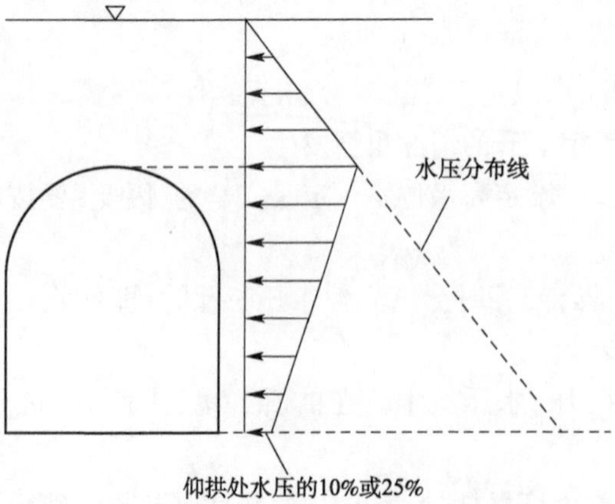

图2-3-2 隧道结构上的经验水荷载

图2-3-2所示的经验水荷载建立在排水系统的基础上，该排水系统是由边墙排水层(滤布)，设置在墙后面和仰拱下面的集水管、排水垫层，以及覆盖整个仰拱的砾石层等构成。仰拱上的水荷载降低到静水压力的10%，仰拱水平设计了良好的砾石层和排水管(考虑适当的规定和长期维护措施)。在其他情况下，建议在仰拱水平的荷载为静水应力的25%。经验荷载可能是保守的，但考虑到经过一段时间，地下水渗漏可能堵塞放在混凝土墙

后的排水层(布),造成地下水压力超过假设的荷载,因此底部排水垫层和集水管应继续发挥排水作用。

3)衬砌背后的注浆区域

衬砌背后设置注浆区域,分担了衬砌承受的水压,衬砌只承受部分(容许的)水压。

像日本青函隧道那样埋深很大的海底隧道,用衬砌抵抗水压几乎是不可能的,因此,用注浆的方法提高围岩的不透水性,让围岩也负担一部分水压是唯一的可能[图 2-3-1c)]。日本青函隧道以及挪威的海底隧道,包括一些城市隧道都是这样处理的。

日本根据城市隧道的施工实际情况,统计出土砂~软岩隧道涌水量(整个隧道的排水量)和地下水头的关系(图 2-3-3)。几乎所有涌水量在 100L/min 以上的隧道,地下水头 5~10m 以上,都采取了涌水对策进行施工。

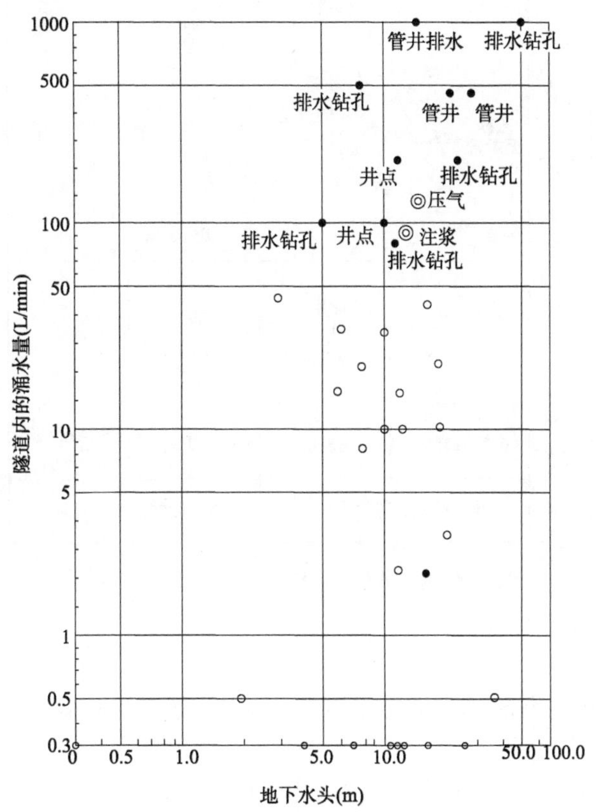

图 2-3-3 隧道涌水量和地下水头的关系

○-无降低地下水位工法;●-有降低地下水位工法

图 2-3-3 把涌水量与地下水头联系起来,说明涌水量与地下水头有一定关系。一般来说,涌水量大,地下水头也大。因此,根据涌水量的大小,大致可以确定水头的大小。

地下水压、围岩固结度及涌水对策的关系如图 2-3-4 所示。

图 2-3-4 进一步说明,在地下水压大于 0.6MPa 时,日本均采取了围岩注浆补强的措施。

在大量涌水或承压水的水压比较大的场合,用衬砌来承受水压,无论从经济上,还是从安全上看都是不现实的。

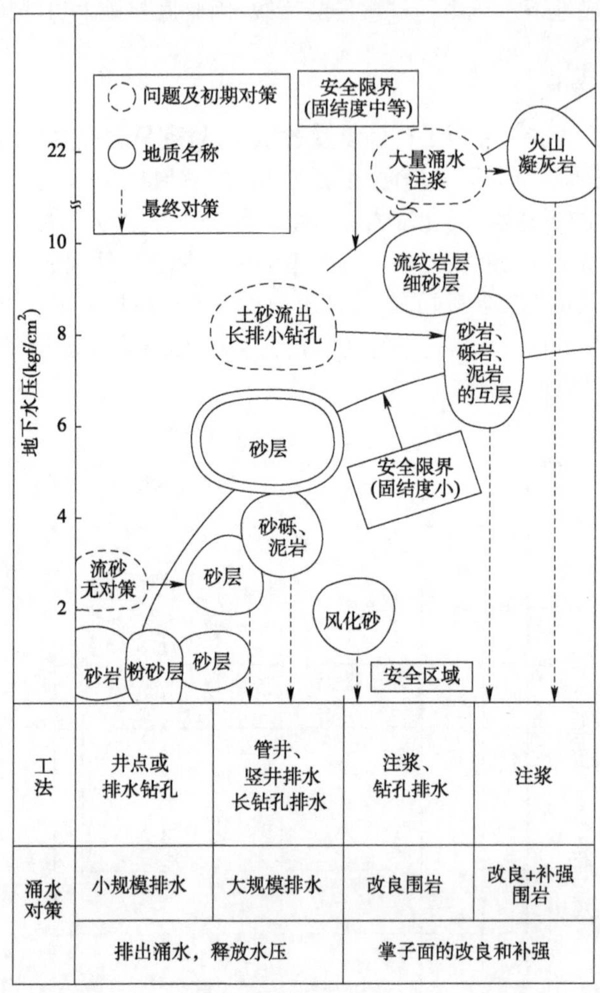

图 2-3-4　地下水压、围岩固结度及涌水对策的关系

3. 目标三

【运营中的隧道洞内不能成为地下水流经的通道；隧道衬砌背后必须形成一个纵横交错、不易堵塞、通畅的排水系统】

隧道的防排水构造，各国基本上是大同小异，大家的认识也较为一致。不管是排水型隧道，还是非排水型隧道，都需要在衬砌背后形成一个纵横交错、不宜堵塞、通畅的排水系统。绝大多数国家都不容许地下水流入隧道内，而是通过背后的排水系统排出隧道。我国铁路隧道建设长期以来，**采用把地下水引入隧道，再从洞内两侧边墙附近设置的排水沟排出的做法是值得商榷的。特别是在可能发生冻害的地区，采用深埋的排水沟，更不可取。**

大多数国家，基本上是把排水管(沟)移设到仰拱的填充层中或仰拱的下面，也有把排水管(沟)设置在衬砌拱脚的外侧。例如，日本的铁路、公路隧道的排水管，基本上是把中央排水管设置在仰拱内或仰拱下方(图 2-3-5)，其设置位置见表 2-3-8。而在隧道两侧只留有用于排出流入的雨水或清洗隧道水的排水沟(管)。

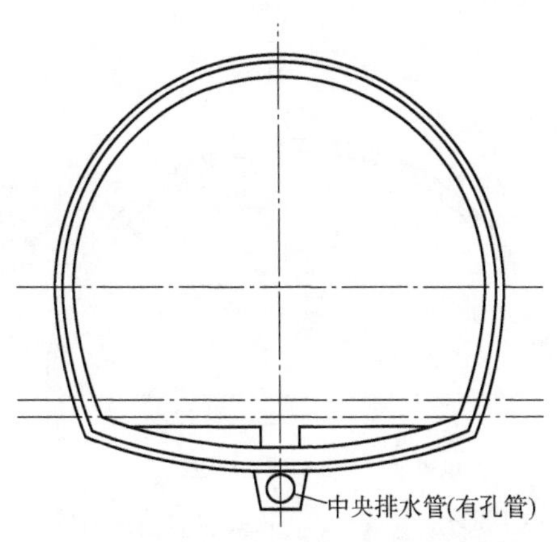

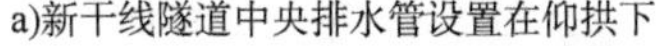
a)新干线隧道中央排水管设置在仰拱下

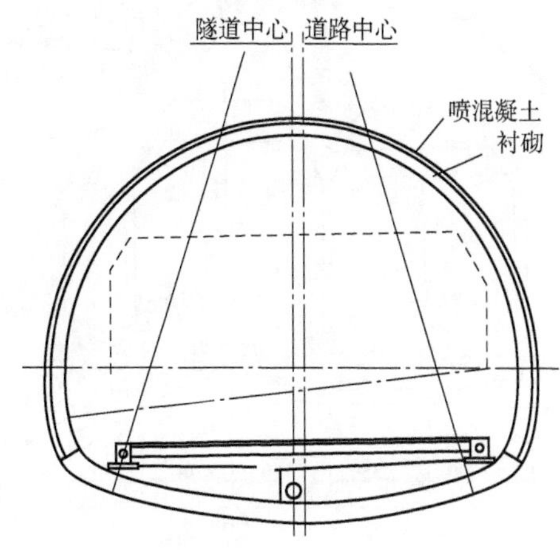

b)高速公路隧道排水管设置在抑拱上

图 2-3-5 日本公路隧道的排水管设置实例

中央排水管(沟)的设置位置

表 2-3-8

中央排水管(沟)的位置	·仰拱上部(涌水多的场合,下部也要设置)	·仰拱上部(涌水多的场合,下部也要设置)	·普通围岩,设在仰拱下部 ·土砂围岩,仰拱半径大时设在仰拱上部 ·作为防止土砂吸出的对策,小断面的中央排水管(沟)设在仰拱上部,中央排水管(无孔管)设在仰拱下部

日本新干线隧道的排水管(沟)的设置,如图 2-3-6 所示。

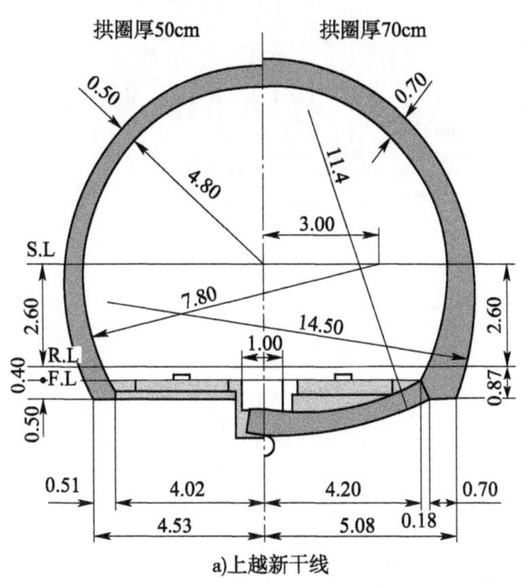

a)上越新干线

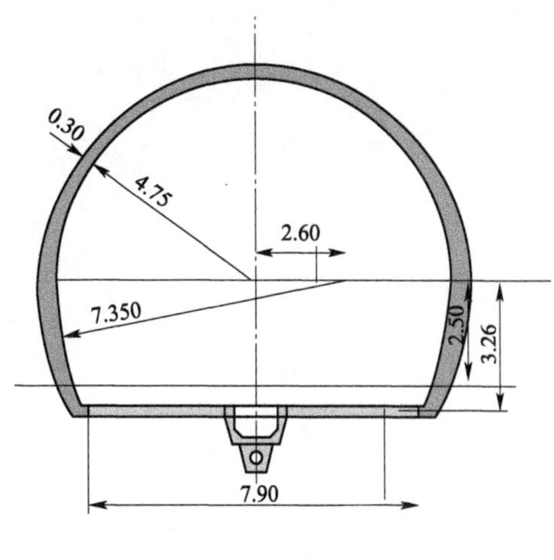

b)北陆新干线(高崎—长野)

图 2-3-6 日本新干线的排水管(沟)的设置实例(尺寸单位:m)

其他国家,如德国、法国等欧洲国家的高速铁路隧道的排水管,也基本上设置在隧道中央或两侧边墙底部的外侧(图 2-3-7、图 2-3-8)。

美国双车道公路隧道的排水构造如图 2-3-9 所示。

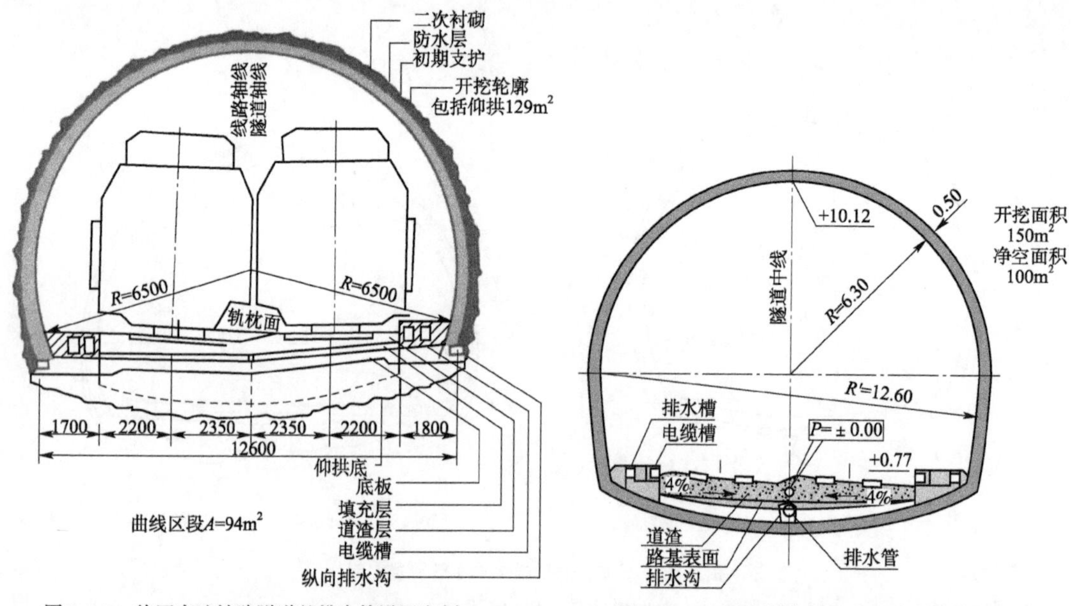

图 2-3-7　德国高速铁路隧道的排水管设置实例（尺寸单位：mm）

图 2-3-8　法国高褆埃尔隧道的排水管设置实例（尺寸单位：m）

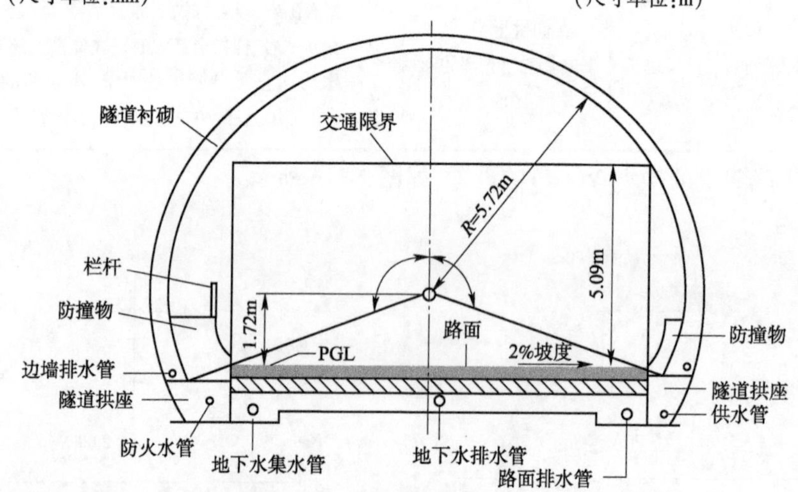

图 2-3-9　美国双车道公路隧道排水构造实例

我国公路隧道的排水沟设置如图 2-3-10 所示。

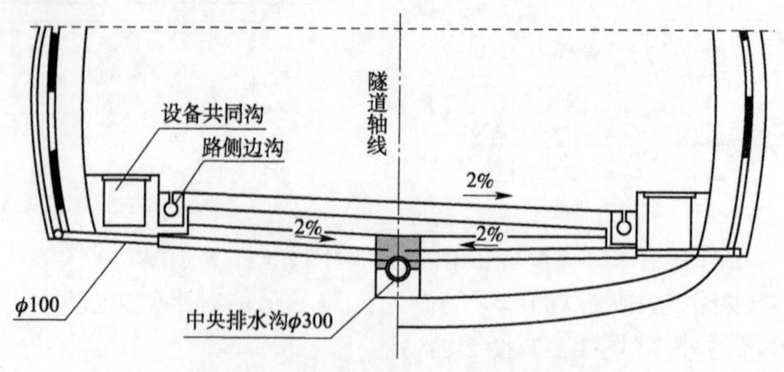

图 2-3-10　我国公路隧道的排水沟设置实例

因此,建议立项研究取消洞内排水沟,设置仰拱上或下部,或两侧边墙底部排水管。

四、排堵结合——控制地下水的最有效方法

众所周知,正确处理好“堵”与“排”的关系,是控制地下水的最有效的方法。目前,各国采用的方法,基本上是以“排”为主,在极端情况下,才采取“堵”与“排”相结合的方法。隧道的涌水,是很难完全堵住的。因此,在任何情况下,都应排放一定量的地下水,这不仅仅是技术问题,也是经济上应考虑的问题。

涌水控制对策大体上分为“排水”对策和“堵水”对策2大类(表2-4-1)。所采取的排水对策是积极地排出流入掌子面的地下水,同时降低隧道周边的地下水位。而堵水对策则是遮断地下水的流路,抑制涌水流入洞内。一般来说,多采用费用低、易于施工的排水方法,但在地下水水量大、所采取的排水方法降低地下水位困难,地下水位降低对周边环境有影响,以及会引发大量突发涌水等场合,则采用“排”、“堵”相结合的方法。

矿山法隧道的涌水对策 表2-4-1

基本概念	划分	工种
排水方法	重力排水方法	排水钻孔、排水坑道
	强制排水方法	井点、管井
	上述方法并用	上述方法并用
堵水方法	注浆方法、冻结方法、压气方法、遮断壁方法	
并用方法	堵水方法与排水方法并用	

目前我们的工程实践经验充分证实,**“排”与“堵”相结合的方法是控制地下水最有效的方法。**

表2-4-1所列的方法,几乎在我们实际施工中都得到相应的应用,经验丰富,教训深刻。在处理隧道涌水方面,我们是最有发言权的,遗憾的是,我们没有对取得的成果进行系统的总结与归纳,至今,遇到隧道大量涌水或异常涌水,还是手忙脚乱,束手无策。

在处理“排”与“堵”的关系上,只要解决在什么情况下需要采取“堵”的方法,问题就迎刃而解了。

1.采用堵水方法的具体情况

在下述情况下,基本上要采用堵水对策。

- 在地下水量大、围岩渗透系数大于10^{-6}～10^{-5}cm/s时,为了确保施工在可接受的渗漏水条件内。
- 在地下水位降低对周边环境产生有害影响,为了确保周边环境处于“可接受干扰”的条件,需要采取堵水对策,来降低涌水量。
- 为了避免二次衬砌直接承受水压,或减小作用在衬砌上的水荷载,不仅需要注浆,而且注浆必须形成防渗体,以承受水压的场合。
- 从目前的施工现状来看,基本上采用**注浆**的堵水方法。

挪威在海底隧道及城市隧道的设计中认为对涌水的控制，可以先对掌子面前方进行探孔，而后通过**预注浆**来实现（图2-4-1）。预注浆的主要目的，是围绕隧道周边建立一个不透水、渗透性小的围岩区域（图2-4-2），即防渗域。该防渗域，能够确保全静水压力作用在隧道周边预注浆区域的外侧。水压力通过注浆区逐步减小，水压力作用在隧道轮廓和隧道衬砌甚至接近于零。此外，预注浆也提高了注浆区域围岩稳定性，这也是预注浆的一个重要特征，这一观点在青函隧道就有所体现。

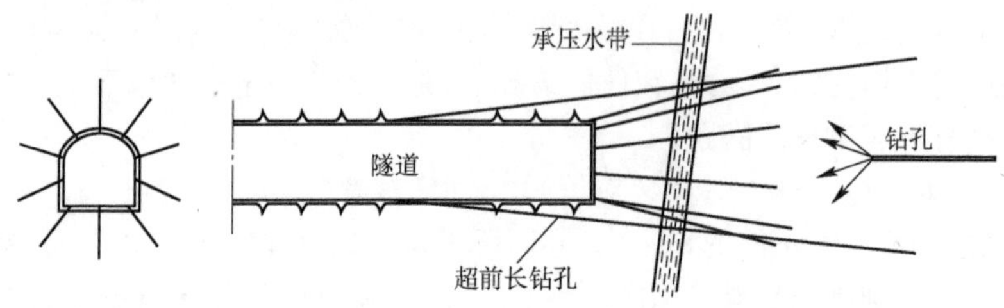

图2-4-1　典型的探测和预注浆设置

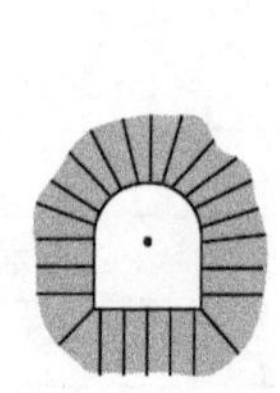

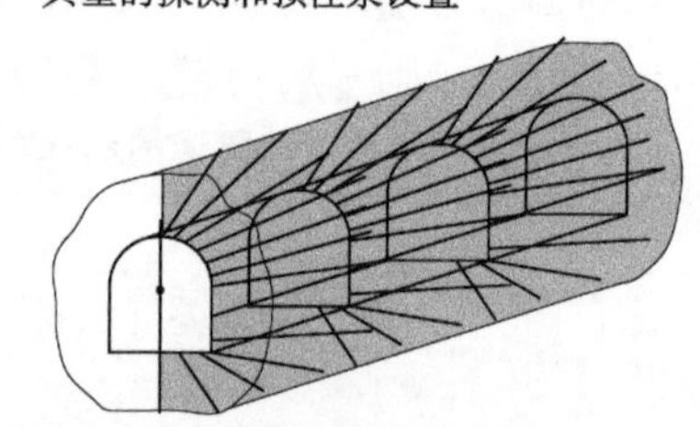

图2-4-2　预注浆区的示意图

围岩预注浆的基准，挪威是从两方面来考虑的。

一是，**挪威海底公路隧道中常用的容许涌水（渗漏）量（供水是无限大的）是30～100L/（min·m）**。

二是，在城市地区施工，周围环境要求限制发生地表面下沉，以避免对建筑物的影响，或者必须保护地下水的场合，**允许涌水（渗漏）量为2～10 L/（min·100m）**的范围内。

挪威经验表明，对非注浆隧道量测到的涌水量，大约在15～80L/（min·100m）范围内。可看见的涌水表明，涌水一般集中在沉积岩中的破碎带、断裂带和（或）火成岩脉/侵入体。水流大部分流入到最差的区域，作为集中水流流出。在中等埋深的隧道中这样的集中涌水，经量测可达60～80L/min；在其他涌水区，经常可以观察到滴水。

对成功实施系统预注浆隧道（交通隧道），测得的涌水量都低于6L/（min·100m）。然而，也存在大量涌水的情况，大部分发生在非注浆的隧道。

挪威根据反算的注浆隧道和非注浆隧道围岩的平均渗透系数，大致是：

（1）对于隧道很少或根本没有注浆的地段，经反算得到的围岩平均渗透系数（k）通常在$0.8\times10^{-6}\sim2.0\times10^{-5}$cm/s范围内；

（2）注浆隧道反算最低的围岩渗透系数k_i为$(2\sim6)\times10^{-7}$cm/s，大致是非注浆隧道围岩渗透系数的1/100～1/25。

日本规定在大坝的注浆中，主要采用水泥浆作为注浆堵水的标准方法，注浆堵水的作业方法和管理步骤均已标准化。隧道的堵水注浆可以参考大坝注浆，其改良目标如图2-4-3所示。

隧道与大坝相比，有以下不同：

- 多处于地下深部，一般水压高；
- 改良目标的渗透系数小，大坝是 10^{-4} ~ 10^{-5}cm/s，隧道是 10^{-6} ~ 10^{-5}cm/s；
- 多数是从洞内施工，而且多在大的动水坡度下水平施工。

从以上条件来看，隧道的注浆堵水比大坝的条件要严格。因此，在注浆材料和注浆方法等方面要加以完善，但施工条件是千差万别的，要根据具体情况而定。

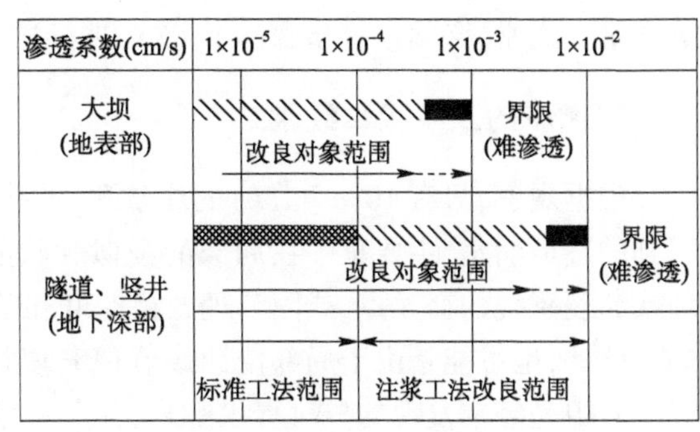

图 2-4-3 大坝和隧道注浆的改良目标

- 涌水量均与围岩自身的渗透系数有关。如改善围岩渗透系数，使之小于 10^{-6}cm/s，就可正常、安全开挖。

日本青函隧道的注浆标准如下：

异常涌水前：残留涌水 1L/(min · m)，换算吕容值 0.5Lu(0.65×10^{-5}cm/s)；

异常涌水后：残留涌水 0.5L/(min · m)，换算吕容值 0.4Lu(0.52×10^{-5}cm/s)。

仅仅从注浆堵水目的出发，只要能够满足正常的施工条件即可，也就是说，注浆后一定范围内的围岩能够达到满足正常施工条件的渗透系数。

对于防渗标准，其他国家的岩石地基工程一般为 1 ~ 5Lu(1.3×10^{-5} ~ 6.5×10^{-5}cm/s)。采用渗透系数时，对于重要的防渗工程均要求注浆后的渗透系数在 10^{-5} ~ 10^{-4}cm/s 以下。

依上所述，**隧道围岩的综合渗透系数，如果大于 10^{-6} ~ 10^{-5}cm/s 时，就需要采取注浆堵水措施，以减少隧道涌水量。**

隧道建造完成后，也有衬砌背后排水被堵塞而使水压增大、衬砌破坏的情况发生。因此，衬砌背后排水保持畅通十分重要。

注浆区域的厚度，需要根据要求的渗透系数及注浆技术水平等条件确定。

日本规定：以改良围岩为目的的场合，其改良范围为 2.0 ~ (D/2)m；改良效果的判断标准设定为 $c = 80$kN/m^2；以堵水为目的的场合，其注浆范围为 3.0 ~ (1 ~ 2)Dm。

2. 注浆工艺流程

流入到岩石隧道的涌水绝大部分赋存在节理、层理、剪切带、断裂带和其他裂隙之中。由于涌水来源可以识别，注浆堵水是最常用、具体针对性的涌水控制方法。注浆材料选配与使用，取决于坑道的尺寸和水流量。

注浆的工艺流程如下：

(1) 在掌子面前方钻探孔，检测潜在的大量地下水流；

(2) 确定探测区域的特点，初步界定含水的主要节理；

(3) 钻设一系列注浆孔，以拦截超越距隧道掌子面或侧面 35m 范围内的节理水流；

(4) 使用注浆管把水泥浆液注入，封闭水；

(5) 钻设接替孔，注入微细粒或更高渗透性的浆液，如超细水泥和(或)硅酸钠，完成封堵过程；

(6) 基于对注浆效果的评价，可能需要额外的孔和注浆，使水流流量最终降低到可接受的水平。通常，必须重复步骤(4)、(5)，进行试验和修正，直到水流减少到要求的程度。

3. 挪威的注浆实践经验

根据观察，只有10%～15%的注浆孔，钻孔中出现涌水，需要大量注浆。这证实了从观察到的隧道涌水，主要集中在局部的类似脉状的渠道。这种类似的脉状渠道可能出现在节理或断裂系统的交叉点，或因节理的粗糙度和节理(断裂)的相对位移而造成。

此外，也可能是由于局部侵蚀或节理充填材料的化学溶解，如方解石的化学溶解，这在沉积岩中是经常发现的。对富水围岩，注浆孔需要采用非常密集的钻孔模式。已有在富水围岩约10m的表面积上钻设约100个注浆孔的施工事例。

根据观察，使用高注浆压力(至少3～4MPa)，可以提高注浆量、降低渗透性。因为，使用高注浆压力会导致水力压裂，即使注浆孔不直接接触渠道，也更容易接触富水渠道。因此，使用高注浆压力可在一定程度上允许减少注浆孔，达到使用中等注浆压力(1～3MPa)相同的结果。

使用高注浆压力涉及潜在的注浆路径长的情况。有几个事例，高压注浆浆液甚至已达到地面、进入地下室、污水处理和水收集管道。因此，必须对每孔的注浆量设定、控制好。

使用高注浆压力的另一个潜在的好处是，它会提高围岩注浆的"预应力"效应，从而，提高隧道的稳定性、减少开挖隧道时的节理相对位移和节理张开的趋势。

市场上有许多不同类型的注浆材料。这些不同的注浆材料必须根据围岩条件和可接受的泄漏水平进行评价。当然，注浆材料的选择也要考虑成本问题。微细水泥的成本通常是标准的硅酸盐水泥的3～4倍。化学注浆材料如丙烯酰胺的浆液，可能要高于标准波特兰水泥的10倍。

毫无疑问，使用高注浆压力能够达到采用硅酸盐水泥和微细水泥同样的效果，从而减少对高渗透化学注浆的需求。目前正在建设的隧道，引入硅酸盐水泥和二氧化硅粉末的混合物。这是为增加注浆的渗透性，可能接近或达到采用微细水泥的结果。还应注意，无论是在挪威和瑞典，因潜在公众健康的风险，公共卫生官员禁止采用化学注浆材料。

4. 日本青函隧道注浆经验

(1)青函隧道在海平面下240m施工。为了应对2.4MPa的高水压和海水，在隧道周边构筑了注浆半径为隧道半径3倍的注浆域。按水压不直接作用在衬砌上进行设计，透过注浆域的涌水，从衬砌背后导出。因此，设计、施工的衬砌是厚70cm的素混凝土衬砌。根据打击声的检查结果，目前该衬砌仍然保持良好的使用状态。

(2)随着隧道半径与注浆带半径比值的增大，并没有出现很大的效果，不管哪种情况，从实用角度看注浆带半径是隧道半径3倍左右即可。

在此研究的基础上，考虑青函隧道实际施工情况注浆带的半径在普通地质区间采用隧道半径的3倍，在断层破碎带采用隧道半径的5～6倍。

(3)日本青函海底隧道是采用全断面围岩注浆的典型隧道。日本专家认为，作用在隧道衬砌上的水压与围岩的渗透系数有直接关系。根据青函隧道的施工经验，**如果隧道通过一定范围的注浆，把围岩的渗透系数降低2个数量级，即达到10^{-6}cm/s，就可以完全不考虑水**

压的作用。

5. 注浆施工实例

【实例一】 日本新宇治川水工隧洞(日本)

新宇治川水工隧道通过的山体,高程为100~170m,比较低,而且地下水位接近地表,是保水性良好的围岩。地表有水田耕作,地下水广泛用于生活用水和农业用水。钻孔调查结果显示,存在40m左右的大量涌水区间。因此,在该区间提前采取了隧道全断面堵水注浆。

注浆区域设定在距隧道外周,形成5m范围的堵水带,注浆材料采用水玻璃和高炉水泥,注浆率为5%,最大注浆压力是水压的3~5倍。图2-4-4表示了隧道注浆孔的配置。

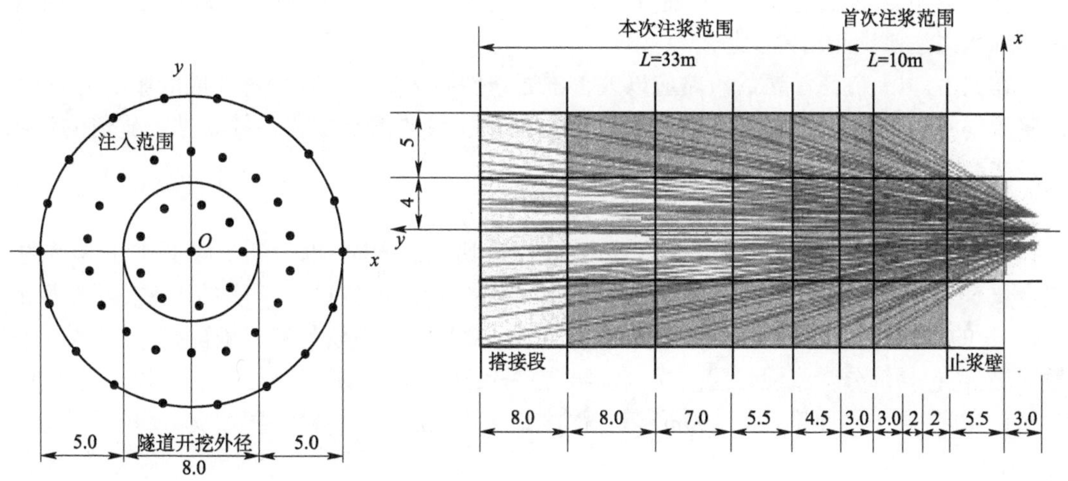

图2-4-4 隧道注浆孔的配置(尺寸单位:m)

【实例二】 挪威奥斯陆的Jong-Asker铁路隧道(挪威)

该隧道处于奥斯陆人口稠密的地区。隧道区域地质主要是寒武系-志留纪的沉积物,赋存有页岩、片岩、粉砂岩和砂岩。这些岩石被二叠纪玄武岩、斑岩和辉绿岩的侵入体所覆盖。

该隧道遇到一些不同的条件,它们是:

(1)软弱围岩的结构物基础有潜在的下沉;

(2)沿隧道线路的地下水和泉水的使用;

(3)游乐用途的使用;

(4)存在特殊群落生态环境。

基于围岩调查并辅以声波探查,对有潜在下沉的地区分类如下:

1*A*:下沉不小于80mm的区域;

1*B*:下沉40~80mm的区域;

1*C*:下沉不大于40mm的区域。

一百多户居民目前使用地下水作为淡水供应源。这些家庭供水源都将换为市政供水。

通过分析休闲区下沉对环境造成的潜在损害，允许渗水量分为 3 级，即：

1 级：中等渗水量 8 ~ 16L/(min · 100m)；

2 级：低渗水量 4 ~ 8L/(min · 100m)；

3 级：极低的渗水量 <4L/(min · 100m)。

最初，使用 Visual MODFLOW 软件对具有 3 种渗透系数的均质围岩和 3 种注浆围岩的渗透系数进行模拟分析[隧道的渗水量为 4、10、24L/(min · 100m)]。

Jong—Asker 铁路隧道的注浆策略包括 3 或 4 个爆破循环的预注浆，其取决于渗漏的级别。每次注浆循环长度为 21 ~ 27m，是否采取补充钻孔取决于渗漏到钻孔中的水量大小。但是，改变注浆效果的主参数将取决于地下水水位的响应情况。为了能够快速响应地下水水位的变化，建立了约 60 口井的测压管，记录地下水水位变化。地下水水位被连续记录和显示在互联网，24h 跟进注浆。尽管如此，为将渗水量下降到 4L/(min · 100m)以下，确须采用超细水泥注浆和高压力注浆。

在城市郊区，隧道注浆的策略应以改善围岩条件和达到尽量减少对环境的影响为目标。注浆规划所采用的地下水位实时记录值，是加强预注浆的重要参数。量测进入隧道的渗水量是次要的参数。

【实例三】 日本青函隧道

从日本青函隧道的注浆实例可以看出，在注浆堵水的同时，也达到了降低水压的目的。在全长 54km 的隧道中，注浆地段(主洞)只有 7km 左右，占隧道总长度的 1/8。而在海底 27km 长的隧道中，注浆的地段不到 2km。大部分注浆地段，不仅是断层破碎带、未固结的松散地层，还包括部分膨胀性岩层。这也说明，在海底隧道某些场合，水压也是可以不考虑的。甚至在海底(覆盖层厚度最大 100m，海水深度最大 140m)，只要岩层岩性良好，也不认为衬砌承受全部水压。

五、防水型隧道

近年以来，降低环境负荷是全社会关注的问题，采用防水型隧道的施工事例越来越多，特别是在城市矿山法隧道中。一般来说，标准的矿山法隧道具有排水构造，使周边的地下水位下降，防止衬砌受到水压的作用[图 2-5-1a)]，这样的隧道称为排水型隧道。为了控制开挖时的地下水位降低，在隧道四周用防水材料覆盖，这样的隧道称为非排水构造，要求衬砌能够承受水压作用[图 2-5-1b)]。此外，也有为提高隧道周边围岩的止水性而采用辅助工法的情况。但是，防水型隧道究竟如何设计，与各地域的复杂地质条件有很大的关系，目前，多按特殊事例进行研究和设计，还没有统一的设计方法。下面介绍日本采用的防水型隧道事例及研究成果。

1. 防水型隧道的数据分析

以 20 座防水型隧道的设计及施工方法事例为对象，进行数据分析。

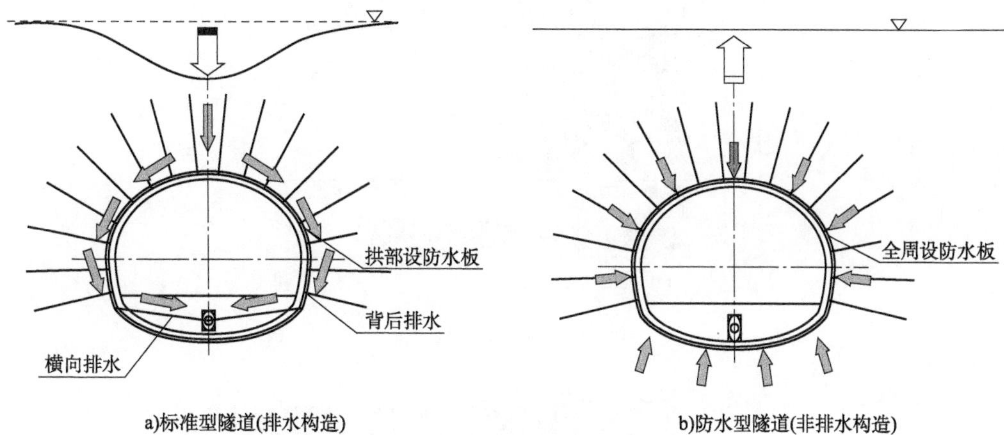

图 2-5-1 标准型隧道和防水型隧道

在防水型隧道的施工事例分析中，按埋深、围岩条件、设计水头、防水型隧道的实施形式及实施目的进行隧道类型划分。防水型隧道的实施形式，根据地下水位的容许水平，可分为开挖时减少向隧道内导水的形式（类型 1，称为开挖时防水型）和容许开挖时地下水位降低，使用期间恢复地下水位的形式（类型 2，称为开挖后防水型）两种。

根据防水型隧道实施目的的不同，可分为 3 种类型，即保护生态系统的自然保护型、保护隧道开挖影响范围内的水源的水源保护型，以及防止因地下水位降低造成的周边地层压密下沉对近接结构物产生变形影响的防止变形型 3 类。

图 2-5-2 是按不同类型划分的防水型隧道的实施类型。类型 1 和类型 2 的衬砌构造基本相同，但类型 1 为抑制开挖时的导水，基本上进行了围岩改良，提高了隧道围岩的止水性。类型 2 因为事前没有进行注浆止水，排水—非排水区间边界处，有必要采取从非排水区间向排水区间地下水纵向流动的对策。类型 1 因为开挖时尽可能地降低地下水位，针对自然保护型和防止变形型采用较多，但水源保护型在类型 2 中采用得较多。

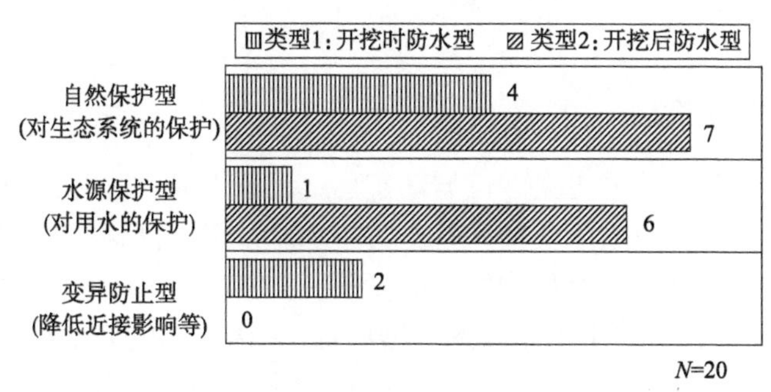

图 2-5-2 防水型隧道实施形式和实施目的

到目前为止，所研究的防水型隧道的实施条件的分析结果如图 2-5-3 ~ 图 2-5-5 所示。防水型隧道广泛采用预埋深小于 1D（D 为隧道开挖宽度）的未固结围岩到 2D 以上的硬岩中（图 2-5-3、图 2-5-4）。

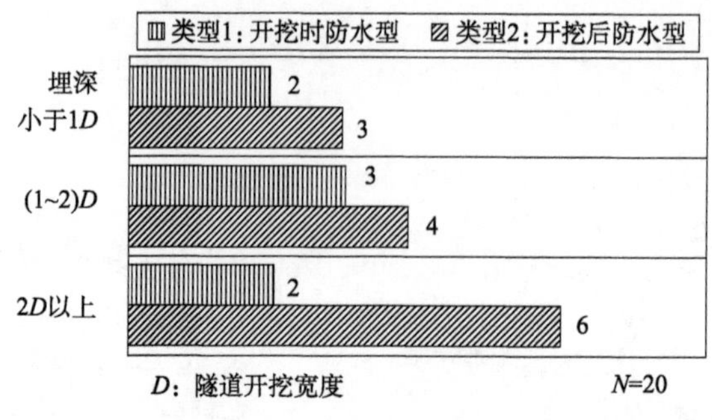

图 2-5-3　有关埋深的实绩

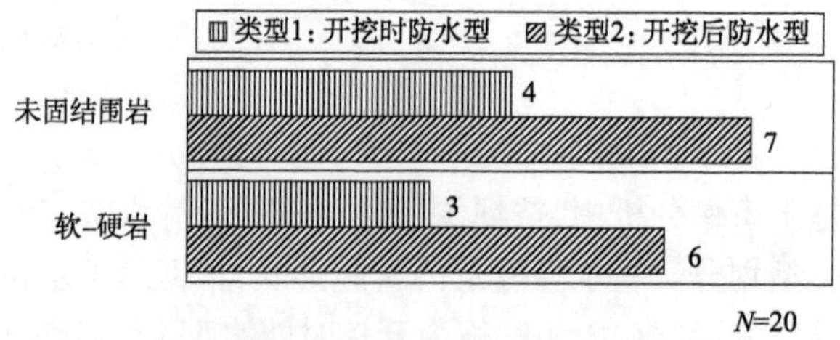

图 2-5-4　有关围岩条件的实绩

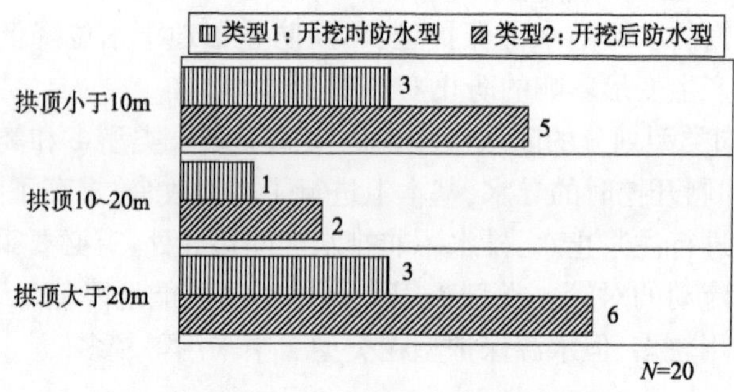

图 2-5-5　有关设计水头的实例

2. 承受水压的衬砌构造

一般的山岭隧道衬砌,原则上是在围岩动态稳定后施工的。此时,衬砌基本上不需要附加力学性能。在防水型隧道中,恢复的水位作为静水压作用在衬砌上,衬砌基本上采用钢筋混凝土构造,按容许应力法进行断面内力等的复核。

采用净空断面积的纵横比小于 0.8 的标准断面、纵横比 0.8 ~ 1.0 的准圆形断面、纵横比 1.0 的真圆断面进行比较分析。研究中采用的代表性净空断面尺寸如图 2-5-6 所示。

采用骨架构造法对防水型隧道衬砌设计时的作用水压和内力的基本动态进行研究,并采用容许应力法进行断面内力复核。

分别考虑自重和水压,隧道外周拉伸侧按设置非线性地层弹簧的模式进行计算。

由于防水型隧道作用的水压大,在仰拱半径大的标准断面中,隅角处弯矩增大,断面形状更接近于圆形,仰拱的承载力要比拱部强。另外,完全圆形的衬砌,其厚度比近似圆形的薄些,但施工恶化和开挖断面积增大发生的概率高。特别是,公路隧道比地下铁道、导水隧道的开挖断面积大,而隧道开挖断面形状对建设成本的影响很大。因此,从施工合理性和满足容许应力的前提下,断面形状以采用接近扁平的形状为宜。图 2-5-7 表示了典型的防水型隧道的形状。

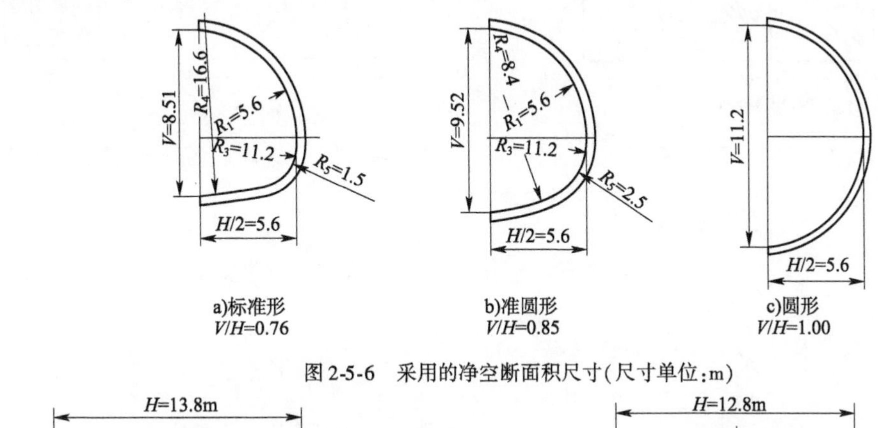

图 2-5-6 采用的净空断面积尺寸(尺寸单位:m)

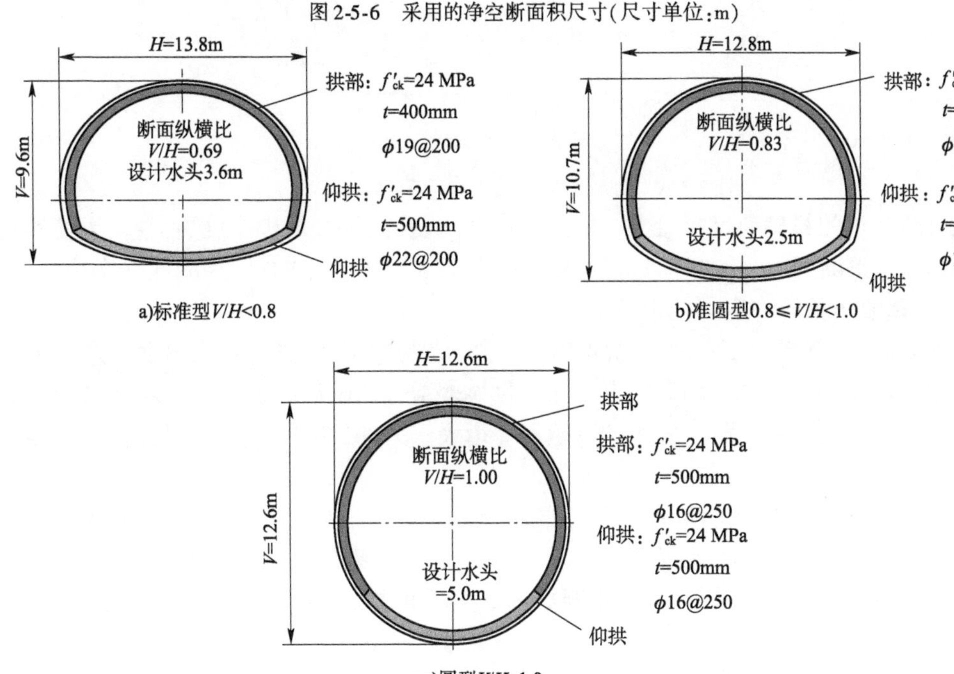

图 2-5-7 防水型隧道衬砌的典型设计事例

公路隧道衬砌的混凝土设计基准强度,基本上采用 18MPa,但在防水型隧道中,多采用 24 ~ 30MPa(图 2-5-8)。

公路隧道设计的衬砌构造的设计水头和断面纵横比的关系如图 2-5-9 所示。根据设计实例,断面纵横比小于 0.8 的标准断面,隧道设计水头的最大值是 20m 左右。设计水头达到 50m,隧道形状都设计成完全圆形的形状,但设计水头小于 50m 时,应以断面纵横比作为一个变量,研究经济合理的隧道形状。

防水型隧道衬砌的拱部和仰拱厚度的关系如图 2-5-10 所示。

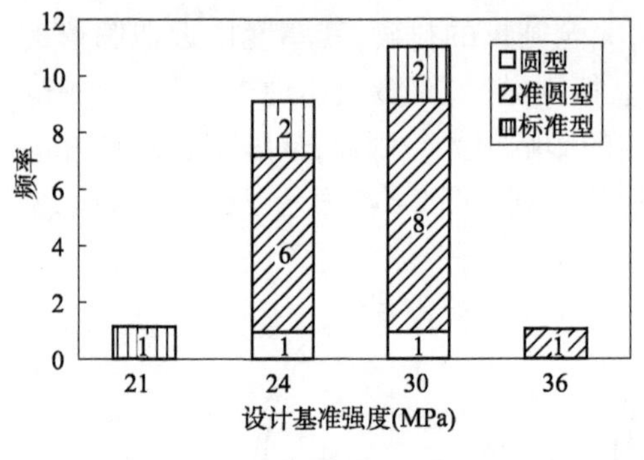

图 2-5-8　混凝土设计基准强度的分布

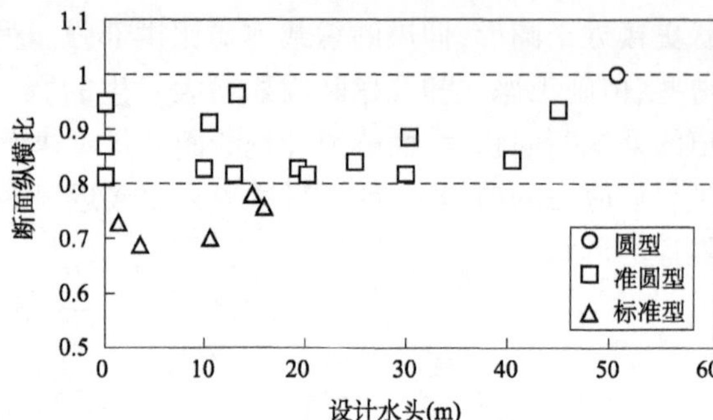

图 2-5-9　设计水头和断面纵横比的关系

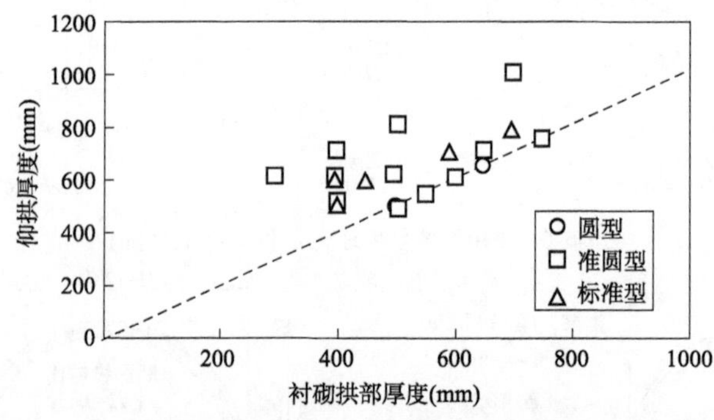

图 2-5-10　防水型隧道拱部和仰拱厚度的关系

一般公路隧道的衬砌厚度标准是 30cm，但在防水型隧道中，衬砌厚度更大些，以便实现高承载力。在圆形断面中，仰拱和拱部的厚度相同，断面形状扁平的，仰拱的曲率半径大，仰拱厚度较大，以便满足容许应力的设计要求。

在标准断面中，下部断面—仰拱的隅角部产生很大的弯矩，特别是最大弯曲压应力的发生位置，随水压的增加，对轴力的弯矩发生比例也显著增大。设计时地层反力系数的影响是显著的，地层反力系数小的场合，发生的弯矩显著增大。另外，即使在水位低的阶段，弯矩发生的比例也大，出现缘应力拉伸的地点。

标准断面的最大断面内力值，随作用水压的增加而增大，弯矩显著增大，地层反力系数在 100MN/m^3以下时，设计水头在拱顶上超过 +20m，其与衬砌厚度和设计基准强度无关，但要满足容许应力是困难的。此外，准圆形断面的最大断面内力值随水压的增加而增大，弯矩增大的倾向比较小，如地层反力系数在 100MN/m^3以上，即使设计水头达到 40m，也能满足容许应力的条件。设计水头超过拱顶 +50m 后，为满足容许应力，地层反力系数应大于 200MN/m^3。圆形断面的最大断面内力值，随水压的增加而增大，弯矩增大很小，即使设计水头达到规定值 +50m，也能满足容许应力的条件。

3. 衬砌背后地下水纵向流动防止对策

为了掌握防水型隧道的水理动态，不仅要分析隧道横向分析，也要考虑纵向的地下水动态，因此有必要采用三维的再现方法进行研究。以排水区间和非排水区间并存的防水型隧道为研究对象，采用单纯的水理模式，对施工过程的三维体浸透流进行解析，对隧道近旁的渗透系数和排水—非排水区间的边界止水壁的影响等，进行整理。

研究采用的三维解析模式示于图 2-5-11、图 2-5-12。采用三维浸透流解析方法,对围岩中的两端为排水区间、中间为非排水区间的圆形隧道进行解析研究,该隧道位于具有自由地下水的均质围岩中。

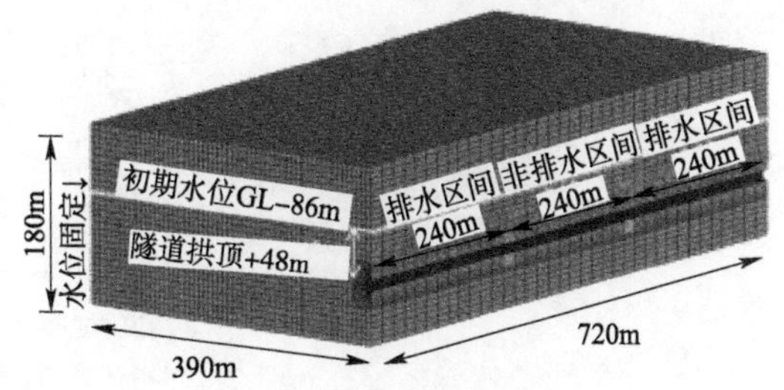

图 2-5-11 三维解析模式

各种解析组合设定的渗透系数列于表 2-5-1。围岩的渗透系数比较高,为 1.0×10^{-4}cm/s,同时,隧道外周 6m 的开挖影响域的渗透系数是变化的。考虑隧道开挖影响区域的松弛影响,渗透系数设定为 1.0×10^{-3}cm/s,改良后的围岩渗透系数为 1.0×10^{-5}cm/s;区间边界的止水壁,隧道外周 12m 的渗透系数为 1.0×10^{-6}cm/s。

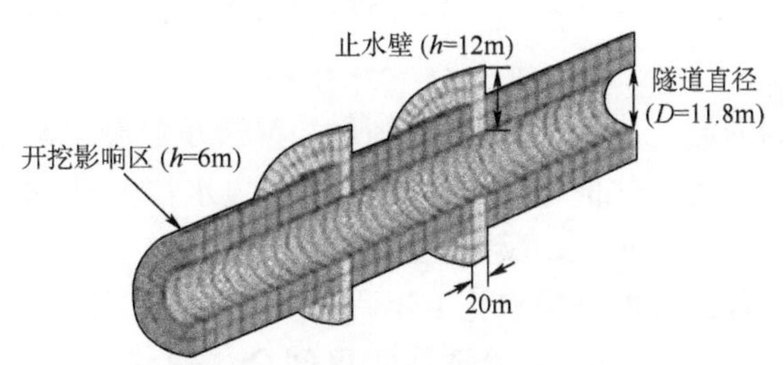

图 2-5-12 三维解析模式下的隧道部放大图

各种解析组合设定的渗透系数 表 2-5-1

组合	渗透系数(cm/s)		
	围 岩	开挖影响域(6m)	止水壁(12m)
1a	1.0×10^{-4}	松弛 1.0×10^{-3}	无,1.0×10^{-4}
1b	1.0×10^{-4}	松弛 1.0×10^{-3}	有,1.0×10^{-6}
2a	1.0×10^{-4}	无影响 1.0×10^{-4}	无,1.0×10^{-4}
2b	1.0×10^{-4}	无影响 1.0×10^{-4}	有,1.0×10^{-6}
3a	1.0×10^{-4}	改良 1.0×10^{-5}	无,1.0×10^{-4}

具体解析步骤如下:首先设定初期水位在隧道拱顶上方 48m 处,其次再现隧道开挖时的水位变动边界,隧道的全壁面(设定长度 720m,预计每天进尺 2.5m)作为浸出面进行 288 天的非定常解析。最后,根据隧道开挖使水位降低的状态,设定非排水区间的隧道壁面为非浸出面,再现非排水状况,进行 365 天的非定常解析,求出地下水位恢复状况及洞内涌水量的历时变化。

组合 1a 中的全水头分布如图 2-5-13 所示。在非排水区间,非排水区间的中心向排水区间的地下水纵向流动的动水坡度是显著的。另外,在排水区间纵断面和横断面(B 断面)向隧道中心方向的地下水流动的动水坡度也是显著的,特别是在隧道壁面近旁,坡度变大。因此,排水-非排水边界处向隧道中心方向横向的地下水、非排水区间向排水区间的纵向地下水,两者呈集中状态。

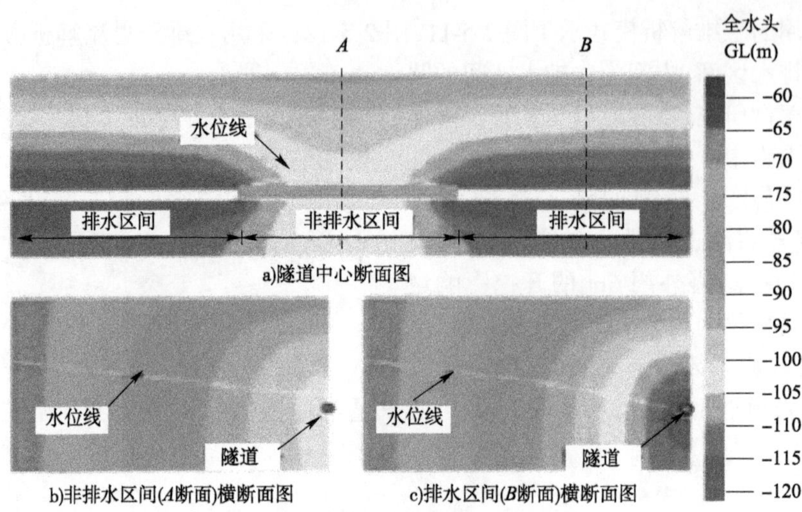

图 2-5-13　全水头分布

根据地下水位和洞内涌水量的历时变化，围岩的渗透系数在 1.0×10^{-4}cm/s 时，水理动态对隧道开挖和隧道的非排水化的敏感反应是迅速产生水位变动，但开挖影响区域渗透系数降低到 1.0×10^{-5}cm/s 左右时，水理动态显著变缓。

比较有无止水壁的各组合的非排水化 1 年后的纵向地下水位分布如图 2-5-14 所示。在开挖影响域高渗透化的 1a 中比其他组合非排水区间全体的地下水位都低，但组合 1a 设置止水壁的组合 1b，与组合 2a 几乎相同，非排水区间的地下水位恢复了。总之，止水壁的构筑抑制了非排水区间向排水区间的地下水流动，表示松弛域的形成也能够减轻水位的降低。

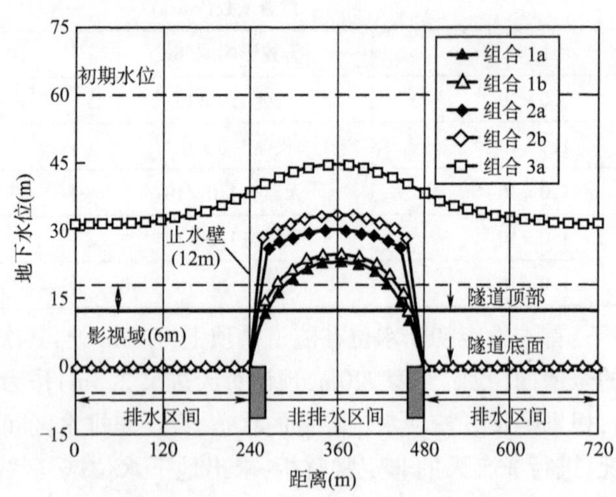

图 2-5-14　各组合非排水化 1 年后的纵向地下水位分布

隧道洞内的区间涌水量，即隧道延伸方向的单位长度的隧道壁面涌水量 L/(min · m)的纵向分布如图 2-5-15 所示。没有设置止水壁的组合 1a 及组合 2a，排水 - 非排水区间边界处区间涌水量达到峰值，特别是开挖影响域高渗透系数的组合 1a，区间局部涌水量是显著的。设置止水壁的组合 1b 及组合 2b，在排水 - 非排水区间边界处，区间涌水量也大，但与没有止水壁相比,区间的局部化涌水量不显著。这说明设置止水壁不仅抑制了非排水区间向排水区间的地下水流动,也缓和了区间边界处的局部化涌水。

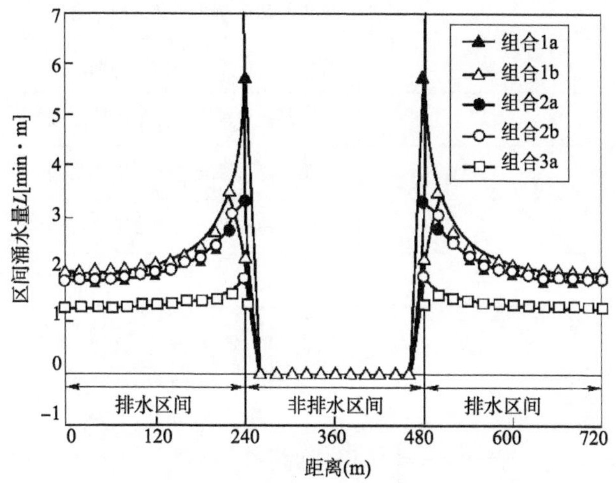

图 2-5-15 非排水化 1 年后的区间涌水量纵分布

本解析得到的组合 1a 的区间涌水量最大值约 6L/(min·m),相当于预计 50m 间隔的横向排水涌水量约 300L/min 的规模。

4. 实例

【实例一】 日本大万山公路防水型隧道

日本的大万山公路隧道,长 4878m,其中一侧的浅埋段施工时,会对地表的农田造成影响,地下水位降低也会使井点的水枯竭,对附近的居民影响很大。通过开挖对水位影响的分析及对策的比较,考虑施工、维修管理、对周边的影响程度及成本,决定在该区间采用防水型隧道。防水型构造的区间长约 1200m,埋深在 23 ~ 55m 之间,大约是 $2D$(D = 13.5m)。

1)防水型构造所在区间的地形、地质概况

地表是高程 700 ~ 1000m 的山地,地质基岩是中生代白垩系 ~ 新生代古第三系的流纹岩,上覆未固结的火山碎屑物、岩堆堆积物。地质以安山岩质的凝灰角砾岩为主,存在多个断层。F1 断层的渗透系数为 1.0×10^{-6}cm/s,属于黏土质不透水变质带,构成隔水层,但 F3、F7、F9 断层的渗透系数为 1.0×10^{-3}cm/s,可能与河水连通,断层以外的围岩(渗透系数为 $1.0 \times 10^{-6} \sim 1.0 \times 10^{-4}$cm/s),与小埋深区间相邻的围岩(渗透系数在 $1.0 \times 10^{-6} \sim 1.0 \times 10^{-5}$cm/s),属于难透水性的围岩。

2)防水型构造

通过对马蹄形、近似圆形、圆形这 3 种断面形状的定性比较(表 2-5-2),选定近似圆形断面。

3)防水型构造端部处理

考虑施工实际情况,在排水与非排水型构造的分界处,向难透水性围岩方向延长防水型构造(图 2-5-16),即延长 $1D$(D = 13.5m)左右。

不同断面形状的定性比较　　表 2-5-2

断面形状	马蹄形断面	近似圆形断面	圆形断面
应力	大	介于马蹄形断面与圆形断面之间	小
衬砌厚度	厚	介于马蹄形断面与圆形断面之间	薄
钢筋量	多	介于马蹄形断面与圆形断面之间	少
净空断面积	小	介于马蹄形断面与圆形断面之间	大
开挖量	少	介于马蹄形断面与圆形断面之间	多
经济性	劣	优	劣

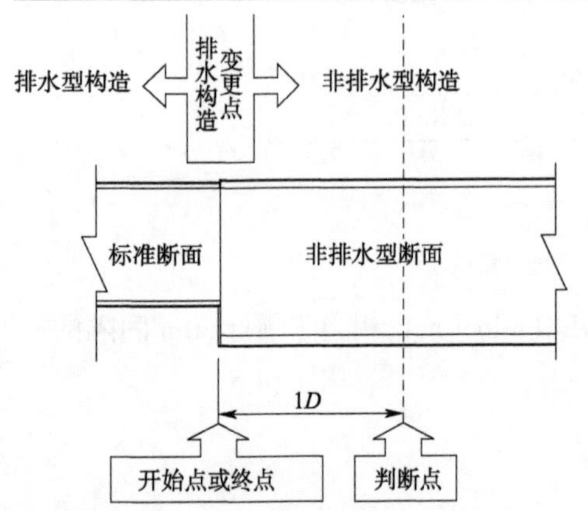

图 2-5-16　防水型构造的延长(端部)处理

4)决定防水型构造区间的指标

开始点的判定:

- 前方探查钻孔的涌水量在 5L/(min·5m)以上时;
- 隧道洞内涌水量在 10L/(min·5m)以上时;
- 在掌子面观察围岩为难透水性时;
- 与隧道开挖连动的河流水位没有变化时;
- 观测井的水位降低在 40cm 以上时。

终点的判定:

- 在掌子面观察围岩为难透水性时;
- 洞内涌水量小于 10L/(min·5m)时;
- 与开挖连动的水位没有变动时;
- 确认渗透试验的渗透系数小于 10^{-5}cm/s 时。

5)防水型构造区间的施工状况

考虑隧道开挖可能引起地下水位急剧下降,应先行施工避难坑道,在防水型构造区间的前方进行探查。施工中对观测井的水位进行观测。

在防水型构造区间,施工中的涌水量约 40m/h,而排水型构造区间的涌水,几乎都从中央排水沟中排出。

【实例二】 止水注浆和管片衬砌在高尾山公路隧道的应用

高尾山公路隧道,长 1.3km,位于森高尾国家公园。距隧道南洞口约 270m、埋深约 20m 处与河流交差。隧道施工过程中及完成后的水环境保护是一项重要课题。根据专家建议,在该区间(长约 500m)采用衬砌止水构造。施工时,为控制流入隧道的涌水,采用泥水盾构先行构筑超前导坑,从导坑内对周边围岩 5m 内进行径向注浆,注浆后进行扩挖成形。

1)止水构造区间

止水构造区间的断面如图 2-5-17 所示。净空断面积为 97m^2,开挖断面积约 107m^2。

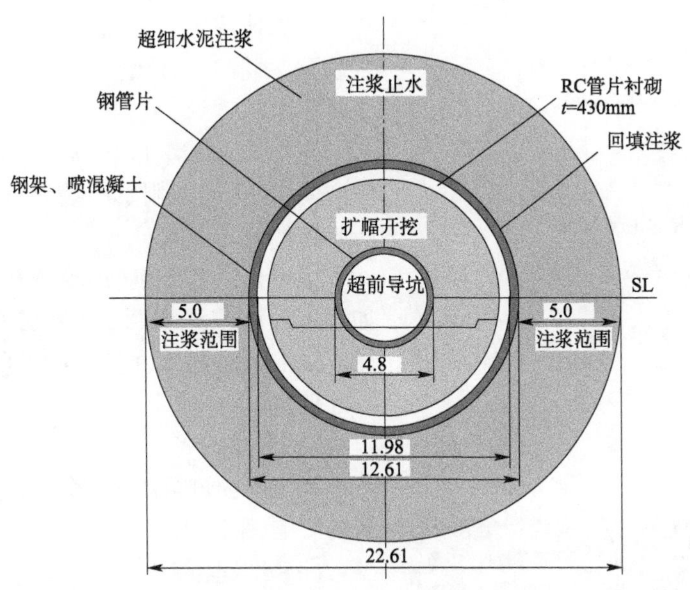

图 2-5-17　止水构造区间的断面(单位:m)

2)地质状况

地质为页岩主的砂页岩互层。根据地质调查,没有大规模的垂直断层及破碎带。河流附近的岩层、裂隙可见褐色化,其他区间大都是地质年代较近、坚硬、透水性低的岩层。

3)止水构造及其施工方法

止水构造区间如图 2-5-18 所示,区间长约 500m,考虑工期延误的可能性较大,因此采用了事前开挖导坑,从导坑内进行注浆的方法。止水构造区间的施工方法如图 2-5-19 所示。

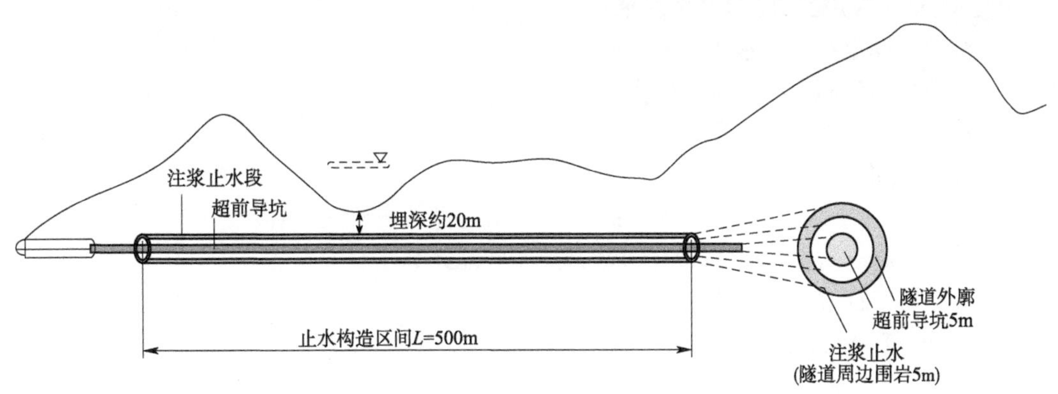

图 2-5-18　止水构造区间示意

(1)超前导坑的构筑

考虑到开挖超前导坑对水环境的影响,采用泥水盾构,开挖直径约 5m。管片采用钢管片,注浆后解体。

(2)围岩注浆止水

为了提高导坑施工效率,围岩注浆止水,采用 360°回转式钻机,上下行线各配置 10 台,同时施工。

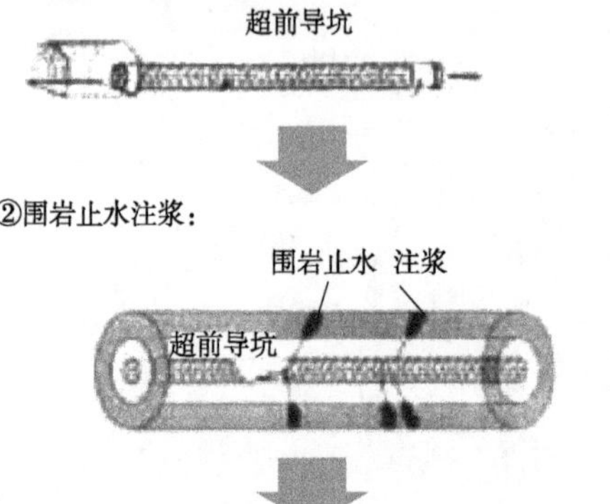

③主洞开挖、RC管片衬砌:

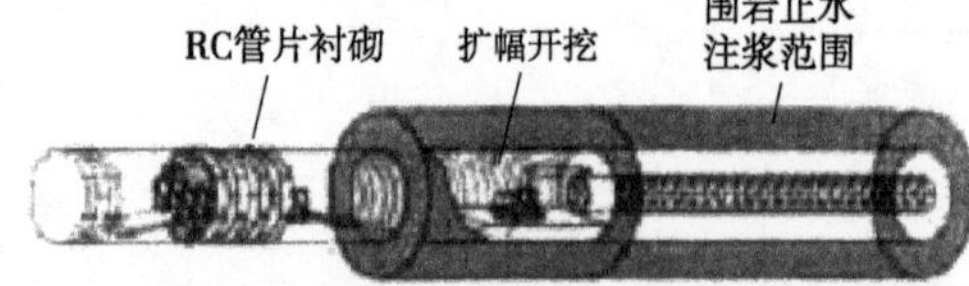

图 2-5-19 止水构造区间的施工方法示意图

为加速注浆作业,上下行线共配置 140 台注浆装置,用洞口入口的中央设备所附管道供应注浆材料。

在注浆止水作业中,为了有效利用狭窄的导坑空间,钻孔土砂用真空装置搬运,用光缆传递所收集的施工数据。

为确认注浆质量,用检查孔进行渗透试验,如达不到注浆止水目标(渗透系数不大于 5×10^{-6}cm/s),要再次注浆。确保所有区间均达到目标值。

(3)扩幅开挖

因为事前进行注浆,考虑爆破震动对注浆质量的影响,采用机械开挖。

(4)水文监控

为保护隧道施工中及完成后的水循环和植被环境,隧道施工前,测定河流的流量、地下水位、土壤成分、降雨量等,确认对周边水环境没有影响后,再进行施工。在施工过程中,也要做好水文监控工作。

4)RC 管片衬砌止水

扩幅开挖后,为构筑早期的止水构造,采用 RC 管片衬砌。

(1)管片的设计

本工程对所采用的 RC 管片要求如下:

- 构造可满足在设计水压下的安全度;
- 构造可承受施工时的围岩应力;
- 构造可防止地下水的浸入。

(2)管片规格

- 内径 11.120mm、外径 11.980mm,每环 10 片,总质量约 60t/环;
- 厚度 430mm、宽度 1500mm,外周长约 3900mm/片;
- 混凝土设计基准强度为 54N/mm;
- 钢筋(SD345):2938kg/环;
- 密封材料:加硫橡胶系。

(3)回填注浆材料

回填注浆材料采用可塑性注浆材料。

5)止水效果的确认

根据超前导坑的渗透试验结果,所有断面都满足注浆止水目标(渗透系数 5.0×10^{-6}cm/s)要求。水文监控的结果表明,河流量未产生变化。

Ⅲ　初期支护篇

在复合式衬砌构造中，初期支护占据重要的地位。从目前的隧道技术水平来看，初期支护是相当成熟的技术，它与周边围岩能够形成一体化的承载构造，发挥着控制围岩松弛、变形，确保安全施工的基本功能。

本篇结合目前的初期支护技术的现状，集中说明以下问题：

1. 初期支护的功能
2. 喷混凝土
3. 锚杆
4. 钢架

一、初期支护的功能

对初期支护，首先，在围岩、初期支护和二次衬砌共同存在的情况下，我们要视围岩状况的不同，搞清楚三者的相互关系。

作为结构物承载主体可能有以下几种情况：

情况一：**围岩自支护能力充分，在裸洞状态下能够长期稳定，围岩是结构构造的承载主体。**

情况二：**围岩自支护能力不充分，但基本上处于暂时稳定的状态，在初期支护辅佐下，能够维护隧道的长期稳定。此时，围岩与初期支护成为隧道结构构造的承载主体，不设置二次衬砌或设置二次衬砌（作为安全储备）。**

情况三：**围岩无自支护能力或自支护能力很小，需要在先补强围岩（预支护），与初期支护共同维持隧道的长期稳定。此时，预补强的围岩和初期支护是隧道构造的主体。可不设置二次衬砌或设置二次衬砌（作为安全储备）。**

情况四：**具有特殊性能的围岩（特殊围岩），如膨胀性围岩、挤压性围岩以及隧道运营后可能出现后荷现象的围岩，虽然通过预补强围岩和初期支护隧道构造已趋于稳定，仍然需要二次衬砌所具有的力学性能，维护隧道构造的长期稳定。此时，预补强的围岩、初期支护及二次衬砌共同成为隧道构造的主体。**

在第一种情况下，围岩本身就是结构的主体，完全承受开挖后的应力重分布的全部荷载。无须支护，可用喷混凝土作为防护围岩风化的"保护层"。

在第二种情况下，围岩与初期支护成为一体，发挥其承载功能。此时围岩与初期支护是承载的主体。因此，初期支护应具有相应的长期承载功能，二次衬砌仅具有安全储备和确保隧道耐久性的功能。

在第三、第四种情况下，围岩、初期支护和二次衬砌必须成为一体，才能确保隧道的长期稳定；二次衬砌具有承受后期荷载和长期耐久性的功能。此时，初期支护的长期支护功能可以忽略。

由此可见，作为喷混凝土、锚杆及钢架这三者构成的初期支护，其基本功能如下：

（1）施工期间控制围岩的变形、掉块、风化、挤出及膨胀；

（2）隧道开挖后与围岩共同构成承载的主体结构；

（3）覆盖围岩，防止其风化。

我们的经验得出：初期支护必须与围岩成为一体，才能发挥其功能。这是最重要的施工原则。我们在初期支护中出现的许多问题，根本的原因就在于此。

这里所谓的成为一体，就是说，无论是喷混凝土，或是采用锚杆、钢架支护，都必须与围岩牢固地联系在一起，形成结构体，发挥初期支护作用。这也是对初期支护施工的基本要求。在其间不要留有空隙或空洞。我们一定要认识到：这种空隙或空洞的存在，是隧道结构物潜在的缺陷，它对隧道长期运营是有害的。必须在施工中预防处理好该缺陷，不要把因缺陷引起的安全隐患留给运营隧道。这一点，从我们目前的技术水平来看，只要**精心施工、技**

术到位是完全可以做到的。

构成初期支护构件的喷混凝土、锚杆及钢架，在不同的围岩中其功能也是不同的。这些构件可以单独应用，也可以组合应用，因此，在施工中要“随机应变，不拘一格”。表 3-1-1 列出 3 种基本构件在不同围岩中的可能实现的功能。

初期支护构件的功能 表 3-1-1

围岩级别	支护构件		
	喷混凝土	锚杆	钢架
Ⅰ	覆盖围岩、防止围岩风化的防护层	—	—
Ⅱ	防止掉块的构造层	随机设置，防止关键岩块掉落	—
Ⅲ	防止掉块的构造层或控制变形的结构层	拱部系统设置，防止局部岩块掉落，引发连锁反应	在大断面场合，拱部局部配置，增加支护刚性，控制变形
Ⅳ	控制变形的结构层	拱部、侧壁系统设置，形成围岩锚固层	拱部、侧壁配置，形成刚性支护，必要时设置仰拱钢架
Ⅴ	控制变形及掌子面挤出变形的结构层	拱部、侧壁系统设置，形成围岩锚固层	全环配置，提高支护刚性，控制较大变形
Ⅵ	控制变形及掌子面挤出变形的结构层	侧壁系统设置，形成围岩锚固层（拱部因存在超前支护，可不设置锚杆）	拱部、侧壁、底部全环配置，形成刚性支护

从功能要求来看，初期支护的组合有以下几种形式：

(1)喷混凝土单独应用；

(2)喷混凝土 + 随机设置的锚杆；

(3)喷混凝土 + 系统设置的锚杆；

(4)喷混凝土 + 钢架；

(5)喷混凝土 + 系统锚杆 + 钢架。

也就是说，视各国初期支护技术水平的不同，不同赋存条件的围岩，有不同的初期支护组合，就是在同样的围岩条件下，也会有不同的初期支护组合。反过来说，一种初期支护形成也能够适应不同的围岩级别。也就是说，**围岩级别与初期支护组合不是一一对应的。在初步设计中，我们给定的支护结构参数，只是一个可接受的推荐建议，应在施工中根据揭露的围岩状况，予以验证或修正。**

图 3-1-1 初期支护概貌

图 3-1-1 表示由围岩、喷混凝土、系统锚杆及型钢钢架构成的初期支护概貌。

二、喷混凝土

喷混凝土是我们接触最多的技术，也是发生问题最多的技术。可以说在隧道及地下工程中，可以不打锚杆，不设钢架，但是不能不喷混凝土。因此，解决喷混凝土技术中存在的问题，如：如何确保喷混凝土的初期强度，如何提高喷混凝土的喷射质量等问题，也是当务之急。

喷混凝土作为初期支护的基本构件，具有支护性能优异的特性，最大的特点是能够形成与开挖面密贴的结构层，开挖过后能够立即施作，也能够在开挖过后作业人员不进入无支护地段安全地进行施工。此外，喷混凝土施工没有必要像钢架那样预先按照隧道断面加工，能够不考虑断面形状进行施工，是一种自由度高、机动性强的支护施工工艺。

作为初期支护，喷混凝土需要解决以下问题：

(1)如何确保喷混凝土的初期强度(3h、24h)，以满足初期支护要求。

(2)如何提高喷射质量(如喷射时间的控制、材料的配比等)。

(3)如何进一步提高喷混凝土施工的机械化水平。

(4)纤维喷混凝土的推广应用等。

1.喷混凝土的初期强度

我们目前喷混凝土的强度，广泛采用28d的抗压强度25MPa，即C25的喷混凝土。在大断面隧道中，采用C30的喷混凝土。日本基本上采用设计标准强度为18MPa的喷混凝土，在大断面隧道和软弱围岩中采用36MPa的喷混凝土。其他国家也多采用25～30MPa的混凝土，很少采用更高标号的喷混凝土。

但对喷混凝土来说，重要的是初期强度，即3h或24h的强度。目前，有的施工现场，更强调1h的初期强度。

大家知道，围岩开挖后的初期，是变形发展最快的时期。为了控制初期变形的发展，不得不要求喷混凝土具有一定的初期强度，以便在围岩变形的初期，能够把围岩变形最终控制在容许范围之内。这是喷混凝土最突出的力学特性。从喷混凝土的技术发展出发，喷混凝土的初期强度从过去的24h达到5MPa，逐步提高到8MPa、10MPa，甚至出现了3h的初期强度达到10MPa的工程事例。例如，日本对普通喷混凝土和高刚性喷混凝土进行的抗压强度比较，具体结果如图3-2-1和图3-2-2所示。

由图3-2-1、图3-2-2可知，高刚性低龄喷混凝土的峰值强度动态，材龄3h的强度约为14MPa，材龄1d的强度约为24MPa，不仅有较大的抗压强度，而且没有产生脆性的破坏现象，具有很高的韧性。

隧道断面大，作用荷载也大的场合，以及围岩条件差，对应荷载也大的场合，如能够采用高强度喷混凝土，就可以以较薄的喷混凝土厚度予以对应。因此，在大断面及软弱围岩隧道中，可以采用高强度喷混凝土。

在喷混凝土施工中，如何确保实现喷混凝土的初期强度，如何建立检验初期强度的方法,仍然是我们急需解决的关键问题之一。在《隧道及地下工程喷混凝土支护技术》一书中对此有比较详细的介绍,可参考之。

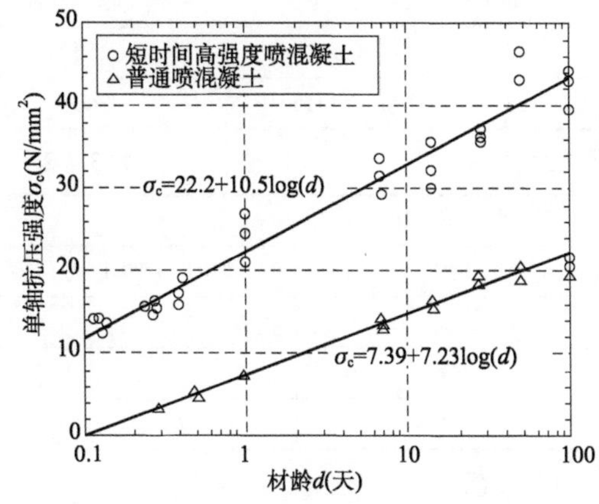

图 3-2-1 不同喷混凝土单轴抗压强度和材龄的关系

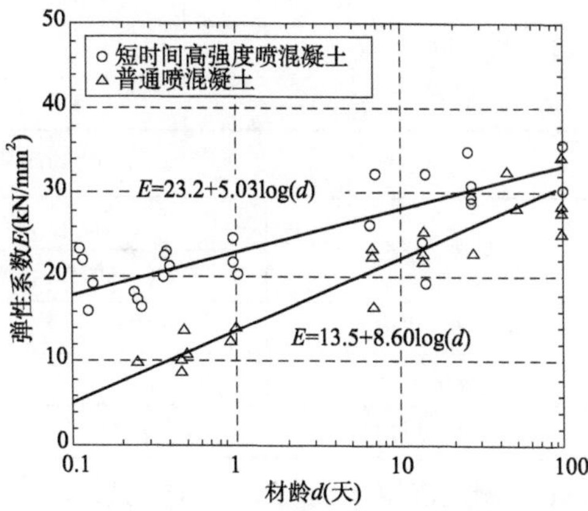

图 3-2-2 不同喷混凝土弹性系数和材龄的关系

从我们公开发表的文献来看,很少有喷混凝土初期强度的测试数据以及初期强度与变形控制的相关关系的信息,是非常遗憾的。因此,在今后的隧道施工中,必须强化对喷混凝土初期强度的测试,积累有关初期强度的数据,摸清初期强度与变形控制的规律,是很重要的。

2. 喷混凝土的试验施工及配比

喷混凝土最佳配比是确保喷混凝土质量的关键。在这方面我们必须下大力气,来提高喷混凝土的质量。一般来说,喷混凝土的质量与其配比关系极大,而喷混凝土的最佳配比,只能通过现场**试验施工**确定。因此,在喷射前进行喷射前的试验施工是非常重要的,必须纳入施工计划之中,予以实施。

1)试验施工

一般说,试验施工分两步走,首先进行试验拌和,确定要求的坍落度,而后按确定的坍落度,通过回弹试验和强度试验,决定最佳水灰比 W/C 和最佳细骨料率 s/a,进行喷射试验,确定现场采用的最佳配比。

试验施工用规定的施工方法及配比进行试验喷射的施工。通过其确认的强度,确认喷混凝土的施工方法及现场配比。

试验施工使用的材料、试件制作、试验方法等,均应与施工相一致,符合要求。

试验喷混凝土配比,原则上按以下步骤进行。

(1)在试验施工中,按表 3-2-1 的"决定喷混凝土配比的基准"中的项目决定试验配比,同时也要关注其他项目,如目标强度、速凝剂量、最佳水灰比、最佳细骨料率、最佳坍落度、施工性等。

(2)在同一单位水泥用量条件下,将在试验拌和中求出的水灰比、细骨料率分别减少 5% 和增加 5%。根据配比,计算求出单位细骨料量及单位粗骨料量,分别按 9 种配比(表 3-2-2)制作喷混凝土试件。

决定喷混凝土配比的基准 表 3-2-1

项目	材龄 3h 的强度（N/mm^2）	材龄 1d 的强度（N/mm^2）	材龄 28d 的强度（N/mm^2）	粗骨料的最大尺寸（mm）	最低水泥用量（kg/m^3）
高强度喷混凝土	2	10	36	15	450
普通喷混凝土	—	5	18	15	360

试验喷射的配比组合 表 3-2-2

细骨料率	水灰比		
	W/C（-5%以内）	W/C	W/C（$+5\%$以内）
s/a（-5%以内）	○	○	○
s/a	○	○	○
s/a（$+5\%$以内）	○	○	○

(3)测定混凝土的坍落度、含气量，观察混凝土的状态。

(4)确认测定的坍落度在容许值以内后，制作强度试验的试件。

(5)在规定的材龄下，进行抗压强度试验。

(6)根据试验结果，计算关系式及数值。

2)确定现场配比

(1)混凝土喷射强度应在设计规定的强度以上。

(2)现场配比应采用水灰比、细骨料率最小的配比。

(3)不能满足上述规定的场合，应在变更骨料、混合剂等品质及用量的基础上，反复进行试验。

(4)配比条件。

目标强度：基于类似施工实际经验，决定标准偏差 σ，计算增加系数 α，由设计标准强度决定。目标强度的计算方法如下。

①标准偏差

把一些喷混凝土强度试验结果作为母集团，强度一般都是正态分布。在正态分布中表示与平均值离散程度的是标准偏差。标准偏差除以平均值称为变动系数 V。V 的单位通常用百分率表示。

变动系数 V 是基于类似实例而进行配比设计的基础数据。

$$\sigma = \sqrt{[\sum(\overline{X}_i - X_i)^2/(n-1)]} \tag{3-2-1}$$

$$V = \sigma \sqrt{X_i \times 100} \tag{3-2-2}$$

其中，σ 为标准偏差；n 为数据数；X_i 为第 i 个数值（强度），试件 3 个的平均值；$\overline{X}$ 为 n 个数据（强度）的平均值；V 为变动系数。

②抗压强度增加系数

下式利用变动系数 V 计算增加系数 α，α_1 和 α_2 中取其大者。

$$\alpha_1 = 0.85/(1-3V/100) \tag{3-2-3}$$

$$\alpha_2 = 1/(1-\sqrt{3V/100}) \tag{3-2-4}$$

③目标强度

抗压强度的目标强度是用设计标准强度乘以增加系数求出的。

$$\sigma_r = \sigma_{ck} \times \alpha \tag{3-2-5}$$

日本采用的确定混凝土最佳配比的试验施工流程如图3-2-3所示。

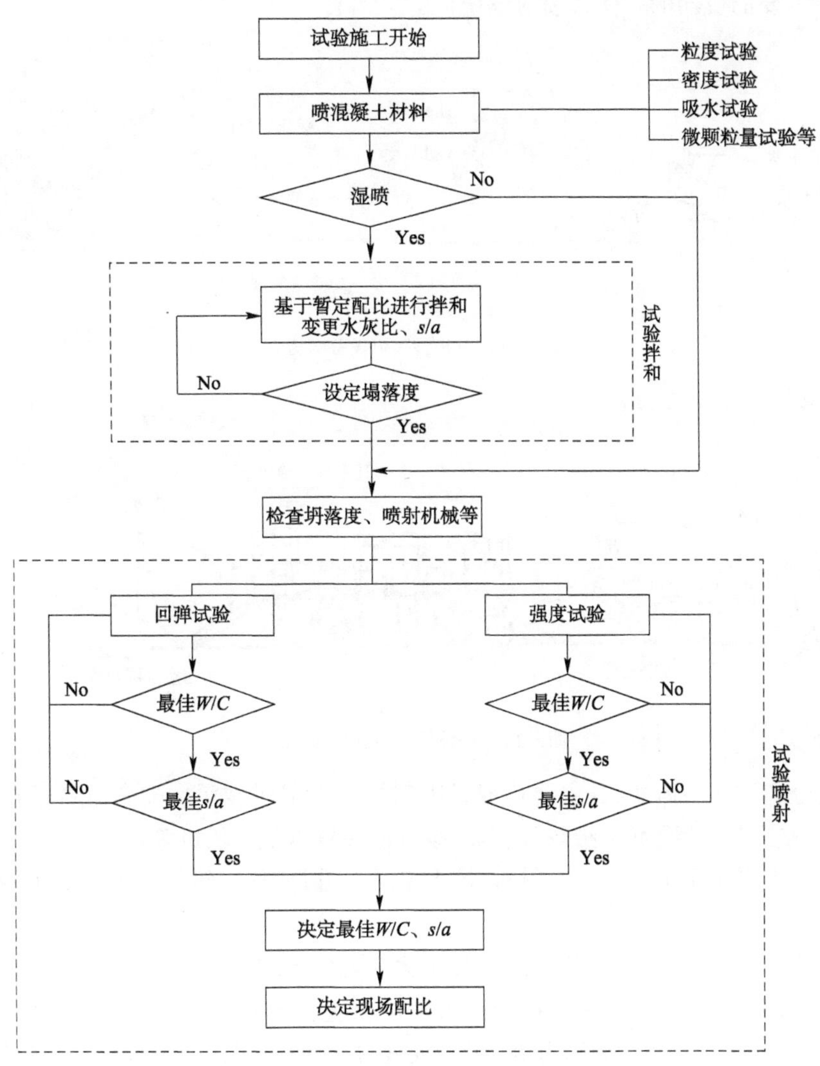

图3-2-3　确定混凝土最佳配比的试验施工流程

从国外的文献来看，喷混凝土的制备，基本上与普通商品混凝土一样，是由喷混凝土生产线集中供应的。喷混凝土生产线应由混凝土制备、运送及喷射一系列作业的施工机械、计量装置、添加装置等构成。

我们在施工中建立了各种生产线，而没有喷混凝土的生产线，这不是技术问题，而是管理上的问题。我们既然能够建立混凝土的生产线，也就能建立喷混凝土的生产线。

3. 提高喷混凝土施工机械化水平

目前在喷混凝土方面，从国外喷混凝土施工技术的发展来看，其机械化水平是比较高的。爆破后快速、及时喷混凝土对保证施工安全和高质量的喷混凝土具有重要作用。

喷混凝土施工系统有 2 类,一类是喷射机、喷射机械手等单独使用的分离式喷射系统(图 3-2-4),一类是在一台自行式台车上搭载喷射机械手、喷射机、速凝剂供给机、压缩空气机等施工所需要的机器的一体式喷射系统(图 3-2-5)。

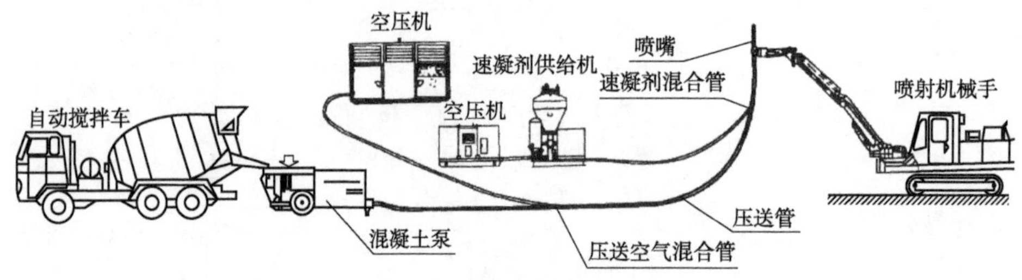

图 3-2-4　分离型喷射设备的构成

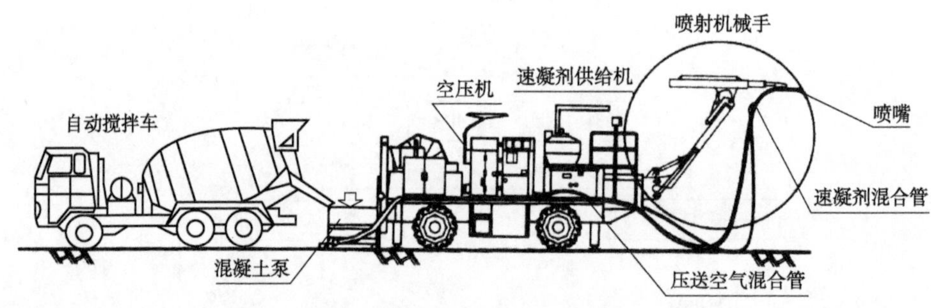

图 3-2-5　一体性喷射设备的构成

不管是分离式或一体式,其主要构成是喷射机和喷射机械手。配套设备还包括混凝土自动搅拌车、空压机、速凝剂供给装置、钢纤维分散装置以及空压机等。

目前我们大多采用小容量的喷射机,用人工操作进行喷射,偶尔采用喷射机械手进行喷射,与国外的差距较大。

实用的喷射机种类很多,但其性能差异很大,因此选定使用机械时,要参考既有工程实践,并事先进行喷射试验,确认喷混凝土所要求的质量。材料的压送和喷射,因为采用压缩空气,如材料堵塞会造成压力暂时升高,因此机械的各部和管路安装部位等都要具有充分的强度。喷射机不具备均匀、连续压送材料的性能,会使作业效率降低。

在大断面隧道,为满足快速施工,缩短施工循环时间,日本开发了重视早期强度的大容量、低粉尘的 SF-2 新型干喷喷射系统(喷射机 AL-285、机械手 AL-306 ×2 台)(图 3-2-6)。

本系统的特点如下:

(1)由于采用 2 台喷射机,能够进行大容量(20 ~ 24m^3/h)喷射,喷射时间比过去缩短 1/2;

(2)2 台喷射机设置在台车中央侧部,荷载平衡改善了走行性能,而且缩短了材料管的长度(比过去缩短 1/2);

(3)喷射机械手具有升降机构,能够适应超短台阶的喷射;

图 3-2-6 SF-2 型喷射机械手

(4)由于采用低粉尘干喷工法，因水灰比 W/C 小，早期强度发展快，特别是涌水量大时也能采用喷混凝土。

为了提高山岭隧道施工的安全性，降低隧道开挖时掌子面的风险是非常必要的，特别是在软弱围岩的场合。为了规避这样的风险，抑制开挖后的围岩松弛，应尽可能早地促使掌子面稳定，由此开发了是过去臂长 1.4 倍的长臂喷射机。目前已在现场实际应用。

一般来说，如果能够在开挖后、出渣前进行喷混凝土作业，就能够及时抑制掌子面前方松弛区域的扩大。但是，通常的喷射机的臂长，受到喷射范围的制约，都必须在出渣后才能进行喷射作业。

因此，加长喷射机的臂长，使之能够在渣堆存在的情况下进行喷射作业(图 3-2-7)，在喷射的同时，还可以进行出渣作业(图 3-2-8)。为此，研发了长臂喷射机。长臂喷射机的参数列于表 3-2-3。

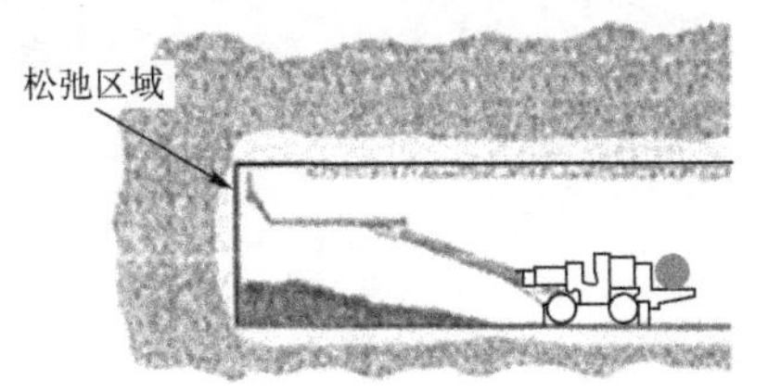

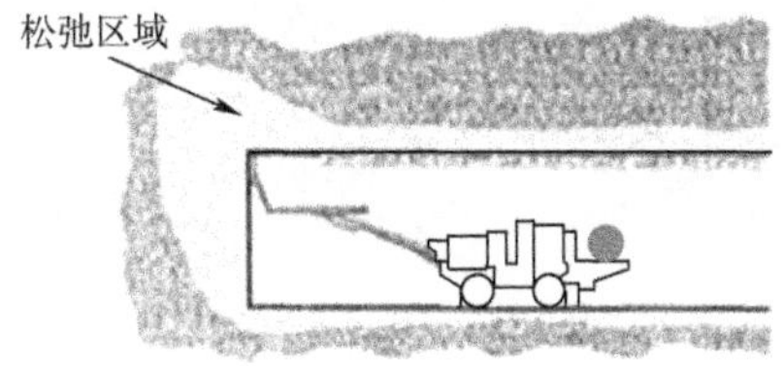

图 3-2-7 抑制松弛区域的扩大示意图

图 3-2-9 表示伸展最长的状态。图 3-2-10、图 3-2-11 表示采用长臂喷射机的试验施工概貌。

喷射机，无论哪一种都搭载了每小时喷浆量在 20m^3 以上的高能力的喷射机，即使水灰比小、黏性高的混凝土，只要给予适当的和易性，就能进行稳定的喷射作业。喷射机械手，对应上半断面台阶法和超短台阶的全断面法等开挖方法，包括掌子面正面和仰拱前方及下方的大范围内都能喷射。这样，实用的喷射机械，就要具备以大容量喷射的快速施工和高质量化为目的的有效喷射混凝土的能力。

长臂喷射机的参数 表 3-2-3

项　目	参　　数	项　目	参　　数
1. 整机		4. 速凝剂供给装置	
型式	CJM2200E-V	型式	PAC-400V
全长	18280mm	输送能力	4～22kg/min
全宽	3000mm	压力	0.1～0.5MPa
全高	4000mm	质量	1000kg
总质量	26t	5. 空压机	
2. 混凝土泵		(1)输送混凝土用	
型式	SP-25	气量	$124m^3$/min(50Hz),14.0m^3/h(60Hz)
理论泵出量	6～22m^3/h(50Hz)		
理论泵出压	2.6MPa	气压	0.7MPa
质量	1950kg	电动机输出功率	90kW
3. 臂		(2)输送速凝剂用	
型式	CL-2-L	气量	6.1m^3/min(50Hz/60Hz)
最大水平喷射范围	高 11700mm、宽 17100mm(喷嘴水平时)	气压	0.7MPa
前端动作范围	高 10600mm、宽 14100mm(喷嘴水平时)	电动机输出功率	37kW
质量	5000kg		

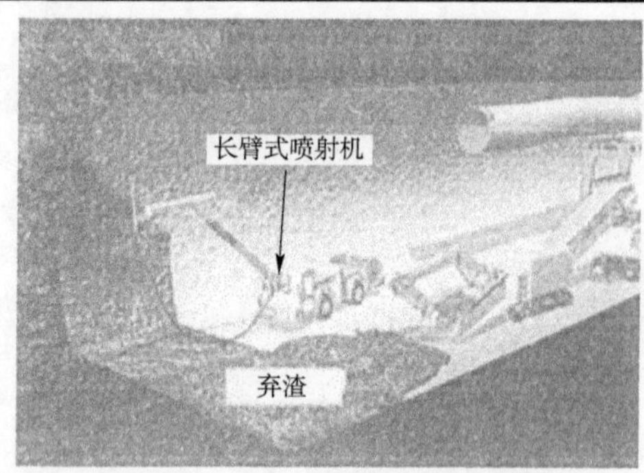

图 3-2-8　出渣与喷射平行作业示意图

图 3-2-9　长臂喷射机的伸展

图 3-2-10　洞口喷射

图 3-2-11　从堆积渣堆后方喷射

应当指出,单位时间的喷射量,对喷混凝土的质量有一定的影响。一台大容量喷射机与多台小容量喷射机,在等量喷射的条件下,喷混凝土强度会有差异,前者大,后者小,而且离散性也大。

通常,为改善操作人员的安全和卫生环境,喷射作业可通过遥控喷射机械手进行远距离喷射。

为了确保喷混凝土的质量,喷射机均配备以下装置。

- **速凝剂供给机**:能够连续添加速凝剂,并装备一次喷射混凝土施工所需容量的罐体。
- **细骨料表面水调整机**。细骨料表面水的管理是制造性能良好的混凝土的重要因素之一。
- **钢纤维分散供给机**:一个自动分散、供给钢纤维的机械。
- **粉尘降低剂添加机**。粉尘降低剂多数是粉体状,添加机是添加粉尘降低剂的装置。

应当指出,这些附属装置对保证喷混凝土的喷射质量、特性具有十分重要的作用,与开发喷射机、机械式喷射机同等重要。

我们一再强调,用喷混凝土的初期强度,控制开挖后围岩的初期变形和可能出现的掉块挤出等,这需要时间来保证。喷混凝土的初期强度通常指喷射后3h或1d的强度,因此喷射作业必须在该时间内完成。这也是我们强调采用大容量喷射机或喷射机械手进行喷射作业的原因。

因此,日本在一些大断面隧道中,为了缩短喷射作业时间,开发带有举重臂的2个喷嘴的喷射机,是过去的喷射机喷射能力的2倍,使快速施工、防止崩落、迅速补强成为可能。

双喷嘴喷射机(图3-2-12),为喷射混凝土装备了2台机械手、混凝土泵及架设钢支撑的举重臂。采用该机械进行喷射作业时间比原来节省1/2,也不需要喷射和架设钢支撑作业机械的更替作业,大幅缩短了作业循环时间。该机有轮胎式和履带式,可适应相对应的围岩状况。该机目前已在几座隧道中应用,取得了隧道循环作业时间、软弱围岩早期稳定的效果。

由此可见,加速喷混凝土施工机械化的水平,对我们来说,是确保喷混凝土质量的关键因素之一。

4.纤维喷混凝土的应用

1)纤维喷混凝土的应用情况

为了充分发挥喷混凝土的支护效果,可以采用不同的方法予以补强,我们通常采用的方法是增加其厚度,或增设金属网(钢筋网),这两种方法都有弊端。如增加厚度,就要增大开挖断面积,增设金属网,不仅施设麻烦,而且延误了喷混凝土作业的时间、影响喷混凝土的密实性等。因此,近几年开始从提高喷混凝土的强度,特别是初期强度上想办法。办法之一就是采用高强度喷混凝土、高刚性喷混凝土等。另外一个得到公认的办法就是在喷混凝土中掺入纤维,即所谓的纤维喷混凝土。

纤维喷混凝土(FRSC)与通常的喷混凝土相比,抗剪切性能和弯曲韧性好。为此,能够抑制围岩变形和因省去金属网而提高了施工性、安全性,是挪威法(NMT)的标准工法,在欧洲一些国家得到广泛的应用。日本将其作为特殊围岩等的变形对策的辅助工法也在积极推广。

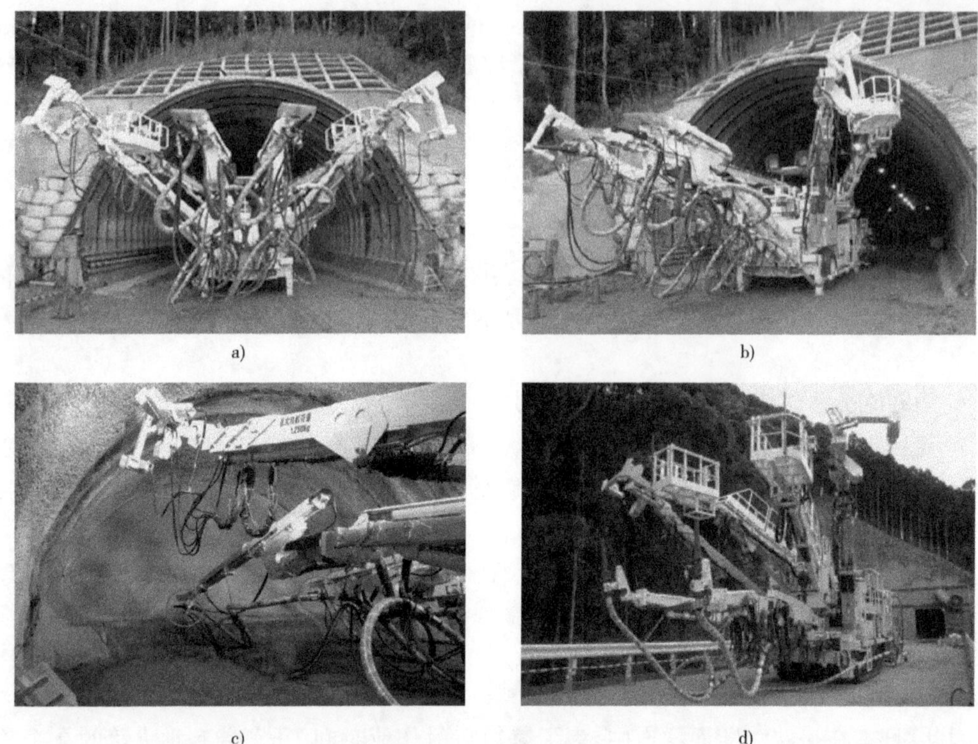

a) b) c) d)

图 3-2-12 双喷嘴喷射机

国际隧道和地下空间协会(ITA)第 12 工作组在总结各国喷混凝土应用的基础上提出的报告,特别强调纤维喷混凝土的应用。

已经证明:**纤维补强与正常的金属网(通常 5 ~ 7kg/m^2、100 ~ 150mm 的网格)相比,有巨大的优势,尤其是采用湿喷法时。**它有可能超越金属网失效能量和实际承载能力,同时,可以避免压实、腐蚀、困难和耗时的处理等问题。这种纤维补强的方法正在发挥其优势,数量不断增加,但仍然有许多国家采用金属网补强。

有关研究以及在实际应用中已经清楚地表明,就像大多数喷混凝土支护专家所指出的那样,掺入合适的纤维材料可以取代普通的焊接金属网。

在澳大利亚,近 4 年在使用结构合成纤维、钢纤维与金属网相比,增长极为迅速。特别是,高性能结构合成纤维的出现,已被证明在典型的矿山巷道中补强喷混凝土是一种有效的形式,促使采矿业内接受这种类型的纤维。

最近巴西的纤维喷混凝土已被广泛应用,这是一个新趋势,金属网一直到最近几年几乎是唯一的补强构件。但近期在 5 个水电站计划中,用钢纤维补强的湿喷混凝土正在 4 个工程(隧道跨度从 15m 变化到 17m)中应用,只有 1 个工程中(隧道跨度 3m)采用了金属网。

比利时强调,传统的金属网在设置等方面需要很长时间。数据显示,安装金属网比喷混凝土至少要增加 3 倍的时间。由于在喷混凝土衬砌内纤维位置的不断变化,不能具有均匀的拉伸能力。

加拿大采矿业将钢纤维喷混凝土支护作为矿山永久支护增长快速。意大利大约 30% 的喷混凝土含有纤维材料(在 2000 年有 115000m^3喷混凝土含纤维材料)。使用纤维增加的理由和设计师接受纤维喷混凝土的原因如下：

- 比焊接金属网省力；
- 回弹少；
- 可减小喷混凝土的厚度。

日本每年约生产2100000m^3的喷混凝土，数量是惊人的。目前大约有2.4%或50000m^3纤维喷混凝土。

自1995年以来，韩国在公路隧道的支护设计中，也改变为采用机械手喷射的钢纤维湿喷混凝土。

挪威从20世纪30年代初就采用纤维喷混凝土。实际上是替代了各种金属网喷混凝土支护。大多数隧道采用高品质的机械手喷射钢纤维混凝土和防腐蚀锚杆。不采用模筑混凝土衬砌，除非岩石条件异常恶劣，局地用混凝土促使挤压性或膨胀性围岩稳定。

南非在深部矿山中采用喷混凝土，而在遇到高荷载和岩爆的等地下工程中，已在研究和调查采用纤维喷混凝土。

我国已开始在一些隧道工程中进行纤维喷混凝土的试验研究。

2）纤维喷混凝土的特性

纤维喷混凝土（FRSC）与通常的喷混凝土相比，因为力学特性和耐久性的提高，具有提高隧道稳定性和施工时的安全性、经济性等效果。

（1）纤维的种类

纤维喷混凝土中的纤维，大体上分为钢纤维和非钢纤维两类。

①钢纤维

一般采用形状0.5mm×0.5mm（ϕ0.4～0.6mm），长度25～30mm，细长比（长度/径）40～60左右的钢材。为防止腐蚀也有采用不锈钢制的和镀锌的钢纤维。

②非钢纤维

非钢纤维与钢纤维相比，非常轻，材料运输、混入容易，作业机械的磨耗小，泵送性也好。主要采用维尼纶纤维和聚丙烯纤维。

（2）钢纤维喷混凝土的性能

①力学性能

a. 抗压强度（峰值强度以后的残余强度）

抗压强度由混凝土配比决定，混入钢纤维后，没有看到强度增加（图3-2-13），但峰值强度以后的残余强度有所增加（图3-2-14）。

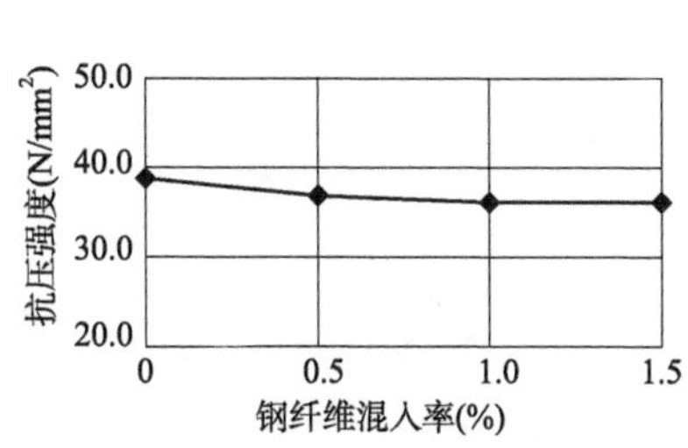

图3-2-13 钢纤维混入率和抗压强度的关系

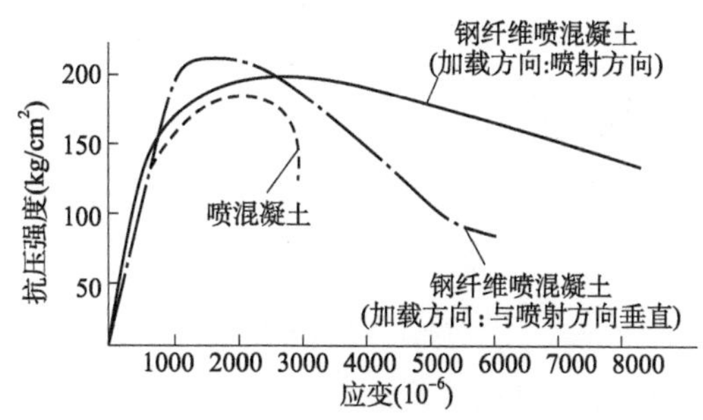

图3-2-14 应变和抗压强度的关系

日本土木学会认为：钢纤维的大部分具有平面方向（平行于混凝土面）配向的倾向，钢纤维以近似于二维随机配向的状态分布在混凝土中。因此，其品质（强度及变形性能）具有各向异性。

b. 弯曲强度

弯曲强度因混入钢纤维而得到提高（图 3-2-15）。钢纤维喷混凝土的弯曲强度和抗压强度的关系如图 3-2-16 所示。

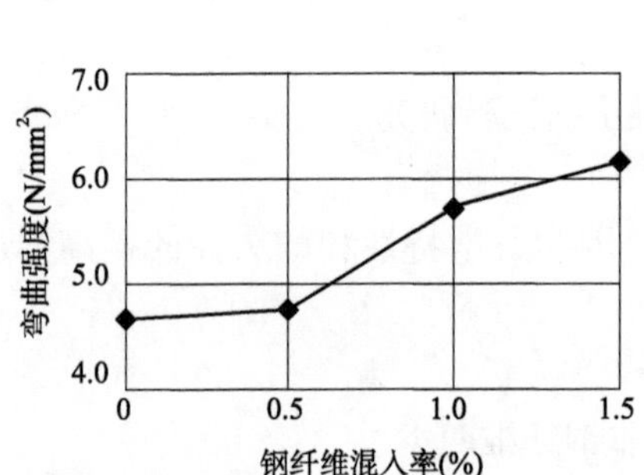

图 3-2-15 钢纤维混入率和弯曲强度的关系

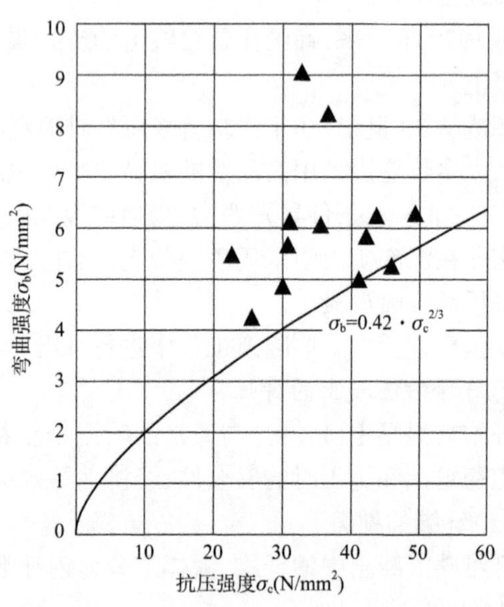

图 3-2-16 抗压强度和弯曲强度的关系

c. 抗剪强度

抗剪强度因钢纤维的混入而得到提高（图 3-2-17）。抗压强度和抗剪强度有一定的相关性（图 3-2-18）。

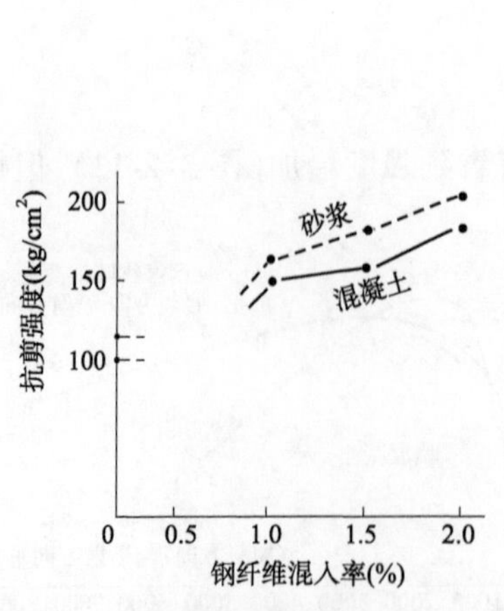

图 3-2-17 钢纤维混入率和抗剪强度的关系

注：超早强混凝土。

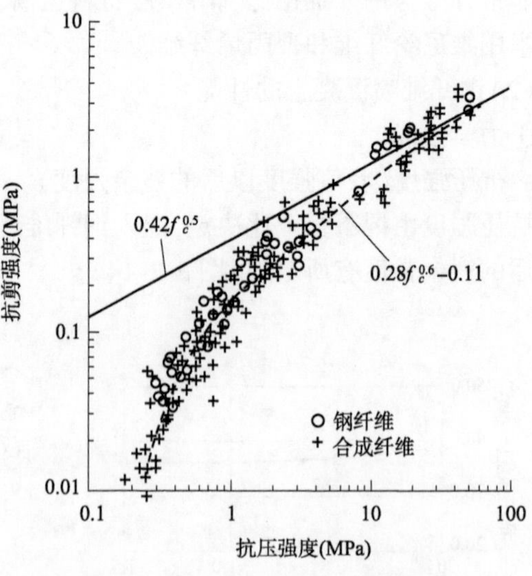

图 3-2-18 抗压强度和抗剪强度的关系

d. 弯曲韧性

混入钢纤维后，弯曲韧性(弯曲韧性系数)得到提高(图 3-2-19)。

在挪威，把规定的挠度达到如图 3-2-20 所示的荷载－挠度曲线下的面积称为“能量吸收量(Energy Absorption)”，其用于评价钢纤维喷混凝土的特性。弯曲韧性与通常采用金属网的喷混凝土相比，钢纤维喷混凝土要大些(图 3-2-21)。因此，采用钢纤维喷混凝土的场合可以不采用金属网。

②耐久性能

a. 冻融特性

冻融特性与钢纤维混入率成比例增大(图 3-2-22)。

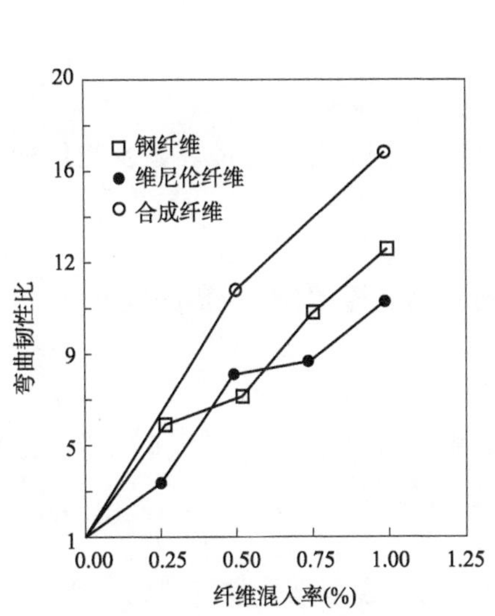

图 3-2-19　各种纤维混入率和弯曲韧性比

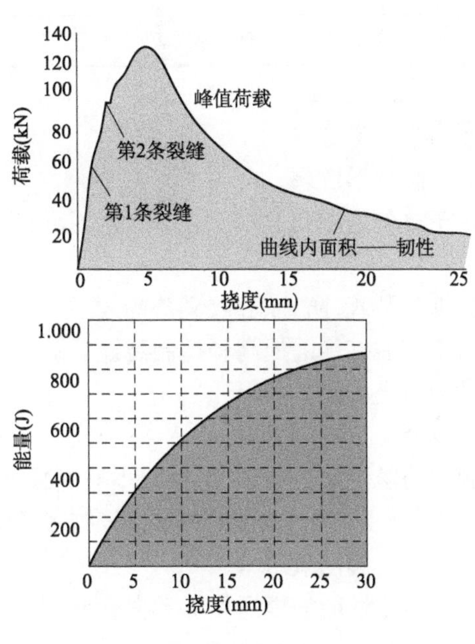

图 3-2-20　能量吸收量的弯曲韧性评价

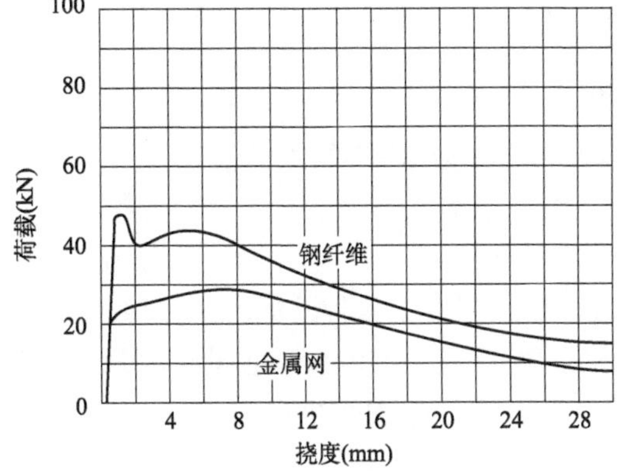

图 3-2-21　普通喷混凝土＋金属网和钢纤维喷混凝土的比较

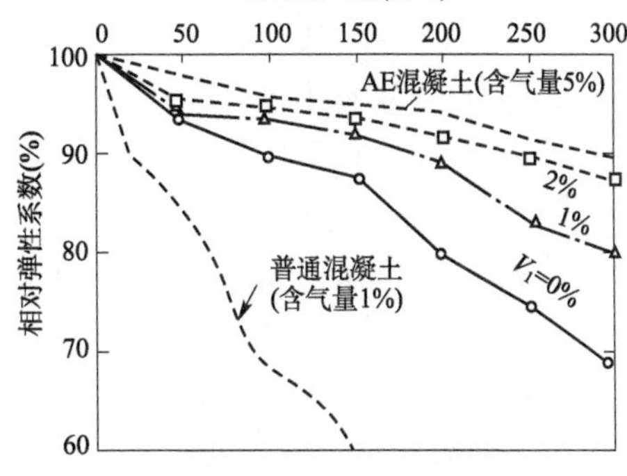

图 3-2-22　钢纤维喷混凝土的冻融试验结果

b. 抗冲击性能、抗磨耗性能

混入钢纤维后,喷混凝土的抗冲击性能、抗磨耗性能都得到提高,可用于铺装、底板,但几乎没有要求喷混凝土具有此种性能。作为参考,有的报告指出:混入纤维后抗冲击强度可提高10倍以上。

钢纤维喷混凝土与普通喷混凝土的力学特性比较列于表3-2-4。

钢纤维喷混凝土与普通喷混凝土的力学特性比较 表3-2-4

性能	对普通喷混凝土的改善情况
弯曲强度、抗剪强度	1.3~2.5倍
抗压强度	稍微
韧性(达到破坏时的能量)	10倍以上
抗冲击强度(钢球下落试验)	10倍以上

(3)纤维喷混凝土的支护效果

①力学效果

a.抑制变形效果

由于抗剪强度和弯曲强度的提高,可以用其内压防止掉块和维持裂缝发生后的残余强度。

b.抑制裂缝、防止剥离、剥落的效果

由于弯曲韧性的提高和抑制裂缝分散性能,具有抑制裂缝、剥落、剥落的效果。

②构造上的改善效果

a.减轻支护效果

利用力学性能的提高,可以减小喷混凝土厚度和钢支撑尺寸,或者省去钢支撑。这样做的同时,也缩小了开挖断面积,加快了施工进度,提高了经济性。

b.省去金属网效果

利用力学性能的提高能够省去金属网。因此可以防止金属网振动造成的回弹,消减掌子面附近的作业时间,提高施工安全性。

c.提高长期耐久性效果

由于抑制了裂缝的发生,相应也提高了水密性和抗冻性,具有提高长期耐久性的效果。

图3-2-23表示纤维喷混凝土的性能和效果。

此外,也要核查钢纤维喷混凝土作为支护构件时,对极限裂缝宽度的安全性。

3)纤维喷混凝土的要求性能和评价方法

(1)纤维喷混凝土的要求性能

欧洲(CEN:European Committee for Standardization)制定了各种欧洲规格,对纤维喷混凝土的要求性能分为基于伴随应力负荷的位移、残余强度的性能和基于能量吸收量的性能2类,分别视围岩条件规定了相应的物性值。此外,规定了弯曲强度物性值。

①按位移和残余强度分级

此分级示于图3-2-24。从0级到4级,分为5级,并分别视其用途不同划分。在3个梁试体中,至少2个在图示的残余强度要求级别分界线以上,而且弯曲应力残留在达到挠度限界前的水平。同时规定不管哪一个梁试验体不能落在小 1 级的应力变形曲线内。

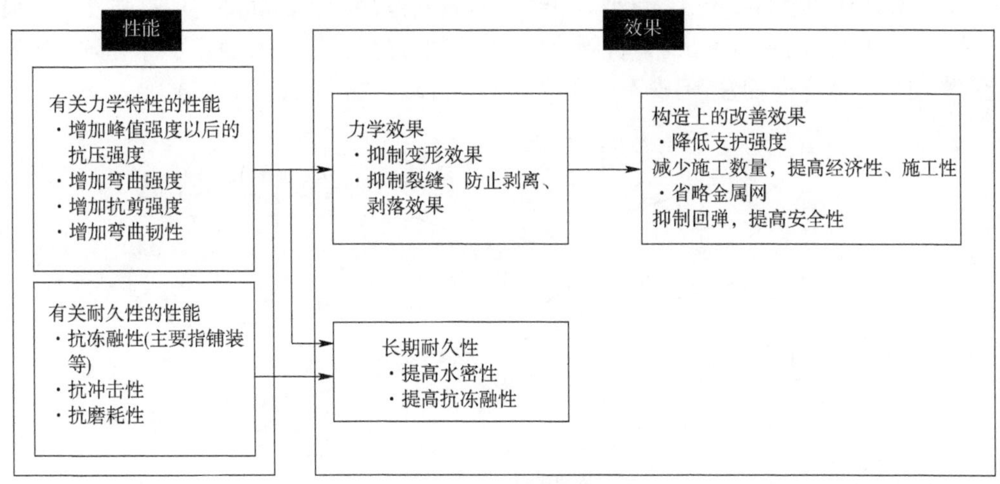

图 3-2-23 纤维喷混凝土的性能和效果

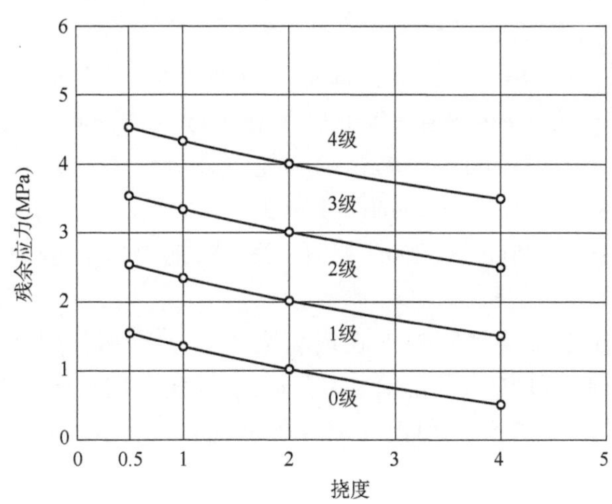

图 3-2-24 按位移和残余强度分级

②按能量吸收量的分级

此分级示于表 3-2-5，分为 500J(焦耳)、700J、1000J 3 级，分别对应良好的围岩(硬岩)、小断面隧道，标准状态(比硬岩软)及土质。

按能量吸收量的分级 表 3-2-5

分级	挠度在 25mm 时的能量吸收量(J)	分级	挠度在 25mm 时的能量吸收量(J)
A	500	C	1000
B	700		

在挪威，是按 Q 值的围岩评价系统的数据库进行分级的。

在 1993 年挪威要求采用梁试验体的弯曲韧性试验，并规定要求的性能，但试验体的制作要消耗时间和费用，因此在 1999 年开始导入采用圆盘试验体的能量吸收量，其要求的性能以试验体的位移值25mm前的能量吸收量来评价。

日本NEXCO的《公路隧道设计要领 第三集》曾对适用于大断面隧道的高强度纤维喷混凝土,提出室内试验的评价方法(评价阀值)。在比较良好的围岩中,规定了针对锚杆间岩块可能掉落时的荷载弯曲韧性,但没有以变形对策为目的的规定(图3-2-25)。

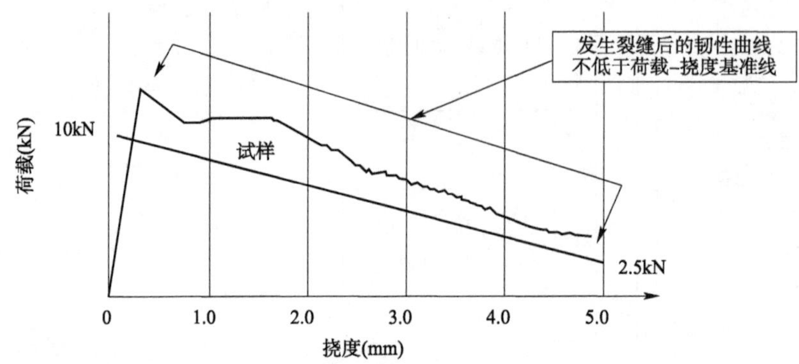

图3-2-25 第2东名、名神高速公路采用的高强度纤维喷混凝土性能确认方法

(2)纤维喷混凝土的试验、评价方法

欧洲一般采用梁试验体的弯曲强度试验的应力极大值、残余强度的试验评价方法(EN14488 – 3 testing sprayed concrete – Part 3)和板试验体的能量吸收量的试验评价方法(EN14488 – 5 testing sprayed concrete – Part 5)两类。

①EN14488 – 3 testing sprayed concrete – Part 3

本方法,采用75mm×125mm×600mm的梁试验体,把450mm分为3等份,用4点进行加载。

试验体是从喷混凝土大板上切取的,在现场保管3天,而后移到试验室,覆以塑料薄膜保管。在测定3天以前移到水中,测定前从水中取出,测定梁试验体中央的弯曲挠度。梁中央的位移速度,在位移值达0.5mm前按0.25～0.05/min,超过0.5mm后按1mm/min,一直到4mm前进行测定。

②EN14488 – 5 testing sprayed concrete – Part 5

用喷混凝土制作600mm×600mm×100mm的试验体,而后薄膜研磨平整,加工到厚度100±10mm。试验体的保管和养生与前述相同。测定支持试验体的四边,中心部介入100mm×100mm的垫块,以1.5mm/min速度加载,直到中央部的变形达到25mm为止。

挪威与欧洲规格不同,采用圆盘试验体进行试验评价。试验体的尺寸是直径600mm、厚度100mm,试验体用直径500mm的金属圆环支撑,在从中心部直径100mm范围的下方进行加载,测定位移(图3-2-26)。

美国混凝土协会(ACI)在《纤维喷混凝土指南》中,规定使用的钢纤维是ASTM C1116Ⅰ型和ASTM A820,有机纤维是ASTM C1116Ⅲ型。

①ASTM C1609试验方法

采用梁试验体及3点弯曲荷载评价弯曲动态的方法(2005年制定)。裂缝发生后的动态离散性很大，因此通常需要进行较多的试验体测定才行。

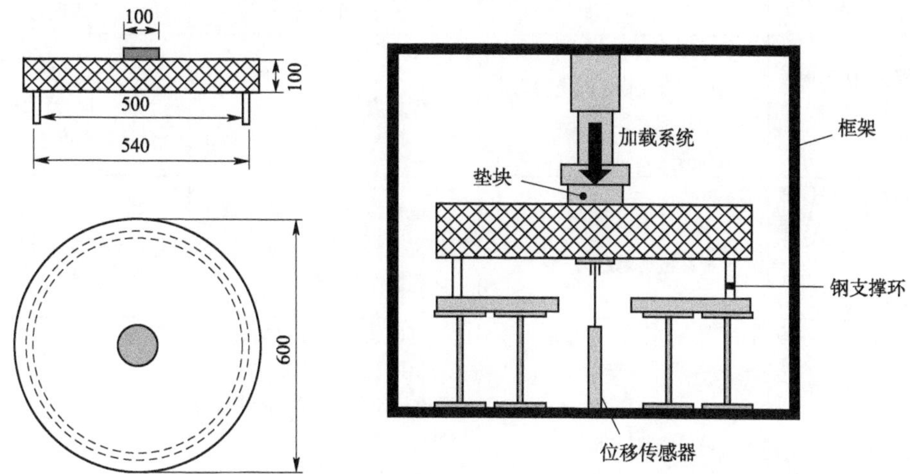

图 3-2-26 挪威的圆盘试验体的能量吸收量的试验评价方法(尺寸单位:mm)

②ASTM C1550 试验方法

采用圆盘试验体，周围用 3 点支撑，中心部加载评价弯曲韧性的方法。试验体尺寸采用直径 800mm、厚度 75mm。支撑试验体的 3 点，各点均用 40mm × 50mm 的金属平板接触试验体，平板下用球与支持台相接触。试验体上面中心部加载活塞是直径 50mm，其前端是球面体，是点荷载。在试验体下方测定位移，位移越大，裂缝越大，有时也出现不能测定的情况。

本试验方法规定，用裂缝发生后的残余强度、影响耐久性及耐水性的裂缝最大容许值进行评价。中心部的位移用 3 点的裂缝宽度和角度进行评价。

同时，用位移值达到 40mm 的能量吸收量进行评价。与其他试验方法相比，其是离散性小而可靠性高的试验方法。

日本土木学会和日本混凝土工学会曾规定钢纤维喷混凝土试验方法，即"钢纤维喷混凝土强度及弯曲韧性试验用试件的制作方法(JSCE－F 553－1999)""纤维喷混凝土强度及弯曲韧性试验用试件的制作方法"。此外，也规定了弯曲强度及弯曲韧性的试验方法，按通常的纤维混凝土的方法处理。

依上所述，日本多采用梁试验体的弯曲韧性来评价纤维喷混凝土性能，而其他国家则以梁试验体的残余强度和板试验体的能量吸收量来评价的情况比较多。

4）纤维喷混凝土的设计

(1)日本各设计标准的规定

日本各设计标准对钢纤维喷混凝土的功能、适用围岩及纤维混入率等的规定汇总于表 3-2-6。

日本有关钢纤维喷混凝土标准的规定 表 3-2-6

基准名称	期望功能	适用围岩	纤维混入率
公路隧道技术基准构造篇 2003 年 11 月	提高容许值	·有可能剥落的围岩 ·有可能因大变形而破坏的围岩	钢纤维 0.5% ~ 1.0%(体积百分率)

续上表

基准名称	期望功能	适用围岩	纤维混入率
公路隧道设计要领第三集隧道篇 2015年7月	钢纤维 ·提高弯曲韧性及抗剪强度 非钢纤维 ·提高弯曲韧性	·变形大的围岩	0.5%～1.0%(体积百分率),必要时,需确定弯曲韧性及抗剪强度值
公路隧道设计要领第三集(第2东名、名神高速公路) 2006年4月	·提高抗弯承载力 ·提高抗剪承载力	·龟裂性围岩和节理发育的围岩 ·膨胀性围岩等	不能低于给定的规格线以下(对韧性要求在0.75%左右)
山岭隧道设计施工标准 2008年4月	·提高抗拉强度 ·提高弯曲韧性	·围岩条件恶劣,有很大土压作用、发生大变形的围岩(隧道洞口段、断层破碎带、膨胀性围岩等) ·构造复杂,支护应力分布复杂的围岩	0.5%～1.0%

日本在《钢纤维喷混凝土设计施工手册　隧道篇》中规定了钢纤维喷混凝土的设计方法。建议钢纤维喷混凝土作为支护构件的使用场合,采用极限状态Ⅲ(根据能够评价跟踪围岩大变形的钢纤维喷混凝土构件的变形特性确定的极限状态);要求重视钢纤维喷混凝土的变形特性设计,并根据施工时的量测等确认支护构件的性能。

挪威及欧洲一些国家,基本上采用Q系统确定值的方法,必要时对小埋深及软弱围岩等特殊围岩和对周边有影响的场合采用数值解析方法确定支护的规格。

(2)Q系统的设计方法

Q系统是挪威Barton开发的围岩分级及对应围岩分级确定支护模式的系统。图3-2-27是最新的Q卡(2013)。根据本卡,如能求出Q值,就可以求出钢纤维喷混凝土的能量吸收量(E)、喷层厚度、锚杆长度、锚杆间距、(RRS规格)间隔等支护参数。

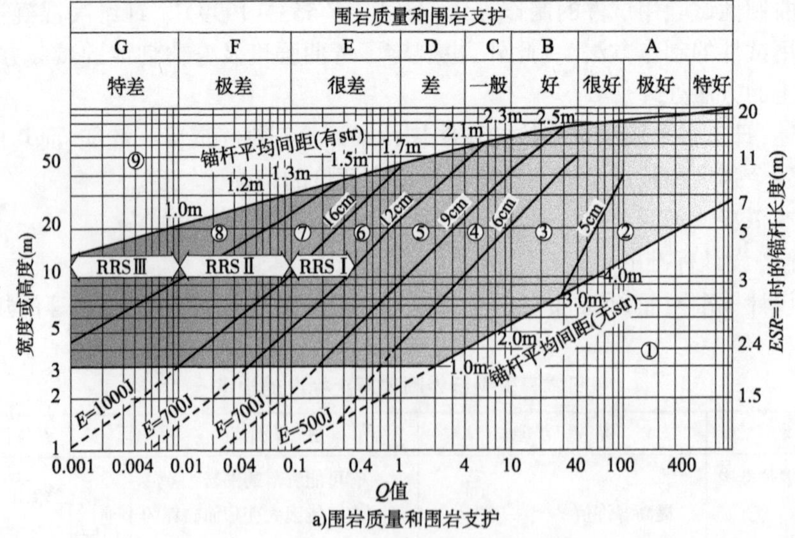

a)围岩质量和围岩支护

图　3-2-27

支护模式
①无支护或随机锚杆
②随机锚杆 SB
③系统锚杆,厚5~6cm钢纤维喷混凝土 B+Sfr
④厚度6~9cm的钢纤维喷混凝土和锚杆 Sfr(E500)+B
⑤厚度9~12cm的钢纤维喷混凝土和锚杆 Sfr(E700)+B
⑥厚度12~15cm的钢纤维喷混凝土,RRSⅠ,锚杆 Sfr(E700)+RRSⅠ+B
⑦厚度>15cm的钢纤维喷混凝土,RRSⅡ,锚杆 Sfr(E1000)+RRSⅡ+B
⑧模筑混凝土,CCA或Sfr(E1000)+RRSⅢ+B
⑨特殊设计
RRS规格
Ⅰ型 隧道宽10m:6根钢筋(ϕ16~20mm),单层,喷混凝土30cm
隧道宽20m:6+2根钢筋(ϕ16~20mm),双层,喷混凝土40cm
Ⅱ型 隧道宽5m:6根钢筋(ϕ16~20mm),单层,喷混凝土35cm
隧道宽10m:6+2根钢筋(ϕ16~20mm),双层,喷混凝土45cm
隧道宽20m:6+4根钢筋(ϕ20mm),双层,喷混凝土55cm
Ⅲ型 隧道宽5m:6+4根钢筋(ϕ16~20mm),双层,喷混凝土40cm
隧道宽10m:6+4根钢筋(ϕ20mm),双层,喷混凝土55cm
隧道宽20m:6+6根钢筋(ϕ20mm),双层,喷混凝土70cm

b)支护模式及规格

图3-2-27 最新的Q卡(2013)

注:岩石质量 $Q=\frac{RQD}{J_n}\times\frac{J_\gamma}{J_\alpha}\times\frac{J_w}{SRF}$

钢纤维喷混凝土用Q值评价的支护模式,从图3-2-27③开始被采用作为支护构件,视其级别给出了其厚度和能量吸收量。

基于此能量吸收量,钢纤维喷混凝土分为表3-2-7所示的3级,适用于C30/C37混凝土。

钢纤维喷混凝土的能量吸收量和适用围岩 表3-2-7

分级	吸收量(J)	围岩条件	分级	吸收量(J)	围岩条件
E500	500	良好	E1000	1000	不良
E700	700	中间			

(3)其他国家

在"European Specification for Sprayed Concrete"中,纤维喷混凝土的弯曲强度是由混凝土的抗压强度决定的。

表3-2-8表示了弯曲强度按每一要求场合的强度划分所需的最小弯曲强度。

最小弯曲强度 表3-2-8

强度分级	C24/C30	C36/C45	C44/C55
梁弯曲强度(MPa)	34	42	46

弯曲韧性按残余强度或能量吸收量的分级确定。表3-2-9表示根据位移值分级要求的残余强度,这是根据梁试验确定的。

根据位移值分级要求的残余强度 表 3-2-9

变形分级	梁变形值(mm)	对应强度分级的残余强度(MPa)			
		1类	2类	3类	4类
	0.5	1.5	2.5	3.5	4.5
低	1	1.3	2.3	3.3	4.3
中	2	1.3	2.0	3.0	4.0
高	4	0.5	1.5	2.5	3.5

应该指出,对纤维喷混凝土的设计,还有许多不明确的问题,如:

(1)喷混凝土的品质,因配比而异,即使在同一纤维混入率条件下也会不同。混入的纤维形状、尺寸不同,性能也会有差异。此外,配比、施工条件对材料品质也有很大的影响,使用时一定要进行试验来确定其性能。

(2)仅根据抗压强度不能规定其品质。

纤维喷混凝土不仅要根据抗压强度,也要根据弯曲韧性和弯曲强度确定其配比。一般来说,在同一强度、同一纤维混入率条件下是否满足规定的要求,一定要通过试验予以确认。

(3)吐出配比与实际的附着配比因纤维混入率而异。

即使规定了纤维混入率,但因纤维的回弹,实际的附着配比的纤维混入率要比吐出配比小。此差异的程度与混入纤维的形状、尺寸及其他条件(配比、喷射时的空气压和空气量、距喷射面的距离等)有关。

因此,为确认纤维喷混凝土的性能,必须进行实机试验,予以确认。

5)纤维喷混凝土的施工

(1)喷射方式

喷射方式分湿喷和干喷两种,但在各种基准中都以湿喷为表示方式,除新鲜混凝土运入困难等特殊场合,采用湿喷方式较多。在湿喷中,因为采用泵压送,易于产生纤维球堵塞管路等施工故障。

(2)纤维的混入品质

纤维混入时,纤维要充分均匀分散,否则会产生纤维球而发生堵管等故障。

最近,在形成易于分散的纤维形状上下功夫,即使用捆包方法,投入时也易于分散,减少了故障发生次数。

(3)拌和搅拌机

代替盘式强制搅拌机,最近多采用适合纤维分散的二轴式强制搅拌机。二轴式强制搅拌机的材料搅拌能力大,能够混入混凝土体积2%的纤维。

(4)混入、搅拌顺序

本来,湿喷最好是先用分散机把纤维和骨料拌和,然后添加水泥和水到搅拌机内进行拌和,但最近由于材料的捆包和搅拌机形式的改进,可以不拘泥投入顺序制造纤维喷混凝土。最近向自动搅拌车中直接投入纤维的实例增多。

(5)纤维的形状、尺寸规格

表 3-2-10 表示了纤维制品规格实例。纤维的规格考虑到投入搅拌机和自动搅拌车时的分散性与搅拌、压送、喷射时钢纤维的弯曲少,不产生堵管等故障,应在形状上下功夫。不管

是湿喷还是干喷，采用纤维的细长比为40～50、纤维长度30mm的纤维比较多。

纤维规格实例 表3-2-10

参数＼名称	钢纤维	聚丙烯纤维	维尼纶纤维
长度(mm)	30	30	30
尺寸(mm)	0.62,0.7	0.7	0.66
细长比	48,40	43	45

(6)配比

在湿喷中，混入纤维后，新鲜混凝土的坍落度会降低，与喷混凝土相比，单位水泥量要大些，细骨料率 s/a 也要提高。

(7)喷射机

喷射机应采用与一般喷混凝土大致相同的机种。由于混入纤维考虑压送负荷大，要采用大容量的空压机。此外，采用钢纤维时，喷射机的配件、管路等磨耗大，与通常的喷混凝土相比，要加强管理。

此外，对高强度喷混凝土，因砂浆的黏性大，喷射机的负担比一般喷混凝土要大，会产生管道中混凝土脉动和速凝剂混合不均等情况。为此，要注意增加空压机的能力、设定速凝剂的添加装置、减少空气压送长度等。

(8)回弹

从回弹上来看，在材料全体的回弹中，纤维占比较多。纤维的回弹率因混凝土的配比和纤维的形状而异，但大致在材料回弹率的2倍左右。使用钢纤维喷混凝土的场合，回弹率约20%～40%，存在纤维混入量减少的问题。

作为回弹的对策，可采用能够提高硅灰等黏性的混合材料。回弹纤维多对洞内环境和安全有影响，要注意防护。

(9)防水板破损

钢纤维喷混凝土在铺设防水板时，钢纤维有可能使防水板破损，必要时应用喷射砂浆做基底，加厚防水板的背后缓冲材料。背后缓冲材料，一般喷混凝土中采用300g/m^2 材料，钢纤维喷混凝土以采用500g/m^2 的材料为宜。

(10)再利用

一般来说，混凝土多数用再生碎石为原料，但采用纤维喷混凝土时，除一部分制品外，不能完全破碎，再利用比较困难，应按混合废弃物处理。

5. 喷混凝土耐久性评价

在评价隧道健全性时，作为初期支护的喷混凝土长期耐久性和衬砌的长期耐久性是非常重要的。因此，日本对青函隧道喷混凝土的耐久性进行了长达40年的调查研究。

喷混凝土试件取自作业坑道(11处)、衬砌空洞(11处)，平均每2～3年取1次。试验包括抗压强度试验(抗压强度、静弹性系数)、超声波速度试验、重度测定、化学试验(炭化深度、X射线回折试验、pH值测定)等，相关试验结果如下。

1)物理试验结果

(1)抗压强度试验

通过抗压强度试验,获得了材龄3年到材龄44年范围内的198个试件的试验结果。

抗压强度的历年变化如图3-2-28、图3-2-29所示。根据13个坑道的全体试件的历年变化,抗压强度在10~50MPa范围内,可以认为抗压强度没有降低的倾向。青函隧道采用的喷混凝土支护形式保持了耐久性。

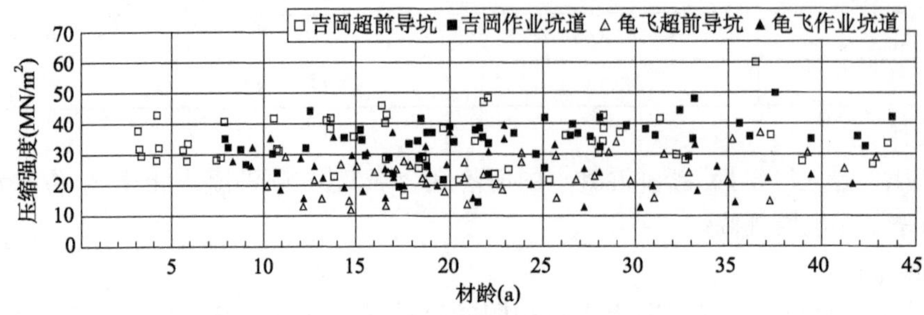

图3-2-28　抗压强度的历年变化

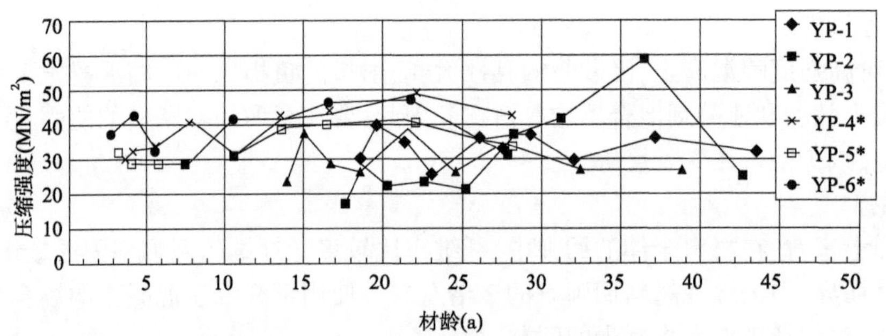

图3-2-29　抗压强度的历年变化(吉冈)

图3-2-30是吉冈超前导坑的抗压强度历年变化,抗压强度在15~50MPa范围内。图3-2-31表示龟飞作业坑道的历年变化,抗压强度虽然有离散,但其范围在15~40MPa范围内,平均值是25MPa。从总的趋势来看,以后的变化会"维持一定值",或"微增"。

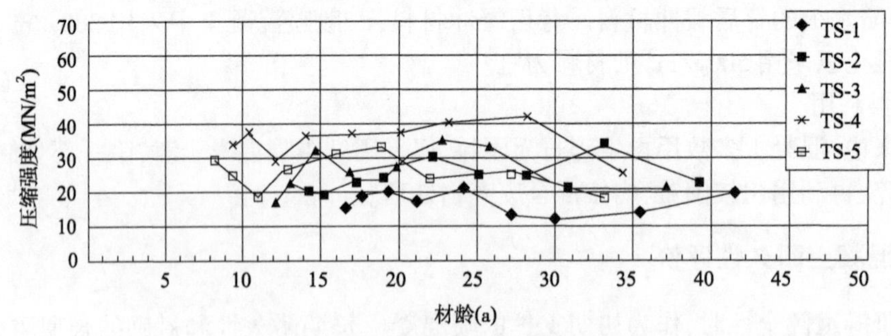

图3-2-30　抗压强度的历年变化(龟飞)

抗压强度与静弹性系数的关系如图3-2-31所示。静弹性系数在$(0.4\sim4)\times10^4$MN/m²的范围内。虽然有些数据离散,但随着抗压强度的增加,静弹性系数也随之增加,两者是相关的。

(2)超声波速度试验、重度测定

图3-2-32表示抗压强度和P波速度的关系。P波速度在3~5km/s的范围内,随抗压强度的增加,P波速度也随之增加,两者有一定的相关性。

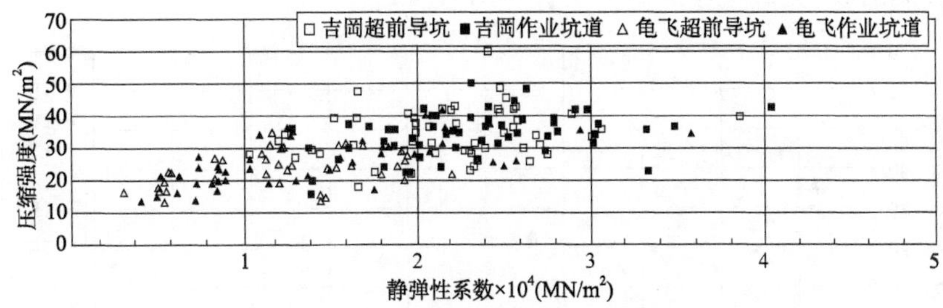

图 3-2-31 抗压强度和静弹性系数的关系

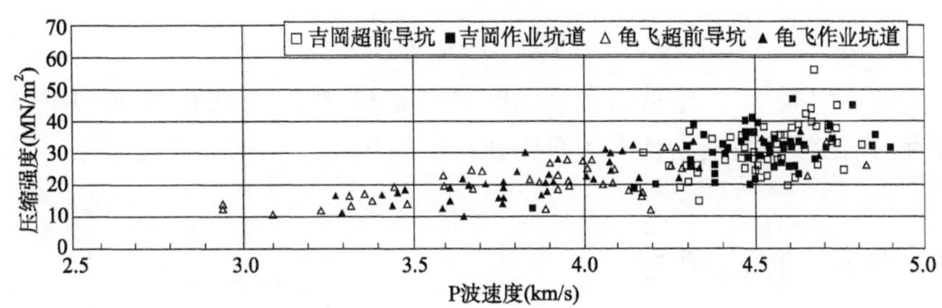

图 3-2-32 抗压强度和 P 波速度的关系

图 3-2-33 表示抗压强度和重度的关系。重度在 20 ~ 23kN/m^{3}范围内,与 P 波速度相同,随着抗压强度的增加,重度也有增加的趋势。

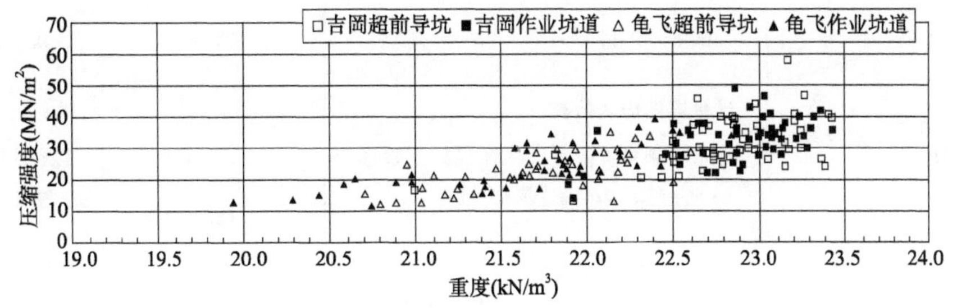

图 3-2-33 抗压强度和重度的关系

2)化学试验结果

以炭化深度试验为例,各坑道的炭化深度及平均值列于表 3-2-11。

各坑道的炭化深度及平均值 表 3-2-11

划分	吉 岡		龟 飞	
	超前导坑	作业坑道	超前导坑	作业坑道
炭化深度范围(mm)	0.8 ~ 43.0,平均值 9.5	0 ~ 17.0,平均值 7.9	3.0 ~ 53.3,平均值 15.3	4.0 ~ 48.6,平均值 17.7

炭化深度和抗压强度的关系如图 3-2-34 所示。龟飞的作业坑道,特别是在炭化深度大的地点,抗压强度有低的趋势,今后应继续调查它们之间的关系。

实际上,我们的喷混凝土技术也是从 40 年前修建成昆线的隧道开始采用的。与日本同时起步,但我们后续、类似这样的研究工作相对较少。

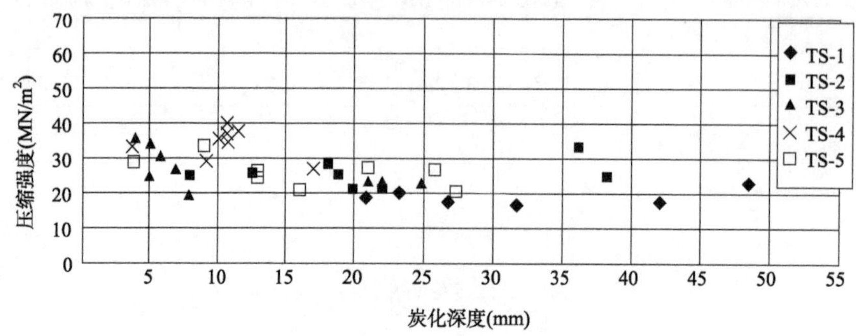

图 3-2-34　抗压强度和炭化深度的关系(龟飞)

目前采用的喷混凝土,无论从材料、配比、喷射机械、喷射方法都与 40 年前有很大的改善。毋庸置疑,强化对喷混凝土技术的研究和机械的开发,应该是我们目前亟待解决的重要任务之一。

6. 加强喷混凝土的作业管理

在施工过程中,对喷混凝土作业要加强管理,以确保喷射的混凝土满足设计要求的质量,并能充分发挥其支护功能。为此,日本的《隧道施工管理要领》中,明确规定对喷混凝土进行定期管理试验和日常管理试验。管理试验要求的项目分别列于表 3-2-12 和表 3-2-13 中。

喷混凝土的定期管理试验　　表 3-2-12

类别＼项目		试验项目	试验方法	试验频率	规定值
喷混凝土分批投配设备	计量装置	计量器的静载检查	以《混凝土管理要领》为准	喷射开始前 1 次	以《混凝土管理要领》为准
		计量控制装置检查			
	搅拌机	搅拌机搅拌性能试验			
连续搅拌机	连续搅拌机	连续搅拌机搅拌性能试验	土木学会规准		土木学会规准
喷混凝土材料	水泥	品质管理	以 JIS 为准	1 个月 1 次	
	细骨料	粒度	以 JIS 为准		
		密度(绝对干燥)	以 JIS 为准		2.5g/cm³以上
		吸水率	以 JIS 为准		3.5% 以下(碎砂除外) 3.0% 以下(碎砂)
	粗骨料	粒度	以 JIS 为准		
		密度(绝对干燥)	以 JIS 为准		2.5g/cm³以上
		吸水率	以 JIS 为准		3.0% 以下
	速凝剂	品质管理	土木学会标准		
	化学混合剂	品质管理	JIS A G204		

喷混凝土的日常管理试验 表3-2-13

类别＼项目		试验项目	试验方法	试验频率	规定值
喷混凝土材料	细骨料	表面水率	以JIS为准	1次/d及降雨、降雪后1次	—
	粗骨料	表面水率	以JIS为准	按监督员指示	—
喷混凝土施工	现拌混凝土	坍落度试验	以JIS为准	(1)每次喷射时；(2)制作强度试验试件时	按模式施工设定值±2cm
	强度	初期强度试验	JSCE－G	每25m试验1次	(1)高强度：3h,2N/mm^{2}以上，24h,10N/mm^{2}以上 (2)普通强度：24h,5N/mm^{2}以上
		试件强度试验	JSCE－G	每50m试验1次	(1)高强度：28h,36N/mm^{2}以上 (2)普通强度：28h,18N/mm^{2}以上

我们也有类似的规定,但不够细致,也缺乏定量的检查指标。

三、锚杆

我们用矿山法修建了上万公里的隧道,至今还在争论锚杆有没有用,似乎说不过去。在隧道初期支护中,目前我国的锚杆技术处于什么状态,大家应当心中有数。

在山岭隧道中我们锚杆支护技术中存在的主要问题是：

(1)至今锚杆没有完全实现商品化,很多场合,还处于作坊式的生产方式;与锚杆有关的配套构件,如垫板等都没有规格化。一般来说,商品化是实现施工机械化、确保锚杆质量的前提条件。不仅锚杆,而且钢架、喷混凝土都存在类似的问题。

(2)不同的围岩条件,需要不同类型的锚杆与之对应。目前我国主要采用注浆式锚杆,在国外土砂围岩中,基本上采用摩擦式锚杆;在硬岩中为了防治岩爆也多采用摩擦式锚杆。我们还没有做到这些。

(3)明明知道设置垫板对发挥锚杆支护功能,具有极大的作用,但不设垫板的锚杆比比皆是。应该说**不设垫板的锚杆不能称为锚杆**,垫板不仅可以控制较大的变形,也可以吸收较大的变形能,目前国外开发的所谓伸缩式锚杆,主要是在垫板上下功夫。

(4)锚杆功能的多样化是锚杆技术发展的主流,如具有排水功能的锚杆、控制大变形的锚杆、高承载力的锚杆等。

(5)对锚杆的施工管理,有待加强。锚杆技术不到位,特别是管理不到位是通病,亟待改善。

因此，在大规模修建高速铁路的今天，必须充分认识到锚杆在隧道支护中所发挥的功能，切实发挥锚杆控制围岩松弛、掉块的作用，提高锚杆技术的水平，是极为重要的。

1. 锚杆功能

锚杆是仅仅次于喷混凝土，得到迅速发展的初期支护构件。其功能是毋庸置疑的，锚杆既可作为初期支护使用，也可以作为永久支护构件使用。在初期支护中锚杆与其他构件（喷混凝土、钢架）不同，是**唯一从内部改善围岩性质的构件**，也是唯一不需要扩展开挖断面积的构件。锚杆在改善围岩连续性的同时，也增强了围岩的抗剪强度，提高了围岩的自支护能力。因此，锚杆可能发挥的作用如下：

（1）补偿围岩中存在的力学上不连续性的缺陷；

（2）围岩受到锚杆的约束，改善了作为连续体的围岩特性，围岩位移得到抑制；

（3）在不能避免过大变形的场合，保持了围岩的一体性的变形；

（4）由于形成一定的约束压，不会发生围岩急剧的破坏等。

因此，今天我们应该讨论的是：如何加强和改善锚杆技术，提高锚杆的支护效果，而不是取消锚杆，更不能放弃对锚杆技术的研究。

2. 锚杆的商品化问题

锚杆的商品化，首先要求锚杆规格的标准化，生产工厂化。目前在矿山法隧道中，我们对锚杆技术特性的要求是不明确的。因此，制定行业标准，或者企业标准，根据山岭隧道的支护要求，明确锚杆的基本特性、材料规格、制造标准和工艺等是十分必要的。作为参考，现把英国的《锚杆技术标准》（**BS 7861-1—2007**）对钢锚杆的构成、材料、力学特性等的规定节选如下。

- **锚杆的构成**：钢锚杆现场组装如图 3-3-1 所示。

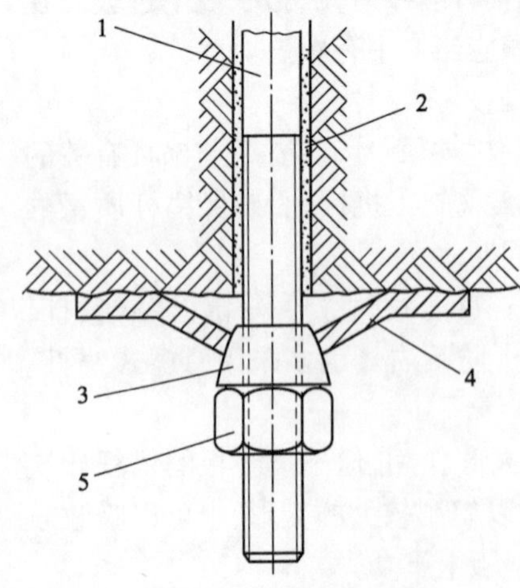

图 3-3-1　钢锚杆现场组装

1-锚杆；2-树脂；3-锥形座套；4-半球形垫板；5-螺母

- **锚杆材料**：锚杆杆体用碳 0.3%（max）、锰 1.6%（max）、硫 0.05%（max）和磷 0.05% 的结构钢制成。
- **锚杆断面**：锚杆杆体应具有碾压的圆形断面和带肋的或线条的形状。
- **锚杆直径**：锚杆杆体的最小当量直径不小于 21.5mm，杆体最短轴的最小尺寸不小于 20mm。
- **锚杆平直度**：平直度应在杆体长度的 0.4% 之内。
- **锚杆拉伸特性**：进行拉伸试验时：

①最小屈服强度必须大于 640N/mm^2；

②每次拉伸试验，其抗拉强度比屈服强度大 20% 以上；

③断裂后的延伸率最小为 18%，最大荷载（A_{gt}）的延伸率最小为 8%。

● **锚杆抵抗脆性断裂的能力**：锚杆杆体在预计温度条件下应具有充分的抵抗脆性断裂能力。

进行拉伸试验时：

①只容许2个单体值低于27J；

②只容许1个单体值低于19J；

③所有试验的平均值不低于27J。

● **锚杆附着强度**：在给定附着长度的条件下，进行拉拔试验时，锚杆－树脂－围岩系统的刚性不能降低到20kN/mm时的荷载。

● **锚杆长度**：锚杆长度的偏差必须小于±5mm。

按表3-3-1在锚杆近端部用颜色标志，以识别锚杆长度。其他锚杆长度比照表3-3-1确定。

锚杆长度的颜色标志　　表3-3-1

锚杆长度	颜色标志	锚杆长度	颜色标志
3.0	棕	1.8	黄
2.4	红	1.5	白
2.1	绿	1.2	兰

● **腐蚀防护**：当要求锚杆具有防腐蚀性能时，应按照BS EN ISO 1461进行镀锌，镀锌层的最小厚度为85μm。

● **螺母紧固型式试验**：螺母紧固设施的扭矩应在以下范围内：

①高扭矩范围在100～185N·m；

②低扭矩范围在35～80N·m。

● **半球形垫板测试**：半球形垫板测试时，应按照附件D进行：

①以当量直径和770N/mm^{2}应力为基础，在杆体的破断荷载的50%～70%的荷载下压平；

②锚杆、螺母和锥形垫座的容许拉拔力，在荷载（最大拉力或拉拔荷载）下，以当量直径和770N/mm^{2}应力为基础，杆体的破断荷载的70%～95%。

注：半球形垫板和锥形垫座的失效可能发生的在球墨铸铁材料上。在这两种配件的脆性断裂是不能接受的。

● **螺纹拉伸试验**：锚杆螺纹部分或螺帽的螺纹，在小于杆体额定断裂荷载（应力为770N/mm^2）和杆体的当量直径条件下不发生失效。

● **剪切试验**：锚杆－树脂系统的抗剪强度至少为640N/mm^2。

● **附着强度和系统刚性**：系统的最小附着强度应为130kN，最小系统刚性当荷载在40～80kN之间时，应在240kN/mm^2。

● **供应商标识**：对所提供的锚杆螺母或锥形阀座，应当标明供应商的身份。对锚固剂（树脂和胶囊）、玻璃纤维锚杆（GRF）也有类似的规定。

从英国的规定中，可以看出，对锚杆的技术性能要求是比较严格的。

在现行的锚杆技术要求的基础上，结合国内外的锚杆支护的经验和教训，首先，应着手编写“锚杆行业标准”,应该提到议事日程上来,以利于锚杆商品化的实现。

其次,在没有实现锚杆商品化之前,是否可以利用一条新的生产线,或者企业自身集中设置锚杆制备厂,按照设计要求制作锚杆及其配件,分散供应所属隧道现场,改变目前作坊式的生产方式,也是一个可供选择的解决方案。

3. 提高锚杆支护功能的措施

提高锚杆支护功能的基本措施有:

- 提高锚杆的附着强度和剪切强度;
- 提高锚固材料的饱满(充填)度;
- 强化锚杆施工管理。

1)提高锚杆的附着刚性(强度)和剪切刚性(强度)

目前,在山岭隧道中使用的锚杆,按杆体与钻孔周边围岩的接触状态不同,基本上分为两大类:锚杆通过注浆层与围岩接触、锚杆直接与围岩接触两大类。前者称为**注浆式锚杆**,后者称为**摩擦式锚杆**。目前我们主要应用前者,后者尚在推广阶段。

不论是注浆式锚杆,还是摩擦式锚杆,之所以能够发挥其支护功能和效果,从理论上说主要是依靠其附着刚性(强度)和剪切刚性(强度)。因此,从工程实践上看,如何提高锚杆的附着刚性(强度)和剪切刚性是非常重要的。从实用角度出发,提高锚杆的**附着刚性**比提高**剪切刚性**更为重要。

这里所谓的附着刚性和剪切刚性的概念如下:

附着刚性 S_{bond} 可以用拉拔试验予以测定,即单位长度的附着力。也就是说,单位锚固长度在附着失效前能够承受的拉伸荷载。目前,根据拉拔试验中拉拔时的屈服荷载除以有效锚固长度求出。根据异形棒钢 D25 的室内试验,推定 S_{bond} 可采用下式。

$$S_{bond} = \pi(d + 2t)\tau_{peak} \tag{3-3-1}$$

式中,t 为锚固材料厚度;d 为锚杆外径;τ_{peak} 为锚固材料的最大抗剪强度,围岩和锚固材料的单轴抗压强度中,取两者中的小者。

锚固材料的剪切刚性 K_{bond} 用注浆的剪切变形评价,可用下式表示。

$$K_{bond} = \frac{2\pi G}{\ln\left(1 + \frac{2t}{d}\right)} \tag{3-3-2}$$

其中,G 为锚固材料的剪切弹性系数。

注浆式锚杆是我们采用最多的锚杆。锚杆的锚固力,必须从锚杆本身与锚固材料之间的附着力以及锚固材料与围岩之间的附着力两方面进行研究。其中,对于锚杆和锚固材料之间的附着力,若采用一般材料,可以得到基本满意的结果。但是,对于锚固材料和围岩之间的附着力,有时因锚固材料的材质和围岩条件的原因而得不到充分的附着力,致使拉拔承载力降低,因此需要加以注意。

日本对不同锚杆类型和不同锚固材料的锚杆进行了较为详细的试验研究,取得如下成果,值得我们参考。

试验采用的 11 种锚杆(表 3-3-2),包括普通强度的螺纹棒钢和套螺纹的钢筋锚杆及高强度钢锚杆、纤维锚杆等。屈服承载力包括130kN钢锚杆(1~2号)和屈服承载力200kN以上的高承载力钢锚杆(3~6号)。这些锚杆具有螺纹、竹节等表面形状,除中空的钢锚杆(6号)以外,都是实心的。锚杆的直径D通常采用19~25mm。

锚杆的规格　　表3-3-2

编号	类别	外观			力学特性				备注
		断面	材质	直径	屈服荷载(kN)	断裂强度(kN)	弹性系数(N/mm^2)	单位长度质量(kg/m)	
1	钢锚杆 螺纹钢筋	实心	STD510	TD24	133	247	2.06×10^5	3.5	OPC
2	钢锚杆 螺纹钢筋	实心	STD510	TD24	133	247	2.06×10^5	3.5	HPC
3	钢锚杆 套螺纹钢筋	实心	SD390	D25	202	239	2.06×10^5	3.93	HPC
4	钢锚杆 竹节钢筋	实心	SHD635	D25	242	325	2.06×10^5	3.93	HPC
5	钢锚杆 套螺纹钢筋	实心	SD700	D19	201	2140	2.06×10^5	2.25	HPC
6	钢锚杆 套螺纹钢筋(中空)	中空	S45C	D23.5	200	250	2.06×10^5	3.2	HPC
7	GFRP锚杆	实心	GFRP	D27	(250以上)	400	4.41×10^4	0.99	HPC
8	GFRP	实心	GFRP	D25	(130以上)	330	3.50×10^4	0.91	HPC
9	GFRP(中空)	中空	GFRP	D25	130(以上)	250	3.30×10^4	0.63	HPC
10	CFRP	实心	CFRP	D14.7	—	300	1.47×10^5	0.30	HPC
11	AFRP	实心	AFRP	D14.7	—	240	6.36×10^4	0.24	HPC

注:GFRP锚杆的屈服荷载栏( )内表示螺纹构件的破坏荷载,断裂荷载表示母材的断裂荷载。

为了评价FRP锚杆的附着强度,采用了玻璃纤维(GFRP)锚杆、碳纤维(CFRP)锚杆和树脂(AFRP)锚杆进行同样的试验研究。其中,玻璃纤维锚杆的直径采用25~27mm,与钢锚杆相同;其他两种锚杆的直径都采用14.7mm。9号的玻璃纤维锚杆与6号钢锚杆同样是中空的。

试验以日本公路隧道围岩分级中CⅠ级围岩(相当于我国的Ⅲ~Ⅵ级围岩)为对象,试验条件如下:

• 采用材龄28d抗压强度40N/mm^2的混凝土作为模拟围岩。

• 为了研究锚固砂浆强度,采用了普通硅酸盐水泥(OPC)和早强硅酸盐水泥(HPC)。锚固砂浆的材龄为3、6、12、24、72h时,各进行3根锚杆的试验。在一部分试验中,进行了改变锚固砂浆的试验。

• 采用中空液压千斤顶(700kN)进行拉拔试验。

上述试验及工程实践说明:

(1)异形棒钢或带有竹节形状的锚杆,附着强度比其他类型锚杆附着强度大,说明锚杆表面形状对附着强度影响很大。从以提高锚杆性能的研究成果来看，Dunham 等认为，异形钢筋与平滑钢筋的抗剪承载力相差 2 倍以上，采用异形钢筋能够改善锚杆的附着特性。

(2)采用普通硅酸盐水泥(OPC)的锚固材料和采用早强硅酸盐水泥(HPC)的锚杆材料相比，后者的附着强度在初期(12h)比前者约大 1 倍，初期的支护作用明显。

(3)树脂锚固与围岩的附着强度比砂浆锚固的大。

(4)玻璃纤维锚杆和金属锚杆的附着强度相差不大，前者有代替后者的趋势。

(5)一般来说，锚杆的附着强度，视围岩条件和锚杆材料的不同，在 28 ~ 72h 内达到最大值，锚杆不宜在紧靠掌子面施作。

(6)提高锚固砂浆的抗压强度，也能够提高锚固的附着强度，因此，对锚固材料的抗压强度应有较高的要求。日本规定锚固砂浆的强度应在 10MPa 以上。

(7)适当增加锚杆的直径，对提高附着强度是有利的。目前，为了提高锚杆的直径，多采用中空锚杆，也出现采用钢管(表面设突起或压制成波纹状等)的趋势。

英国的“锚杆技术标准”也明确规定：锚杆杆体应具有碾压的圆形断面和带肋的(或线条)形状。同时也规定了最小的附着强度要求。

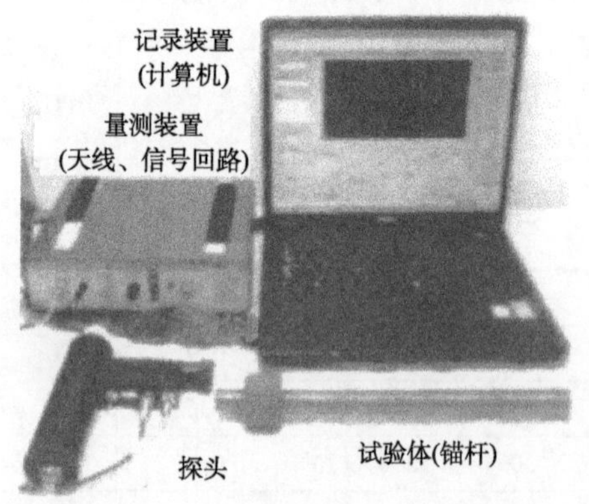

图 3-3-2　锚杆注浆充填状况检测装置

2)提高锚固材料充填的饱满度

在矿山法隧道施工中，全长注浆式锚杆得到广泛应用。其锚固力(或附着强度)基本上取决于锚固材料的充填状况，如注浆材料、注浆压力、充填饱满度等，特别是锚固材料是否充填饱满是重要的因素。锚固材料充填不足，会造成支护强度不足和影响支护的长期稳定性。因此，日本开发出检测锚杆注浆充填状况的装置(图 3-3-2)。

为了验证该装置的可靠性，根据表 3-3-3 的试验组合在室内进行一系列试验。所有组合的发振频率设定 3 种，即 2.18MHz、3.99MHz、3.88MHz。

室内试验组合　　表 3-3-3

组　合	充填率(%)	未充填部位	组　合	充填率(%)	未充填部位
1.1	100	完全充填	2.1	100	完全充填
1.2	83.3	前端 0.5m	2.2	83.3	口部 0.5m
1.3	66.7	前端 1.0m	2.3	66.7	口部 1.0m
1.4	50	前端 1.5m	2.4	50	口部 1.5m
1.5	33.3	前端 2.0m	2.5	33.3	口部 2.0m
1.6	16.7	前端 2.5m	2.6	16.7	口部 2.5m
1.7	0	完全为充填	2.7	0	完全未充填

图 3-3-3 是该装置获得的代表性波形。横轴为距振动子的距离(超声波传播速度 × 反射时间/2)，纵轴是通过 LOG 天线的输出相对振幅。由图 3-3-3 可知，首先随着充填率的降低(空隙增加)，在主要的观测数据中微小反射信号乱反射显著。其次，从发振频率来看，充填率高的场合，与频率无关，各波形是一定的；而充填率低时，不同发振频率得到的波形是离散

的。这说明不同的发振频率,超声波的指向性是不同的,因为从附着界面获得的反射信号也产生差异。

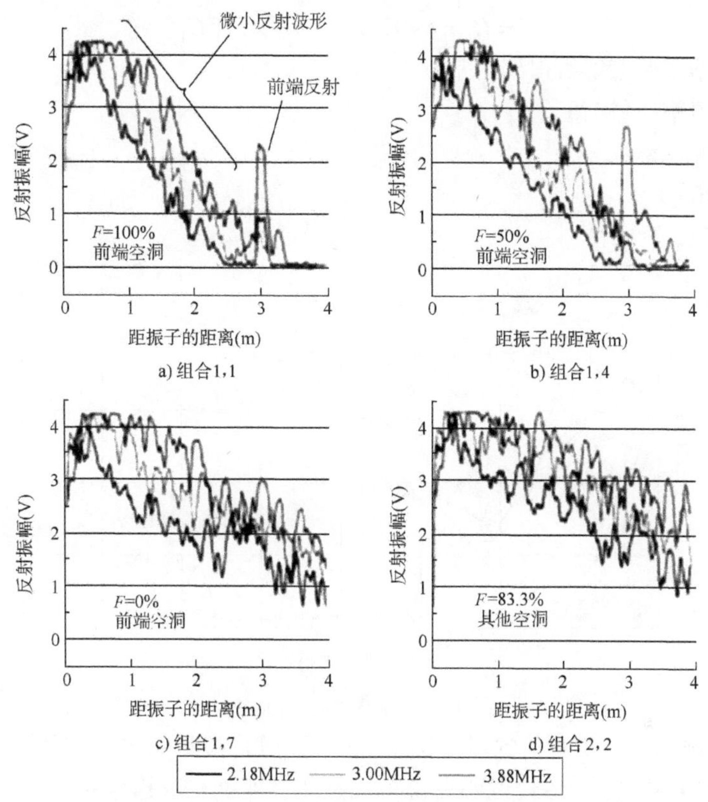

图 3-3-3 检测装置获得的代表性波形(室内试验)

该装置对现场设定的标准围岩区间和涌水区间进行了测定。图 3-3-4 表示充填率不同的各区间波形示例。图 3-3-4a)是标准区间取得的波形,微小反射信号比较小,与发振频率无关,各波形是一定的。另外,图 3-3-4b)是在涌水区间取得的波形,微小反射信号较大,发振频率的影响是显著的。考虑室内试验的结果,判断图 3-3-4a)充填是良好的,推定图 3-3-4b)充填是不良的。因此,该装置在现场能够推定锚固材料的充填状况,可以用于锚杆健全性评价。

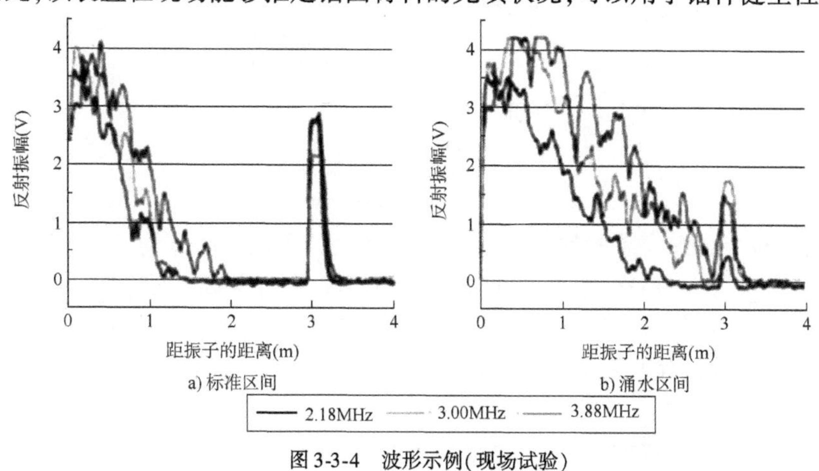

图 3-3-4 波形示例(现场试验)

根据室内试验结果，进行了多变量解析，提出了由式(3-3-3)和图3-3-5的评价充填率的方法。

$$F = C_1 \times f + C_2 \times \alpha + C_3 \times S + C_4 \tag{3-3-3}$$

式中：C_i——根据多变量解析得到的常数；

F——充填率(预测值)；

f——发振频率；

α——倾角；

S——面积。

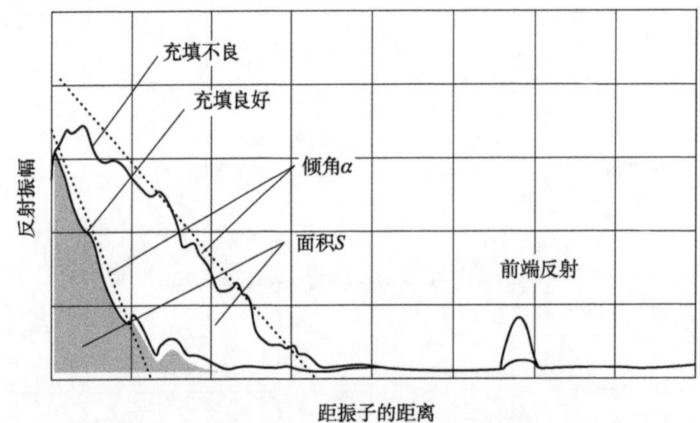

图3-3-5 多变量解析采用的变量

图3-3-6是预测值与正解值的对比结果。由此可知，预测值与正解值有些差异，其标准偏差为3.1%，相关系数为0.94，说明评价公式是能够评价充填趋势的。

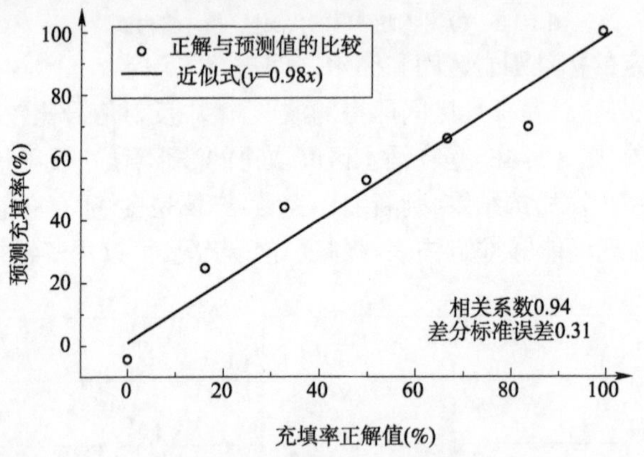

图3-3-6 现场充填率的判定

锚杆是否与围岩密贴主要看锚固材料的充填状况。实践和测试均指出，不同部位的锚杆注浆质量是不同的。一般来说，由于施工条件的不同，处于拱部一定范围内的锚杆，其注浆质量比位于侧壁的锚杆差。注浆质量最好的是底部锚杆。因此，注浆必须采用机械手进行，适当提高拱部锚杆的注浆压力。

3）强化锚杆施工管理

强化锚杆施工的精细管理，对我们来说是非常重要的。

锚杆施工技术不到位,特别是管理不到位是我们锚杆施工的通病,必须切实改进。

如何进行锚固施工的精细化管理?下面以日本《隧道施工管理要领》中建议的方法加以说明。

首先,要求在施工前提供相应报告(表3-3-4)。

锚杆报告书　　表3-3-4

<table>
<tr><th>试验种类</th><th>项　目</th><th>报告书名</th><th>报告日(标准)</th><th>提出部数</th><th>需监督员确认的项目</th></tr>
<tr><td rowspan="4">锚杆</td><td>编制施工计划书</td><td>锚杆施工计划书</td><td>施工开始前60d</td><td>1</td><td></td></tr>
<tr><td rowspan="2">基准试验</td><td>品质管理报告书</td><td>制品进场后的第2d</td><td>1</td><td></td></tr>
<tr><td>基准试验报告书(锚杆的锚固材料试验、配比设计)</td><td>锚杆施工开始前10d</td><td>1</td><td>是</td></tr>
<tr><td>日常管理试验</td><td>日常管理试验报告书</td><td>自主保存</td><td>1</td><td></td></tr>
</table>

锚杆的基准试验应符合表3-3-5的规定。

锚杆的基准试验　　表3-3-5

<table>
<tr><th colspan="2" rowspan="2">类　别</th><th colspan="4">项　目</th></tr>
<tr><th>试验项目</th><th>试验方法</th><th>试验频率</th><th>规　定　值</th></tr>
<tr><td rowspan="2">锚杆锚固剂(砂浆)</td><td rowspan="2">配比及强度</td><td>稠度</td><td rowspan="2">JIS R 5201</td><td rowspan="2">1. 施工开始前,试验1次;
2. 每变更制造厂或性能时,试验1次</td><td>1. 普通砂浆流动值:150±20mm;
2. 早强砂浆流动值:150±20mm</td></tr>
<tr><td>抗压强度</td><td>1. 普通砂浆材龄1d:1MPa以上;
2. 早强砂浆材龄12h:10MPa以上</td></tr>
<tr><td rowspan="4">锚杆材料</td><td rowspan="4">锚杆、垫板、螺帽及小导管</td><td>外观检查</td><td>目测</td><td rowspan="3">1. 施工开始前,试验1次;
2. 每变更制造厂或性能时,试验1次</td><td>不能出现有害的损伤</td></tr>
<tr><td>形状及尺寸</td><td>尺寸</td><td>锚杆长度:0~+40mm
垫板厚度:±0.4mm
垫板孔径:比螺纹外径小10mm以上
螺纹长度:150mm以下</td></tr>
<tr><td>性能</td><td>制造工厂的规格证明书</td><td>符合JIS的规定</td></tr>
<tr><td colspan="4">对高承载力锚杆,采用JIS制品以外的场合,要有制造厂的性能管理基准证明及已施工管理要点为准的试验结果</td></tr>
<tr><td>锚杆</td><td>强度</td><td>锚杆拉拔试验</td><td>NEXCO试验法</td><td>1. 施工开始前,1次3根;
2. 每变更制造厂或品质时,1次3根</td><td>1. 普通砂浆施工后3d:
·95kN(承载力110kN*)
·150kN(承载力170kN*)
·250kN(承载力290kN*)
2. 早强砂浆施工后1d:
·95kN(承载力110kN*)
·150kN(承载力170kN*)
·250kN(承载力290kN*)</td></tr>
</table>

注:*锚杆屈服点的承载力。

锚杆的日常管理试验应符合表3-3-6的规定。

锚杆的日常管理试验　　表3-3-6

类别		项目			
		试验项目	试验方法	试验频率	规定值
锚固材料(砂浆)	配比及强度	稠度	JIS R 5201	施工开始前,1次	1.普通砂浆: 流动值:150±20mm 2.早强砂浆: 流动值:150±20mm
		抗压强度		每50m,1次	1.普通砂浆: 材龄1d,10N/mm²以上 2.早强砂浆: 材龄12h,10N/mm²以上
锚杆	强度	锚杆拉拔试验	Nexco试验法	3根/20m(拱顶、拱部、侧壁)	1.普通砂浆施工后3d拉拔承载力: ·95kN(承载力110kN*) ·150kN(承载力170kN*) ·250kN(承载力290kN*) 2.早强砂浆施工后1d拉拔承载力: ·95kN(承载力110kN*) ·150kN(承载力170kN*) ·250kN(承载力290kN*)

注:*锚杆屈服点的承载力。

如果通过上述管理达到要求的规定值,肯定地说,锚杆完全能够发挥其支护功能。这种管理方法不仅仅是针对锚杆,对喷混凝土、钢架及防水等都有相同的规定。希望我们也能制定相应的精细化管理细则,来不断提高隧道支护的技术水平。

4. 摩擦式锚杆

摩擦式锚杆不需要用锚固材料进行锚固,而是直接利用杆体与围岩的摩擦力进行锚固,施工方便,目前应用越来越多广泛。

1)ZAM膨胀型锚杆

ZAM膨胀型锚杆是德国、日本等国开发、作为永久支护采用的耐腐蚀、高强、高延伸率的摩擦式锚杆。与一般的钢管摩擦式锚杆相比,有以下特点。

- 通过使用防止钢管厚度减少的高耐腐蚀性镀层ZAM(锌/铝/镁合金镀层),大幅提高了耐腐蚀性能,即提高了锚杆的耐久性能;
- 使用新材料,钢管的延伸率达20%~35%,可以应对围岩大变形;
- 使用高拉力材料,板厚变薄,质量比原来的产品减轻了30%,施工强度也大幅减轻;
- 因为板厚变薄,在加压作业时,与原来产品相比,所用水压底,施工时间也可以缩短;
- 轻量化的便携式高水压装置和复数水管的开发,可以实现同时打设2~5根钢管,也可以单独打设;

● 使用高安全性、高性能的泵，可以减少施工时间；

● 可兼做中空注浆锚杆和排水锚杆，功能多样化。

(1) ZAM 锚杆的基本构造

ZAM 锚杆是钢管膨胀式锚杆，其基本构造如图 3-3-7 所示。

该锚杆头部是一个与杆体连接的加压注水装置。杆体的注水加压前后的形状如图 3-3-8 所示。

杆体用相当于 SS400 的钢板，两面涂以 Zn-6Al-3Mg 的防腐蚀涂层(附着量 140g/m^2 以上)。锚杆的尾部为与杆体相连的密封套管。

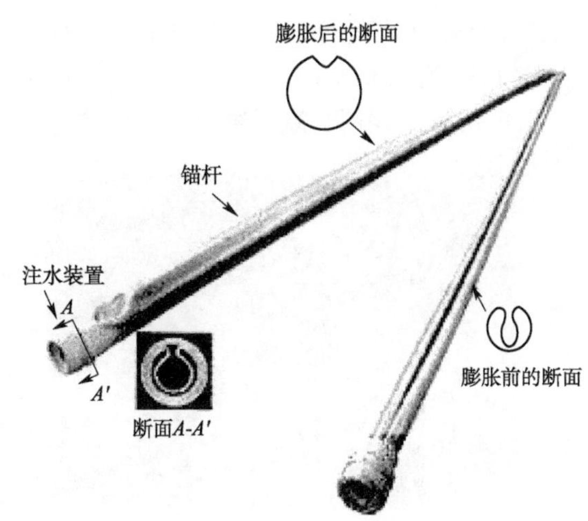

图 3-3-7 ZAM 锚杆的基本构造

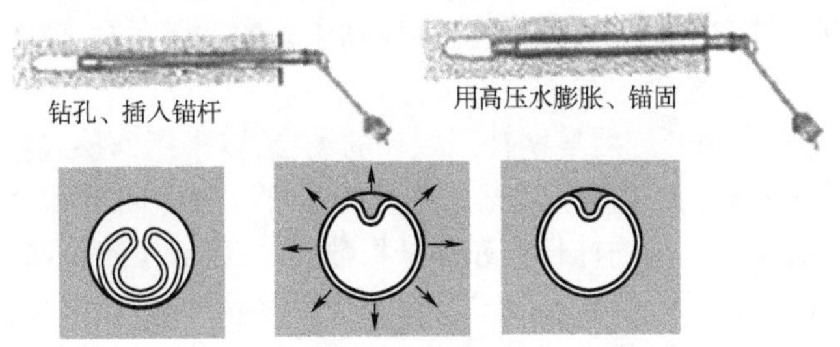

图 3-3-8 杆体注水加压前后的形状

(2) ZAM 锚杆的规格

ZAM 锚杆的基本参数见表 3-3-7。

ZAM 锚杆的基本参数 表 3-3-7

参数	锚杆类型					
	120kN 承载力			180kN 承载力		
异形钢管壁厚(mm)	2.0			2.3		
质量(kg/m)	2.6			2.7		
钢管的承载力(kN)	120 以上			180 以上		
钢管的延伸率(%)	35			20		
加压水压(MPa)	25			25		
需要时间(s)	30			30		
尺寸(mm)	管径(膨胀时)	壁厚	长度	管径(膨胀时)	壁厚	长度
	36.0(54.0)	2.0	2000	36.0(54.0)	2.3	3000
			3000			4000
			4000			6000
			6000			—

一般来说,异形管是把外径54mm钢管制成带凹槽、外径36mm的异形管。

(3)高压注水装置

图3-3-9a)是用于高压注水的加压装置,可同时注水加压5个锚杆。

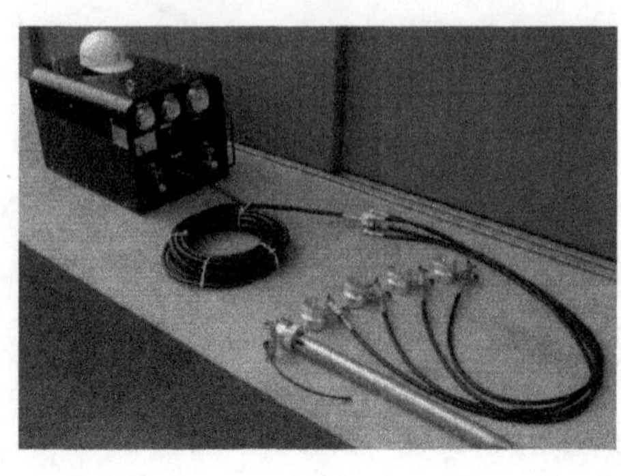

a)

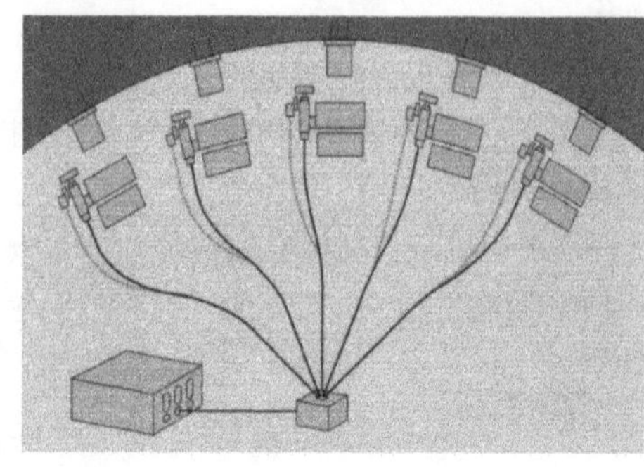

b)

图3-3-9 高压注水加压装置及加压原理

采用摩擦型锚杆应对岩爆是有利的,因摩擦型锚杆能够吸收因过剩应力使剥离岩块飞散的能量,锚杆具有抵抗产生大位移的特性,可抑制急剧的破坏,防止破坏的进一步发展。

2)高承载力摩擦式锚杆

涌水量大的场合和实现开挖后早期补强效果的场合,多采用摩擦式锚杆。但是,由于围岩状况、孔壁塌孔等的影响,有时得不到充分的附着强度。由于附着强度的降低,就不能获得充分的支护效果,而需要增加锚杆长度和锚杆根数,在工期和工费上都易出现问题。

为了改善和解决这个问题,日本开发出钢管表面设缟状突起,以提高附着强度的高承载力摩擦式锚杆(图3-3-10)。

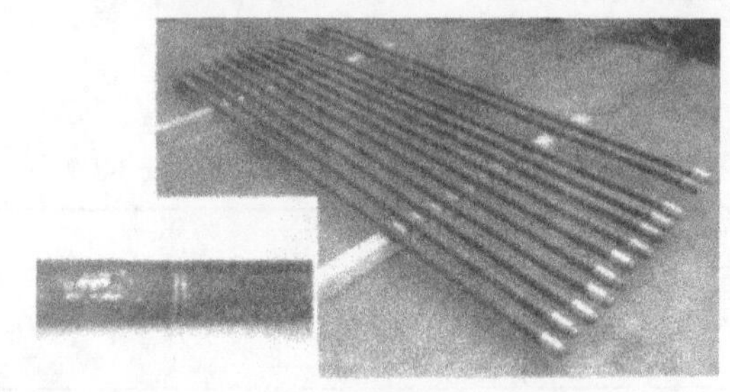

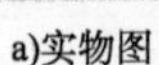

a)实物图

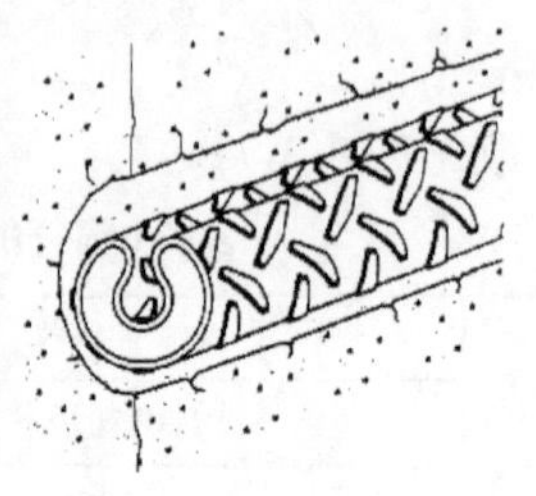

b)膨胀前

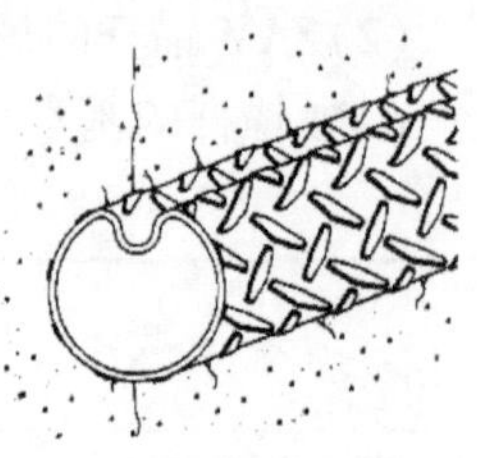

c)膨胀后

图3-3-10 高承载力摩擦式锚杆

表3-3-8是开发的高承载力摩擦式锚杆规格。

高承载力摩擦式锚杆参数 表3-3-8

参数	锚杆类型	
	高承载力摩擦式锚杆	普通摩擦式锚杆
外径(mm)	54(63.5)*	36(54)*
厚度(mm)	2.3	2.3
屈服荷载(kN)	180	191

注:*括号内的数据是膨胀后的外径。

高承载力摩擦式锚杆的附着强度试验结果如图 3-3-11 所示。附着强度因钢管的附着面积不同而不同,附着强度比过去的摩擦式锚杆大约 2 倍。同时,高承载力摩擦式锚杆,在达到峰值后,荷载没有降低,而是略有增加。

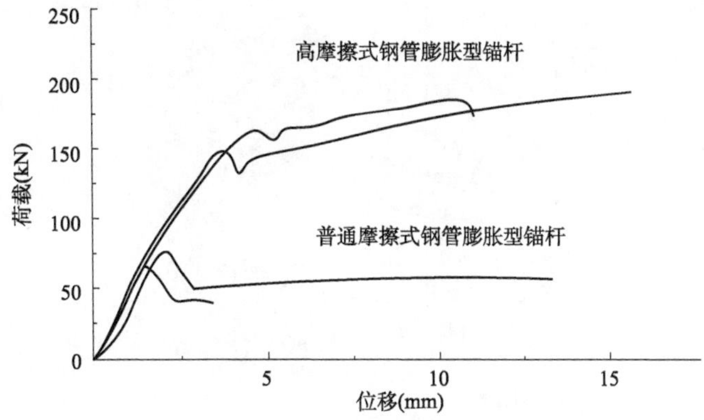

图 3-3-11 不同锚杆的附着强度试验结果(室内试验)

原位拉拔试验是在破碎、不均质的软质泥岩中进行的。该地点附近发生的拱顶下沉值在 30 ~ 40mm,净空位移值约 50 ~ 60mm。图 3-3-12 是拉拔试验结果。

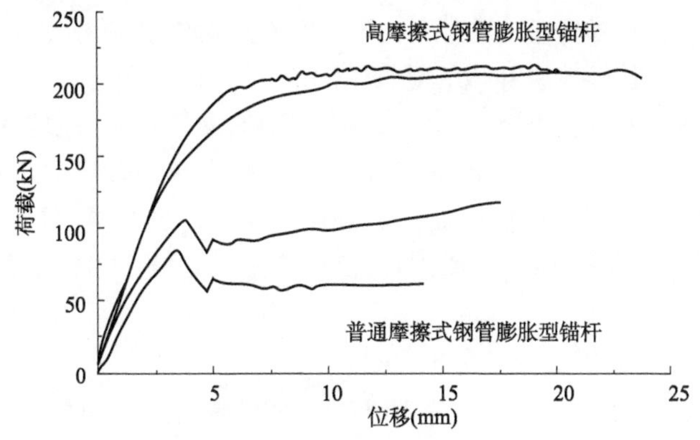

图 3-3-12 不同锚杆的附着强度试验结果(原位拉拔试验)

与室内试验结果同样,高承载力摩擦式锚杆比普通摩擦式锚杆荷载值大约 2 倍,也确认了高承载力摩擦式锚杆在峰值后,荷载没有降低这一结论。因为,拉拔初期荷载—位移曲线的倾斜大,与普通摩擦式锚杆相比,抑制围岩挤出的效果也好。

图 3-3-13 和图 3-3-14 分别表示高摩擦式锚杆和普通摩擦式锚杆的塑性区分布、轴力以及附着状态。不管那种锚杆都是按距掌子面 10m 后的断面进行比较的。

由图 3-3-13、图 3-3-14 可知,采用高摩擦式锚杆,仅在拱顶附近产生塑性区,抑制了塑性区的发展;从轴力来看,产生的最大轴力也是不同的,普通摩擦式锚杆在靠近隧道周边和锚杆端部产生了超过附着强度的轴力,多会发生附着破损。

5. 具有排水效果和注浆功能的摩擦式锚杆

山岭隧道在地下水位下进行开挖时,一般都要采用排水钻孔和降低地下水位等的涌水防治对策。把设定周边的地下水位降低到能够确保掌子面的稳定,是施工的基本原则。但是在未固结的砂质土和黏性土互层及低强度的砂岩层中,特别是因地下水的存在而产生问题的围岩中,降低地下水位的方法有时也难以奏效。

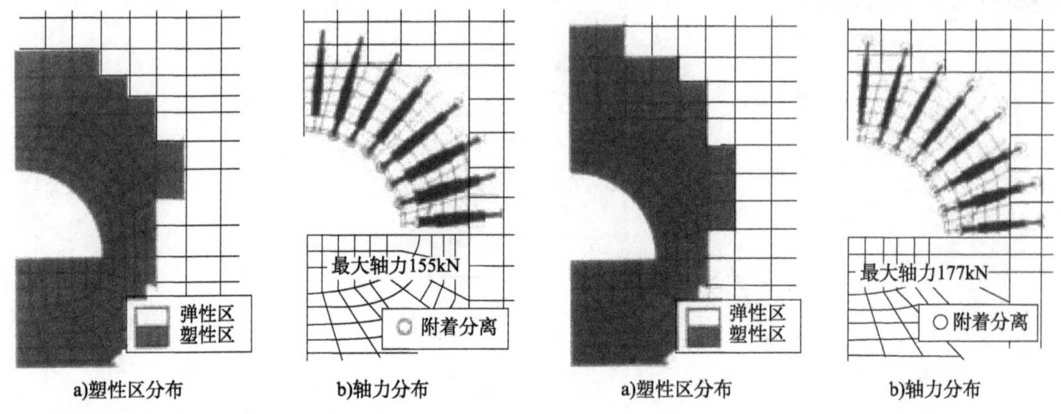

图 3-3-13 高摩擦式钢管膨胀型锚杆

图 3-3-14 普通摩擦式锚杆

为了解决这个问题,日本以摩擦式锚杆为载体,进一步研发了一种支护效果好、经济性好,**具有排水和注浆功能的摩擦式锚杆**。

该锚杆系统除了具有锚杆基本功能外,还具有自然排水、强制排水及注浆的功能。可成为在超前支护和脚部补强等地层补强的对策工法。

新型锚杆系统示意如图 3-3-15 所示。该锚杆系统基本上是由摩擦式锚杆和过滤管构成。前者具有止水及遮断空气的功能,后者具有排水的效果。普通摩擦式锚杆多用于大量涌水和岩爆。新型锚杆系统锚固方式是利用围岩和钢管间的摩擦,钢管膨胀后可以立即发挥其效果,过滤管采用有孔的 PVC 管或钢管,在可能有细颗粒流出的场合,很容易配置具有过滤功能的过滤网。

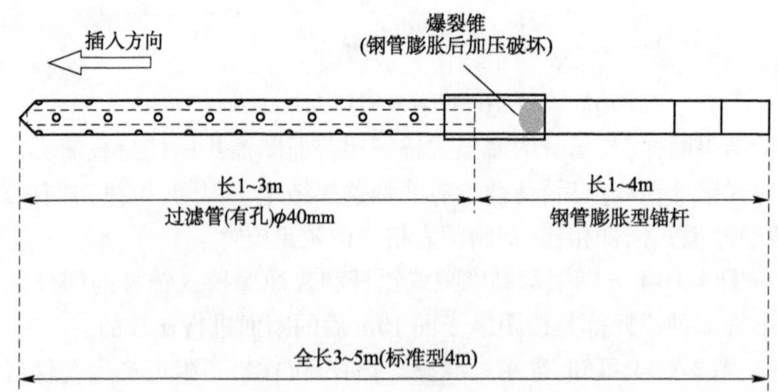

图 3-3-15 新型锚杆系统示意

为了使膨胀后的钢管与围岩密贴,以及从围岩中排水或向围岩注浆,在摩擦式锚杆的端部设置一个爆裂锥。爆裂锥具有能够承受钢管膨胀完成时增加的压力,而超过增加的压力后构造就发生破坏。爆裂锥设置在栓塞部的前端,在钢管膨胀完成后具有封堵的作用,又具有爆裂锥破坏后使过滤网与栓塞部连通的作用,是锚杆系统重要的构成要素。

锚杆的基本长度是4m,根据锚杆功能及施工条件等具体情况,过滤部和栓塞部的长度可自由组合。一般来说,过滤部长度1～3m,栓塞部长度1～4m,可根据功能要求选定。

为了抑制细颗粒的流失,过滤部的孔要设置过滤材料和不锈钢的金属网(最小网距0.007mm)。

在排水后,进行注浆。在台阶法施工中,锚杆系统可在上半断面斜向设置锚杆,然后进行注浆补强,也可以用于超前支护。

6.纤维锚杆

隧道施工中越来越多地采用纤维锚杆,这不仅是因为纤维锚杆的性能可以与金属锚杆相媲美,更主要的一点是棒状或管状的纤维锚杆在开挖时容易切断,在以后进行扩大开挖的导坑或者掌子面采用得较多。

纤维锚杆材料的价格,目前比金属锚杆高。但对于需要施工后撤除的锚杆来说,从以下几方面来看,纤维锚杆是有优势的。

(1)金属锚杆施工后切断作业费工、费时;

(2)金属锚杆在撤除时有可能损伤围岩;

(3)在开挖时打设金属锚杆,可能损伤在围岩中锚杆的功能。

纤维锚杆是通过把强化纤维和树脂拉拔成形或挤压成形而成为一体的锚杆。在要求与金属锚杆有相同或以上的强度时,要通过热硬化的树脂拉拔成形;在不需要高强度时,可通过热可塑性的树脂的挤压成形加以制造。

一般来说,隧道所采用的纤维锚杆是拉拔成形的产品。拉拔成形的纤维锚杆的原料有强化纤维(玻璃、碳、聚氨酯、维尼龙等)和树脂(不饱和、乙烯、环氧等)。

目前,从经济性上来看,作为强化纤维的玻璃纤维大多使用不饱和聚酯树脂。玻璃纤维以外的强化纤维虽然原材料价格高,但因能得到高强度,所以在同一强度条件下,则有缩小锚杆直径的优点。另外,树脂的种类不像纤维那样影响强度,但若用乙烯酯和环氧树脂,则有改善强度和耐药性的效果。

纤维锚杆的优点如下:

(1)无腐蚀之忧,耐久性好;

(2)质量轻,柔软性好,施工性好;

(3)机械切割容易;

(4)工厂化生产,质量稳定。

采用玻璃纤维锚杆和金属锚杆的物理力学性能对比,如表3-3-9所示。纤维锚杆的重量大约是钢材的1/4,但抗拉强度约为钢材的2倍。而且,因弹性率小,为金属锚杆的1/7左右,所以玻璃纤维柔韧性好,由于抗剪强度小,所以是易切断的材料。

纤维锚杆的施工,与普通锚杆相同,用钻孔台车钻孔后,通过先填充(填充式)或后填充(注浆式)将锚杆锚固于围岩中。对于作为支护杆件的纤维锚杆,在壁面端部,用夹紧装置固定垫板后使用。

采用掌子面锚杆的情况下,因大多在孔壁不能自稳的不良围岩中施工,此时,除了采用在钢套筒内插入纤维锚杆的方法外,还开发了将套筒本身作为FRB套管保留下来的方法。

物理力学性能对比　　表3-3-9

项　　目	纤维(玻璃纤维)锚杆	金属锚杆
相对密度	1.8~2.1	7.8
拉拔强度(N/mm^2)	590~980	330~490
拉拔弹性系数	24.500~44.100	206.000
弯曲强度(N/mm^2)	690~1180	330~440
弯曲弹性系数	24.500~44.100	206.000
压缩强度(N/mm^2)	390~590	440
剪切强度(N/mm^2)	100~180	370

表3-3-10表示了由玻璃纤维制作的掌子面纤维锚杆,比用其他强化纤维制作的锚杆便宜,是使用最多的锚杆,但耐碱性低。在打设纤维锚杆后立即开挖的场合,因作为临时性支护使用,可说没什么问题,但作为永久性支护使用时,就必须注意用其他的强化纤维等。

玻璃纤维锚杆规格　　表3-3-10

名称	外径(mm)	内径(mm)	抗拉强度(kN)	剪断强度(kN)	单位长度质量(kg/m)	弹性系数(kN/mm^2)
CG22S	23.3	—	196.1	39.2	0.75	44
CG25S	27.0	—	343.0	59.0	1.00	44
CGR32	30.5	13	176.5	39.2	1.00	34

作为掌子面纤维锚杆的锚固材料,有水泥和树脂。为了发挥耐碱性低的玻璃纤维锚杆的长期使用功能,最好采用树脂类的锚固材料。

掌子面纤维锚杆,如前所述,在开挖时是容易被切断的锚杆,通常,不能和开挖的渣石一起运到弃土场进行处理。因此,切割后的纤维锚杆需要与开挖的渣石分类收集,进行处理。

日本市场销售的玻璃纤维锚杆的杆体构造见表3-3-11。

玻璃纤维锚杆的杆体构造　　表3-3-11

CG22S CG25S	中空型	中空型的全螺纹GFRP锚杆,可用接头管接续
		主要用于中隔工法和超前导坑的系统锚杆
CGR32	中空型	中空型的全螺纹GFRP锚杆,利用中空部注入锚固材料和围岩注浆材料,或用接头管可接续施工。由于把树脂管插入到内侧,即使加压注浆,注入材料也不会逸出
		主要用于掌子面补强锚杆,预定开挖步的注浆管

7. 发光型简易锚杆轴力计

为了提高锚杆施工质量,在现场易于迅速评价其支护效果,并反馈到施工中,开发出新的锚杆轴力量测方法——发光型简易锚杆轴力计。

到目前为止,为评价锚杆动态,几乎都是采用应变计式锚杆轴力计,但存在以下问题:

- 只有量测专业人员能够实施;
- 增加量测成本,量测地点也受限;
- 量测结果在现场不能评价(不能进行实时评价)。

开发的发光型简易锚杆轴力计由表3-3-12所列的锚杆用的压力磁盘和发光数据转换器(LEC)构成。数据转换器的管理值和发光颜色相对应,可以任意设定。图3-3-16是发光型简易锚杆轴力计的外观。

压力磁盘的参数 表3-3-12

参　数	数　值	参　数	数　值
外径(mm)	ϕ150	受压面积(cm^2)	95.2
中心孔径(mm)	ϕ60	最大使用荷载(kN)	500

图3-3-16 发光型简易锚杆轴力计的外观

在室内试验中,确认了作用在锚杆垫板上的荷载和数据转换器的发光颜色间的对应关系。图3-3-16的右侧是室内试验设定的数据转换器的作用荷载和发光颜色间的关系。

该简易锚杆轴力计首次应用于破碎、不匀质的软质泥岩。为确认轴力计的适用性和精度,在同一断面进行了常规的量测B和轴力计的量测试验。图3-3-17是量测B和发光轴力计量测获得的轴力值。图中的虚线范围的值是发光轴力计的轴力值。

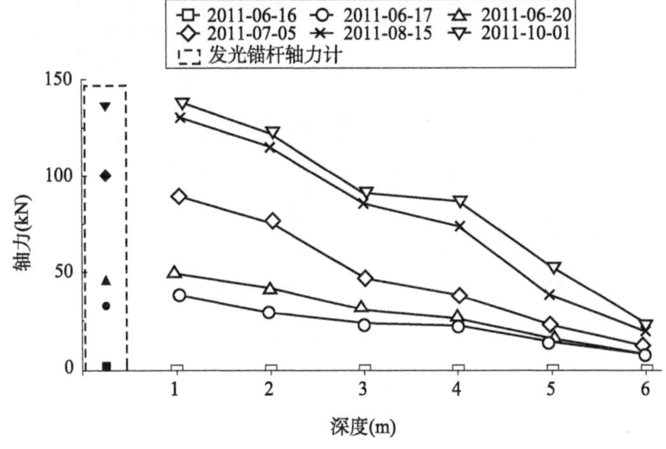

图3-3-17 锚杆轴力的对比

图3-3-18表示了锚杆深度1m处的轴力历时变化。根据两种方法(发光型、应变计式轴力计)获得的轴力值及其发生时期大致是整合的。图3-3-19表示了荷载在加载状态中装置

拆除前后的轴力值。据此，在深度 1 ~ 2m 区间，看到轴力略有减小，但可确认其对安全评价没有影响。根据以上结果说明，发光型轴力计功能是正常的，量测的轴力值也是符合精度要求的。

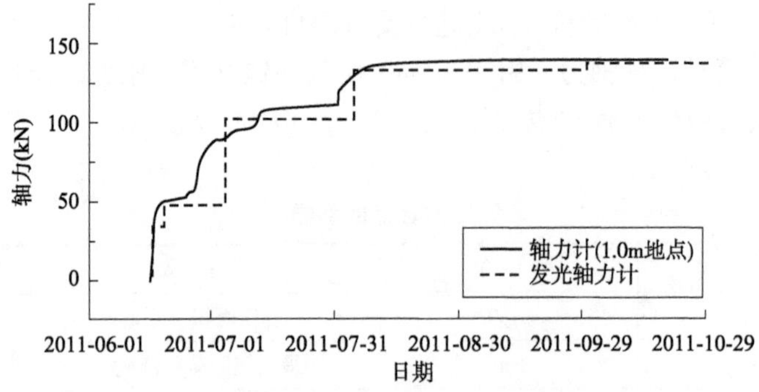

图 3-3-18 锚杆轴力历时变化

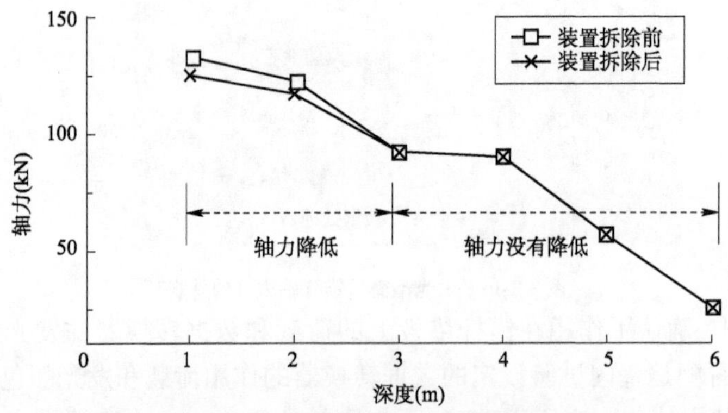

图 3-3-19 拆除装置前后的轴力对比

图 3-3-20 表示左右侧壁设置发光型轴力计的状况。左右发光的颜色不同，说明该试验段处于偏压状态。

图 3-3-20 现场测定状况

四、钢架

在不良围岩中，钢架是必不可少的支护构件之一。特别是型钢钢架，如安装合理、及时，就能立即发挥其支护效果，是其他支护构件不可比拟的。因此，了解钢架的基本特性、支护机制及安设要求，是非常重要的。

钢架是从木支撑演变而来。目前的钢架大体上分为型钢钢架和格栅钢架两大类。钢架的采用形式与国情和施工习惯有关：日本是主要采用型钢钢架的国家，而欧美则主要采用格栅钢架。我们是型钢钢架和格栅钢架兼用。

一般来说，在初期支护中，钢架很少单独应用，多数场合是与喷混凝土或锚杆一起使用。

1. 型钢钢架

图 3-4-1 表示了钢架构造。型钢钢架使用的钢材有 H 型钢、钢管、V 型钢、U 型钢等，我们几乎都采用 I 型钢，局部采用 H 型钢。V 型钢、U 型钢是在净空位移大的特殊场合采用可缩式钢架用的钢材。日本主要采用 H 型钢或高强度 HH 型钢。

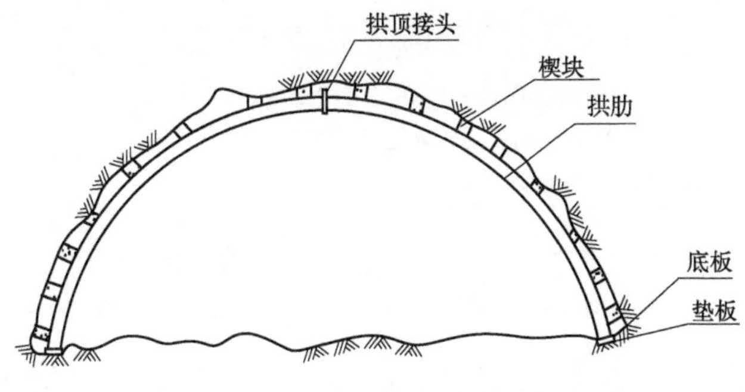

图 3-4-1 钢架构造

通常在开挖时，多数是上部断面开挖后开挖下部断面。因此，支护脚部要适应下部断面的施工，在下部断面没有开挖的部分要设支护垫板。支护宽度的设置因为要比隧道宽度大些，故其半径也要比隧道半径大，或者用直线扩展。

在小断面隧道中钢架通常分为 2 段，在拱顶处设接头。此接头位于支护的轴线位置，用 2 根螺栓连接。因此，接头不能传递弯矩，在构造上称为 3 铰拱。而且要求接头部也能传递轴力因偏心产生的弯矩。由于偏心产生多余的弯矩，要避免强度下降。为此，一般都在接头板上部留有 10mm 左右的间隙。在荷载作用下此间隙闭合，就能够无偏心地传递轴力。

钢架是压缩构件，组装时要在荷载面内保持平面，同时要维持其平面。否则会产生面外屈服。因此，支护间要相互连接，为防止面外方向的变形要设联系构件。联系构件要能对应压缩变形和拉伸变形，对压缩可采用钢管或圆木，对拉伸可采用联系螺栓。用喷混凝土埋住钢架的场合，可用联系构件。联系构件的间隔最好密些，通常多采用 1.0 ~ 1.2m。

底板的设置有与支护轴线直交的方法和配合开挖面水平设置的方法。水平设置的方法可能出现支护轴力的水平分力，使脚部向围岩侧滑动，为防止脚部滑动，要用楔块楔紧；与支护轴线直交设置的场合，支护脚部的开挖要配合底板。

在钢架正常安装的情况下，钢架的功能及使用效果列于表 3-4-1。

钢架的功能及使用效果的概念 表 3-4-1

功能、效果的分类		功能及预计效果的概念	
功能	轴压缩阻力、剪切阻力、弯曲阻力	钢架与喷混凝土同样具有轴压缩、剪切、弯曲等阻力，能够抵抗外力，而且具有在架设钢架后单体抵抗外力的功能，在喷混凝土强度形成后与喷混凝土成为一体，抵抗外力	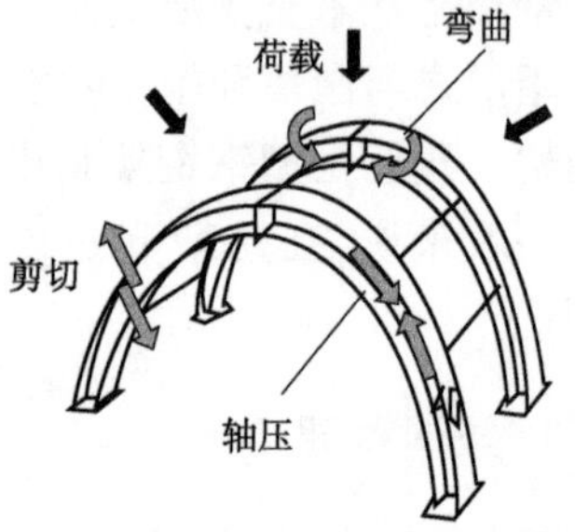 荷载 弯曲 剪切 轴压
效果	岩块保持	由于钢架与围岩密贴，以及钢架构件的抗弯曲和抗剪能力，可防止局部岩块崩落	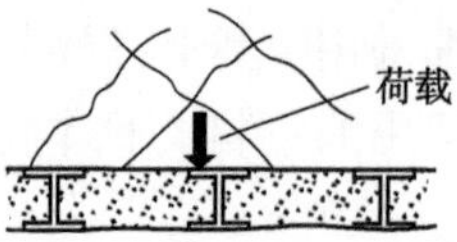 荷载
	弱层补强	开口裂隙和规模小的软弱层是围岩的薄弱处，由于钢架的支持，能够降低围岩内不连续面和软弱层的影响	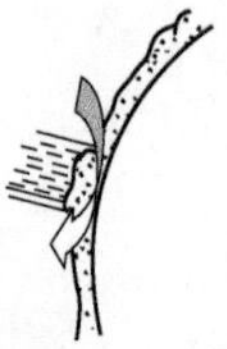
	赋予围岩内压	在难以形成承载拱的软岩和土砂围岩等，钢架作为反力给予围岩径向的约束力（内压），让开挖面附近形成三轴的应力状态，提高位移承载力	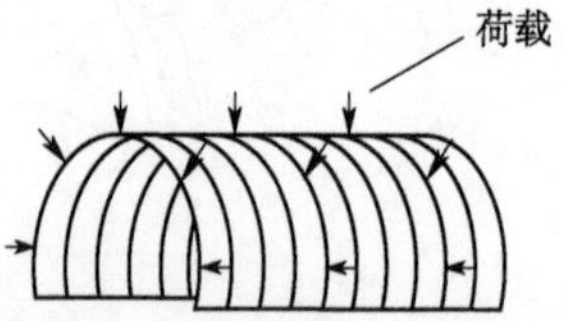 荷载
	喷混凝土补强	喷混凝土在初期材龄时，变形系数小，易于变形，强度也小。由于采用钢架，其与喷混凝土成为一体，具有提高支护刚性、韧性的效果。同时，喷混凝土方向上，与成为一体的围岩密贴，沿隧道轴向形成连续的拱壳构造，使隧道和周边围岩稳定	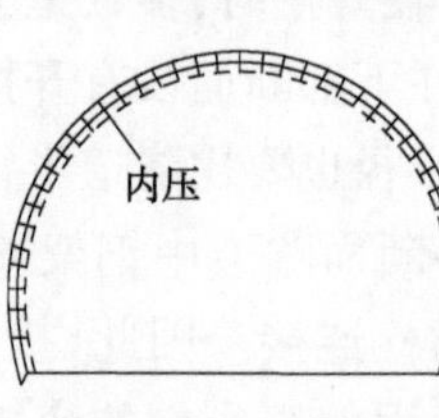 内压
	向围岩（脚部）传递荷载	把作用在支护上的荷载，通过底板传递到围岩（脚部）	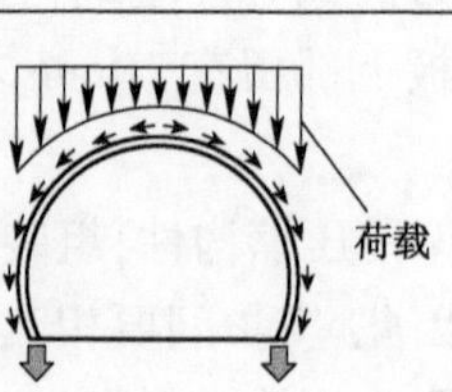 荷载
	超前支护支点	在土砂围岩和破碎带等掌子面不稳定的围岩中施作超前支护的场合，作为超前支护钢管等的反力，支持其荷载具有抑制围岩松弛和崩塌	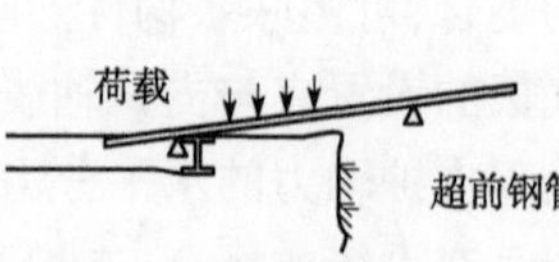 荷载 超前钢管

2.发挥型钢钢架支护效果的关键

1)与围岩紧密接触

无论哪种开挖方法,无论开挖如何精心,开挖面都是凹凸不平的,型钢钢架很难与围岩紧密、全面地直接接触,即使接触也是局部的。在加上架设不理想,可以说钢架与围岩是不密贴的,局部或全部悬空的状态是存在的。在这种情况下,型钢钢架多数是受局部集中荷载或偏压荷载的作用,型钢钢架是易于变形(易于弯曲或屈服)的支护构件。因此,钢架架设后,都要用垫块、楔块等加以**楔紧**,来调整力的分布,使之充分发挥支护作用。

因此在《铁路隧道工程施工技术指南》规定"沿钢架外缘每隔2m用钢楔或混凝土预制块楔紧",是有道理的,但实际上没有做到。

钢架与围岩间用钢楔或木楔等楔紧是非常重要的。因为楔块的作用不仅仅是楔紧,同时给予钢架和围岩以同等的反力。此反力是可以调节的,可大可小,视围岩状况而定。一般都设定在200~300kPa。由于我们忽视这一点,常常造成钢架局部受力过大而屈服、失稳。

下面以日本型钢钢架用楔块楔紧的试验结果(图3-4-2),充分说明了这一点。

接触点状态		接触点位置		
		F	A	B
		5	7	9
F	接触点具有反力的钢支撑	100%	80%	60%
Fa	接触点无反力的钢支撑	90%	70%	50%

图3-4-2　楔点钢架的试验结果

图3-4-2中F有9个楔点,A有7个楔点,B有5个楔点。Fa是楔点具有反力的情况。由图3-4-2可见,楔点数对钢架的作用,影响很大,以9个楔点为100%为例,7个楔点是80%,5个楔点是60%,承载能力大幅降低。

在型钢钢架上设楔块,使之与围岩接触,是国内外普遍的做法。这一点我们一定要坚持。楔块应作为型钢钢架的配件予以制备,不能等闲视之。

2)增强脚部支持力

型钢钢架是用轴力来支持荷载的,能够在很大的轴力下工作。此轴力应通过底板传递、支持围岩。但是围岩条件恶劣时,荷载很大,支撑力低,造成支撑力不足而引起下沉。特别是在大断面隧道中,对拱脚的支撑力要求很高,此时有必要扩展支持面积,我们常常采用"大拱脚"就是一例。但加大拱脚是有限的,而且要扩幅开挖,开挖断面形状变差。图3-4-3是日本户田、西松会社共同开发的用型钢代替大拱脚的一种方法。

在型钢钢架脚部设确保接地的一定面积的垫板,同时在型钢两翼焊接钢板来分散钢架的轴力,防止支撑的初期沉降。必要时,在钢板上打入锚杆或侧壁钢管的孔,来提高防止沉降的效果。

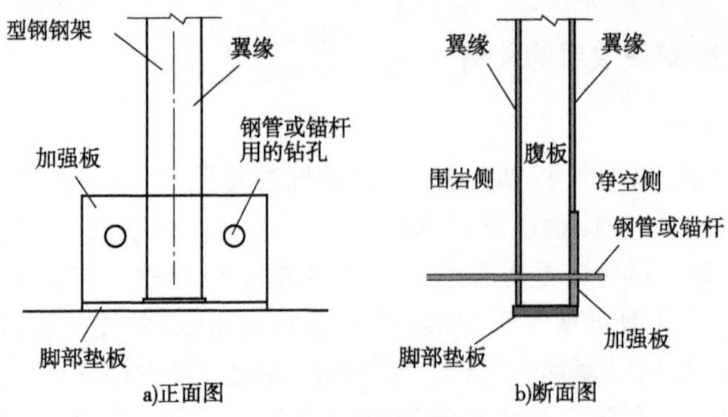

图 3-4-3 钢架脚部构造示意图

这种方法如果与锁脚锚杆相结合,控制下沉的效果更佳,不妨一试。

3)与喷混凝土形成一体构造

钢架必须在与周边围岩紧密接触的同时,与喷混凝土形成一体,才能充分发挥其功能。在喷混凝土初期强度形成之前,是依靠钢架独立支撑的;当喷混凝土强度形成之后,钢架与喷混凝土共同发挥支护作用。因此,应尽可能使喷混凝土充分包裹钢架,背后及角部不留有空隙,是很重要的。只要精心喷射,完全可以做到这一点。

4)采用高规格型钢钢架

在大断面三车道隧道中与双车道比较,开挖宽度几乎增加 2 倍,高度增加 1.5 倍,型钢钢架的轴力、弯矩要大得多,同时扁平的应力集中的产生可能性也大。因此,过去的型钢钢架有大型化的必要,随之重量增加、安装时间增加、开挖断面积也增加,对隧道开挖速度会产生影响。

因此,应采用高强度的钢材,使之轻量化和初期支护薄壁化,并提高其施工性。高规格型钢钢架的应用,经过材料特性、FEM 解析、弯曲承载力试验等的性能评价研究及试验施工后,在新东名隧道中已经标准化。高规格型钢钢架的材料参数见表 3-4-2。

高规格型钢钢架的材料参数　　表 3-4-2

类　型	参　数				
	屈服点强度（N/mm^2）	抗拉强度（N/mm^2）	破断延伸率（%）	抗拉试验片	碳素当量
高规格钢（HH-××）	≥440	≥590	≥17	1A 号	≤0.47
普通钢（NH-××）	≥245	400～510	≥17	1A 号	

图 3-4-4 是 CⅡ级围岩下的过去型钢钢架与高规格型钢钢架的对比图。

经对比可以看出,日本的型钢钢架经历了工字钢、H 型钢、HH 型钢的变化,其使用的主要目的是在围岩比较差的场合,不增加开挖断面积,而用低高度的 H 型钢及高强度的 HH 型钢来进行支护。

我们在开挖Ⅴ级围岩隧道中,由于采用工字钢型钢钢架,喷混凝土厚度不得不增加到 28cm,显然是不合适的,这样不仅增加了喷混凝土的用量,同时也扩大了开挖断面。在这种情况下,采用 H 型钢是必要的。

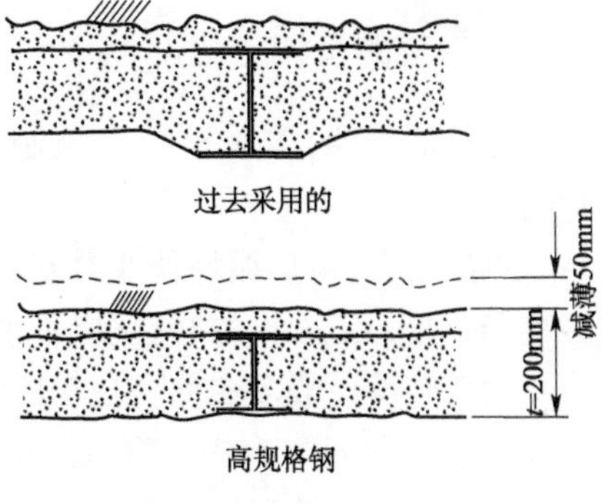

图 3-4-4 CⅡ级围岩钢架对比图

3. 可缩式钢架

在 Gotthard 隧道中,因为预计会出现大变形,采用了可缩式钢架进行支撑。

此外,该支撑不是过去采用的可缩式钢支撑(图 3-4-5)而是一边维护支护内压(刚性),一边缩小的支撑。具体来说,就是在喷混凝土中设置"支护应力控制器"的构造(图 3-4-6),其方法有以下两种:

(1)AT－LSC Elements:在圆柱内部充填特殊的砂浆,有 50% 压缩的可能,抗压强度可在 1～5MPa 之间调整(应用在 Tauern 隧道、Gotthard 隧道);

(2)hiDCon 梁类型的高压缩性混凝土,有达到 50% 变形的可能(应用在 Lyon-Turin 高速铁道),因为 AT-LSC Elements、hiDCon 都是在内部配置压缩性的特殊砂浆,能够对应的净空位移是不同的。

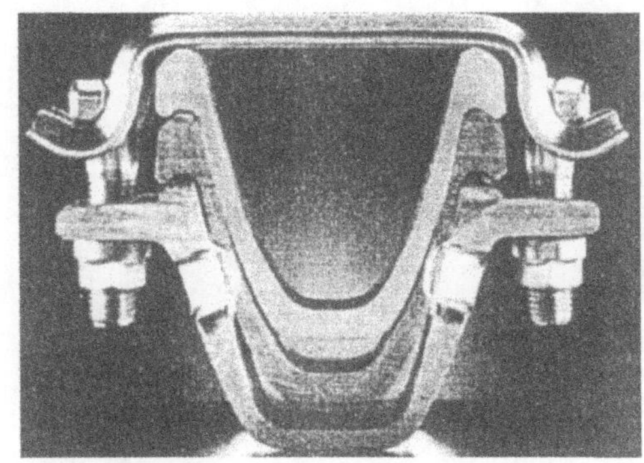

图 3-4-5 1Gotthard 过去采用的可缩式钢支撑

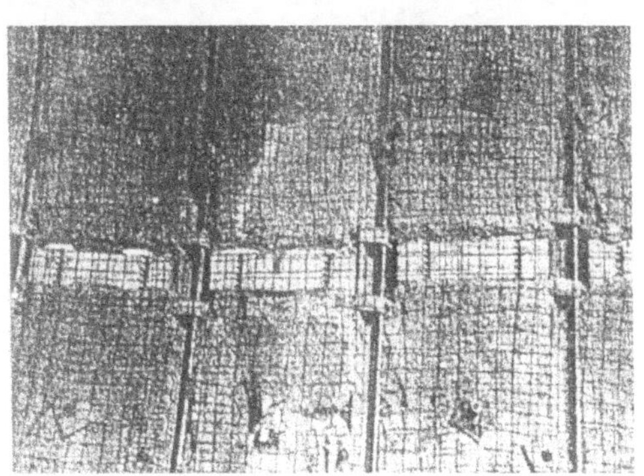

图 3-4-6 新的可缩式钢支撑(设置支护应力控制器)

Lyon-Turin 高速铁道的 SMLP 作业坑道是黑色片岩、砂岩、黏土质页岩,夹有煤层的不均质的破碎带(埋深 350m 以上),在采用可缩式钢支撑的事例中,距掌子面距离的增大,可逐渐提高钢支撑刚性。

4. 钢架的机械化架设

国外的钢架,多数是工厂预制的,以采用 H 型钢为主,特殊情况有采用 U 型钢和钢管的。

钢架架设,占用循环作业时间较长,因此日本进行过取消钢架的试验。我们的钢架架设多数场合是人工架设的,速度慢不说,架设的质量也存在问题。

钢架架设一般多在钻孔台车(图 3-4-7)或者喷射机台车上设置专用的架设机械进行架设,图 3-4-8 是日本在赤岩隧道采用的安装在一体型喷射机台车上的架设机械。目的是提高架设钢架的安全性和作业效率,缩短喷射时间。钢架搭载在台车的举重臂上,用液压控制的调整器,决定架设位置,架设需要 5min,安装系杆、金属网需要 12min,架设十分迅速。可架设 H125 ~ H250 钢架,臂长 4650 ~ 8260mm,荷载 12500kN。图 3-4-9 是洞内架设钢架情况。图 3-4-10 是洞外搭载钢架的状况。

图 3-4-7　搭载在钻孔台车的架设机械

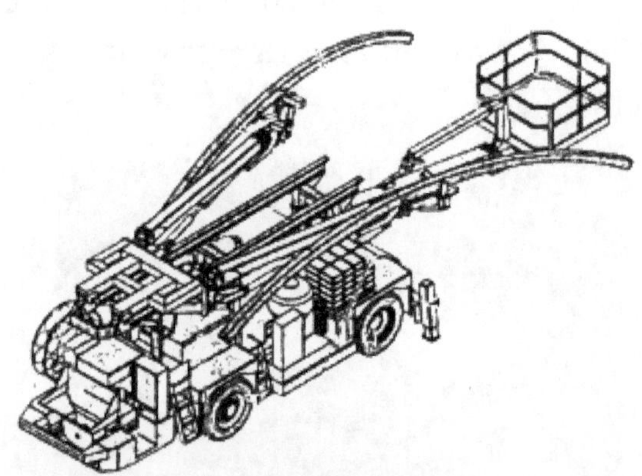

图 3-4-8　带举重臂的一体型喷射台车

图 3-4-9　洞内架设钢架情况

图 3-4-10　洞外搭载钢架状况

目前隧道局已开发出钢架架设机(图 3-4-11),正在进行现场试验。

5. 型钢钢架的施工管理

日本在《隧道施工管理要领》中,对型钢钢架的施工管理规定如下。

图 3-4-11 钢架架设机及现场试验

施工前应提交型钢钢架报告书(表 3-4-3)。

型钢钢架报告书 表 3-4-3

<table>
<tr><th>项目</th><th>试验类型</th><th>报告书名</th><th>报告书样式</th><th>报告书(标准)</th><th>提交份数</th><th>需监管员同意</th></tr>
<tr><td rowspan="3">钢支撑</td><td rowspan="2">基准试验</td><td>品质管理报告书</td><td>制造厂的规格证明书</td><td>产品进场后的第2天</td><td>1</td><td>是</td></tr>
<tr><td>形状检查报告书</td><td>—</td><td>自主保存</td><td>1</td><td></td></tr>
<tr><td>日常管理试验</td><td>品质管理报告书</td><td>制造厂的规格证明书</td><td>自主保存</td><td>1</td><td></td></tr>
</table>

型钢钢架的基准试验应符合表 3-4-4 的规定。

钢架的基准试验 表 3-4-4

<table>
<tr><th>项目</th><th>类别</th><th>试验项目</th><th>试验方法</th><th>试验频率</th><th>规 定 值</th></tr>
<tr><td rowspan="7">钢支撑</td><td rowspan="3">过去采用的钢材</td><td>外观检查</td><td>目测</td><td rowspan="3">1. 施工开始前,1 次;
2. 每变更制造厂或质量时,1 次</td><td>无有害的损伤</td></tr>
<tr><td>形状尺寸检查</td><td>尺寸检查</td><td>尺寸符合 JIS 的规定</td></tr>
<tr><td>品质管理</td><td></td><td>同上</td></tr>
<tr><td rowspan="4">高规格钢</td><td>外观检查</td><td>目测</td><td rowspan="3">1. 施工开始前,1 次;
2. 每变更制造厂或质量时,1 次</td><td>无有害的损伤</td></tr>
<tr><td>形状尺寸检查</td><td>尺寸检查</td><td>尺寸误差符合 JIS 的规定</td></tr>
<tr><td>品质管理</td><td></td><td>满足有关规定值</td></tr>
<tr><td>品质规格证明</td><td colspan="3">按有关规定</td></tr>
</table>

型钢钢架日常管理试验应符合表 3-4-5 的规定。

型钢钢架的日常管理试验 表 3-4-5

<table>
<tr><th>项目</th><th>类别</th><th>试验项目</th><th>试验方法</th><th>试验频率</th><th>规 定 值</th></tr>
<tr><td rowspan="2">钢支撑</td><td rowspan="2">高规格钢</td><td>品质管理</td><td>以 SS540 为准</td><td rowspan="2">每次不同厂家产品进场时</td><td>1. 满足有关规定值;
2. 满足基准试验规定的成分分析值</td></tr>
<tr><td>应变时效性</td><td>728 实验法</td><td>满足有关规定值</td></tr>
</table>

6. 格栅钢架

格栅钢架是由钢筋编织而成的支护构件。从国外隧道施工的发展趋势来看，很少采用型钢钢架，普遍采用格栅钢架，如挪威法、美国法等。因此，在格栅钢架的应用上，与国外相比，我们的经验可能更加成熟，值得加以总结。与国外相比，我们的格栅钢架多数是四肢的，美国、日本以及欧洲一些国家的格栅，基本上是三肢的。挪威更为不同，通常的做法是把6根 ϕ16mm 直径的钢筋，固定在长40～60cm的钢条上，用径向锚杆固定，挪威称之为钢筋肋（图3-4-12），有单排的，也有双排的，应用形式多种多样。

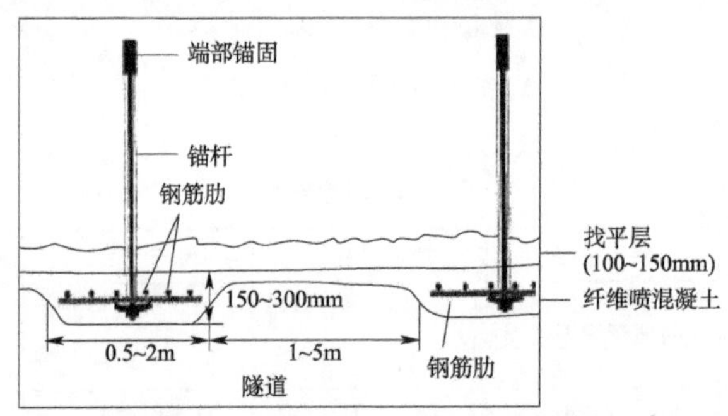

a)钢筋肋的基本构造

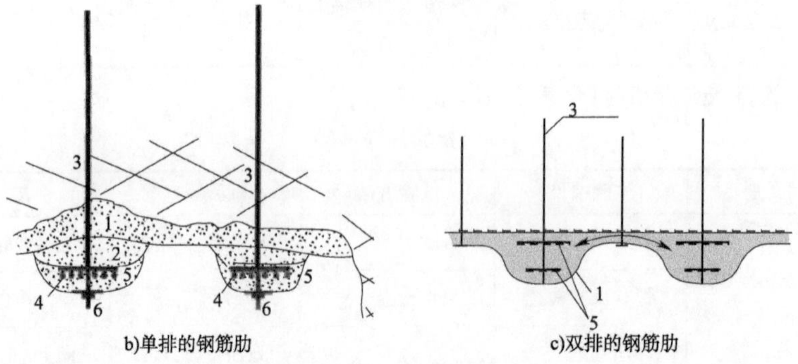

b)单排的钢筋肋　　c)双排的钢筋肋

图3-4-12　挪威法采用的格栅构造

1-喷混凝土;2-喷混凝土垫层;3-锚杆;4-喷混凝土层保护层;5-钢筋肋;6-垫板

图3-4-13表示钢筋肋的施工状况。

a)喷混凝土前

b)喷混凝土后

图3-4-13　钢筋肋的施工状况

格栅钢架与喷混凝土的结合比型钢钢架好，但架设初期不能承载，需要与喷混凝土结合，并在喷混凝土强度发现后才能承载，其承载性能随喷混凝土强度的增加而增长。两者的支护机制是不同的。挪威的钢筋肋，是柔性的，安装比较方便，并用锚杆固定。

日本在修建二川公路隧道时，格栅钢架施工作为新技术，对格栅进行了试验施工。试验施工是在CⅡ级围岩区间（延长99.6m）中的10.8m（9榀）进行的。

试验采用3根主筋构成的格栅，底板和接头用L形钢材焊接而成（图3-4-14）。

图3-4-14　格栅

格栅的规格（主筋直径、断面尺寸）由标准支护模式下的承载力决定的。表3-4-6是格栅规格和与标准支护模式的H型钢的对比表。图3-4-15表示了格栅钢架支护与标准支护模式的承载力对比。

格栅规格和与标准支护模式的H型钢的对比　　表3-4-6

名　称	H型钢	格栅	构 造 图
规格	H-125	70/25/35	
钢材种类	SS400	SD345	
间距（m）	1.2	1.2	
断面高度 H（mm）	125	130	
断面宽度 B（mm）	125	140	
钢筋直径 S_1（mm）		25	
钢筋直径 S_2（mm）		35	
断面积 A（mm^2）	3000	1970	
惯性矩 I（mm^4）	839×10^4	492×10^4	
质量（kg/榀）	418	318	

因此，在与标准支护模式具有同等承载力的条件下，1榀格栅比H型钢节约100kg的钢材。

图3-4-16是美国公路隧道采用三角形格栅与喷混凝土构成的衬砌断面，其中包括焊接金属网（WWF）、格栅、接触注浆用注浆软管及聚丙烯纤维喷混凝土的表层。

从日本进行的用高强度喷混凝土代替型钢钢架的研究中，可以看出，有取消型钢钢架的趋势。其理由是：在隧道开挖—支护的施工循环中，型钢钢架的架设所占用的时间比例是比较大的，型钢钢架加工、安装比较费时、费力，取消型钢钢架可缩短作业时间，有利于快速施工;由于与围岩接触不良,易造成受力异常而屈服,型钢钢架用高强度喷混凝土代替,有利于改善支护的受力状态。此项试验仍在进行中,这个问题值得我们关注。

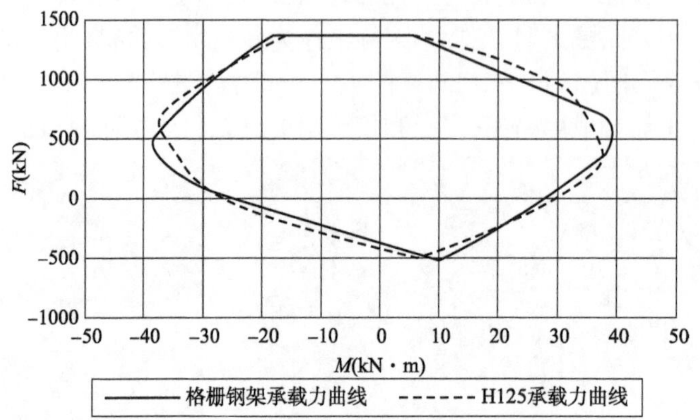

图 3-4-15　格栅钢架支护与标准支护模式的承载力对比

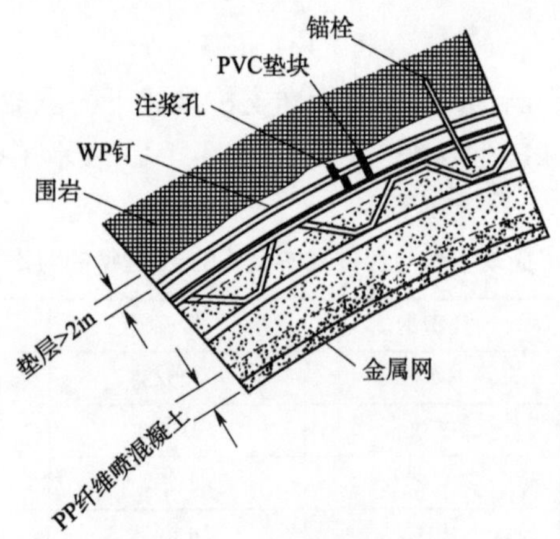

图 3-4-16　典型的衬砌细部构造

Ⅳ 衬砌（永久支护）篇

与围岩、喷混凝土、锚杆、钢架同样，衬砌也是构成隧道支护结构的一个构件。但在不同的国家，由于围岩、技术、环境等条件的不同，在处理衬砌的方法上也不同。因此，形成了以我国和日本为代表的复合式衬砌支护结构和以欧洲为代表的喷锚支护结构两个不同的支护结构体系。

本篇集中说明以下几个问题：

1. 复合式支护结构中衬砌功能的概念
2. 衬砌的耐久性
3. 提高衬砌耐久性的基本措施
4. 喷混凝土永久支护
5. 纤维混凝土衬砌
6. 中流动性混凝土的应用

一、复合式支护结构中衬砌功能的概念

我们的铁路隧道和公路隧道，自从引进喷混凝土和锚杆技术后，由围岩、初期支护和二次衬砌构成的复合式衬砌已成为矿山法隧道支护构造的主体。在一般围岩条件下，要求初期支护能够维护隧道的长期稳定，此时，围岩与初期支护成为隧道构造的承载主体。在这种情况下，理论上二次衬砌是可有可无的。一些欧洲国家，在良好围岩条件下，基本上是不修筑混凝土衬砌的，包括海底隧道在内。而把我们所谓的初期支护作为永久支护。有的国家，例如日本，与我们的做法是一致的，都是把衬砌作为安全储备来设置的，仅在构造上要求能够确保隧道的长期使用性和耐久性。只有在一些地层破碎带、土砂围岩或特殊围岩中，才要求衬砌发挥承受后期荷载和长期耐久性的功能。

日本在隧道结构物的性能设计中，明确规定的二次衬砌功能是：

(1)具有隧道使用时的必要功能；

(2)具备对应未来不确定因素的功能；

(3)在小埋深、断层破碎带、膨胀性围岩、城市矿山法隧道等特殊围岩条件下，具有补充支护的力学功能。

表4-1-1是针对上述的(1)~(3)项功能，对公路隧道、铁路隧道二次衬砌提出的基本功能要求。

二次衬砌的基本功能　　表4-1-1

<table>
<tr><th colspan="2" rowspan="2">衬砌功能</th><th colspan="2">主要用途</th><th rowspan="2">概　要</th></tr>
<tr><th>公路</th><th>铁路</th></tr>
<tr><td rowspan="6">使用性</td><td>保持净空断面的功能</td><td>◎</td><td>◎</td><td>确保必要的净空断面</td></tr>
<tr><td>防水功能</td><td>◎</td><td>◎</td><td>确保高防水性</td></tr>
<tr><td>耐火功能</td><td>◎</td><td>△</td><td>防止火灾中高温对围岩和支护的显著损伤，不引起隧道崩塌，火灾后稍微补修补强能够再使用</td></tr>
<tr><td>维修管理功能</td><td>◎</td><td>◎</td><td>衬砌表面保持易于目视检查的程度，能够早期发现变异的征兆</td></tr>
<tr><td>内装功能</td><td>◎</td><td>△</td><td>设置内装，保持侧壁的辉度，提高前方障碍物的视认性，同时减小通风阻力</td></tr>
<tr><td>保持隧道内设施功能</td><td>◎</td><td>◎</td><td>确保照明、通风、紧急用设备等功能</td></tr>
<tr><td rowspan="3">不确定因素</td><td>余力保持功能</td><td>○</td><td>○</td><td>由于支护品质的不均一性和随时间的劣化、围岩随时间的劣化和松弛，或者异常降雨引起水压上升等未来不确定因素，应保持抵抗追踪荷载的功能</td></tr>
<tr><td>变形性能保持功能</td><td>○</td><td>○</td><td>破坏前的变形大，但不能发展到衬砌崩塌。此外，在即使不能预测的地震等荷载作用下也具有保持变形的功能</td></tr>
<tr><td>构造稳定功能</td><td>○</td><td>○</td><td>要设置仰拱和底板，确保侧压增大、偏压作用、衬砌脚部承载力不足时的构造稳定性</td></tr>
<tr><td rowspan="2">力学功能</td><td>支持附加外力功能</td><td>○</td><td>○</td><td>能够支持预先判明的衬砌施工后水压回复、挖方、填土、近接施工等引起的水压和土压变化的荷载，保持在水压、注浆压力等作用下的结构物稳定性，也要保持地震荷载下的稳定性</td></tr>
<tr><td>补充支护功能</td><td>○</td><td>○</td><td>在隧道变形没有收敛状态下施工衬砌，给予隧道必要的约束力</td></tr>
</table>

注：◎表示重要度高的作用、功能；○表示一般的作用、功能；△表示视情况要求的作用、功能。

上述功能表明:二次衬砌不是可有可无的构件,而是确保隧道使用性、耐久性、降低不确定因素影响及具有力学功能的构件,即使在初期支护能够把变形控制在容许范围之内的场合,设置二次衬砌对提高隧道结构的耐久性也具有一定的意义。

二、衬砌的耐久性

衬砌的耐久性不仅是性能要求,也是一个时间概念。任何混凝土结构物,根据其用途、要求性能的不同,对耐久性的要求也是不同的。例如,日本在2009年版的JASS-5(日本建筑学会标准)中,计划使用期间的级别改订为超长期、长期、标准及短期4类。计划使用期间不同,要求的耐久性的性能也不同。

一般来说,隧道混凝土结构的计划使用期间,各国的规定基本上都是100年。但对海底隧道也有规定120年的。也有不规定计划使用年限的,认为在良好的维修管理下,隧道结构物可以具有比100年更长的使用寿命。

根据国内外近期对现有的二次衬砌的调查显示:

- **混凝土衬砌有经过补修而使用超过百年的事例;**
- **采用“预防维护”体制,混凝土衬砌完全可以满足100年的使用时间(耐久性)的要求;**
- **运营中隧道的衬砌随时间有逐渐劣化的趋势。**

隧道结构的劣化原因多数是由于施工中质量没有达到设计要求所致。把这个原因除外,造成隧道结构劣化的原因主要来自两个方面:随时间的进展,一个是衬砌背后的围岩劣化,一个是衬砌本身的劣化。

因此,研究隧道的耐久性必须从这两个方面着手。即围岩的耐久性和衬砌的耐久性。其中对围岩耐久性的研究比较少,而对混凝土耐久性的研究虽然比比可见,但针对隧道二次衬砌混凝土耐久性的研究也比较少。

1. 围岩耐久性

对围岩耐久性研究的文献资料比较少,日本在《冻融循环作用下岩石的破坏过程和耐久性评价》一文中,对12种岩类,进行了质量损失、吸水率、动弹性系数、P波速度等的试验,并提出了评价岩石在冻融循环作用下的耐久性的方法。研究采取了裂隙发育的岩石和具有层状构造的岩石等12种样品为对象,进行了300次冻融循环试验。12种岩石样品包括砂岩、绿色岩、砂岩和有方解石贯入的绿色岩、片理裂隙发育的泥质片岩a和几乎没有裂隙的泥质片岩b等。此外,还包括凝灰岩和溶解凝灰岩、石灰岩、安山岩、白云岩、片岩及泥岩等。这些样品有的是裂隙发育的,有的是侵入岩脉,有的是破碎的。以便在试验时考虑软弱面的影响。

下面是一些试验结果及其考察。

300次冻融循环的未破坏岩石的质量损失列于表4-2-1。

由表4-2-1可知,300次冻融循环,未破坏岩石的质量损失都在0.17%以下,几乎没有产生剥离。这说明在这类岩石中开挖隧道，不必担心围岩的劣化，造成隧道变异的原因，基本上由混凝土衬砌的缺陷所致。

300 次冻融循环的质量损失和吸水率 表 4-2-1

岩 石 试 件	质量损失(%)	吸水率(%)
砂岩	0.15	0.62
绿色岩	0.03	0.15
泥质片岩 b	0.03	0.18
安山岩(破碎)b	0.05	0.48
片岩	0.06	0.24
白云岩	0.17	0.29
石灰岩	0.06	0.04

试验中发生破坏的岩石的质量损失以泥岩最为显著。

试验表明，在泥质片岩 a、泥质片岩 b、凝灰岩、溶结凝灰岩等软质岩类以及吸水率较高的泥质围岩中，要考虑围岩后期变化对隧道耐久性的影响。

一般来说，当隧道建成后，围岩受施工影响的部分在超前支护和初期支护的作用下，基本上是稳定的。如果说，随着时间，施工中施作的支护失效，最多是围岩恢复到没有支护前的状态或者成为围岩的一部分。此外，即使围岩劣化，其过程也是极为缓慢的，不会是突发性的(地震、暴雨、海啸等突发原因除外)。因此，在耐久性设计中，可以不考虑围岩劣化的问题。

但对某些有特殊性质的围岩，如膨胀性围岩和挤压性围岩，其变形是随时间而发展的，即使在施工中加以控制，但在使用期间由于自身的特性(遇水膨胀、高应力下的挤压等)会出现"后荷"现象，但不是劣化，不在此限。因此，在一些国家中，在地质上，都把膨胀性围岩和挤压性围岩列为特殊围岩，而予以研究。

强化对围岩耐久性的研究，是十分必要的。如果我们修建一座隧道，搞清楚该隧道围岩的耐久性状况(通过科学的试验)，那么围岩耐久性的问题就可以得到解决，会收到事半功倍的效果。

2. 混凝土衬砌的耐久性

在矿山法隧道中，衬砌多数是素混凝土或是钢筋混凝土的。因此，其耐久性能决定于混凝土的耐久性和**混凝土的施工工艺**。也就是说，在确保施工工艺满足混凝土性能要求的条件下，混凝土是具有足够耐久性的。

日本铁道综合技术研究所曾对经历 50 ~ 100 年的隧道衬砌材料，进行了现场取样调查，研究了其劣化的原因及对策。

调查的对象及衬砌表层的状况列于表 4-2-2。

从调查情况看，一些使用近 100 年的隧道还在使用，但在这些隧道中，混凝土衬砌的表面因侵蚀都发生粉状的软化、浮动等。有的不健全的隧道，经过维护、补修、补强等也在使用。

调查隧道和衬砌表层的状况　　表 4-2-2

隧道	开通年代	衬砌材料	混凝土表层状况
A	1923	CB	表层侵蚀,生成白色物质和褐色层
B	1927	CB、C	表层侵蚀,生成白色物质和褐色层
C	1950	C	表层侵蚀,生成白色物质和褐色层
D	1924	CB	表层侵蚀,生成褐色层
E	1939	C	混凝土表面洗净,表层呈褐色
F	1924	CB	混凝土表面剥离,生成白色物质
G	1937	C	混凝土表面浮动,生成白色物质
H	1937	CB、C	局部混凝土表面侵蚀
I	1931	CB、C	局部混凝土表面侵蚀
J	1890	B	在砖表面补修的材料侵蚀
K	1928	C	混凝土表面软化
L	1928	C	混凝土表面软化

注:“衬砌材料”中的 C 表示混凝土;CB 表示混凝土砌块;B 表示砖。

目前我们在山岭隧道中采用的二次衬砌主要是素混凝土的,部分是钢筋混凝土的。**从目前修建的高速铁路隧道衬砌的发展趋势上看,我们采用钢筋混凝土衬砌有逐渐增长的趋势**,值得关注。

素混凝土衬砌的劣化是混凝土的劣化。造成素混凝土劣化的原因有:冻融循环、化学侵蚀及碱性-骨料反应等。钢筋混凝土二次衬砌的劣化主要是钢筋的腐蚀,而造成钢筋腐蚀的原因有:衬砌裂缝、炭化及氯离子侵蚀等。

从耐久性角度出发,各国在隧道二次衬砌耐久性方面的主要做法是:

(1)尽可能地不采用钢筋混凝土衬砌,必要时可采用纤维混凝土衬砌代替。

(2)如必须采用钢筋混凝土,其保护层厚度应满足百年使用期的要求,即不小于 50mm(炭化可能的深度)。

(3)采用喷混凝土作为二次衬砌时,除计算厚度外,应增加 50mm 的保护层厚度。

(4)无特别理由,二次衬砌都应设置仰拱,仰拱的厚度(包括喷混凝土在内)应大于拱墙的厚度,或者拱墙采用混凝土,仰拱采用纤维混凝土。加强底部是提高二次衬砌耐久性的重要对策之一,不容忽视。

(5)必须使仰拱和拱墙“闭合成环”,成为一体的封闭型结构。

(6)改善混凝土配比、浇注、捣固、养生等一系列作业,尽可能地提高混凝土的质量,制造密实性高的混凝土,混凝土强度等级宜采用 C35。

(7)减少混凝土衬砌的初始缺陷,特别是初始潜在的裂缝。这是影响二次衬砌耐久性的重要因素。许多国家都在这个方面下功夫,并取得了一定的成果,我国也不例外。

上述几点,是确保混凝土衬砌耐久性的基本途径,实践证实,在满足上述条件下,素混凝土和纤维混凝土在不进行大修的条件下,是可以确保使用期限达到 100 年的要求的。

三、提高衬砌耐久性的基本措施

通过对既有隧道衬砌的实地调查发现,目前衬砌存在的主要问题是:**衬砌混凝土不密实,因而强度不足;衬砌背后留有空洞;衬砌厚度不均匀,拱顶厚度偏薄且留有空隙;衬砌混凝土存在潜在的裂缝**等。这些潜在的施工缺陷是影响衬砌耐久性、产生变异的主要原因。因此,从技术上**构筑一个满足耐久性要求的密实的、厚度偏差小的、强度充分的、没有潜在缺陷的混凝土衬砌应是我们追求的目标。**

如果能够在改进现有的混凝土技术的基础上,解决上述存在的问题,从经济上、技术上都是比较理想的解决方法。实际上,提高混凝土衬砌的耐久性,主要是提高混凝土的密实性及混凝土的充填性。下面重点说明国外,特别是日本在这些方面的一些研究、试验、工程应用的概况,供参考。

完善衬砌施工的关键工艺是提高衬砌混凝土耐久性的基本措施。衬砌混凝土的施工关键工艺指**浇注、捣固及养生**。这是提高混凝土密实度、强度的关键工艺。

1.浇注

日本目前隧道衬砌的混凝土浇注主要采用**拱顶部水平压入浇注工法**。该工法在拱肩增设了能够压入、充填混凝土的4个浇注口(堵头板侧2个,另一侧2个),可以在堵头板、搭接侧进行左右交错的混凝土浇注。浇注孔下侧的混凝土是自然流下进行浇注的,浇注孔上侧是用压力充填浇注混凝土的。在拱顶部能够进行水平浇注是其特征,使浇注的高度尽可能地达到最大。如图4-3-1所示,减少了标准工法从拱顶部浇注口的浇注量,浇注时间从过去的3h缩短到1h。可以实现更确实地充填易于产生空洞的拱肩部和拱顶部,形成没有空洞的耐久性好的衬砌混凝土(图4-3-2)。

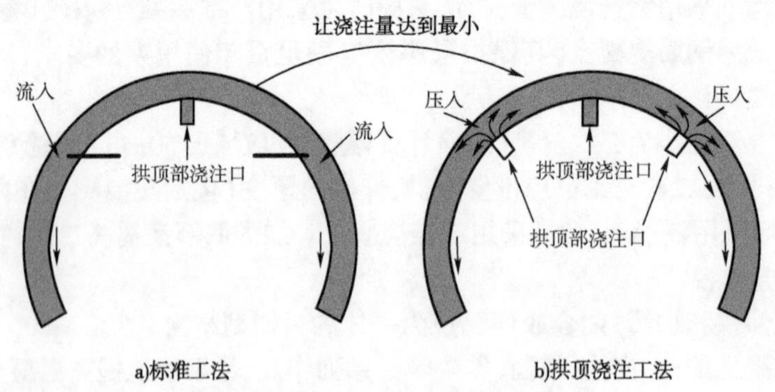

图4-3-1　拱顶部水平压入浇注工法的效果图

其次,在浇注中提高了混凝土的**浇注压力**。一般来说,在标准工法的场合,因浇注压力不足,即使确保了设计厚度,衬砌背后也有产生空洞的可能。背后产生空洞,会使水压、土压等外力,或者收缩产生的裂缝集中到空洞部分,成为很大的薄弱环节。此外,因空洞部分是在混凝土上面形成自由面,如果捣固不到,就会成为密实性差的混凝土。也是强度不足、耐久性降低的原因之一。

本系统是在模板拱顶部设置了压力传感器(最少5个),一边用计算机画面实时确认混凝土的浇注压力,一边考虑模板的设计强度,以最大限度的浇注压力浇注混凝土,构筑没有空洞的密实的混凝土。图4-3-3是浇注压测定管理图例。

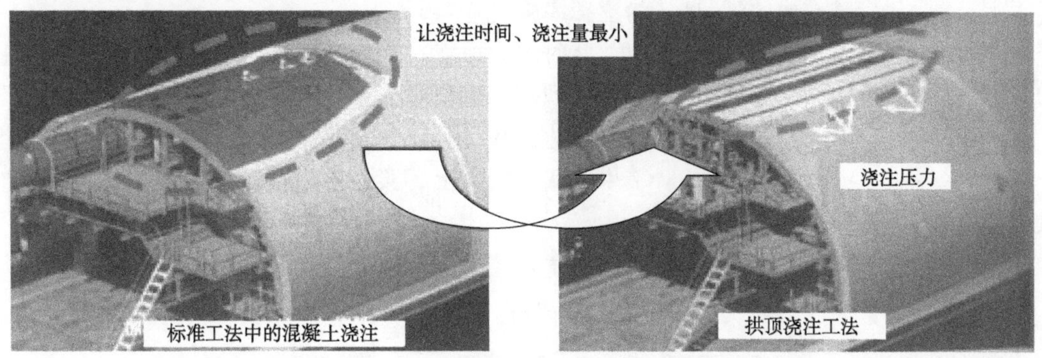

图4-3-2 不同浇注工法的比较

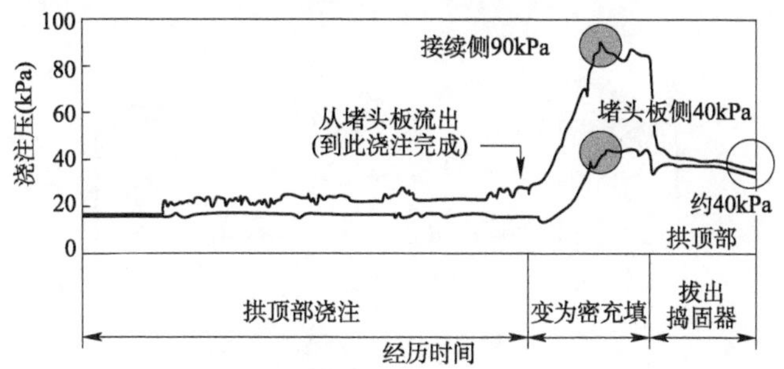

图4-3-3 浇注压测定管理图例

为了定量地明确浇注压力对抗压强度增大和拱顶有无空隙的结构强度的不同,制作了图4-3-4的小比例尺的隧道模型,对有无浇注压力的混凝土试件进行抗压强度比较试验,同时也进行了有无空隙的结构强度比较试验。

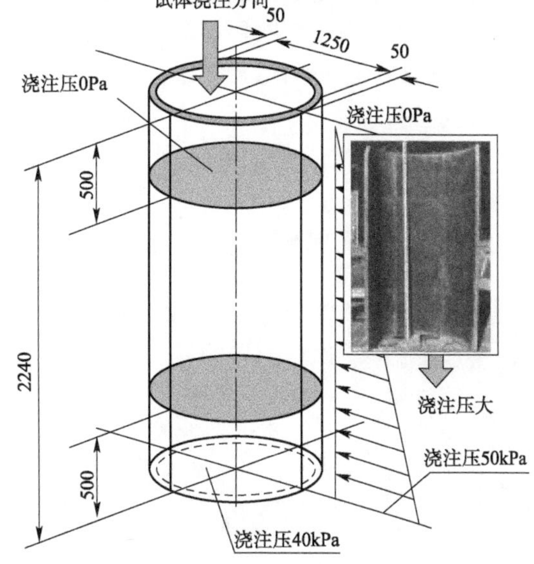

图4-3-4 试件尺寸及形状(尺寸单位:mm)

试验结果表明,浇注压力在40kPa左右,混凝土的抗压强度比没有浇注压力的混凝土约增加28%(图4-3-5)。拱顶完全充填没有空隙的衬砌混凝土,与有空隙的对比结构强度增加约3倍。

过去只要确认混凝土从堵头板上部流出就认为浇注完成,但有因捣固振动下沉和在衬砌背后产生空洞的可能。因此,利用隧道衬砌端部的密闭空间,压入混凝土,如处于密实浇注状态,也就不会出现因捣固振动而下沉的现象。为了明确这一点进行了基础试验。采取图 4-3-6 的步骤，根据混凝土在模板内的充填状态测定其浇注时的浇注量。

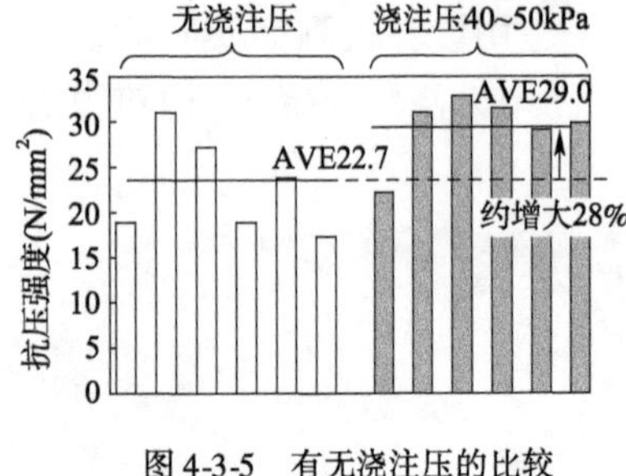

图 4-3-5　有无浇注压的比较

密实浇注，打开顶盖后，混凝土上面出现鼓起现象。此鼓起量的量测结果是规定数量的 2% ~4%。也就是说，浇注后，浇注了规定数量以上的混凝土（此压入量称为虚拟厚度）。

此时因为顶盖打开，松动螺栓的瞬间顶盖出现向上浮动的动态。这说明混凝土密实浇注后，该部分混凝土被压缩，直到硬化，并给模板和围岩一定的外压。根据此结果证实了混凝土密实浇注能够形成虚拟厚度而不会产生因捣固振动的下沉。

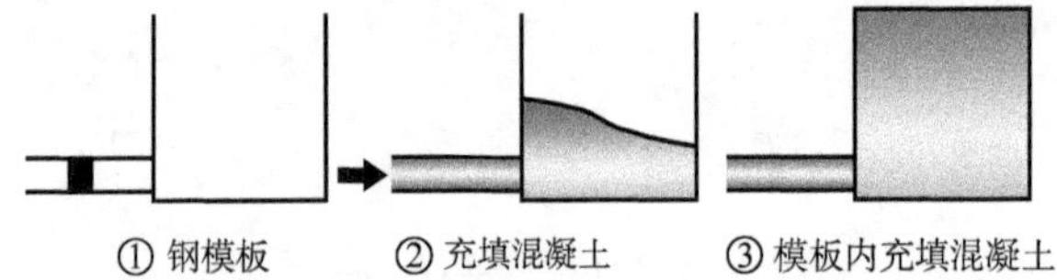

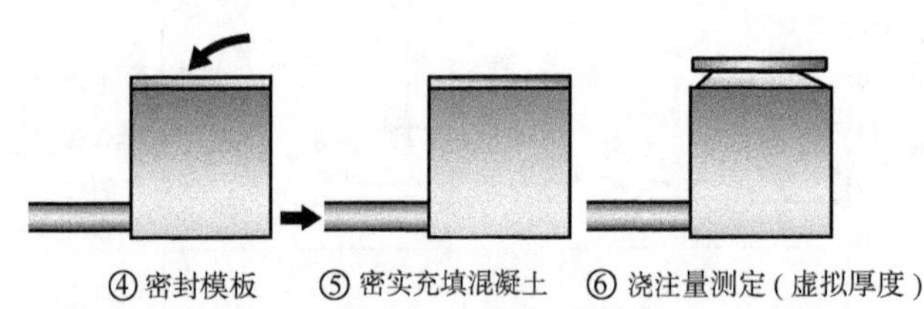

图 4-3-6　试验步骤

2. 捣固

捣固是提高混凝土密实度的重要举措。日本近期采用的**隧道衬砌拱顶捣固系统**如下。

该系统是事先在拱顶部设置管式捣固器，混凝土浇注后，一边拔出一边捣固。可用在捣固极为困难的钢筋区段、施工缝附近和隧道拱顶部进行均匀的捣固（图 4-3-7）。目前已得到广泛的应用。

如图 4-3-8 所示，浇注前在拱顶部沿模板全长设置 4 个长管捣固器，浇注完成后从堵头板侧一边拔出一边进行均匀的捣固。同时，密充填的混凝土也不会因捣固振动而下沉，反之还会上鼓，而达到完全充填的效果。

图 4-3-7　隧道衬砌拱顶部捣固

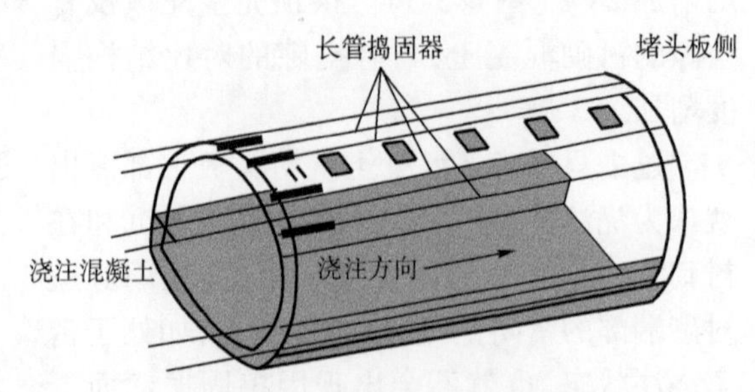

图 4-3-8　隧道衬砌拱顶部捣固系统

3. 养生——喷雾养生

喷雾养生是把轻型骨架悬吊在衬砌拱顶,其骨架用板密闭,其内沿一定距离设置喷雾喷嘴,让密闭空间充满雾气,能够进行充分湿润养生的技术。

设备的长度约 3 个浇注环节,为 31.5m。脱模后,约进行 1 周的湿润养生,能够抑制干燥裂缝和提高混凝土的品质。

因为设备是密闭的,也没有通常的喷雾养生造成的视线不良的情况,确保了通行车辆的安全。

在衬砌拱顶悬挂轻型钢管构成的骨架,用板密封,使高压喷射的 5μm 的雾状气体充满其间,进行充分的湿润养生(图 4-3-9)。

图 4-3-9 喷雾养生

图 4-3-10 是日本 M. K. E 会社,针对高品质、高耐久性衬砌开发的具有保温养生的 FRP(玻璃纤维塑料)管式模板。据报道该模板与钢模板的比较,见表 4-3-1。

钢模板与塑料模板的比较　　表 4-3-1

项　目	单　位	塑料模板	钢　模　板
尺寸	mm × mm × mm	900 × 10500 × 55	300 × 1500 × 55
重度	N/m^3	145.1	405
相对密度		1.8	7.8
抗弯强度	MN/m^2	294.2	333.4
刚性	N·m	3.66×10^4	5.39×10^4
热传导率	W/(m·k)	0.30	46.5
线膨胀率	1/℃	1.0×10^{-5}	1.1×10^{-5}
光线透过率	%	2.2	0

通过在古江隧道的测定,混凝土衬砌温度的历时变化示于图 4-3-11。

图 4-3-10 塑料模板概貌

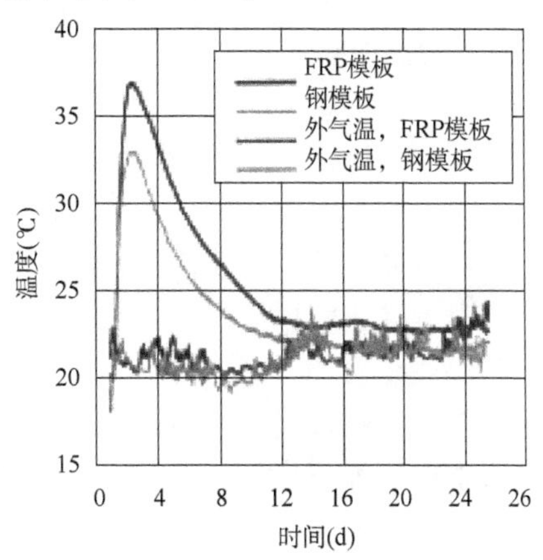

图 4-3-11 混凝土衬砌温度的历时变化

试验证实，由于3～4℃的保温效果，混凝土强度提高了15%～20%以上。

该模板的特征如下：

(1)由于优良的隔热效果，实现了保温养生(相对钢模板热传导率降低到1/150以下)。

(2)外气温的变化影响小，最适合寒冷地区。

(3)剥离性能好，减少了起吊作业。

综合以上各项技术，日本谓之“衬砌初期裂缝为0的技术”，实质上就是提高衬砌耐久性的技术。

四、喷混凝土永久支护

由于地质条件、技术条件、环境条件的不同，欧洲同行认为，锚喷支护与围岩一起完全可以作为山岭隧道永久的支护体系，而无须设置复合式支护结构体系中的衬砌。在此领域中，发展了各式各样的支护结构类型及构筑方法。

下面简要地介绍一些国家采用喷混凝土作为永久支护的概况。

1.挪威法中的喷混凝土支护

在挪威的地下建设中首次使用喷混凝土是在1952年。在头几年以干喷和薄层为主，后来由于湿喷的应用大幅度地改变了此方法。自1980年以来，由于可靠的机械和高质量的混凝土质量，湿喷混凝土得到了广泛的应用。此法可以用做初期支护和永久支护。

为了推行湿喷混凝土，1995年挪威公路管理局公布了《隧道中喷混凝土的正确使用》的文件，并在此基础上，研究了在挪威隧道中所取得的经验，又制定了喷混凝土的《基本做法守则》，对喷混凝土补强给予了特别的关注。其内容要点如下。

1)作为围岩支护的喷混凝土

永久支护的主要群体分为三类：

(1)基于围岩和混凝土之间的附着力的支护。中等厚度80mm，最小40mm，纤维补强，E700(能量吸收量)。

(2)喷混凝土，厚度为80mm或以上，E700或E1000。

(3)喷混凝土肋，钢筋肋补强，通常没有纤维，为了实现拱效应，正确的曲率是非常重要的。

2)喷混凝土肋的实施

喷混凝土肋可以作为永久围岩支护：无论是单一的喷混凝土肋，或间距为1.5～3m系统的喷混凝土肋。

单一的喷混凝土肋，在正常情况下可单一钢筋肋补强，但在预计有较大变形时，应采用双层钢筋肋补强(图4-4-1)。

3)几何形状

(1)喷混凝土肋应构建一条平滑的曲线，并与隧道的理论断面相同和平行。

(2)喷混凝土肋应建立在垂直平面内,与隧道轴向成直角。在小的断层带可能例外,喷混凝土肋应适应断层设置。

(3)喷混凝土肋必须设置在足够的基础上。

4)补强

(1)钢筋

• 钢筋应采用B500NC质量的钢材;$\phi20$,按设定曲率预加工;间距≥110m;混凝土保护层≥50mm,海底隧道≥75mm。

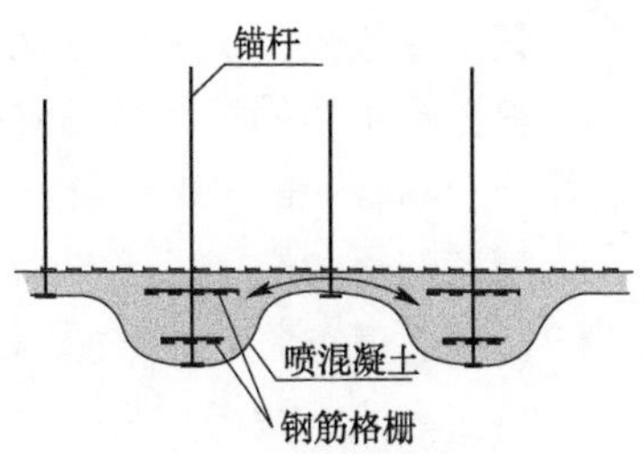

图4-4-1 双排喷混凝土肋

(2)钢筋肋

• 采用双排钢筋肋时,格栅也可作为一种选择。

单筋喷混凝土肋必须承受压应力,能保持正确的几何形状。如果荷载是相当均匀的且侧壁也需要支护,则非常适合单筋补强。双筋喷混凝土肋承受压应力和由于点荷载分布不均匀引起的弯曲应力,限制在侧壁支护和几何形状与理论轮廓有偏差的场合时采用。

5)喷混凝土

• 在海底隧道采用喷混凝土应采用疲劳类M40,反过来要求混凝土质量B45(45MPa),其他隧道要求M45类(混凝土质量B35)。

• 在采用喷混凝土肋的地方,第一步是定位和用纤维喷混凝土做好一个E1000(能量吸收量),质量B35,厚150~250mm的平滑层。

• 根据需要进一步喷射正确的几何形状的应用层(无纤维)。

• 安装钢筋,喷混凝土。

• 要求下一爆破循环前,抗压强度≥8MPa。

6)径向锚杆

• 锚杆打设在喷混凝土肋系统中,并注浆,直径≥20mm。

• 安装几榀喷混凝土肋后,打设长3~6m、间距为1.0~1.5m的锚杆。

• 喷混凝土肋的下端要用直径25mm、$L=4\sim6$m的注浆锚杆锚固好,可优选混凝土仰拱。

• 锚杆应进行拉拔试验。

7)仰拱

混凝土仰拱的厚度应与喷混凝土肋相同。

8)喷混凝土肋的厚度

喷混凝土肋的混凝土厚度,喷混凝土肋背后的混凝土厚度均不包括在规定的理论形状之内。

对单筋喷混凝土肋,从喷混凝土肋的表面到第1层钢筋($\phi20$)的中心假定为50mm,到相反的表面为60mm。因此,到喷混凝土肋的表面是240mm(300mm喷混凝土肋)。

对双筋喷混凝土肋,两层之间的距离大约是:

海底隧道:$D-60-75-20=D-155$(mm),对D60等于445mm。

其他隧道：$D-60-50-20=D-130$(mm)，对 D60 等于 470mm。

喷混凝土肋的宽度：钢筋(ϕ20)间距应≥110mm，混凝土保护层在海底隧道为 75mm，在别处≥50mm，6 根 ϕ20 钢筋的单筋喷混凝土肋的理论最小宽度为：

海底隧道：$75\times2+20+110\times5=720$(mm)。

其他隧道：$50\times2+20+110\times5=670$(mm)。

9）下一次爆破循环前

在钻孔及爆破前应施作锚杆预支护。要求：

- 锚杆间距≤300mm。
- 锚杆的钻孔应按扇形配置。
- 注浆锚杆，直径从 25mm 到 32mm、长度 6～8m，或可选同等质量的锚杆。
- 施作预支护锚杆的数量决定于观察到的覆盖整个隧道表面的围岩数据，仅在拱部或横断面的局部设置观察断面。
- 锚杆端部应伸出掌子面 50～75cm。

每一循环将施作新的锚杆。因此，在隧道顶部将有两排以上的锚杆，并用喷混凝土肋支护。

10）爆破后的围岩支护

爆破后，进行通风、掌子面清理、拱部和侧壁检查，以决定是否出渣或判断设置喷射机械等是否有足够的空间。在非常差的围岩质量条件下，喷混凝土的第 1 层应迅速在出渣前施作。该层厚度决定于围岩表面对自重（新浇混凝土的重力与黏聚力和拉应力）的承受能力。喷射前必须仔细对岩土工程做观测记录。如果隧道围岩稳定性较差，用水清理表面的作业可以省略。

喷混凝土可以在整个断面进行。在某些情况下，也可能需要对掌子面进行喷射。

11）喷混凝土肋的设计和施工的选择

单筋或双筋补强、钢筋数量、钢筋层之间的距离是设计的基本内容。单筋喷混凝土肋的施工步骤示于图 4-4-2。单筋喷混凝土肋封闭掌子面例示于图 4-4-3。

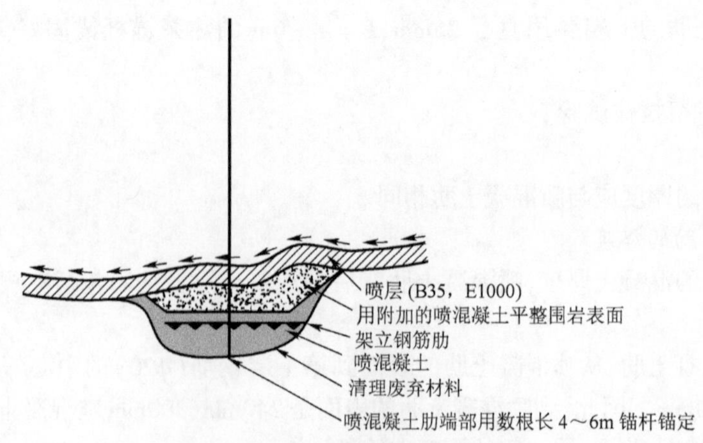

图 4-4-2　单筋喷混凝土肋的施工步骤

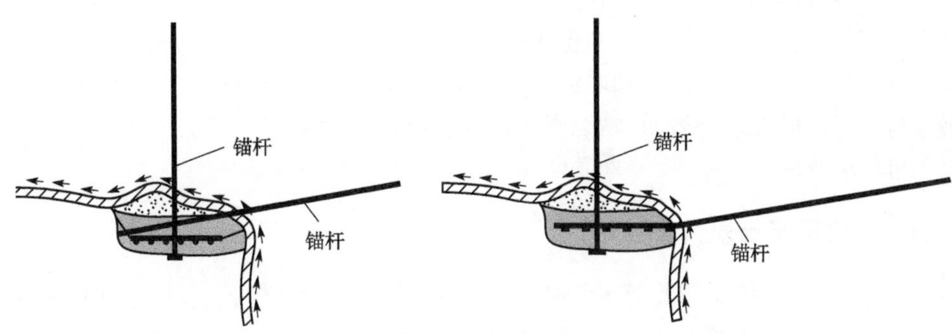

图 4-4-3 单筋喷混凝土肋封闭掌子面例

2. 美国的喷混凝土永久支护

美国《公路隧道设计施工手册》(2010)提出,喷混凝土与模筑混凝土衬砌的质量相当就可以替代。其表面的外观,可以根据所需的项目目标修整。但它可能仍然比较粗糙,如果采用抹刀抹平可能有一个与模筑混凝土质量相媲美的表面。喷混凝土作为最终衬砌通常是与初期的喷混凝土相结合,当符合下列条件时应用。

- 隧道长度相对较短,截面相对较大,因此在模板投资上是不值得的;如长度小于400~600ft(150~250m)、起拱线处宽度大于25~35ft(8~11m)的隧道。
- 出入困难、分期模板安装、混凝土输送有问题的场合。
- 隧道几何形状复杂,需要定制模板;隧道交叉口,以及分岔的加宽和台阶式断面开挖等形式。
- 当双层衬砌利用喷混凝土作为最终衬砌时,其间要设置防水卷材。因此,衬砌厚度一般在10~20in(200~300mm)或更大些。施设时必须考虑层与层之间的时间滞后,使喷混凝土充分硬化。为了确保最终衬砌的动态,从结构上看,它限制层之间的时间滞后,保证应用到下一层的喷混凝土表面干净,无任何灰尘或污垢,这对确保个别层剥落是很重要的。典型的限制,层与层之间的时间滞后为24h。喷混凝土最终衬砌与格栅、焊接金属网一道构成承载体系。此承载体系也可全部或部分进行结构补强。结构补强,可采用钢筋或钢纤维或塑料纤维等。最终喷混凝土层允许添加微聚丙烯(PP)纤维以增强最终衬砌的抗火性能。

与现浇混凝土在安装过程中的静水压力,不能作用在喷混凝土支护和防水膜上,因此,必须确保防水系统和初期支护的初始喷混凝土、最终喷混凝土衬砌之间的任何空隙都要进行接触注浆,充满浆液。最终衬砌应用水泥浆进行接触注浆。图4-4-4是美国公路隧道采用的兼顾防水系统的典型喷混凝土最终衬砌的断面,其中包括焊接金属网(WWF)、格栅、接触注浆用注浆软管以及聚丙烯纤维的表层喷层。

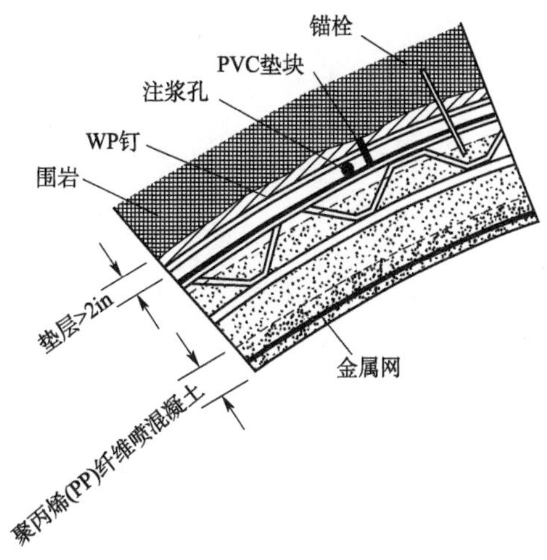

图 4-4-4 典型的喷混凝土衬砌细部构造

实际上,可能影响的喷混凝土最终衬砌质量的最重要的因素是工艺。虽然喷射工(人力或机械手)的技巧是这个工艺的核心,但更重要的是要遵守喷射混凝土过程中各个环节的方法规定。这种规定应成为应用者和监督者的质量保证/质量控制(QN/QC)的基础。

隧道衬砌发展的总趋势表明,喷混凝土最终衬砌的应用最终会成为替代传统的模筑混凝土衬砌可行的方法。

3. 日本的喷混凝土永久支护

日本的隧道支护,基本上采用复合式衬砌构造,只是在个别场合,例如40年前开始修筑的青函隧道,在小断面的作业坑道中,采用喷混凝土作为永久支护。近几年又开始关注隧道采用喷混凝土作为永久支护的研究。

喷混凝土的支护功能,与围岩的附着强度有关,在岩石的单轴抗压强度小于5MPa时由岩石强度支配,超过后,大致保持一个定值。水谷等根据钢板与喷混凝土低龄时的试验指出,喷射后约8h的抗拉附着强度是一定的(约0.04MPa)。Sala在Furka隧道中的试验指出,附着强度是1.3MPa,39个试件中有18个是岩石先崩坏。在着眼于支护承载力的研究中,水谷等根据室内试验和原位试验结果及解析研究指出,喷混凝土在低龄时(喷射后8~20h)的厚度为5cm的喷混凝土可以支持1.2m^3的岩块的质量。

根据这些研究,喷混凝土如能充分发挥与围岩的附着强度,对岩块脱落会有很大的支护承载力。

喷混凝土作为永久结构物的场合,要具有过去的作为初期支护的功能和永久衬砌的功能。为此,对作用荷载要充分安全,对单一构造体的安全性要有简单的管理方法。

以新干线隧道断面为例,复合式衬砌的标准断面和喷混凝土衬砌的标准断面示于图4-4-5和图4-4-6。

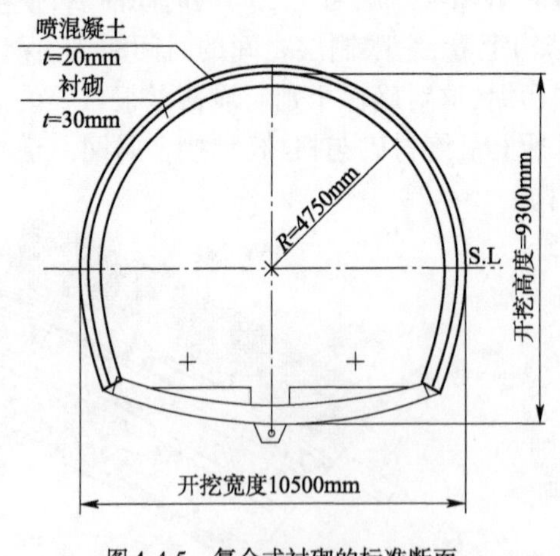

图4-4-5　复合式衬砌的标准断面

注:S.L为起拱线。

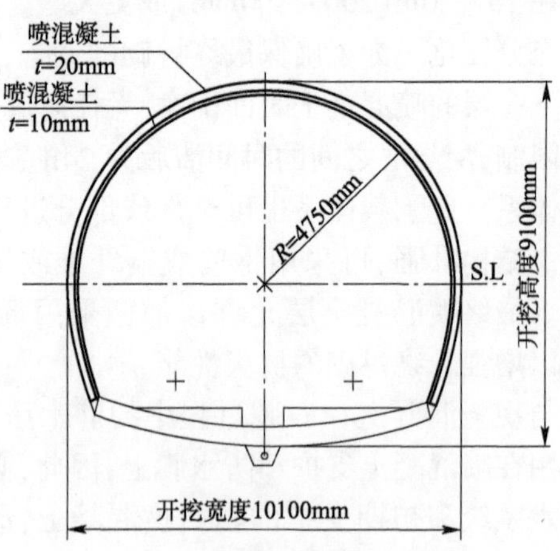

图4-4-6　喷混凝土衬砌的标准断面

注:S.L为起拱线。

喷混凝土衬砌的对象是不包括带有仰拱的构造。从开挖断面看,比复合式衬砌标准断面,宽度缩小了40cm,高度缩小了20cm。喷混凝土用通常的厚度施工,开挖后确认位移已经收敛,在喷混凝土衬砌上喷射10cm的保护层,提高其安全度。

喷混凝土衬砌应用流程示于图 4-4-7。

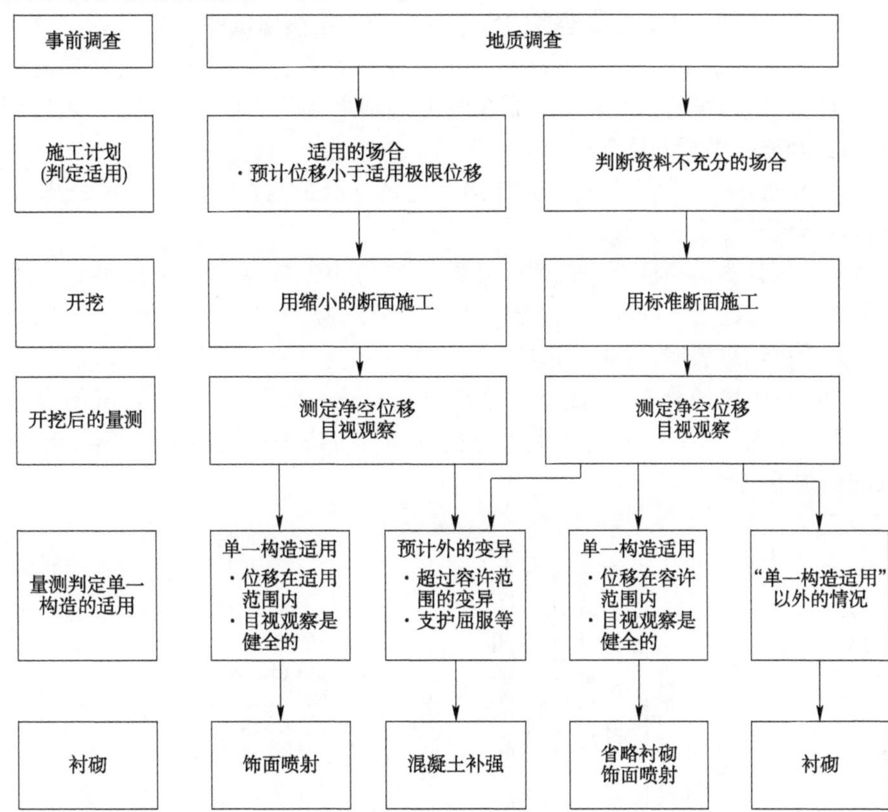

图 4-4-7　喷混凝土衬砌构造的应用流程

喷混凝土要求采用具有衬砌耐久性的高品质喷混凝土。

从饭山隧道约 21498m 的量测数据(拱顶下沉和净空水平相对位移)来评价喷混凝土的健全性得出以下结论:

- 喷混凝土的变异分别由净空位移引起的和由拱顶下沉引起的两种情况整理。其结果示于图 4-4-8。

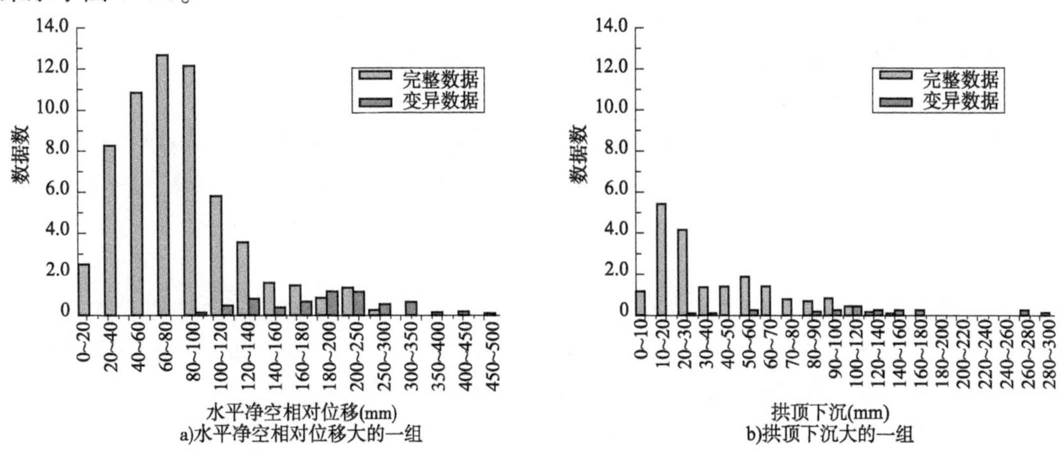

图 4-4-8　净空位移和喷混凝土变异

从图4-4-8中可以看出，水平净空相对位移在100mm、拱顶下沉在50mm以下，几乎都为健全的数据所占有。图4-4-9是数据多的水平净空相对位移确认的情况。

- 喷混凝土发生变异的，在100mm以下的数据只有百分之几，超过后变异的概率急剧增加，超过300mm的几乎都发生变异。根据这样的结果，喷混凝土的健全性，可以用水平净空相对位移在100mm进行评价。
- 用变异开始点喷混凝土就达到破坏强度进行评价是偏于安全的。据此，设定容许应力，按此进行设计，确保安全系数。

用于适用范围计算的喷混凝土似弹性系数取2200MPa，容许应力取23MPa。

首先采用位移值超过100mm，喷混凝土发生变异的数据，求出喷混凝土的应力状态，研究其适用性。检查结果表明，弯矩的影响很小，轴力是主要的。其次，为了求出喷混凝土达到容许应力和破坏强度的分布，要改变水平净空相对位移和拱顶下沉值，试图设定适用范围。解析结果示于图4-4-10。据此喷混凝土衬砌的容许应力的适用范围是：水平净空相对位移90mm，拱顶下沉50mm。

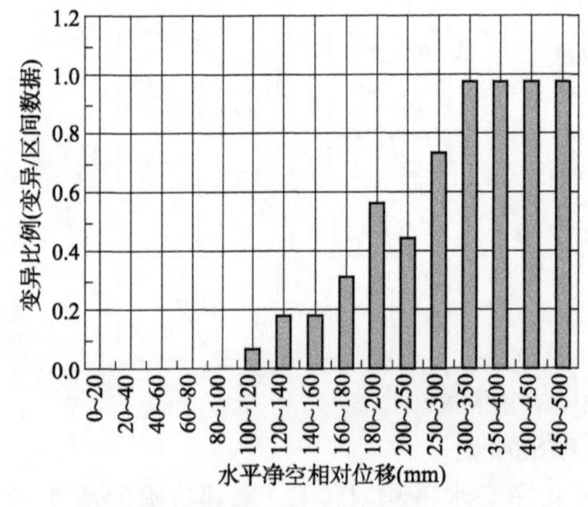

图4-4-9　水平净空相对位移和变异比例

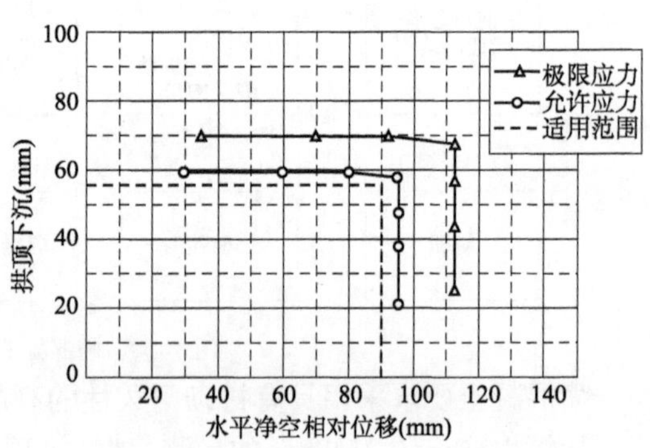

图4-4-10　衬砌单一构造的适用范围

4. 法国隧道工程协会的建议

法国隧道工程协会(简称法国隧协)在2000年公布的《地下工程中的喷混凝土设计》一文中，对喷混凝土作为永久支护(二次衬砌)提出如下建议。

1)喷混凝土的类型

法国隧协把喷混凝土分为三种类型：作为**围岩保护层**的喷混凝土、作为**初期支护**的喷混凝土及作为**永久支护**的喷混凝土。下面主要说明作为永久支护的喷混凝土，即喷混凝土衬砌。

2)喷混凝土衬砌

这种类型的喷混凝土应设计为结构体，且是能够承受法向力和弯矩的结构。围岩支护是由厚的喷混凝土壳体(数百毫米厚)，具有单独维护坑道整体稳定的能力。此混凝土可以用或不用纤维补强。此壳体与锚杆或钢支撑并用对结构的力学性能具有直接影响。

3)基本目标

- 壳体必须有相当的厚度，以保证类似拱结构的整体响应。壳体的最小厚度应考虑施工的可能(开挖轮廓或多或少是不规则的,这决定于围岩条件和开挖方法),为确保质量,壳体的厚度应等于设计采用的理论值。

- 壳体的主要目标是保证开挖的整体稳定性的质量。喷混凝土壳的作用是限制开挖后的收敛以及避免围岩有任何过度的松弛。

4)技术建议

- 对标准形状的隧道,直径大于10m,所有断面采用模筑混凝土衬砌的最小厚度为30~50cm的场合,出于实用的目的,考虑喷混凝土是合理的。
- 符合AFTES文档中描述准则的喷混凝土,可以使用。
- 喷混凝土的成分应满足合同规定的有关结构耐久性的标准,特别是抵抗环境的侵蚀和骨料、水泥以及外加剂之间的相容性(主要是骨料-碱性反应)。
- 在掌子面开挖阶段采用时,对与喷混凝土界面间的混凝土质量必须进行检查。
- 根据围岩类型和开挖方法,喷混凝土的名义厚度应在合同中规定并在现场验证。
- 根据喷混凝土力学特性变异的长期风险(如采用外加剂提高低龄混凝土强度),可在结构整个生命周期的适当期间进行测试。
- 一般情况下,作为永久支护的喷混凝土衬砌,是在作为保护层的喷混凝土的场合施作的。最初的保护层厚度不得列入结构层的设计厚度,而它具有发生蚀变和裂缝的风险,可能影响其力学性能。
- 钢支撑或格栅、锚杆和钢筋纳入喷混凝土壳体中,容许按在混凝土薄壳进行设计计算,使其有效参与到结构强度中,充分发挥其作用,还应采用防腐蚀的预防措施。
- 最终衬砌是由一层或多层喷混凝土层代替模筑混凝土的场合,如果需要多层喷射,则应检查纵向施工缝的质量和位置(可以防止通过整个壳体厚度的不连续性)。
- 不推荐在下列情况下采用喷混凝土作为永久支护:高水头;高透水性围岩(AFTES分级);禁止水位降低的环境条件及实现全水密性功能要求的结构。
- 目前喷混凝土的技术会影响某些材料的异质性程度,特别是第1层喷射到围岩的混凝土,水灰比是难以控制的,并因速凝剂可能导致长期强度的降低。此外,混凝土性能的可变性可能高于模筑混凝土。喷混凝土壳体的几何形状必然比模筑混凝土较少有规律可循,厚度也是可变的。鉴于此,设计中适度降低采取的强度特性低于从原位岩芯获得强度;壳体的最小厚度应采用标称厚度。
- 对公路和高速公路隧道,喷混凝土壁面的粗糙度高,一方面,更快地使空气变得肮脏污浊,另一方面,增加了空气阻力,随之会增加通风能力和相关设备的安装和操作成本。

对于用户来说,为保证足够的亮度和安全感,应覆盖喷混凝土垂直的壁面(在这种情况下,应防止脱开,落在车辆上)。对水工结构,喷混凝土表面可以适当采用塑料涂层(如高密度聚乙烯)覆盖。

- 应选择不会劣化混凝土长期强度的外加剂,并需要验证,通过长期测试其力学性能,尤其是强度是否符合设计的标准。
- 使用金属纤维应采取特殊步骤,解决与潜在的腐蚀有关的问题。可以采用一个额外的非纤维增强层或在设计厚度以外增加2~3cm厚度,以确保壳体厚度需要的抗力。

五、纤维混凝土衬砌

在国际隧道协会的报告中,极力推荐纤维混凝土衬砌,不是没有道理的。我们也应在纤维混凝土衬砌的研究和实践中,对此做出应有的贡献。纤维混凝土衬砌包括钢纤维混凝土和非钢纤维混凝土两种衬砌类型。初期大家基本上都采用钢纤维混凝土衬砌,但近期非钢纤维混凝土衬砌得到极大的关注。

1. 纤维混凝土衬砌承载特性的试验研究

山岭隧道的混凝土衬砌发生的裂缝,除起因于混凝土硬化时的温度应力和干燥收缩外,还有起因于膨胀性围岩和围岩劣化产生的松弛地压。大家知道,衬砌混凝土的轻微裂缝,因隧道是拱形机构,一般不会产生有害的变异。但是可能会出现以后衬砌承载力降低而造成影响衬砌稳定性和耐久性等问题。根据裂缝的发生形态(闭合裂缝等),也可能产生剥离、剥落的危险。

其次,在洞口段埋深比较小的地段和断层破碎带、膨胀性围岩等条件的区间,也会有因后荷而造成隧道变异的可能,也会出现增加衬砌具有力学功能的情况,此时可采用钢筋混凝土或纤维混凝土。**最近的趋势是多采用施工性比钢筋作业性好的纤维混凝土。**

应该指出,目前纤维混凝土衬砌有代替钢筋混凝土衬砌的趋势。我们虽然也进行了一些研究,但力度不够,亟待加强。

为了掌握纤维混凝土衬砌的承载特性,日本采用1/5大型模型试验,对其进行了试验研究,并与以前的素混凝土衬砌进行对比。

1) 试验组合

研究组合列于表4-5-1。试验用的纤维列于表4-5-2。

研究组合 表4-5-1

试验组合	混入率(%)	试验组合	混入率(%)
钢纤维混凝土	0.5	素混凝土	—
聚丙烯纤维混凝土	0.5		

注:按体积比测定。

试验用纤维 表4-5-2

纤维种类	纤维直径	纤维长度	相对密度	形状
钢纤维混凝土	0.75mm	43mm	7.85	两端带钩
聚丙烯纤维混凝土	0.78mm	48mm	0.91	

试验用试体示于图4-5-1,厚度150mm(实物换算750mm),内径925mm,长度300mm。纤维放入新鲜混凝土中拌和90s。

2) *加载方法*

在拱顶加垂直荷载,衬砌背后模拟有空洞和缺陷。

加载按0.2mm/步位移控制进行。

量测项目有:净空位移9个点;应变计共计18个;其配置示于图4-5-2。

根据试件的单轴抗压强度试验(养护 28d)的结果列于表 4-5-3。

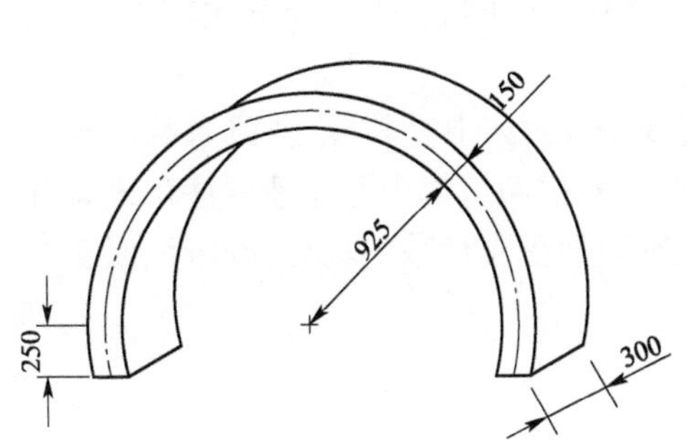

图 4-5-1 试验用试体(尺寸单位:mm)

图 4-5-2 量测仪器的配置

试件的单轴抗压强度试验结果 表 4-5-3

试验组合	单轴抗压强度(N/mm^2)	弹性系数(N/mm^2)	泊松比
钢纤维混凝土	24.3	18900	0.21
聚丙烯纤维混凝土	27.0	18600	0.19
素混凝土	22.2	18000	0.18

3)试验结果

弯曲张裂(以下称为裂缝)和弯曲压缩裂缝(以下称为压溃)的发生状况和荷载 - 位移曲线如下。

(1)裂缝及压溃的发生状况

①裂缝及压溃的发生顺序。

各试验组合试体的破坏状况示于图 4-5-3,裂缝发生状况示于图 4-5-4。

a)钢纤维混凝土

b)聚丙烯纤维混凝土

c)素混凝土

图 4-5-3 试件破坏状况

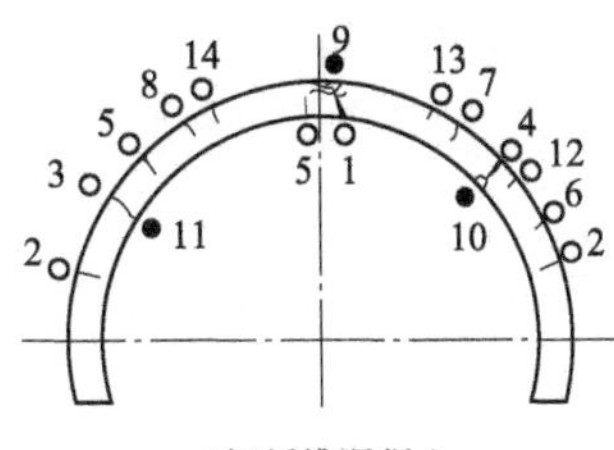

a)钢纤维混凝土

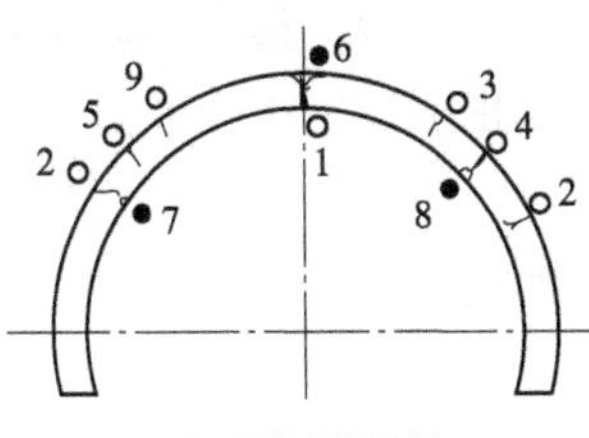

b)聚丙烯纤维混凝土

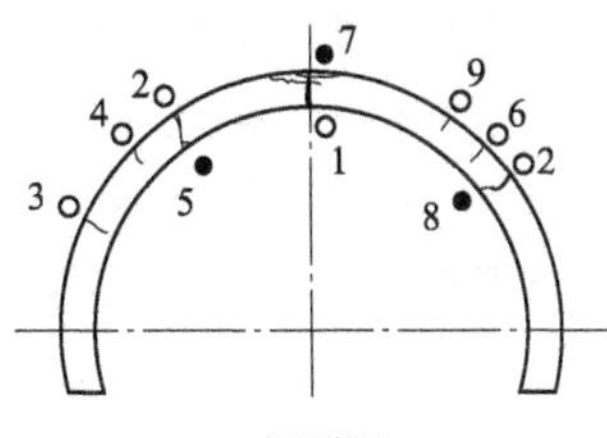

c)素混凝土

○ 张裂缝 ● 压溃

图 4-5-4 裂缝发生状况

注:图中的数值是发生顺序。

在钢纤维混凝土的试验中，首先裂缝出现在拱顶部内侧，其次，拱的两肩部的外侧出现数条裂缝。其后拱顶部外侧被压溃，拱两肩部内侧被压溃，拱两肩部外侧也发生数条裂缝。在聚丙烯纤维混凝土试验中，与钢纤维混凝土比较，拱两肩部外侧发生的裂缝比较少，弯曲张裂及压溃发生的顺序大致相同。

以上所述，裂缝发生的顺序，各组合虽然有些差异，但大体上是按 a. 拱顶内侧出现裂缝→b. 拱两肩部外侧出现裂缝→c. 拱顶外侧出现压溃→d. 拱两肩部内侧压溃顺序出现。此发生顺序与素混凝土衬砌的研究是一致的。因此，在拱顶加垂直荷载的场合，纤维混凝土与素混凝土的变形动态是同样的。

②裂缝及压溃的发生数。

各试验组合的裂缝及压溃的发生数列于表 4-5-4。

裂缝及压溃的发生数 表 4-5-4

试验组合	发生位置及发生数			
	净空侧		围岩侧	
	压溃	裂缝	压溃	裂缝
钢纤维混凝土	2	2	1	11
聚丙烯纤维混凝土	2	1	1	6
素混凝土	2	1	1	6

压溃发生数，不管哪个组合，都是一样的，但裂缝的发生数，钢纤维混凝土比其他两种情况都多。一般说，钢纤维对裂缝有分散效果，但本试验结果没有得到证实。

③对剥落的抵抗性。

各试验终止时的压溃发生情况（拱左肩内侧）如图 4-5-5 所示。

a)钢纤维混凝土

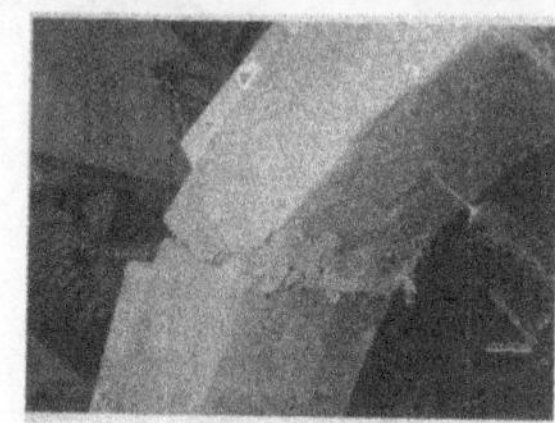

b)聚丙烯纤维混凝土

c)素混凝土

图 4-5-5 各试体的压馈发生状况

素混凝土时，压溃发生部分的混凝土破坏很大，易于剥落，钢纤维及聚丙烯纤维混凝土，剥落片都比较小，剥离的没有落下。此试验结果说明纤维混凝土具有防止剥落的效果。

(2)荷载 - 位移曲线

试验得到的荷载 - 位移曲线（拱顶下沉）示于图 4-5-6，拱顶下沉达 10mm 前的裂缝发生位置试验见图 4-5-7。

①最大荷载。

各组合的最大荷载是：钢纤维混凝土 177kN，聚丙烯纤维混凝土 168kN，素混凝土 132kN。

与素混凝土比较纤维混凝土的承载力高（最大荷载差 35 ~ 45kN），而钢纤维和聚丙烯纤维混凝土比较,最大荷载差为10kN左右,没有明显的差异。

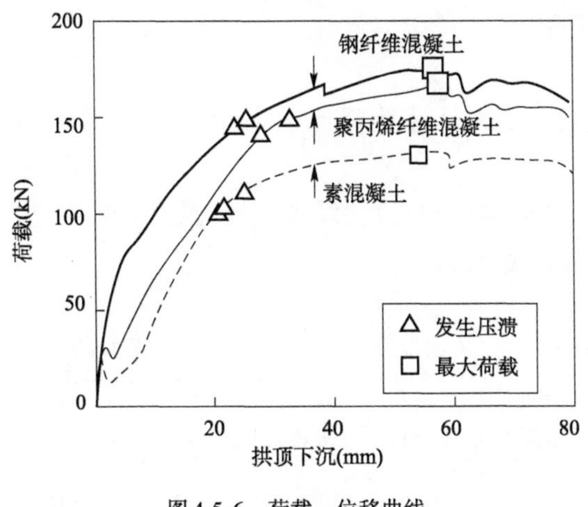

图4-5-6 荷载-位移曲线

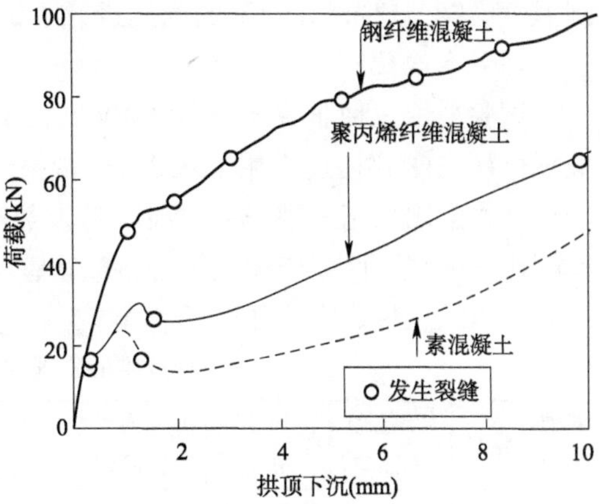

图4-5-7 荷载-位移曲线(拱顶下沉10mm前)

②裂缝发生前的动态。

不管哪种组合,最初是在拱顶内侧发生裂缝,荷载-位移曲线的坡度比较缓,但最初裂缝发生前的荷载-位移曲线的坡度大致相同。

此领域因是混凝土的弯曲刚性、轴刚性起支配作用,所以,在衬砌厚度相同的情况下,荷载-位移曲线的坡度大致相同。

③裂缝发生~压溃发生前的动态。

首先,最初裂缝发生时的荷载及拱顶下沉的不同。聚丙烯纤维混凝土和素混凝土在最初裂缝发生时的拱顶下沉大致在0.4mm(换算为2mm左右),此时的荷载是15kN。

钢纤维混凝土在最初裂缝发生时的拱顶下沉是1.2mm(换算为6mm左右),此时的荷载是45.5kN,比其他两种情况的位移、荷载都大3倍左右。

聚丙烯纤维混凝土及素混凝土中发生两条裂缝时荷载就降低了,但钢纤维混凝土因最初裂缝发生时的荷载-位移曲线坡度小,没有出现荷载降低的情况。

聚丙烯纤维混凝土和素混凝土荷载降低后的荷载-位移曲线在压溃发生前,坡度大致相同,而钢纤维混凝土在拱顶下沉达5~6mm(换算为25~30mm),发生4条裂缝前比其他两种情况曲线的坡度大。

这说明钢纤维在裂缝发生过后立即发挥出补强效果,提高了衬砌的弯曲抗拉强度,而聚丙烯纤维对提高抵抗衬砌裂缝的效果几乎没有,只是在变形到一定程度(裂缝开口后)后才开始发挥作用,这是因为钢纤维和聚丙烯纤维的抗拉强度及刚性不同所致。

④压溃发生后的动态。

聚丙烯纤维混凝土稍微晚一些,超过20mm后(换算为100mm左右)才发生压溃,荷载-位移曲线的坡度很小,但其后继续增加荷载,到60mm前达到最大荷载。此动态与有无纤维、种类的不同没有什么差异。

2. 纤维混凝土衬砌配比的试验研究

为了提高衬砌混凝土长期耐久性,在掺入非钢纤维以防止混凝土剥离、剥落的配比

(NEX 混凝土标准规格)的基础上,对掺入粉煤灰和石灰石微粉末提高施工性和充填性、抑制温度裂缝,减少潜在缺陷的配比进行了试验研究。

1)基本配比

试验采用三种非钢纤维(PP、PVA、PET)进行。其混入率为降低成本,除采用混凝土标准规格(0.3%)外,还采用了0.2%的规格。

基本配比采用三种(标准配比、低发热配比、高流动性配比)。纤维三种,混入率两种,基本配比三种,共计18个配比组合+3个基本配比组合进行试验。

采用的三种纤维特征列于表4-5-5。

各种纤维的物理性质(混入率0.3%的场合)　　表4-5-5

纤维种类	素材	纤维长度(mm)	尺寸(mm)	断面面积(mm^2)	质量(mg)	密度(g/m^3)	附着力(N/根)	抗拉力(N/根)	抗拉强度(kN/m^2)	纤维根数(根/m)
PP		48	0.90(宽) 0.50(厚)	0.385	16.82	0.91	217.5	204.2	33143	162307
PVA		42	0.66(直径)	0.342	18.67	1.30	151.4	296.5	31630	208891
PET		40	0.70(直径)	0.400	21.12	1.32	164	209.6	30754	187500

各种纤维的形状(长度、断面面积)是不同的,从密度看,PP的值是最小的。此外,从附着力看,PP的数值是最大的。从抗拉力看,PVA的数值最大,而PET在密度、附着力上与PVA接近于相等,抗拉力与PP接近于相等。

各种纤维的抗力,理论上决定于一根纤维的附着力和抗拉力。根据表中的数值,理想的纤维中心部分存在破坏面的场合,PP达到抗拉力极限值时被切断而破坏,PVA及PET则是附着力达到极限值时被拔出而破坏。

考虑纤维混入率,换算为1m的抗拉力,PP因抗拉力小,纤维长度的附着力大,是三类纤维最大的。

配比设计时,参考纤维混凝土衬砌的标准及一般隧道等,设定的配比条件如下。

- 含气量:4.5% ±1.5%;
- 单位水泥用量 C:270kg/m^3以上;
- 单位用水量 W:175kg/m^3以下;
- 水胶比:55%以下;
- 纤维混入时的坍落度:15cm ±2.5cm。

采用的标准配比、低发热配比和高流动性配比列于表4-5-6。

标 准 配 比　　表4-5-6

基本配比	G_{max}(mm)	W/C_w(%)	W/P_w(%)	含气量(%)	s/a(%)	单位用量(kg/m^3)							
						W	C	FA	LS	P	S	G	AD
标准配比	20	51.5	51.5	4.5	52.0	175	340	0	0	340	888	838	P×0.8%
低发热配比	20	59.9	51.5	4.5	52.0	175	292	48	0	340	883	830	P×0.7 %
高流动性配比	20	54.9	35.0	4.5	60.0	175	319	0	181	500	934	634	P×1.0%

注:G_{max}-粗骨料最大直径;W/C_w-水灰比;W/P_w-水胶比;s/a-细骨料率;W-水;C-水泥;FA、LS-外加剂;P-粉煤灰、硅灰;S-砂;G-粗骨料;AD-混合剂。

三种配比的含气量均为4.5%,单位用水量均为175kg/m^3,其他有所差异。

2)试验方法

非钢纤维混凝土的制造方法及试验步骤示于图4-5-8。

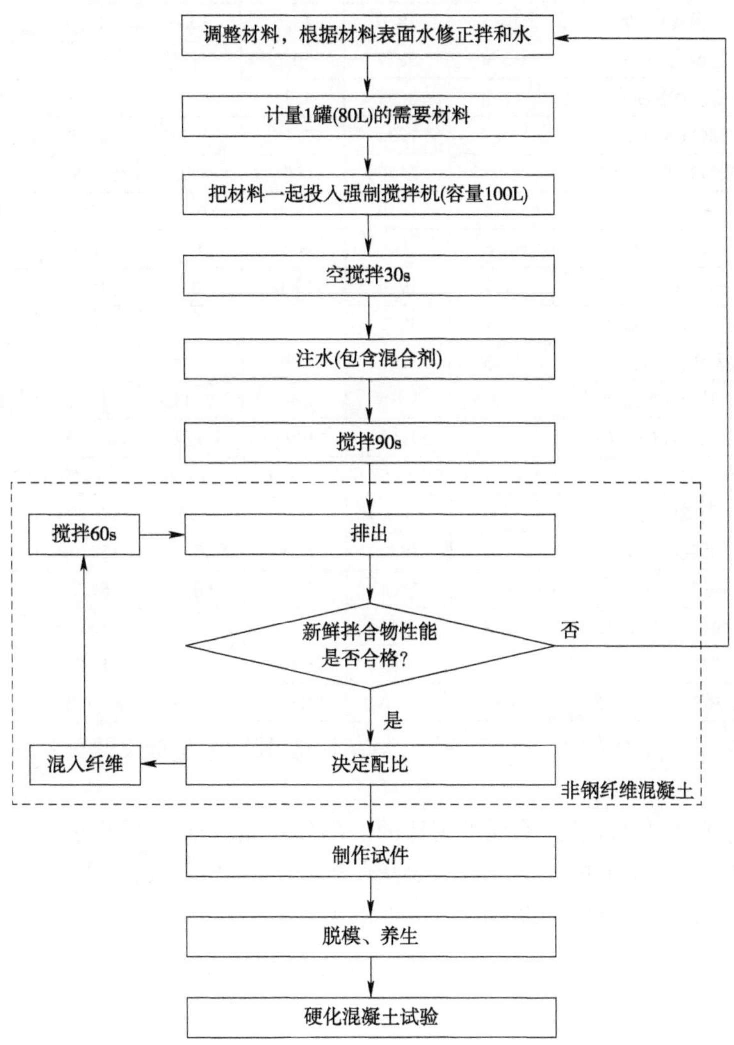

图4-5-8 非钢纤维混凝土的制造方法及试验步骤

3)试验结果

(1)新鲜混凝土的性状

包括基本配比的试验结果列于表4-5-7。

可以确认标准配比及低发热配比,其含气量和非钢纤维混入时的坍落度均在容许范围之内。

高流动性配比,作为高流动性混凝土,其坍落度流动值满足50cm以上的要求。

(2)硬化后性状

抗压强度和弯曲强度的关系示于图4-5-9。

试验结果一览表 表 4-5-7

配比	物 性 值	基本	PP0.2%	PP0.3%	PVA0.2%	PVA0.3%	PET0.2%	PET0.3%
NEXCO 标准	坍落度(cm)	19.0	13.0	12.5	16.0	16.0	17.5	17.5
	含气量(%)	3.2	3.2	3.8	3.0	3.2	4.2	3.7
	拌和温度(℃)	16.5	18.0	18.5	19.0	17.5	19.5	19.0
	抗压强度(N/mm²)	43.9	52.9	50.5	49.1	17.8	47.9	50.0
	弯曲强度(N/mm²)	4.97	3.99	4.21	5.38	3.87	5.62	3.62
	弯曲韧性(N/mm²)		1.33	2.18	1.13	1.79	1.00	1.31
	纤维根数拉伸(有效)		27(46)	41(81)	44(90)	51(98)	43(78)	45(87)
低发热	坍落度(cm)	20.5	17.0	17.0	14.5	15.5	16.0	17.5
	含气量(%)	3.1	3.4	3.5	3.3	3.5	3.3	3.9
	拌和温度(℃)	17.5	19.0	19.0	18.5	19.0	17.0	17.0
	抗压强度(N/mm²)	36.1	42.3	39.9	41.7	40.3	39.8	42.2
	弯曲强度(N/mm²)	4.45	3.98	3.59	3.44	3.67	3.63	3.54
	弯曲韧性(N/mm²)		1.15	1.88	1.17	1.82	1.11	1.34
	纤维根数拉伸(有效)		30(55)	54(92)	43(81)	63(122)	27(55)	43(85)
高流动	坍落度(cm)	60.0×60.0	57.0×55.0	57.0×57.0	60.0×56.0	52.0×50.0	62.0×60.0	57.0×55.0
	含气量(%)	3.1	3.6	4.2	3.5	3.0	3.9	4.6
	拌和温度(℃)	18.0	19.0	19.0	18.5	18.0	16.5	16.5
	抗压强度(N/mm²)	58.4	61.8	62.4	60.2	61.7	60.6	60.6
	弯曲强度(N/mm²)	5.89	4.47	4.86	4.66	4.67	4.64	4.42
	弯曲韧性(N/mm²)		1.39	1.67	1.17	1.87	1.25	1.75
	纤维根数拉伸(有效)	—	40(70)	48(95)	38(73)	70(133)	27(60)	49(96)

抗压强度因基本配比的不同而有差异,大体上说,其顺序是低发热配比 < 标准配比 < 高流动性配比。

纤维混入前后的弯曲强度,除标准配比的一部分外,混入纤维后变小。

在低发热配比中,水泥的一部分被粉煤灰所置换,水灰比不大,抗压强度降低了。

不同的纤维种类,其弯曲强度和弯曲韧性的关系示于图 4-5-10。

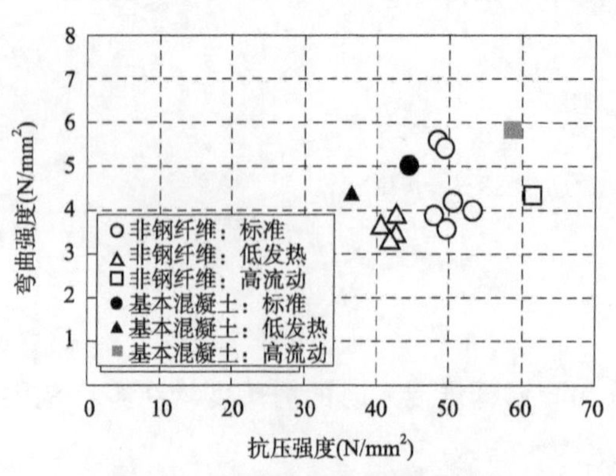

图 4-5-9 抗压强度和弯曲强度的关系

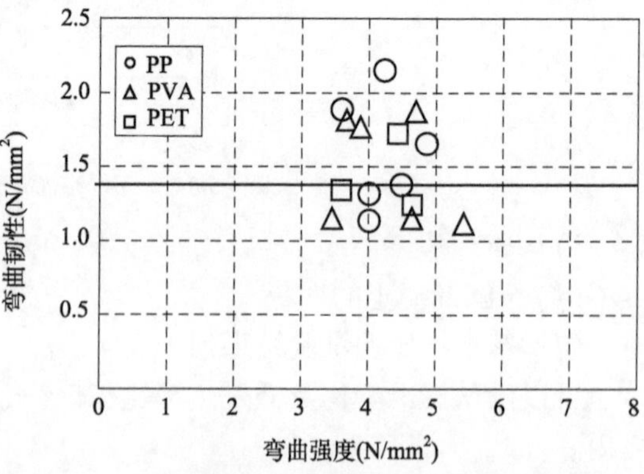

图 4-5-10 弯曲强度和弯曲韧性的关系(不同纤维种类)

据此,可以认为两者没有相关关系。弯曲强度最大的高流动性配比的场合,弯曲韧性不是最大的,弯曲韧性还受到其他因素的影响。

混入PP、PVA的场合,如纤维混入率为0.3%,弯曲韧性满足标准配比基准(1.40N/mm²),但混入PET的场合就没有满足此基准,因此,PET对提高弯曲韧性是不利的。

不同的纤维混入率其弯曲强度和弯曲韧性的关系示于图4-5-11。

据此,可以看出,弯曲韧性受到纤维混入率的影响很大。纤维混入率在0.2%的场合,要满足弯曲韧性1.40N/mm²的要求是很难的,因此,混入率至少应在0.3%以上。

其次,从试件裂缝面分割的断面露出的纤维,统计出影响弯曲韧性的配置方向的纤维根数作为有效根数。可以看出,PVA、PET因纤维的附着力不足,破坏的可能性大。有效根数和弯曲韧性的关系示于图4-5-12。

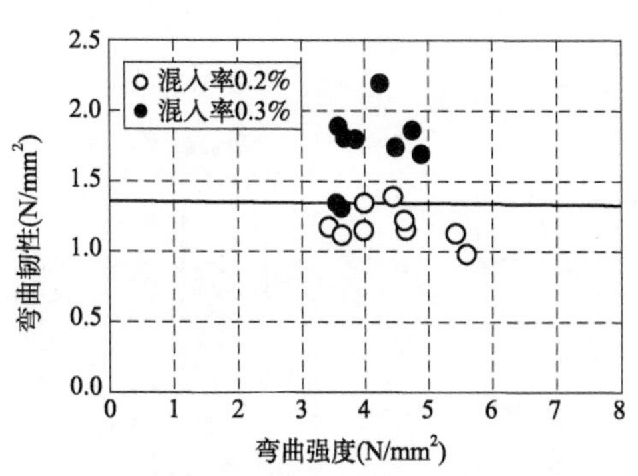

图4-5-11 弯曲强度和弯曲韧性的关系(不同纤维混入率)

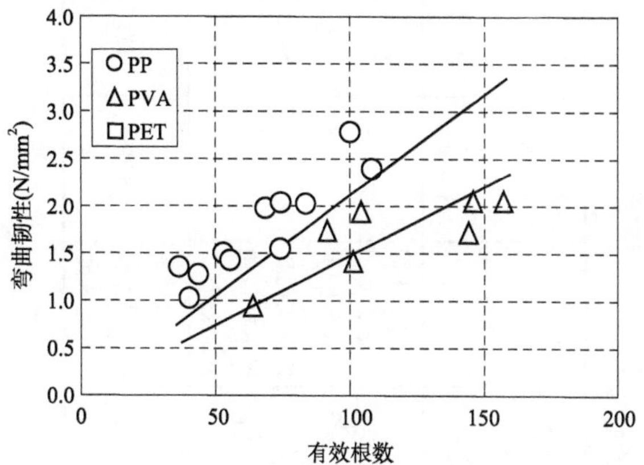

图4-5-12 有效根数和弯曲韧性的关系

据此,可以看出,与纤维种类无关,随纤维根数的增加,弯曲韧性也随之增加。因此,为提高弯曲韧性,增加纤维混入率是最有效的。在同一混入率的场合,PP效果是最可期待的。

3. 纤维混凝土衬砌的施工管理要领

1)纤维混凝土材料的品质管理基准

纤维混凝土使用的非钢纤维材料应满足"隧道衬砌用非钢纤维品质规格"的要求,也应满足"隧道衬砌用非钢纤维均匀性确认试验"及"衬砌纤维混凝土模拟浇注试验"的要求。

纤维混凝土使用的材料的品质管理基准列于表4-5-8。

纤维混凝土的纤维品质管理基准 表4-5-8

项目 \ 种类		试验项目	试验方法	试验频率	规定值
					非钢纤维
纤维材料	基准试验	外观检查	目视	1. 施工开始前1次; 2. 每制造厂家或材料变更时1次	无劣化产生的颜色变化、形状不均一及纤维间黏着
		形状尺寸检查	制造厂家的规格证明书		满足"隧道衬砌用非钢纤维品质规格"、"隧道衬砌用非钢纤维挤压性确认试验"及"衬砌纤维混凝土模拟浇注试验"的要求
		品质管理			

2)配比

决定衬砌纤维混凝土配比的基准列于表4-5-9。

决定衬砌纤维混凝土配比的基准　　表 4-5-9

种类	材龄 28d 的抗压强度（N/mm^2）	粗骨料的最大尺寸（mm）	坍落度及流动值（cm）	含气量（%）	加振变形试验值（cm）	U 形充填高度（mm）	纤维混入率（%）	水泥种类	最低单位水泥用量（kg/m^3）	单位用水量（kg/m^3）	材龄 28d 的弯曲韧性	最大氯化物含有量（g/m^3）
T3-4(FA) T3-4(LS)	24	20 25	21 ±2.5 【21.5】 35 ~50 【40 ~50】	4.5 ±1.5 【4.5】	加振 10s 后的流动值扩展 10 ±3	280 以上	0.3 以上	普通硅酸盐水泥、高炉水泥 B 类(采用煤灰配比时不可使用高炉水泥)	270	FA:180 以下; LS:175 以下	不得在图 4-5-13 的设计基准线以下,而且弯曲韧性系数的平均值不得小于 1.40N/mm^2	300
T3-4(Ad)								普通硅酸盐水泥、高炉水泥 B 类	320	175 以下		300

注:1. 坍落度的容许差为 ±2.5cm,含气量的容许差为 ±1.5%。

2.【】内是基本混凝土标准值。

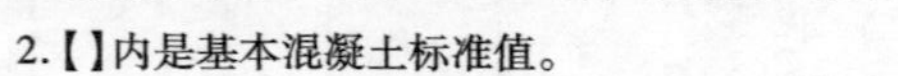
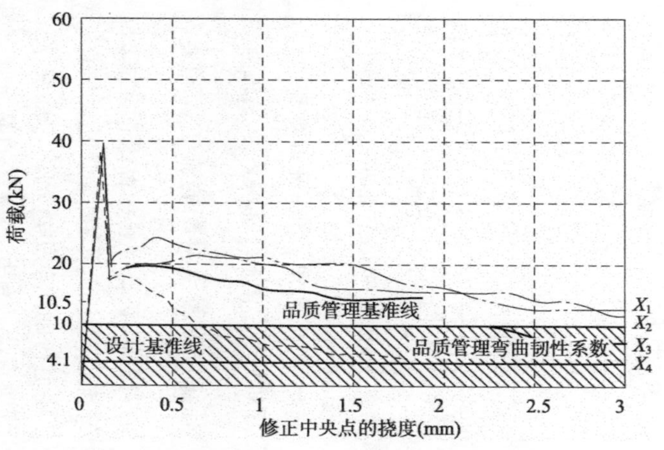

图 4-5-13　纤维混凝土三等分点弯曲韧性试验的性能

配比时应注意的事项：

(1)一般，纤维混入量因为按体积管理困难，故要换算为质量进行管理。

【维尼纶混入实例】

$1m^3$ 的混凝土中混入0.3%，约合3.90kg/m^3，相对密度为1.30的纤维。

【聚丙烯混入实例】

$1m^3$ 的混凝土中混入0.3%，约合2.73kg/m^3，相对密度为0.91的纤维。

(2)加入纤维的基本混凝土的配比要确保加入纤维后的施工性及强度。因为基本混凝土的配比基准的坍落度、流动值、含气量是标准值，要满足混入纤维后的配比基准的坍落度、流动值、含气量，就要进行试验拌和决定配比。由于混入纤维单位水量增加，为确保和易性需添加高性能AE减水剂，单位水量控制在175kg/m^3以下(T3-4，FA的场合为180kg/m^3以下)。

配比计算的细骨料率的大概值应基于施工实际算出。单位水泥用量、纤维长度及混入率作为系数可参考下式：

$$s/a = 54.9 + 9.3P + 0.061L - 0.03C$$

式中：s/a——细骨料率(%)；

P——纤维混入率(%)；

L——纤维长度；

C——单位体积水泥用量(kg/m^3)。

(3)配比设计修正的细骨料率设定的大致标准，可参考表4-5-10决定。

修正细骨料率时的大致标准 表4-5-10

修 正 原 因	细骨料率修正
纤维混入率每增加(减少)0.1%	1%增大(减小)
纤维长度每增加(减少)10mm	0.5%增大(减小)
单位水泥用量每增加(减少)10kg/m^3	0.5%增大(减小)

3)纤维混入的确定方法

衬砌纤维混凝土的弯曲韧性性能因纤维长度、形状及混入率而异，应根据试验拌和确定满足规定弯曲韧性性能的纤维长度、形状及纤维混入率。纤维混入率可选定能够满足表4-5-11式A和式B之中的大者，按相当于一根的容积规模假定最低混入率，此混入率的弯曲韧性试验的挠度曲线应符合图4-5-13。施工中变更纤维长度、形状及混入率的场合，应另外进行试验拌和。

相当于一根纤维容积规模的最低混入率计算式 表4-5-11

纤 维 种 类	计 算 式 A	计 算 式 B
非钢纤维	$V_{sf} \geqslant 592.4\dfrac{A_{sf}}{L_{sf}^2} + 0.02$	$V_{sf} = 9.26 \cdot A_{sf} \cdot L_{sf} + 0.02$

注：根据相当于一根纤维容积规模算出的混入率的大者作为最低混入率。

4)纤维混凝土基准试验的项目及频率

衬砌纤维混凝土试验拌和的基准试验项目及频率列于表4-5-12。

衬砌纤维混凝土的基准试验 表 4-5-12

试验项目	试验方法	试验频率（室内试验）	试验频率（实机试验）	规定值
坍落度试验 流动值试验 含气量试验	以 JIS 为准	基本混凝土 纤维混凝土	基本混凝土 纤维混凝土	(21 ±2.5) cm (35 ~50) cm (4.5 ±1.5) cm
坍落度试验 流动值试验 含气量试验 (历时变化试验)	以 JIS 为准		纤维混凝土(混入完成后的 0min、30min、60min)	掌握确保混凝土和易性的时间
加振变形试验	以 NEXCO 为准	基本混凝土 纤维混凝土	基本混凝土 纤维混凝土	加振 10s 后的流动值扩展 (10 ±3.0) cm
加振变形试验(历时变化试验)	以 NEXCO 为准		纤维混凝土(混入完成后的 0min、30min、60min)	掌握确保混凝土和易性的时间
U 形充填性试验	以 NEXCO 为准	基本混凝土 纤维混凝土	基本混凝土 纤维混凝土	280mm 以上
U 形充填性试验(历时变化试验)	以 NEXCO 为准		纤维混凝土(混入完成后的 0min、30min、60min)	掌握确保混凝土和易性的时间
抗压强度试验	以 JSCE 为准	基本混凝土 纤维混凝土	基本混凝土 纤维混凝土	24N/mm² 以上
弯曲韧性试验	以 JSCE 为准	纤维混凝土	纤维混凝土	不得低于图 4-5-13 设计基准线以下，而且弯曲韧性系数的平均值不得低于 1.4N/mm² 以下
纤维混入率试验	以 JSCE 为准		1 台，3 次(排出时、中间、最后)	根据试验拌和的弯曲韧性试验决定的混入率的 100% ±20%，而且三次的平均值在决定的混入率的 95% 以上
确认低材龄抗压强度试验	以 JIS 为准		(1) 使用材料、当地条件、温度变化不同时再实施； (2) 试验时间按 16h、20h、24h 实施	按浇注混凝土强度达到能充分承受混凝土自重时脱模

5) 标准配比的确定方法

确定衬砌纤维混凝土标准配比的试验拌和，应实施如图 4-5-14 所示的弯曲韧性试验及纤维混入率试验，确定纤维混入率。

6) 日常管理试验的项目及频率

衬砌纤维混凝土的日常管理试验，应实施表 4-5-13 的各项试验。

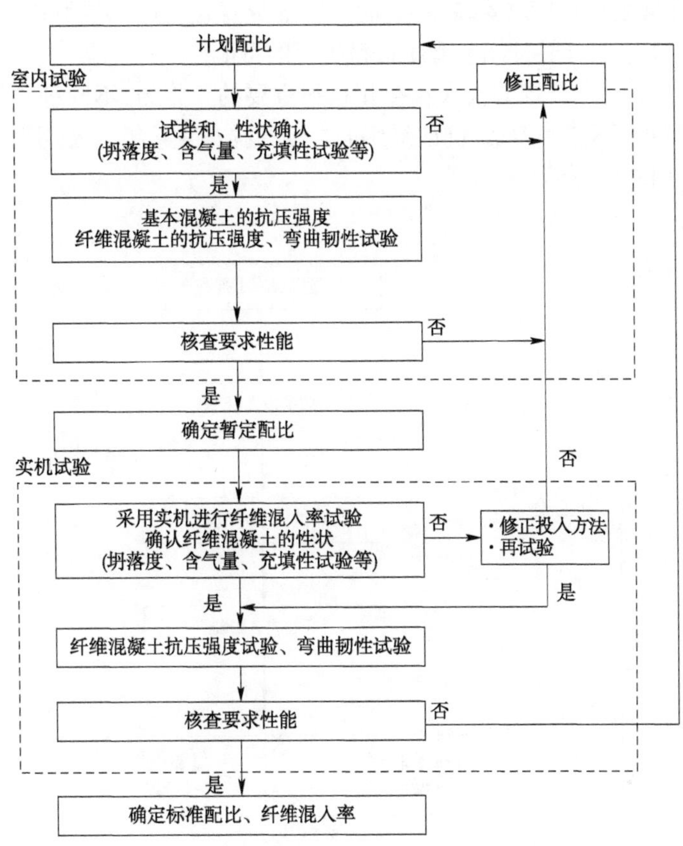

图 4-5-14 确定衬砌纤维混凝土标准配比的流程

衬砌纤维混凝土的日常管理试验 表 4-5-13

试验项目	试验方法	试验频率	规定值
坍落度试验 流动值试验	以 JIS 为准	最初的连续 5 次浇注和以后的每 50m 浇注制作强度试验试件	以表 4-5-9 为准
含气量试验	以 JIS 为准	最初的 1 台和以后的每 50m 制作强度试验试件	
抗压强度试验	以 JSCE 为准	依据混凝土施工管理要点	除混凝土施工管理要点外,28d 强度按表 4-5-9 确定
弯曲韧性试验	以 JSCE 为准	最初 5 跨,1 跨 1 次,以后每 3 跨 1 次制作强度试验试件	以表 4-5-9 为准
纤维混入率试验	以 JSCE 为准	1 跨 3 次制作强度试验试件	根据试验拌和的弯曲韧性试验决定的混入率的 100% ±20%,而且三次的平均值在决定的混入率的 95% 以上

7)施工

(1)衬砌纤维混凝土施工时,应按要求的强度、弯曲韧性、耐久性、水密性进行施工,同时具有适合作业的和易性,确保满足均匀品质等要求。

(2)打包的纤维避免直接放置在地上,应用托盘放置在仓库内或洞内适当的地点储藏。非钢纤维保管时,要注意直射日光会造成材料劣化的可能性。

(3)衬砌纤维混凝土,纤维的投入及拌和是很重要的。因为,不同种类纤维对于投入和拌和的规定是不同的,不能一刀切,例如采用向自动搅拌车直接投入及用振动投入机直接投入的制造方法示于图4-5-15。

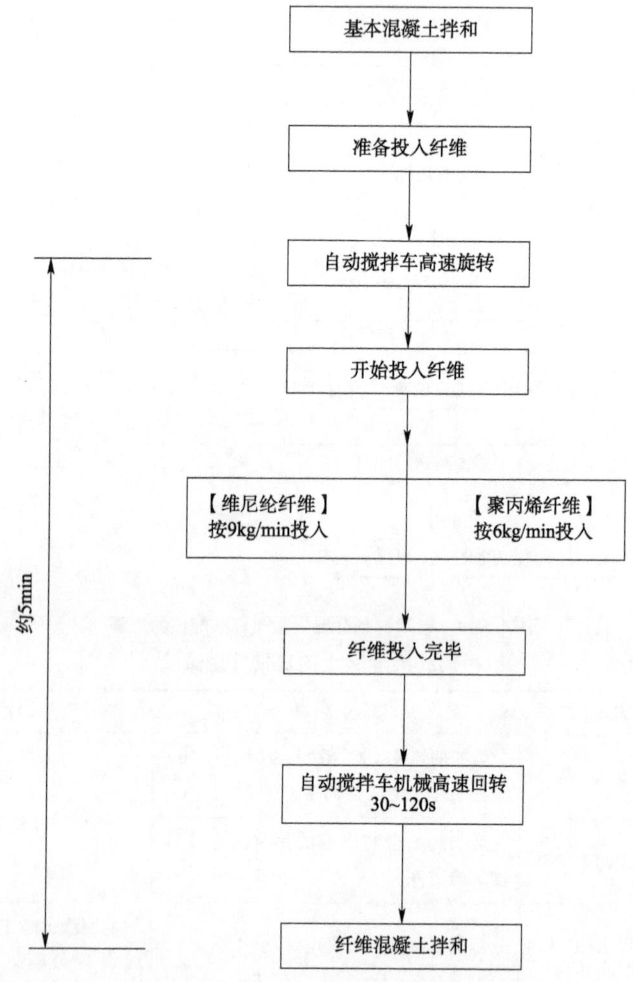

图4-5-15　纤维混入率0.3%投入实例

在实机试验中,反映在决定拌和时间的日常管理中。纤维投入时,也要采取不受雨水等影响的对策。

(4)混入纤维后的新鲜混凝土,因为品质变化比通常的混凝土大,纤维混入后30min以内必须浇注完,可按表4-5-12的历时变化试验确认浇注时间。实际施工中应确认坍落度、含气量,如与标准配比不同,应及时修正现场配比。

(5)采用高性能AE减水剂的场合,如使用方法不合适,不仅不能获得要求的效果,还会产生材料离析使混凝土品质显著降低,因此要充分掌握高性能AE减水剂的特性及其效果。

运送时的坍落度显著降低的场合,也可在现场添加流动剂,使用时要事先经机械试验确认。

(6)隧道衬砌与桥梁等的浇注不同,是采用向上浇注的方式,肩部以上捣固是比较困难的。使用捣固器在衬砌背后形成空隙的场合,是产生有害的弯曲作用的原因。为此,采用模板捣固器进行不产生空隙的捣固是非常重要的。但纤维混凝土与同样坍落度的混凝土相比,对变形和流动性的抵抗性低,易于引起材料离析,过度地捣固会损伤纤维的均匀分散,也会使纤维集中在混凝土表面等。

8)非钢纤维品质规格

非钢纤维的种类及记号列于表4-5-14。

种类及记号　　表4-5-14

按素材的种类		按断面的种类			按表面形状加工的种类	
		1种	2种	3种	A	B
GR	玻璃	矩形	圆形	矩形、圆形以外的形状	有	无
C	碳					
BR	硼					
PE	聚乙烯					
PET	苯二甲酸聚乙烯					
PET(R)	再生苯二甲酸聚乙烯					
PP	聚丙烯高分子化合物					
PVA	维尼纶					
AR	芳香族聚酰胺					
AK	丙烯					
PA	聚酰胺					
PS	丙烯腈系					
SR	纤维素					
OT	其他					

(1)尺寸

纤维的尺寸,视纤维断面的种类,应确认表4-5-15带○的项目。

应确认的尺寸项目　　表4-5-15

纤维种类	公称长度(mm)	厚度、宽度(mm)	直径(mm)	换算直径(mm)	公称断面面积(mm^2)
1种	○	○			○
2种	○		○		○
3种	○			○	○

(2)质量

纤维的质量(mg)按相当于100根的计算质量,计算如下。

$$W = 100 \times A \times l_f \times \rho$$

$$N = \frac{W_i - W}{W} \times 100$$

式中：A——公称断面面积；

l_f——公称长度；

ρ——纤维密度（mg/mm^2）；

W_i——100 根的质量；

W——相当于 100 根的计算质量。

(3) 长度的容许差

长度的容许差按表 4-5-16 取值。

纤维长度的容许差 表 4-5-16

公称长度	容许差（mm）	公称长度（mm）	容许差（mm）
不满 30mm	±1	30 以上	±2

(4) 质量的容许差

质量的容许差按表 4-5-17 取值。

质 量 的 容 许 差 表 4-5-17

种类	容许差 N（%）
1、2、3 种	±15

(5) 抗拉强度

纤维的抗拉强度应在 $450N/mm^2$ 以上。

(6) 外观

品质不应有离散和劣化产生的色调变化以及表面、端部形状上的不均一及纤维间黏着。

(7) 对碱的耐久性

为保证纤维对碱的耐久性，应采用制作时的长纤维，在 20℃、pH12.5 的碱溶液中浸渍 7d 后，取出纤维，而后测定浸渍后的抗拉强度，其应为浸渍前的 95% 以上。

(8) 耐热性

①高温时的品质降低

纤维对热的耐久性应与对碱的耐久性相同，在拉紧状态下放置在 120℃ 高温炉中进行热处理，试验热处理后的抗拉强度，降低率应在 10% 以下。

②产生有害气体

暴露在火灾等高温的场合，应确认混入混凝土的纤维不会产生对人体有害的气体，或即使发生也不会达到对人体产生影响的程度。

9) 隧道衬砌用非钢纤维均一性确认试验

均一性试验的变动幅度的容许值应在 20% 以内，即对三处平均值的比率在 80% ~ 120% 范围之内。

10) 衬砌纤维混凝土模拟浇注试验

模拟浇注试验是用实机确认纤维的流动性，以及使用硬化后的试件进行弯曲韧性试验，判断可否使用纤维。

此试验中的研究项目和研究方法列于表4-5-18。

研究项目及研究方法例　　表4-5-18

研究项目	研究方法	试验内容
混凝土性状及流动性	根据模拟浇注试验确认非钢纤维混凝土的性状、流动性	·决定配比:混凝土应采用满足表4-5-9要求的混凝土,固定坍落度、流动值、含气量、加振变形试验及U形充填性试验,采用公司推荐的配比 ·纤维的种类:新规提议的纤维 ·纤维混入率及纤维长度:基于表4-5-11计算的最小纤维长度 ·用实机投入非钢纤维进行拌和,用泵浇注 ·试验项目:坍落度、流动值、含气量、加振变形试验、U形充填性试验、采取衬砌压缩试件、弯曲韧性试件、观察流动性状况
弯曲韧性	根据非钢纤维的实际浇注确认韧性特性	·用模拟浇注制作结构体,采取衬砌试件进行试验,结果与管理试件进行比较

一般来说,在易于发生较大变形的围岩,如膨胀性围岩、挤压性围岩以及土砂围岩等软弱围岩,需要二次衬砌发挥力学功能的场合,采用纤维混凝土衬砌是合适的选择。过去我们曾在这方面进行过试验研究,但没有坚持下来。这里介绍的资料,说明纤维混凝土衬砌需要研究解决的问题很多,如纤维类型的选定、纤维混入率的决定以及确保纤维混凝土衬砌品质的施工工艺等。若有可能,应在一定的条件下,选定1~2座隧道进行试验施工,推进纤维混凝土衬砌的应用。

六、中流动性混凝土的应用

从目前的施工现状看,衬砌出现的问题较多,如充填不密实、背后存在空洞,局部厚度偏薄、存在潜在的初期裂缝等,但大家似乎习以为常,视其为不可避免的"通病"。究竟问题在哪里?我们应该从已修建的铁路隧道中寻求答案。日本在《公路隧道设计要领(第三集　隧道篇)》(2014年)中明确规定了衬砌采用中流动性混凝土,为此还单独编写了《中流动性混凝土衬砌设计管理要领》,予以推广。下面介绍日本采用**中流动性衬砌混凝土**的基本观点和成果,供研究参考。

1. 概述

山岭隧道衬砌采用混凝土衬砌的场合,由于施工条件的特殊性,例如浇注空间狭窄、浇注部位变化多(拱顶、边墙、仰拱)、浇注(充填)压力受限等,给混凝土浇注与捣固作业带来极大困难,易于出现拱部充填不足、局部厚度偏薄、衬砌背后留有空洞等弊端。为了解决这个问题,我们采取了许多对策,但多不理想。原因是没有从根本上解决问题。根本上解决问题的方法应从改善衬砌混凝土的性能方面下功夫。这也是日本研究和开发中流动性衬砌混凝土的主因。

过去长时期内,我们采用坍落度为15~18cm的混凝土,同时规范规定"为防止拱部混凝土浇注出现空穴,拱部宜配制流态混凝土浇注"[引自《铁路隧道工程施工技术指南》(TZ 204—2008)],但没有给出流态混凝土的规格。日本过去也是如此,考虑衬砌混凝土的经济性和施工性,采用坍落度15~18cm的混凝土,但拱部则采用坍落度流动值为65cm的高流动性的混凝土。在2014年的《公路隧道设计要领(第三集　隧道篇)》中明确规定了隧道衬砌混凝土的种类,如表4-6-1所示。

衬砌用混凝土的种类　　表4-6-1

混凝土种类	使用划分	材龄28d的抗压强度(N/mm^2)	水泥种类
T1-4	适用于拱部及边墙,属于中流动性混凝土规格	24	普通硅酸盐水泥、高炉水泥B类(采用煤灰时不可采用高炉水泥)
T3-4	适用于边墙,在中流动性混凝土中加入纤维	24	
C2-1	适用于仰拱	18	普通硅酸盐水泥、高炉水泥B类

表4-6-1中所指的中流动性衬砌混凝土是指在普通混凝土(坍落度15~18cm)和高流动性衬砌混凝土(坍落度流动值65cm)之间的坍落度流动值为35~50cm的混凝土。

同时规定,在洞口段和埋深小的区间,与其他结构物近接的场合等,衬砌可采用钢筋混凝土。考虑长期耐久性,衬砌也可以采用纤维混凝土。为防止剥落、剥离,作为对策,原则上纤维混凝土应采用非钢纤维。

此表说明,衬砌部位的不同,对混凝土也有不同的要求,材龄28d的抗压强度也不同。基本上推荐在拱部和边墙采用中流动性衬砌混凝土。

我们也应该通过自身的实践,找到处理衬砌混凝土的原则和方法。

2. 中流动性衬砌混凝土

一般来说,隧道衬砌施工性优异的混凝土,是具有自充填性的高流动性混凝土,但确保高流动性,就要确保材料抗离析性,其粉体量要增加,与通常的衬砌混凝土比,制造成本高,而且作用在模板上的液压也高,过去的模板需要补强。

因此,日本开发了处于过去的衬砌混凝土和高流动性混凝土之间,具有中间性状的中流动性衬砌混凝土。其特征如下:

- 向上浇注衬砌混凝土时,只用模板捣固器的振动;
- 不用特殊的材料(目前,室内试验确认的混合材料是石粉和煤灰);
- 一般的混凝土工厂的设备均可制造;
- 运送、泵送均可用通常的施工机械进行,模板没有变异补强;
- 以混凝土强度18N/mm^{2}为对象;
- 与普通混凝土具有同等以上的抗裂性。

1)决定配比的基准

决定中流动性衬砌混凝土配比的基准示于表4-6-2。

决定中流动性混凝土配比的基准 表4-6-2

<table>
<tr><th>种类</th><th>材龄 28d 的抗压强度(N/mm^2)</th><th>粗骨料的最大尺寸(cm)</th><th>坍落度及流动值(cm)</th><th>加振变形试验(cm)</th><th>U 形充填高度(无障碍)(mm)</th><th>含气量(%)</th></tr>
<tr><td>T1-1(FA)
T1-1(LS)</td><td rowspan="2">18</td><td rowspan="2">20
25</td><td rowspan="2">21 ±2.5
35 ~50</td><td rowspan="2">加振 10s 后的流动值扩展 10 ±3</td><td rowspan="2">280 以上</td><td rowspan="2">4.5 ±1.5</td></tr>
<tr><td>T3-1(LS)
T3-1(FA)</td></tr>
<tr><th>种类</th><th>水泥种类</th><th>最低单位体积水泥用量(kg/m^3)</th><th>单位体积用水量(kg/m^3)</th><th>最大氯化物含有量(g/m^3)</th><th>纤维混入率(%)</th><th>材龄 28d 的弯曲韧性</th></tr>
<tr><td>T1-1(FA)
T1-1(LS)</td><td rowspan="2">普通硅酸盐水泥、高炉水泥 B 类(采用煤灰配比时不可使用高炉水泥)</td><td rowspan="2">270</td><td rowspan="2">FA:180 以下;
LS:175 以下</td><td rowspan="2">300</td><td>—</td><td>—</td></tr>
<tr><td>T3-1(LS)
T3-1(FA)</td><td>0.3 以上</td><td>弯曲韧性系数的平均值不得低于1.4N/mm^2</td></tr>
</table>

中流动性衬砌混凝土有采用石粉和粉煤灰作为混合材的(以后称为粉体系 LS)和以高性能减水剂作为混合材的(以后称为增黏剂系 FA)。

评价中流动性衬砌混凝土新鲜状态时的试验项目规定为**坍落度流动值试验、加振变形试验及 U 形充填高度试验。**

坍落度流动值试验是评价混凝土自体流动性的试验。通过该试验可确定坍落停止后加上辅助的振动作用所能流动的范围。坍落度的范围设定在(21 ±2.5)cm,与其对应的流动值范围设定为 35 ~50cm。

在实际的施工中,浇注、捣固作业是用捣固器进行振动的。为防止充填不良,一方面用少许振动求其能够充填的性能,另一方面也可测得伴随振动作用的秘浆水浮出而不产生材料离析的性能。

因此,在选定配比阶段,要进行加振变形试验。

加振变形试验在如图 4-6-1 所示的装置中进行。进行坍落度流动值试验后,用设置在底板下面的管式捣固器对硬化后的中流动性衬砌混凝土,以最佳的振动能(3.7J/L)加振 10s,测定加振后的坍落度流动值。

加振变形试验的坍落度流动值的变形量基准设定为(10 ±3)cm。

为防止衬砌施工中发生充填不良,最好混凝土自体具有高的充填性,因此,在中流动性衬砌混凝土中要进行**U形充填高度试验**。作为基准,充填高度设定为280mm以上。试验装置的概要示于图4-6-2。

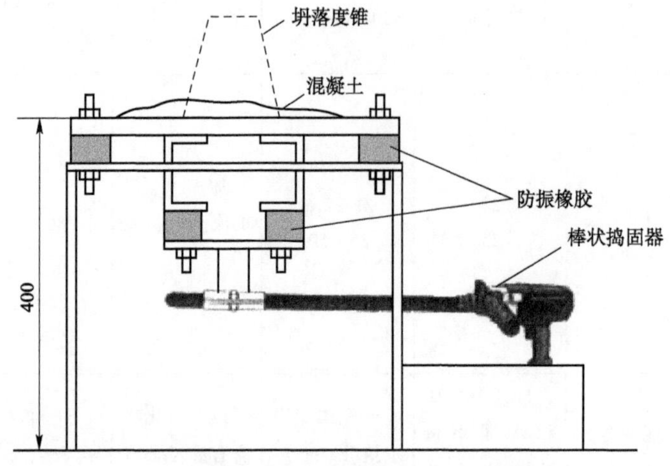

图4-6-1　加振变形试验装置概略图(尺寸单位:mm)

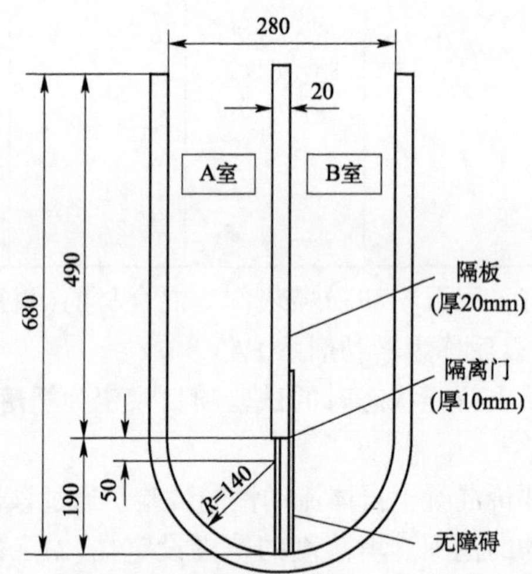

图4-6-2　U形充填性高度试验装置概略图(尺寸单位:mm)

2)中流动性衬砌混凝土的设计基准强度

根据试验,为确保具有适度的流动性和材料离析的抵抗性,要比过去的衬砌混凝土增加单位粉体量。另外,以确保长期的耐久性为目标,单位用水量也要采用过去衬砌混凝土单位用水量的推荐限界值。其结果为中流动性衬砌混凝土的水灰比,比过去的混凝土大幅降低,实用上应能确保28d的抗压强度在30N/mm²以上。

降低水灰比可提高衬砌的品质,提高隧道结构物的耐久性。因此,中流动性衬砌混凝土的设计基准强度,基于事前试验,并考虑施工条件等的离散性,从过去的衬砌混凝土的18N/mm²提高到24N/mm²。

3)施工

(1)一般规定

①中流动性混凝土施工时,应能够确保要求的强度、耐久性、水密性,同时具有适合作业的和易性,制造品质均一的混凝土。特别是,混合材在同一施工日中,材料品质会发生变化,要注意其对混凝土性状的影响。

②在中流动性混凝土中,新鲜混凝土的品质变化对和易性的影响比通常的混凝土大,施工开始后30min以内,要基本上浇注完毕。有关配管、混凝土吐出量、压力等的设定,要在施工计划,特别是机材的配置计划中进行充分研究,并在实机试验中予以确认。

③在边墙~肩部压送混凝土时,考虑模板构造的稳定,为保持平衡,在横向应左右交互进行浇注。但采用中流动性混凝土施工时,除规定向上浇注外,左右的边墙~肩部,基本上用模板纵向设置的吐出口进行浇注,以缩短混凝土流动的距离和振动捣固时间。

④为最大限度地获得中流动性混凝土的性状,辅助其自充填性能,在没有振动流入的混凝土流动停止后,要给予使浇注的混凝土上面呈水平的振动。

⑤浇注位置的变换,从配管的吐出口到既有混凝土面的距离超过1.5m的场合,要利用吸入管,使吐出量靠近浇注面(1.5m以下)浇注混凝土。

(2)模板捣固器的施工

①不采用棒状捣固器而采用模板捣固器施工的场合,模板捣固器沿环向及纵向保持一定间隔,左右环向对称设置。各个设置间隔及设置台数,按作用在模板上的振动能量约3.7J/L进行增减。此外,根据情况选定最佳的捣固器。根据双车道公路隧道采用10.5m模板的试验施工的实绩,设置间隔在3m以下(深度纵向4台,环向8处:左右4台随浇注移设),振动数为50~120Hz。

②振动能量按式(4-6-1)计算。根据既往的试验结果,中流动性混凝土的最佳振动能量是3.0~4.0J/L。

$$E = \frac{m\alpha_{max}^2 t}{(2\pi)^2 f} \tag{4-6-1}$$

式中:E——振动能量(J/L);

f——振动数(Hz);

t——振动时间(s);

m——试件的密度(kg/L);

α_{max}——最大加速度(m/s²),其计算公式为:

$$\alpha_{max} = (2\pi^2 \cdot 2a \cdot f^2)/1000 \tag{4-6-2}$$

式中:a——振幅(mm)。

③模板捣固器台数及间隔设定后,按下例设定振动时间。

- 模板捣固器近旁

模板捣固器近旁的振动数:91.5Hz(实测的场合);

模板捣固器一侧的振幅:0.381mm(实测的场合);

混凝土密度:2.2kg/L;

最佳振动能量:4J/L。

根据式(4-6-2)求出的最大加速度为 $126m/s^2$。

- 模板捣固器中间

模板捣固器近旁的振动数:89Hz(实测的场合);

模板捣固器一侧的振幅:0.045mm(实测的场合);

混凝土密度:2.2kg/L;

最佳振动能量:4J/L。

- 模板捣固器近旁和中间

平均振动时间:15s。

④环向的左右两侧可采用模板捣固器同时进行捣固,但振动过大会产生螺栓、螺帽等的松弛。为此,原则上捣固应左右交互进行。

⑤一般的衬砌混凝土的浇注速度多采用 $18m^3/h$ 左右。但中流动性混凝土在采用模板捣固器施工的场合、浇注速度快的场合和由于过度捣固而使混凝土液化的场合,作用在模板上的侧压会上升,构造的负荷会增大。此外,混凝土会发生离析,生成含气量大的砂浆。因此,缩短振动时间,采用适合中流动性混凝土的时间进行浇注,也就是说,浇注速度比过去的降低一些,来处理负荷增大的问题。因此,只采用模板捣固器施工的场合,浇注速度一般采用 $14 \sim 16m^3/h$。

⑥拱顶部、从向上浇注口一侧施工,有 10m 左右长度的流动距离。肩部和边墙不同振动的对象面积大,与肩部的下方比较,模板的振幅易于降低,为此,在拱顶部,浇注完了前以多台的混凝土车与拱顶附近的模板捣固器配合进行反复、充分的振动捣固。

⑦必要时,事前要确认侧压的容许值,在浇注中监视侧压不容许超过容许值。此时,量测位置应在浇注进行方向的边墙处(第 1 检查窗)测定浇注时的侧压。

⑧中流动性混凝土采用模板捣固器施工时的浇注步骤示于图 4-6-3。

(3)效果

根据确认密实性的透气系数和评价强度的锤击反弹度的确认结果示于图 4-6-4。

中流动性衬砌混凝土,其透气系数和反发度的离散性小,品质集中在高的区域。

3. 现场的试验施工

现场试验中没有采用内部捣固器,而采用模板捣固器。试验施工在双车道公路隧道中进行。衬砌厚度为 30cm 或 35cm,设计基准强度是 18MPa。

试验施工组合列于表 4-6-3,试验用的混凝土配比列于表 4-6-4。试验的中流动性混凝土掺加了粉煤灰(FA)。

试验施工的组合 表 4-6-3

有无钢筋	衬砌厚度(cm)	普通混凝土		中流动性混凝土	
		有纤维	无纤维	有纤维	无纤维
有	35	①-1-1	—	②-1-1	②-2-1
无	30	①-1-2	①-2-2	②-1-2	②-2-2

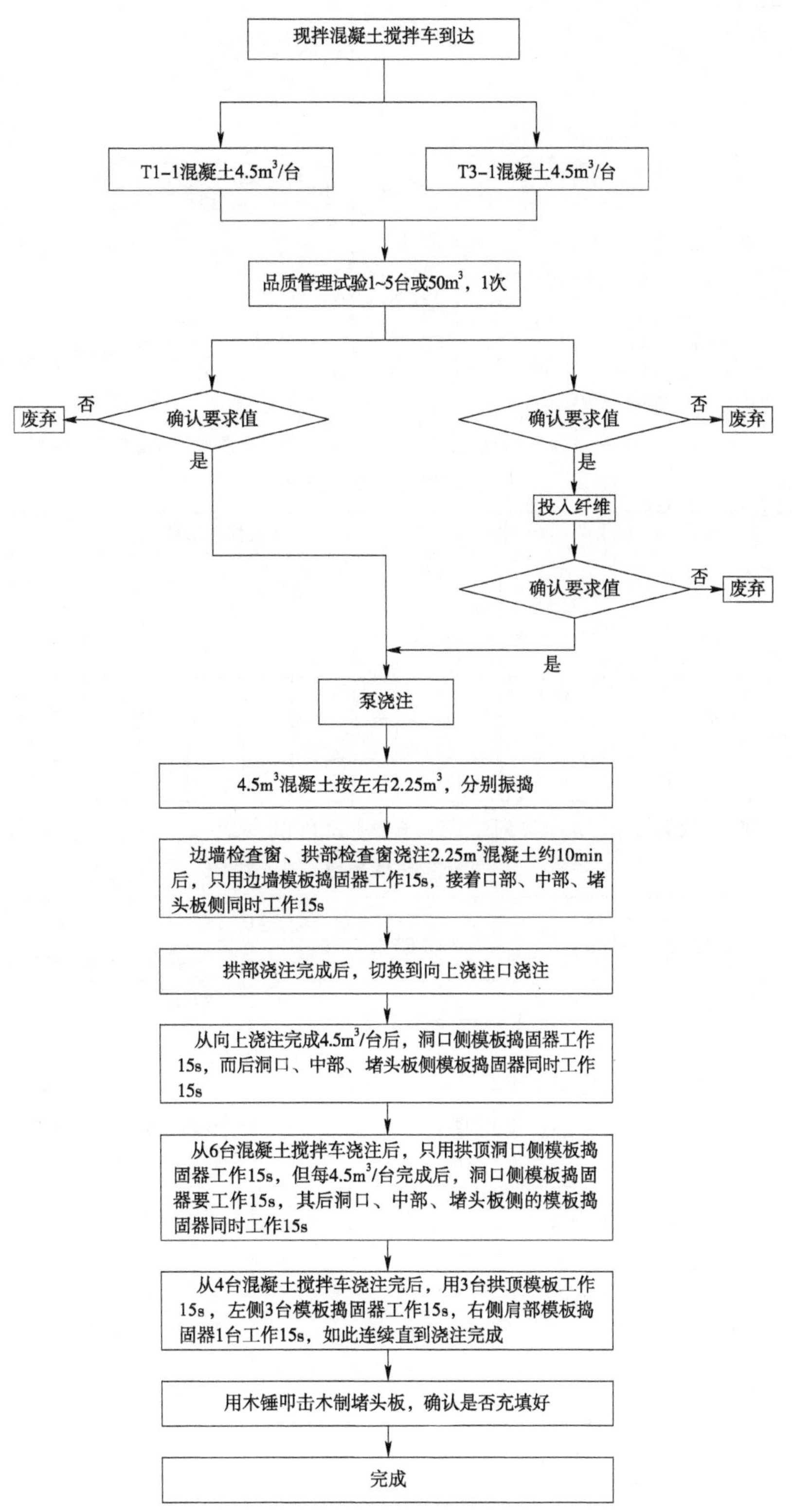
现拌混凝土搅拌车到达
T1-1混凝土4.5m³/台
T3-1混凝土4.5m³/台
品质管理试验1~5台或50m³，1次
废弃
否
确认要求值
是
确认要求值
否
废弃
是
投入纤维
确认要求值
否
废弃
是
泵浇注
4.5m³混凝土按左右2.25m³，分别振捣
边墙检查窗、拱部检查窗浇注2.25m³混凝土约10min后，只用边墙模板捣固器工作15s，接着口部、中部、堵头板侧同时工作15s
拱部浇注完成后，切换到向上浇注口浇注
从向上浇注完成4.5m³/台后，洞口侧模板捣固器工作15s，而后洞口、中部、堵头板侧模板捣固器同时工作15s
从6台混凝土搅拌车浇注后，只用拱顶洞口侧模板捣固器工作15s，但每4.5m³/台完成后，洞口侧模板捣固器要工作15s，其后洞口、中部、堵头板侧的模板捣固器同时工作15s
从4台混凝土搅拌车浇注完后，用3台拱顶模板工作15s，左侧3台模板捣固器工作15s，右侧肩部模板捣固器1台工作15s，如此连续直到浇注完成
用木锤叩击木制堵头板，确认是否充填好
完成

图 4-6-3 浇注顺序实例

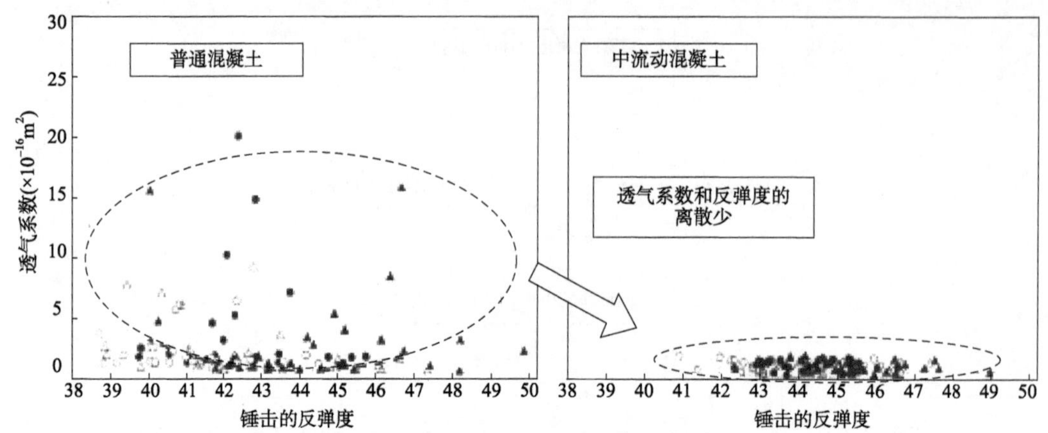

图 4-6-4　普通衬砌混凝土与中流动性衬砌混凝土密实度的比较

试验施工的混凝土配比　　表 4-6-4

组合类型	W/C	W/P	s/a	单位体积用量(kg/m^3)					
				W	混合材料		S	G	纤维 PVA
					C	FA			
①-1	50.3	—	53.1	173	344	—	922	848	3.9
①-2	59.7	—	45.0	163	273	—	820	1032	—
②-1	66.3	51.1	49.4	179	270	80	840	894	3.9
②-2	66.3	51.1	49.4	179	270	80	840	894	—

本试验的验证内容及试验方法列于表 4-6-5。试件的采取以素混凝土为对象。

调查、试验项目　　表 4-6-5

类别	试验项目	试验方法	验证内容
衬砌混凝土浇注	施工状况调查	目视	掌握施工中的配比和应注意事项
	模板的振动测定	振动计(浇注前、浇注后)	确认模板捣固器的振动数、振动时间和影响范围
	作用在模板上的侧压	土压计	掌握侧压大小,反馈到设计上
外观观察	目视	施工的表面	有无裂缝、纤维露出、剥离等
	温度、湿度	设置温度、湿度计	掌握试验环境
密实性试验	透气试验		材龄 28d、91d 的硬化混凝土的品质确认
	水分吸着试验		
试件试验	抗压强度	JIS A 1108	材龄 28d、91d 设计基准强度的确认
	纤维配向性确认试验	根据纤维形状计算	掌握配向系数及其变动系数(配向性)
	混入率试验	粉碎试件、抽出纤维,确认纤维量	掌握混入率的变动状况(分散性)

通过现场试验获得以下结果。

1)作用在模板上的侧压

侧压的最大值主要发生在混凝土浇注从边墙改为向上浇注肩部~拱顶部时的边墙部。

在中流动性混凝土无纤维、无钢筋的区间,稍微超过模板侧压管理的基准值(0.064N/mm^2),但调整浇注速度等浇注方法后可得以解决。

2)外观观察

从组合①-1 及①-2 的外观观察结果看,起因于温度收缩、干燥收缩的裂缝比起因于施工原因的裂缝多,而在中流动性混凝土中,起因于温度收缩、干燥收缩的裂缝比起因于施工原因的裂缝少。这可能是因模板捣固器的配置、振动时间以及现场施工人员的施工尚不熟悉等所致。

3)密实性

为确认浇注 28d、91d 的密实性,在施工后的混凝土表面部进行了透气试验和水分吸着试验。

在透气性试验中,试验的不同部位没有出现明显的差异,材龄 28d、91d 的透气系数平均值列于表 4-6-6。透气性比普通混凝土小,是密实的。透气系数的离散性也小,说明混凝土是均质的。

透气系数平均值(m^{-2}) 表 4-6-6

材　龄	普通混凝土	中流动性混凝土
28d	10.0×10^{-16}	4.59×10^{-16}
91d	14.9×10^{-16}	10.03×10^{-16}

水分吸着试验的结果表明,60min 后的水分吸着量与普通混凝土比,中流动性混凝土小,离散性也小。

4)试件的抗压强度

普通混凝土抗压强度在 30 ~ 31N/mm^2,中流动性混凝土抗压强度在 27 ~ 42N/mm^2,在全部组合中,都充分满足基准强度。中流动性混凝土因掺入粉煤灰,91d 的强度稍有增加。

5)试件的纤维配向性、混入率确认试验

根据试验,从配向系数及混入率看,与普通混凝土比,中流动性混凝土的离散性要小一些。配向系数的总平均值,普通混凝土是 0.51,中流动性混凝土是 0.48,一般来说,都在理想的范围之内。硬化混凝土中的纤维混入率,普通混凝土和中流动性混凝土分别是 0.28% 和 0.29%,而设定的混入率是 0.30%,不大。

4.现场应用

中流动性混凝土的最低水泥用量取 270kg/m^3 以上,必要时混入满足品质要求的粉煤灰。混合材料的标准混入量根据试验和施工实际,采用石粉(LS)或粉煤灰(FA),用量 80kg/m^3。

在现场施工,已经有 3 个工点。2 个是钢筋密集的衬砌,1 个是通常的衬砌,都获得了良好的结果。

久留喜隧道全长 481m,开挖断面面积约 80m^2,二次衬砌厚度为 30 ~ 35cm,采用纤维混凝土。一个浇注环节长 12.5m。

为确定中流动性混凝土的配比,采用《隧道施工管理要领》的基准,如表 4-6-7 所示。作为平均中流动性混凝土性能的指标,除采用坍落度流动性值外,还进行了研究振动条件下的变形性能(材料抗离析性)的加振变形试验和研究自充填性的充填试验。

中流动性混凝土配比的基准 表 4-6-7

材龄 28d 的抗压强度(N/mm^2)	18
粗骨料最大尺寸(mm)	20 或 25
坍落度流动性值(cm)	35 ~ 50
含气量(%)	4.5 ± 1.5
单位体积水泥用量(kg/m^3)	270 以上
单位体积粉体量(kg/m^3)	350
加振变形量(cm)	10 ± 3 *
U 形充填高度(无流动性障碍)(cm)	28 以上

注:* 表示加振变形试验加振 10s 后的坍落度流动性值的范围。

中流动性混凝土的衬砌施工排除了狭隘空间内的捣固作业,而且与作业人员的技术无关,为构筑高品质、低造价的衬砌混凝土,采用"模板管式捣固器捣固"的脚部方法。

为此,首先,在事前配比选定试验拌和中,要根据要求的振动能量(《隧道施工管理要领》的标准是 3.7J/L)满足表 4-6-7 所示的变形性能的配比;其次,在实际施工中,要按照与上述相同的振动能量,在整个模板上配置模板管式捣固器。

本隧道采用的是中流动性混凝土的配比,为进行比较,还部分采用了普通混凝土配比(表 4-6-8)。

中流动性混凝土和普通混凝土的配比 表 4-6-8

混凝土种类	G_{max} (mm)	单位体积用量(kg/m^3)						
		W	*C*	*FA*	*S*	*G*	*FB*	*AD*
中流动性	25	175	270	100	890	842	3.19	4.26
普通		169	340	0	927	879	2.73	2.55

注:FA 为粉煤灰;FB 为聚乙烯纤维;AD 为高性能减水剂。

1)施工工艺

(1)模板管式捣固器和混凝土浇注口的配置位置

模板管式捣固器及混凝土浇注口的配置图示于图 4-6-5。模板捣固器(550W)的设置间隔,根据《隧道施工管理要领》和事前模拟试验的结果确定,在横向为 10 台,纵向为 4 排,共 40 台。施工时要测定模板各部位的振动能量,以研讨模板捣固器的设置位置是否合适。振动时间为 30s 的场合,振动能量在 0.25 ~ 35.1J/L 范围内,部位不同有很大差异。

- 模板捣固器的近旁和中间的振动能量相差几倍。即使与捣固器距离相同的场合,已浇注的混凝土侧及堵头板侧的两端部,比环节中央部的振动能量小。
- 根据目视判断捣固充分的振动能量,大致与《隧道施工管理要领》规定的(3.7J/L)相同。

为此,在施工中,采取了追加和变更一部分模板捣固器位置的措施。

混凝土浇注口,在纵向设一个。混凝土流动距离到侧壁部最大 7m 左右,到拱顶 12m 左右。但施工时,没有发生砂浆与粗骨料的材料分离和钢筋影响混凝土流动性的状况。

(2)浇注速度管理及浇注管理

中流动性混凝土与普通混凝土相比,因为流动性高,有可能增加对模板的作用压力。因此,参考有关文献,增强了模板侧部的承载力。施工时混凝土的浇注高度控制在 1.2m/h 以下,在侧壁布设 4 个压力计,一边浇注,一边测定作用压力。

拱顶部,从向上浇注口浇注,是易于产生背后空洞的位置。因此,在拱顶部三处(已浇注混凝土侧、环节中央、堵头板处)设置压力计,一边确认作用压力一边进行充填施工。

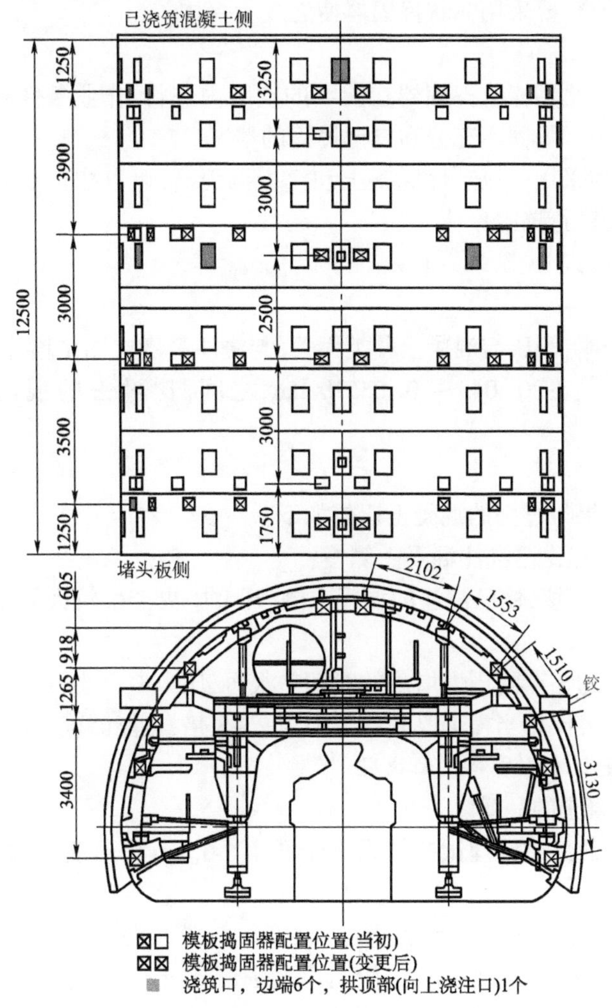

图 4-6-5 模板捣固器及浇注口的配置(尺寸单位:mm)

(3)浇注方法

中流动性混凝土的浇注按以下步骤进行:

①在侧壁、肩部,混凝土从一侧每 2m 进行浇注。混凝土浇注后,设在改良模板的捣固器同时进行 30s(15s×2)振动捣固。目视认为捣固不充分的场合,要延长捣固时间。浇注量设定在一层的浇注高度为 40~50cm。

②混凝土的浇注高度要比浇注口稍低些,浇注口移动到上部,使用的模板捣固器也要变更到上部。混凝土落下高度要在 1.5m 以下。

③拱顶部的浇注,与过去的衬砌施工相同,从已浇注混凝土侧浇注。混凝土浇注 4m 后,拱顶部模板捣固器中的已浇注混凝土侧 4 台、堵头板侧 4 台依次分别振动 30s(15s×2)。

④拱顶部三处设置的压力计的表示值应在图 4-5-13 中的品质管理基准线以下,确认拱顶部确实充填后,混凝土浇注完成。

用模板捣固器捣固与过去的棒状捣固器比,预计与下层混凝土难以成为一体,因此,浇注及配车时间的管理异常重要,要让混凝土连续地浇注。由于配管更换等中断浇注时间间隔在 30min 以上的场合,要采用棒状捣固器使之成为一体。

(4)捣固作业

过去的衬砌施工,是用棒状捣固器在狭窄的空间内进行,作业条件相当恶劣,同时目视确认也很困难,常常出现捣固不充分和忘记捣固的情况。

在本工程中,因为采用中流动性混凝土和模板捣固器,可以按作业人员的意图、指示控制模板捣固器的开关进行捣固作业。

2)侧压及拱顶压力测定结果

(1)侧压的测定结果

侧压测定结果表明:侧压与混凝土种类无关,与浇注高度成比例增加。中流动性混凝土施工时的侧压最大值在 0.045 ~ 0.055N/mm^2 之间,比过去的混凝土增大 0.015 ~ 0.02N/mm^2。

(2)拱顶压力测定结果

拱顶压力测定结果与过去的混凝土比较如下:

- 堵头板充填过程比已浇注混凝土侧慢;
- 因为堵头板侧充填,使已浇注的混凝土侧、环节中央产生较大的压力,显示出混凝土难以充填的状况。

中流动性混凝土的 3 点的压力增加的时间差很短,压力差也小,可以确认混凝土充填密实。模板拱顶部的压力比相当衬砌厚度的压力大 2 ~ 3 倍,也能够确认拱顶充填密实。

3)中流动性混凝土的品质和表面状况

(1)中流动性混凝土的品质

中流动性混凝土的品质管理试验结果示于图 4-6-6。其坍落度流动性值和含气量都充分满足管理基准值。

抗压强度及长度变化试验结果示于图 4-6-7。与普通混凝土比,单位水泥用量减少了,而用粉煤灰代替。抗压强度在材龄初期比过去配比低一些,但长期强度与过去同等。另外,因水泥用量减少,收缩应变比过去降低约 70×10^{-6}。从控制初期裂缝看,也是有效果的。

(2)中流动性混凝土的致密性

从透气性测定,中流动性混凝土的透气性也能够得到保证(表 4-6-9)。

透气系数测定结果示例 表 4-6-9

类别	透气系数($\times10^{-16}m^{-2}$)	
	侧壁部	拱顶部
中流动性混凝土	1.4	1.5
普通混凝土	1.1	7.4

注:测定时的混凝土材龄约 3 个月。

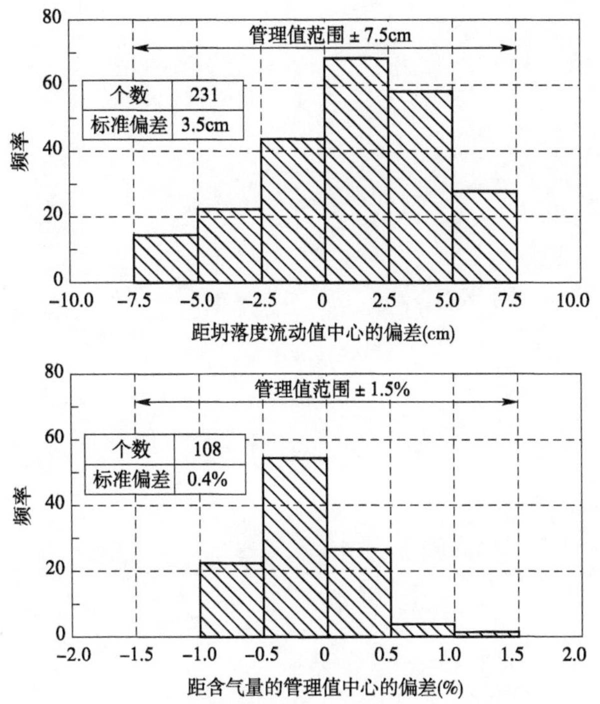

图 4-6-6 中流动性混凝土品质管理试验结果

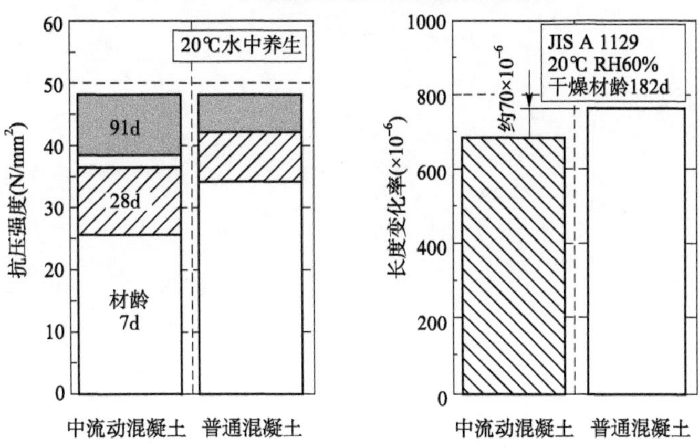

图 4-6-7 抗压强度及长度变化的试验结果

V　施工技术篇

隧道施工的两大基本作业是开挖和支护。在工程实践中，解决开挖和支护关系的方法，只有“**先挖后支**”，或者是“**先支后挖**”两种模式。因此，认识隧道开挖和支护间的相互关系是非常重要的。

本篇将重点说明以下问题：

1. 隧道开挖方法的演变
2. 开挖断面早期闭合的施工技术
3. 构筑衬砌厚度偏差小的二次衬砌技术
4. 施工机械化
5. 大变形的控制技术
6. 施工的精细化管理

一、矿山法隧道开挖方法的演变

1. 开挖方法的演变

决定开挖方法的最重要的因素是开挖面的稳定性,即周边围岩开挖后的动态。开挖后的围岩不稳定,是难以施工的,这是选定开挖方法的前提条件。因此,在开挖后,围岩能够自稳的场合,多采用**全断面法**。不稳定的场合,则多采用**分部开挖法**。分部断面的大小及数目,又决定于围岩的动态。因此出现了许多分部开挖的方法,如分部台阶法、分部中隔壁法、双侧壁导坑法等。也就是说,对应的方法,基本上有两类。一类是把开挖断面分割为小断面,确保开挖面自稳性的方法;一类是补强围岩确保大断面开挖自稳性的方法。在没有有效补强围岩方法的时代多是采用分割为小断面的方法。

目前由于隧道施工技术的进步,围岩补强方法的开发以及快速施工采用大型施工机械的要求,特别是高速铁路以及三车道公路隧道的大量修建,出现了开挖断面积达到 170 ~ 220m^{2}的大断面隧道,开挖方法选择的观点也有了极大变化。其中一个变化,就是**尽可能地选择大断面或全断面开挖的方法**。这是当前隧道施工技术发展的主流。例如,过去一直认为全断面法是在硬岩围岩中采用的方法,而不适用于软弱围岩以及土砂围岩,但如今由于围岩补强方法的开发、大型施工机械的应用以及开挖断面早期闭合的要求,在软弱围岩中开始采用全断面法的情况越来越多。为了提高隧道的施工效率,特别是确保隧道结构的质量,最好尽可能地采用大型机械施工,以提高施工效率和质量,确保施工安全,并且需要能够提供较大的施工空间。因此,**选定开挖方法时,也要以大断面开挖为指向。**这说明在选择隧道开挖方法时,围岩条件不是唯一的条件。例如,意大利法就是在软弱围岩中采用全断面法开挖的一个明显的例证。

另一个变化,就是**尽可能不采用那些施工中含有需要废弃的、临时性作业的分部开挖法**,如双侧壁导坑法、分部中隔壁法等。众所周知,在隧道施工中,分割掌子面开挖,会增加围岩松弛的概率,这是我们不希望发生的。此外,在小断面的掌子面施工中,大型施工机械的使用受到极大限制,施工效率大幅度降低,而且,每次扩大断面,需要拆除部分已经承载的支护,如:临时仰拱、辅助的锚杆、喷混凝土、钢架等,在拆除过程中支护荷载是交替变化的,极易引发二次灾害。现代的隧道施工技术已经可以不采取这样的对策,也能够施工。因此,该方法除了在超大断面隧道中有所应用外,基本上已被淘汰。

这些观点的变化,都是立足于尽可能减少开挖对围岩松弛影响的基础上。因此,**为了减轻围岩的松弛,最好选定开挖分部少、一次开挖断面大、开挖断面闭合距离短的开挖方法。**

还有一个变化,就是把**机械开挖与分部开挖相互结合的方法**,如采用 TBM 或盾构掘进超前导坑,如遇不良地质,可在超前导坑中进行预处理,而后用矿山法进行扩挖的方法,这在欧洲、日本等国家已经成为大断面隧道施工的基本方法。

最后,作为线状结构物的隧道,围岩状况是随开挖而变化的。视其变化屡屡改变开挖方法既延误工期，也不安全、经济。因此，考虑隧道全体的围岩条件的变化，来选定能够适应围岩变化的开挖方法是必要的。也就是说，**采用全地质型的开挖方法，在全隧道中（除洞口段外）从头到尾采用一种开挖方法，在围岩发生急剧变化时，采取对应措施（如注浆、超前支护等），使之能够适应围岩条件的变化，而不改变开挖方法，是比较理想的选择。**例如台阶法，就是属于此类型的开挖方法，在围岩条件比较好的场合，可采用长台阶法，随着围岩条件变差，可以缩短台阶的长度来适应。全断面法也是如此，围岩条件良好的场合，可以全断面一次掘进，围岩条件变差，可以采用超短台阶的全断面法（日本称之为带辅助台阶的全断面法，属于全断面法的一种），使开挖断面早期闭合等。

因此，从当前的隧道施工技术的发展趋势看，**全地质性的开挖方法，例如全断面法、超短台阶全断面法以及台阶法等已成为主流的开挖方法。**采用大断面开挖，或全断面开挖的场合，围岩条件变差时，可不改变开挖方法，而采取事先补强围岩的方法，确保掌子面的稳定。

在选择开挖方法时，全断面法应是首选的方法。因为全断面法不仅适用于坚硬的岩质围岩，也适用于软弱围岩，是一个全地质型的开挖方法。但在软弱围岩中，采用全断面法的前提条件是必须确保掌子面的稳定性，必须能够满足**快支、快挖、早闭合**的基本条件。

意大利提出的以长掌子面锚杆补强掌子面前方围岩，而后进行全断面开挖就是一个典型工程事例。如图5-1-1所示的3个方案的软弱围岩隧道标准断面，是根据围岩条件和对掌子面前方围岩补强的方法进行设计的，3个方案是一样的。

当然，掌子面前方围岩补强的方法，可以视围岩状况，采用水平旋喷注浆方法或采用机械的预衬砌方法或采用插入玻璃纤维长锚杆的方法等。这在我国也有实例验证。

另外就是日本采用的带有辅助台阶的全断面法，实质上是我们所谓的超短台阶法。

从我们当前的施工实际出发，采用最多的方法是台阶法。台阶法，实质上是一个全地质型开挖方法，随围岩条件的变化，台阶长度、分割断面的数目、大小都可变化。因此，其开挖方法是多种多样的。

其次，在大断面和超大断面的浅埋隧道中，也不排斥单侧壁导坑（中隔壁法）和双侧壁导坑（眼镜法）的采用。

2. 一些规范、指南推荐的隧道开挖方法概况

目前一些国家根据本国的规范、指南、手册中推荐的开挖方法概况如下。

1）日本

随着施工技术的进步和各种通用施工机械和专用施工机械的开发，日本在隧道施工中的开挖方法也有了重要发展。因此，在支护结构参数中，同时给定了建议的开挖方法。例如在1996年的《新奥法设计施工指南》中列出围岩级别与开挖方法的标准如表5-1-1所示。配合标准设计，施工方法也应逐步标准化，这也是当前设计技术发展的一个趋势。此表适用于双车道公路隧道及新干线铁路隧道。

在2014年的《公路隧道设计要领》中，考虑到洞身段和洞口段的不同，更进一步把支护结构参数表分为洞身段和洞口段两部分，并根据净空跨度的不同，给定了相应的开挖方法。其中，洞身段的开挖方法列于表5-1-2和表5-1-3。

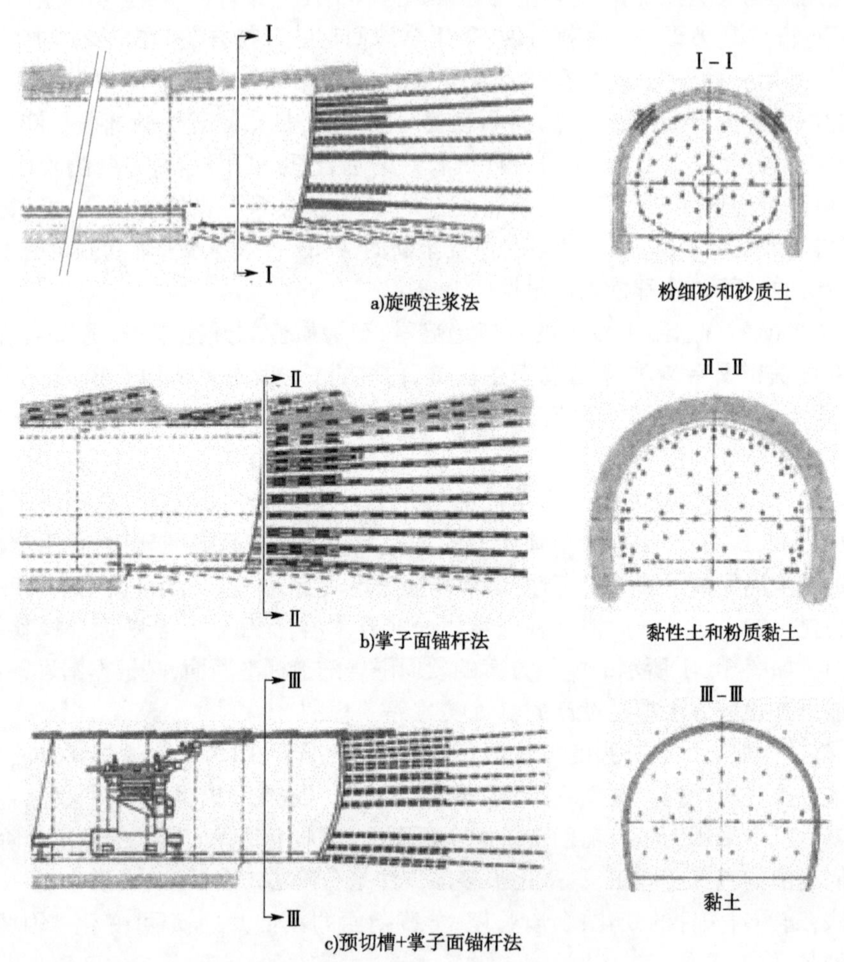

图 5-1-1 掌子面前方围岩预加固方法(意大利法)

围岩级别与开挖方法的标准 表 5-1-1

围岩划分		隧道开挖方法
围岩种类	围岩级别	
一般围岩	$Ⅴ_N$	全断面法
	$Ⅳ_N$	全断面法
	$Ⅲ_N$	全断面法
	$Ⅱ_N$	全断面法或台阶法
	$Ⅰ_N$	全断面法或台阶法
特殊围岩	$Ⅰ_S$	短台阶法
	$Ⅰ_L$	短台阶法(弧形开挖)
	特 S、特 L	另行研究

双车道隧道的开挖方法(净空宽度8.5～12.5m)　　表5-1-2

围岩级别	支护模式	一次掘进长度(m)	变形富余量(cm)	开挖方法
B	B	2.0	0	微台阶法或上半断面台阶法
C1	C1	1.5	0	
C2	C2a	1.2	0	
	C2b	1.2	0	
D1	D1a	1.0	0	
	D1b	1.0	0	
D2	D2	1.0以下	10	

双车道隧道的开挖方法(净空宽度12.5～14.0m)　　表5-1-3

围岩级别	支护模式	一次掘进长度(m)	变形富余量(cm)	开挖方法
B	B	2.0	0	微台阶法、上半断面台阶法、中隔壁法等
C1	C1	1.5	0	
C2	C2	1.2	0	
D1	D1	1.0	0	
D2	D2	1.0以下	10	

而洞口段的施工方法,基本上不考虑围岩级别,一律按DⅢ级处理,基本上采用台阶法。当埋深小的场合,可考虑采用侧壁导坑超前方法。其需要的支护结构参数列于表5-1-4。

洞口段的支护构造标准　　表5-1-4

设计模式	钢支撑			喷混凝土(cm)	衬砌厚度(cm)			小导管			备注
	上部断面	下部断面	间距(m)		拱部	边墙	仰拱	长度(m)	环向间距(m)	纵向间距(m)	
DⅢa(H)	HH-154	HH-154	1.0	20	35	35	50	3.0	0.6	1.0	辅助台阶全断面法或上部断面台阶法
DⅢb(H)	HH-154		1.0	20	35	*	50	3.0	0.6	1.0	侧导坑超前法

注:1. 喷混凝土强度采用36N/mm^2。

2. 必要时锚杆可在上部断面的侧壁附近配置,以长度4m,承载力170kN为标准。

3. 必要时设置小导管。其材质和方法考虑现场条件决定。设置范围从拱顶向左右各60°。打设角度为10°～30°。采用小导管的场合,考虑计算评价有困难,根据其应用情况,考虑不确定因素,其承载力以170kN为标准。

4. 对于衬砌,一般在洞口段考虑混凝土的干燥收缩等采用单筋(SD345)补强构造。主筋直径取19mm以上(间距20cm左右)。同时,原则上考虑设置仰拱。

5. *原则上采用拱部厚度,可根据具体情况决定。

6. 仰拱部有喷混凝土时,喷混凝土厚度也包括在内。

从建议的施工方法看,基本上是以全断面法和台阶法为主体,只是在跨度12.5～14.0m(相当于三车道隧道)的情况,才建议考虑采用其他方法。也就是说,在相当我国的两车道公路隧道和双线铁路隧道的场合,在各级围岩中,基本上都建议采用全断面法和台阶法。这也说明隧道采用矿山法施工时，由于施工技术的发展，特别是施工机械的进步以及快速施工的要求等，而逐步向大断面开挖的方法迈进。我们的经验也证实了这一点。

日本新建的东名高速公路（御殿场～三日间，162km）是一条典型的山区高速公路，其中隧道共36座，上下行总长约为83km，占线路全长的26%以上，其开挖断面积接近200m²。其中，以长台阶法采用最多，在大部分围岩条件下都采用此法。在地基承载力不足的洞口段则采用侧壁导坑超前方法，掌子面不稳定的围岩条件，则采用中隔壁法。

在比较短的隧道，能够确保掌子面自稳的比较良好的围岩采用长台阶法，掌子面稳定性有问题的围岩条件，基本上采用中央导坑超前扩幅方法。在比较长的隧道中导入了TBM导坑超前扩幅方法。此方法是在大断面隧道的断面内先用TBM贯通导坑，以达到掌握地质、稳定掌子面（排水、用缆索锚杆事前补强）、提高施工效率（增加一次掘进长度、掏槽效果）和利用导坑通风等目的，而高效、安全进行开挖。图5-1-2是该工法的概念图。

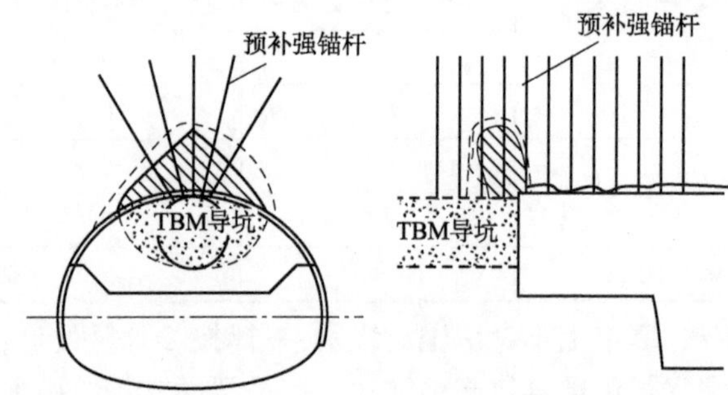

图5-1-2　TBM导坑超前方法的概念图

基于上述研究结果，在新东名隧道中采用的开挖方法中，TBM导坑超前扩幅方法约占总长度的50%，台阶法约占33%，中隔壁法和中央导坑方法各占6%左右。

这种方法在土耳其最近建成的Bosporus海峡隧道也得到了应用。我国在铁路、公路隧道中也开始研究和采用类似的方法。

2）美国

美国在2010年版的《公路隧道设计施工手册》中，基本上把围岩分为岩质围岩和土质围岩两大类。其推荐的开挖方法，基本上归纳为3类，即全断面法、台阶法及中隔壁法。开挖方法的概貌分别列于表5-1-5、表5-1-6。

岩质围岩的开挖方法概貌　　表5-1-5

类　型	横　断　面	纵　断　面
整体状围岩： ·锚杆 ·偶尔充填喷混凝土 ·全断面或顶导坑/台阶开挖 ·循环长度 顶导坑：9ft 台阶：16ft ·尺寸 高度：20ft 宽度：29ft	锚杆 喷混凝土 上导坑 台阶	锚杆 喷混凝土 上导坑 台阶

续上表

类型	横断面	纵断面
层状围岩： ·系统锚杆 ·系统喷混凝土初期衬砌 ·顶导坑开挖 ·台阶开挖 ·循环长度 顶导坑：6.5ft 台阶：6.5ft ·尺寸 高度：29.5ft 宽度：36ft	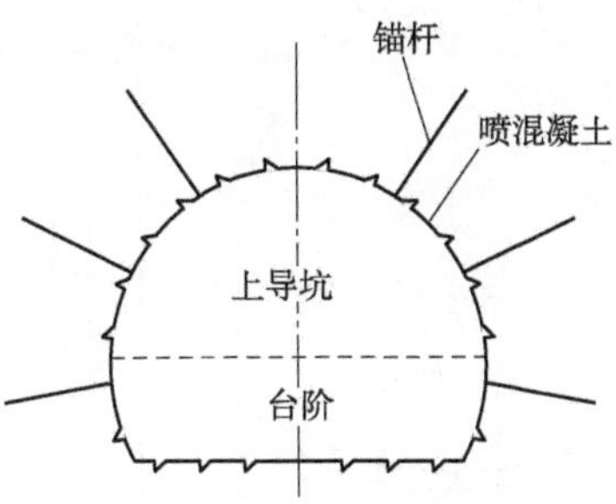 锚杆 喷混凝土 上导坑 台阶	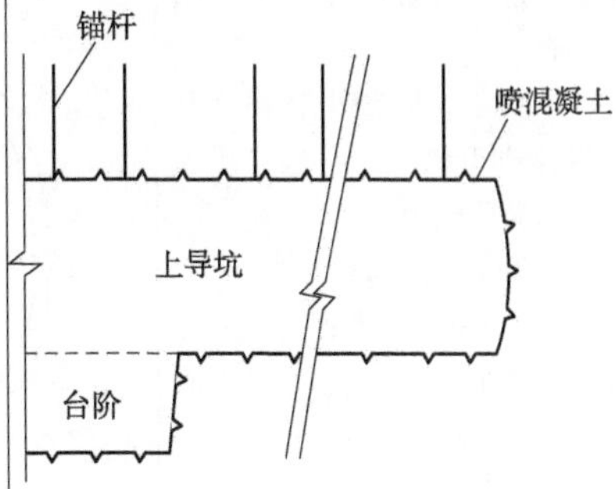 锚杆 喷混凝土 上导坑 台阶
破碎围岩： ·系统锚杆 ·系统喷混凝土初期衬砌 ·顶导坑开挖 ·台阶开挖 ·循环长度 顶导坑：7.2ft 台阶：13ft ·尺寸 高度：28ft 宽度：36.4ft	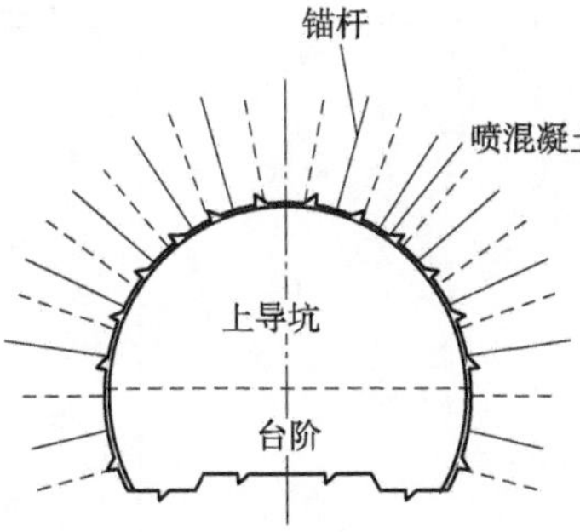 锚杆 喷混凝土 上导坑 台阶	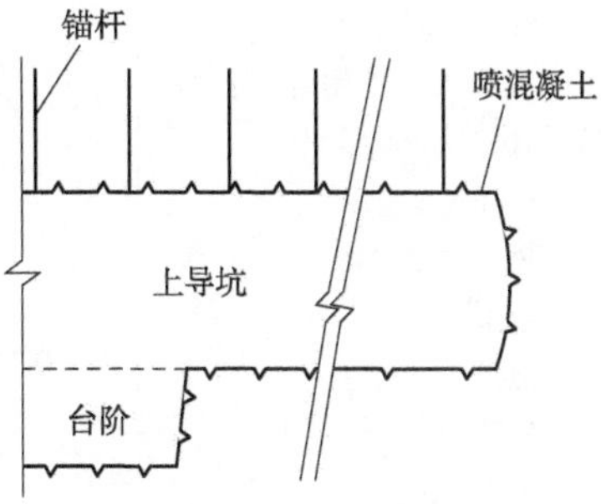 锚杆 喷混凝土 上导坑 台阶

土质围岩的开挖方法概貌 表 5-1-6

类型	横断面	纵断面
软弱围岩—浅埋： ·系统预支护 ·系统喷混凝土初期衬砌，及早闭合成环 ·顶导坑开挖（临时仰拱），台阶和仰拱开挖 ·循环长度 顶导坑：Ⅰ3.25ft 顶导坑：Ⅱ6.5ft 台阶Ⅲ/仰拱Ⅳ：6.5ft ·尺寸 高度：38ft 宽度：48ft	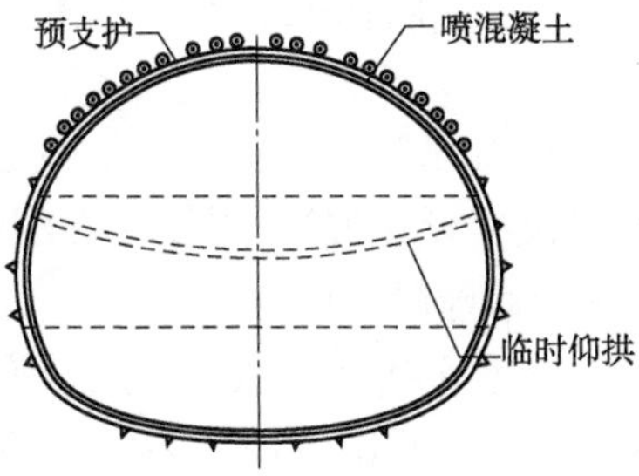 预支护 喷混凝土 临时仰拱	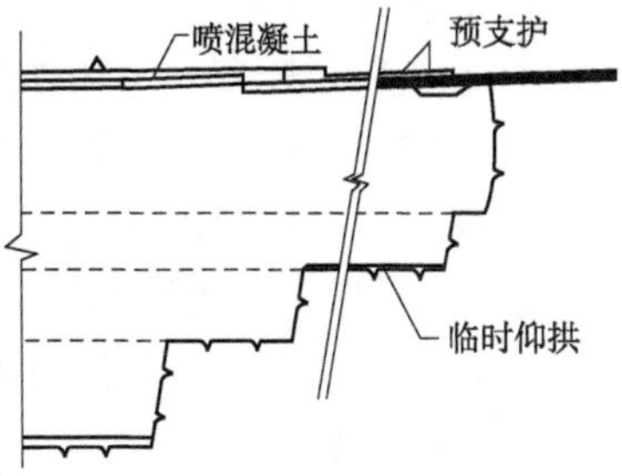 喷混凝土 预支护 临时仰拱

续上表

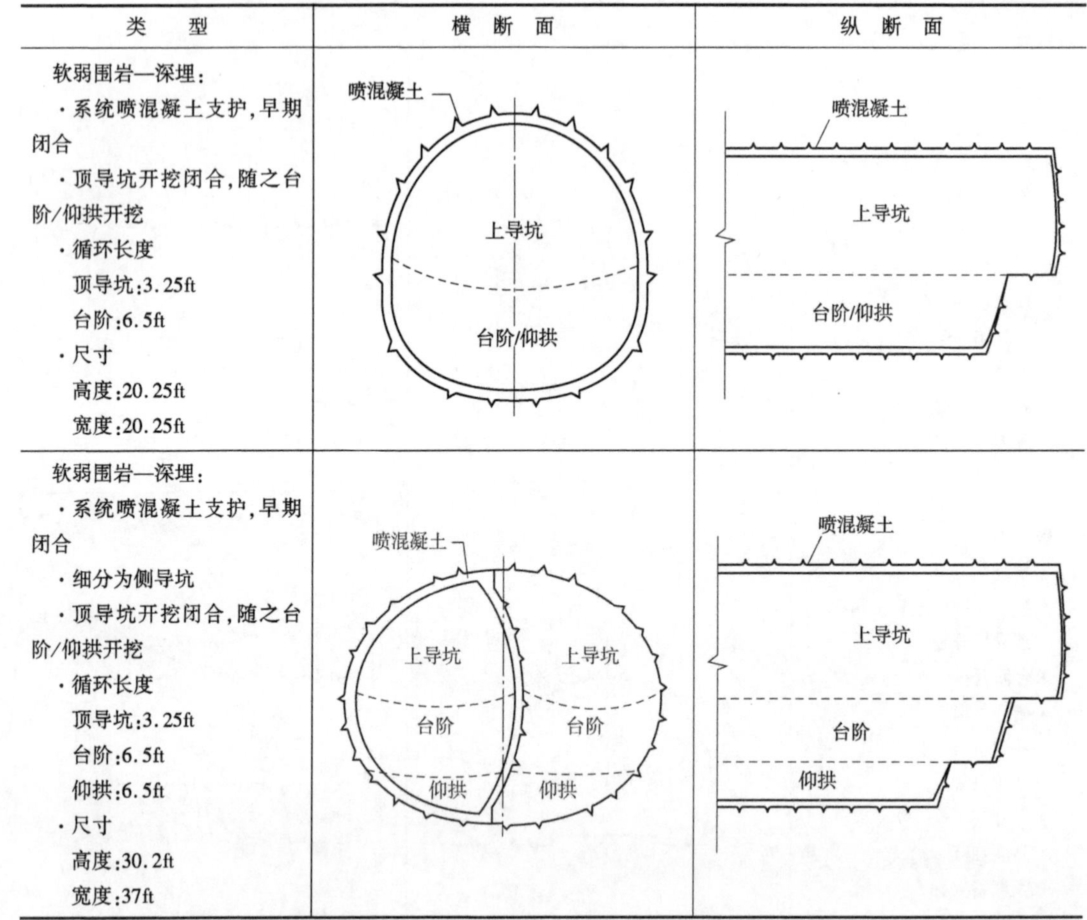

类　　型	横　断　面	纵　断　面
软弱围岩—深埋： ·系统喷混凝土支护，早期闭合 ·顶导坑开挖闭合，随之台阶/仰拱开挖 ·循环长度 顶导坑：3.25ft 台阶：6.5ft ·尺寸 高度：20.25ft 宽度：20.25ft	喷混凝土 上导坑 台阶/仰拱	喷混凝土 上导坑 台阶/仰拱
软弱围岩—深埋： ·系统喷混凝土支护，早期闭合 ·细分为侧导坑 ·顶导坑开挖闭合，随之台阶/仰拱开挖 ·循环长度 顶导坑：3.25ft 台阶：6.5ft 仰拱：6.5ft ·尺寸 高度：30.2ft 宽度：37ft	喷混凝土 上导坑　上导坑 台阶　台阶 仰拱　仰拱	喷混凝土 上导坑 台阶 仰拱

从上表可以看出，不管是岩质围岩，还是土质围岩，视围岩具体情况，开挖方法基本相同，仅是采用的支护方法（预支护、掌子面后方支护）不同而已。

1997年，美国陆军发布的《岩石中的隧道和竖井》手册中对新奥法的评价及美国目前采用的矿山法技术，做了如下的描述。

在中欧普遍采用的新奥法，一直没有在美国流行的原因如下：

- 围岩条件不同。在大多数情况下，美国比欧洲普遍采用新奥法的围岩条件要好些。近年来，在美国已经很少采用新奥法。
- 新奥法中典型承包的做法在美国难以实施。
- 美国一直强调，隧道应高速、高度机械化掘进，采用保守的围岩支护设计相对围岩条件的变化不敏感。新奥法不是一个高速修建隧道的方法。
- 在美国的大多数承包商和业主没有采用新奥法的实践经验。

但这并不意味着该方法不应该被考虑在美国使用。因为，短隧道或洞室（如地铁站）位于恶劣围岩条件下，需要快速支护时，这种方法很可能适用。然而，更多的时候，对新奥法施工的监控可以省略或退居第二位，只适用于少数已知难度的地区。这种类型的施工更准确的应称为**顺序开挖和支护法**。其要点如下：

顺序开挖与支护法,可以将部分或大部分新奥法的内容包括在内,但仪器和监控被省略或成为不重要的角色。相反,一个统一、安全、快速的开挖和支护程序被用于隧道的全长上:

(1)根据地质和岩土的数据,隧道断面可分为3~4个类似的围岩质量,划分类似的围岩支护的地段。

(2)开挖和初期支护计划按每一地段进行设计。开挖可以选择全断面法、台阶法或多导坑法。初期支护说明应包括支护施作前的容许围岩暴露的最大时间和长度。

(3)制订允许暴露围岩状态的分级的方法,按照开挖和围岩支护的计划工作。有时可以采用Q-岩体分级方法的简化版本进行设计。

(4)每个围岩支护计划所产生的费用都是单独定价的,根据隧道采用的长度,按计划中确定的给付。

(5)在施工中,如围岩分级特殊,则承包商根据计划中的单价支付。根据观察到的不同围岩级别的实际长度,价格可能会发生变化。

3)欧洲

欧洲各国在隧道施工中,采用比较多的方法有挪威法、新奥法、意大利法等,由于围岩条件总体上比较好,多采用全断面法及台阶法。表5-1-7是Einstein归纳的采用新奥法的开挖方法概况。

新奥法(NATM)围岩分级的开挖方法(Einstein,1980) 表5-1-7

围岩级别	开挖		自稳时间	图示
	方法	一次循环进尺		
Ⅰa Ⅰb	全断面法、MS的光面爆破	与围岩状态无关采用机械施工大体上3~4m	拱部1周,侧壁无限	无防水场合 锚杆和焊接金属网；设防水场合 喷混凝土；2.0m；A；断面A-A；锚杆；2.00m；无防水场合；设防水的场合；焊接金属网(1.7kg/m²)；喷混凝土
Ⅱ	全断面法、MS的光面爆破	最大3m	拱部数天,侧壁数周	2.0m；3.5m；B；断面B-B；2.5m；锚杆；5~10cm；喷混凝土；焊接金属网(1.8kg/m²)

续上表

围岩级别	开挖		自稳时间	图示
	方法	一次循环进尺		
Ⅲa				
Ⅲb	有可能全断面开挖，但要缩短开挖进尺； 分部开挖比较好（台阶法），需要光面爆破； 断面的指标爆破孔断面内侧 20～30cm 配置	全断面法开挖时，最大 1.5m；分部开挖时最大 3m	拱顶部数小时，侧壁数天	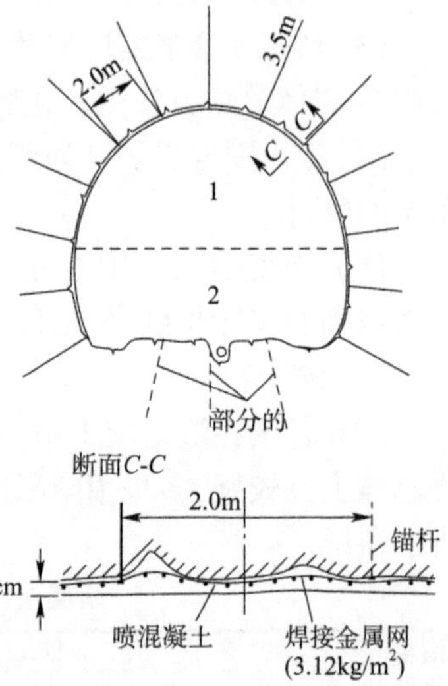 2.0m 3.5m C C 1 2 部分的 断面C-C 2.0m 锚杆 10cm 喷混凝土 焊接金属网 (3.12kg/m²)
Ⅲc	台阶法开挖时，有时采用 TBM 与爆破并用的方法	上半断面进尺 1.0m；台阶进尺 4m	设备断面数小时，侧壁数天	
Ⅳa	分部开挖法； 采用 TBM 较好； 开挖上部断面时，要留核心土，使掌子面稳定；或者对掌子面喷射 3cm 的混凝土。台阶开挖分阶段进行	上半断面 1.0m，最大 1.5m	非常短，拱顶约 30min，侧壁数小时	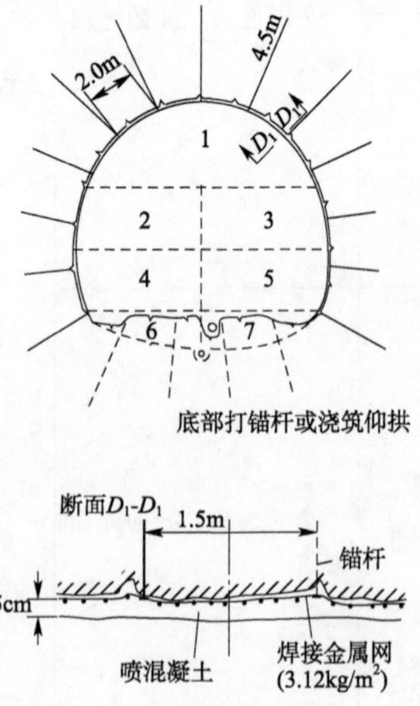 2.0m 4.5m D₁ D₁ 1 2 3 4 5 6 7 底部打锚杆或浇筑仰拱 断面D₁-D₁ 1.5m 锚杆 15cm 喷混凝土 焊接金属网 (3.12kg/m²)

续上表

围岩级别	开挖 方法	开挖 一次循环进尺	自稳时间	图示
Ⅳb	一些隧道，上半断面开挖采用爆破，台阶开挖采用臂式掘进机； 台阶分两步开挖，上台阶距掌子面 60 ~ 100m 以内，仰拱距上半断面 120 ~ 150m闭合			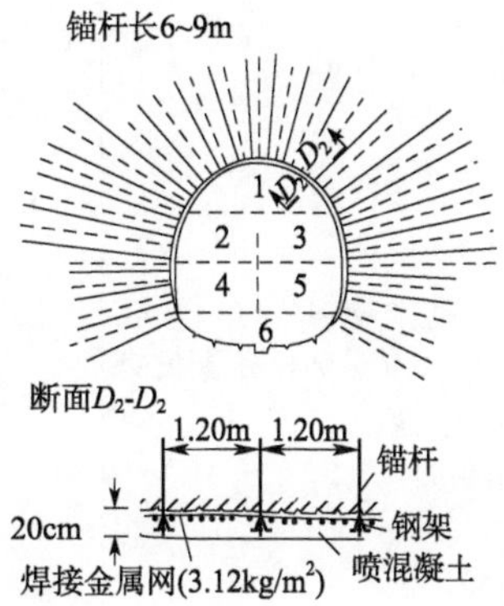 锚杆长6~9m D_2 D_2 1 2 3 4 5 6 断面D_2-D_2 1.20m 1.20m 锚杆 20cm 钢架 焊接金属网(3.12kg/m^2) 喷混凝土
Ⅳc	与Ⅳb 相同			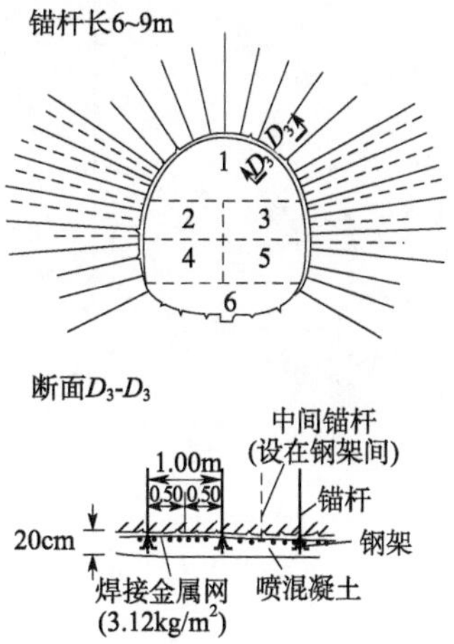 锚杆长6~9m D_3 D_3 1 2 3 4 5 6 断面D_3-D_3 中间锚杆 (设在钢架间) 1.00m 0.50 0.50 锚杆 20cm 钢架 焊接金属网 (3.12kg/m^2) 喷混凝土
Ⅳd	采用斜掌子面，用反铲开挖	0.5 ~ 1.0m	拱顶部非常短(0.5h ~ 1h)； 掌子面及侧壁数小时	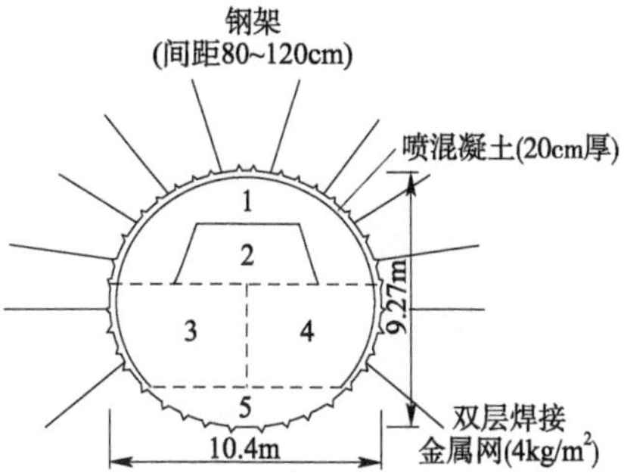 钢架 (间距80~120cm) 喷混凝土(20cm厚) 1 2 3 4 5 9.27m 10.4m 双层焊接 金属网(4kg/m^2)

续上表

围岩级别	开挖		自稳时间	图示
	方法	一次循环进尺		
Ⅴa	上半断面先行的台阶法，反铲分部开挖，要设变形富余量	0.5～1.0m（最大）	拱顶部为0，侧壁及掌子面数小时以内	2.0m 长6.0~9.0m E_1 1 2 3 4 5 6 7 断面E_1-E_1 1.25m 1.25m 锚杆 钢架 20cm 焊接金属网(3.12kg/m²) 喷混凝土 钢背板
Ⅴb	与Ⅴa相同			锚杆长6~12m E_2 长12m 1 2 3 4 5 6 断面E_2-E_2 0.75m 中间锚杆 锚杆 20cm 钢架 喷混凝土 焊接金属网(3.12kg/m²)
Ⅴc	分部开挖； 分部开挖方式的TBM或反铲，留核心土保持掌子面稳定。上半断面临时仰拱闭合	0.5m	不能判定	钢架(间距80~90cm) 喷混凝土(厚30cm) 双层金属网(1.4kg/m²) 锚杆(长4m，紧固力100kN) 临时仰拱 9.37m 10.5m 1 2 3 4 5 6

续上表

围岩级别	开挖		自稳时间	图示
	方法	一次循环进尺		
Ⅵ	各开挖阶段要进行量测,判定支护是否合适		无	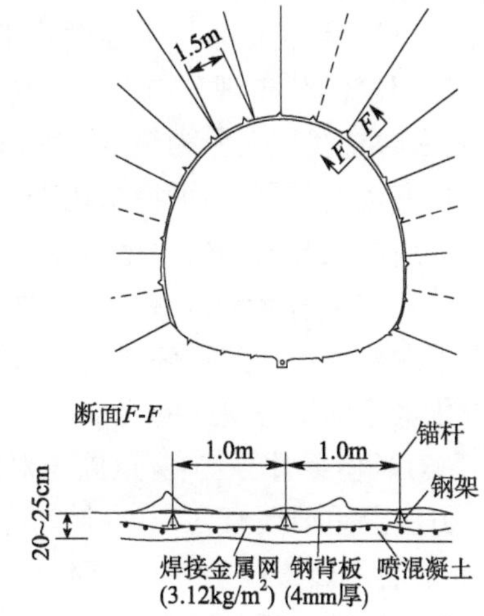

4)选择开挖方法的基本条件

依上所述,如今选择开挖方法,与传统的观念有所不同。基本上可以归纳为:

(1)**施工条件**:实践证实,施工条件是决定施工方法的最基本的因素,它包括一个施工队伍所具备的施工能力(机械化施工水平)、素质(施工作业的专业化等)以及管理水平(管理体制、精细化管理的程度等)。目前我国隧道施工队伍的素质和施工装备,有高有低、参差不齐。因此,在选择施工方法时,不能不考虑这个因素的影响。也就是说开挖方法的选择要适应国情的现状。

(2)**围岩条件**:也就是地质条件,实质上是指开挖后围岩的稳定状态。其中包括围岩级别、地下水及不良地质现象等,过去围岩级别是对围岩工程性质的综合判定,对施工方法的选择起着重要的甚至决定性的作用。从施工技术的发展趋势看,地质条件虽然是重要的,但基本施工方法的变化却不显著,全地质型的施工方法和施工机械不断被开发出来,例如全断面法和超短台阶法相结合、全地质型掘进机及自由断面掘进机等的开发都说明了这一点。

虽然地质条件千差万别,但施工方法的变化不大。总体上看,施工方法分为两大类,一类是全断面开挖法,一类是分部开挖法。从变化来看,全断面法只有一种变化,就是一次全断面开挖,从隧道早期闭合的要求看,超短台阶法,日本称之为辅助台阶全断面法,已经列入全断面法行列之中。因为其上下断面是同时爆破施工的。变化比较大的是分部开挖法,但从发展趋势看,也是逐步向减少分部数目的方向演变,实质上是向大断面开挖的方向演变,演变的结果是分为2步开挖的台阶法(不包括仰拱部分的开挖,实际上有的也把仰拱部分包括在内),成为主流的开挖方法。因此,可以说地质条件已经不是左右施工方法选择的必要条件了。

(3)**隧道断面积**:隧道尺寸和形状,对施工方法选择也有一定的影响。目前隧道有向大断面方向发展的趋势,如公路隧道已开始修建3车道甚至4车道的大断面,水电工程中的大断面洞室,更是屡见不鲜。日本新建成的东名高速公路的隧道断面积已达到200m²以上,我国高速铁路隧道的开挖断面积也达到170m²以上。在这种情况下,施工方法必须适应其发展。例如在单线和双线的铁路隧道、2车道公路隧道中,越来越多地采用了全断面法及台阶法,而在更大断面的隧道工程中,采用各种方法先修小断面的导坑,再扩大形成全断面的施工方法极为盛行,但采用大断面施工方法的趋势已经明显。

(4)**埋深:**隧道埋深与围岩的初始应力场及多种因素有关,通常将埋深分为浅埋和深埋两类,有时将浅埋又分为超浅埋和浅埋两类。在同样地质条件下,由于埋深的不同,开挖方法也将有很大差异;为了控制地表面下沉,在软弱围岩的大断面浅埋隧道中,国外开始更多的是采用机械开挖小断面超前导坑,而后扩挖成全断面的方法。

(5)**工期:**作为设计条件之一的工期,在一定程度上会影响开挖方法的选择。因为,工期决定了在均衡生产的条件下,对开挖、运输等综合生产能力的基本要求,即:施工均衡速度、机械化水平和管理模式的要求。

(6)**环境条件等:**当隧道施工对周围环境产生不良影响时,环境条件也应成为选择隧道施工方法的重要因素之一,在城市条件下,甚至会成为选择施工方法的决定性的因素,这些影响包括:如爆破震动、地表下沉、噪声、地下水条件的变化等。

在长期的工程实践中,不管是哪种方法,都必须正确地坚持隧道施工的基本原则。这些原则是在长期的施工实践中积累起来的经验、教训的结晶,而且也是得到理论研究所证实的。

二、软弱围岩隧道中开挖断面早期闭合的施工技术

工程实践指出:在软弱围岩中如何尽可能地**不让围岩松弛或少松弛**只有两种方法,一个是**开挖后及早使开挖断面闭合**,一个是在**开挖前预先补强围岩(预支护)**。实质上,目前,在软弱围岩隧道施工中采用的都是这两种方法的组合。也可以说,这是处理软弱围岩隧道的两大关键技术,必须高度重视。

1.开挖断面早期闭合的概念

这里所谓的开挖断面早期闭合,基本上是针对复合式支护体系而言的。与我们经常提到的“快挖、快支、快闭合”的概念是一致的。

应该指出:并不是所有的围岩条件,都要求开挖断面早期闭合,只是对于某些不良围岩才这样做。因此,可以说开挖断面早期闭合是针对不良围岩的对策。

另外,在有自支护能力的围岩中,开挖断面是自然闭合的。即开挖后,无须支护,断面会自行闭合。Ⅰ、Ⅱ级围岩,基本上属于此类围岩。因此,及早使开挖断面闭合,是针对Ⅲ级以下的自支护能力不充分,或没有自支护能力的围岩而言的,特别是后者。

所谓“断面闭合”有2个概念。一个是**横断面的断面闭合**,一个是**纵断面的断面闭合**(图5-2-1),两者是相互配合的。实际上,断面闭合多数是指纵向的断面闭合。纵向的断面闭合,可以用时间或距离表示。例如在几小时内闭合,或在几米内闭合。这与围岩条件有极大的关系。一般说。**围岩越差,要求的断面闭合时间越短,也就是断面闭合距掌子面的距离越短。**

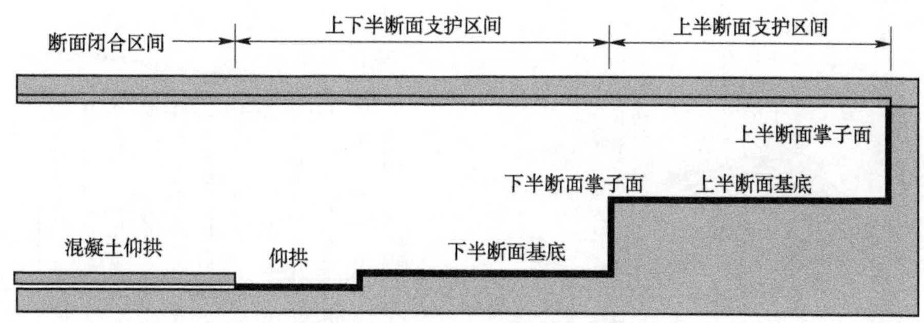

图 5-2-1 隧道纵向断面闭合的概念图

从闭合距离看,山岭隧道的开挖,采用**大断面或全断面开挖**,是缩短开挖断面闭合时间(闭合距离),减少围岩松弛的重要的前提条件,也是实现隧道工程施工机械化和安全施工的重要条件之一。这也是当前山岭隧道施工技术发展的主流。而断面分部越多,闭合距离越长,显然对控制可能发生的变形不利。

所谓的早期闭合的"早",一般是指开挖断面在距掌子面 $1D$ 范围内的闭合。最后,开挖断面早期闭合是指初期支护的早期闭合,不是二次衬砌的闭合。实质上就是**隧道底部与上部断面早期闭合成环**。因此要**特别关注隧道底部结构的形成**。

根据日本近期研究的成果,以早期断面闭合(这里称为"早期闭合仰拱")为重点,把其按时期和刚性划分 3 个水准,如表 5-2-1 所示。

早期闭合仰拱设置方法分类 表 5-2-1

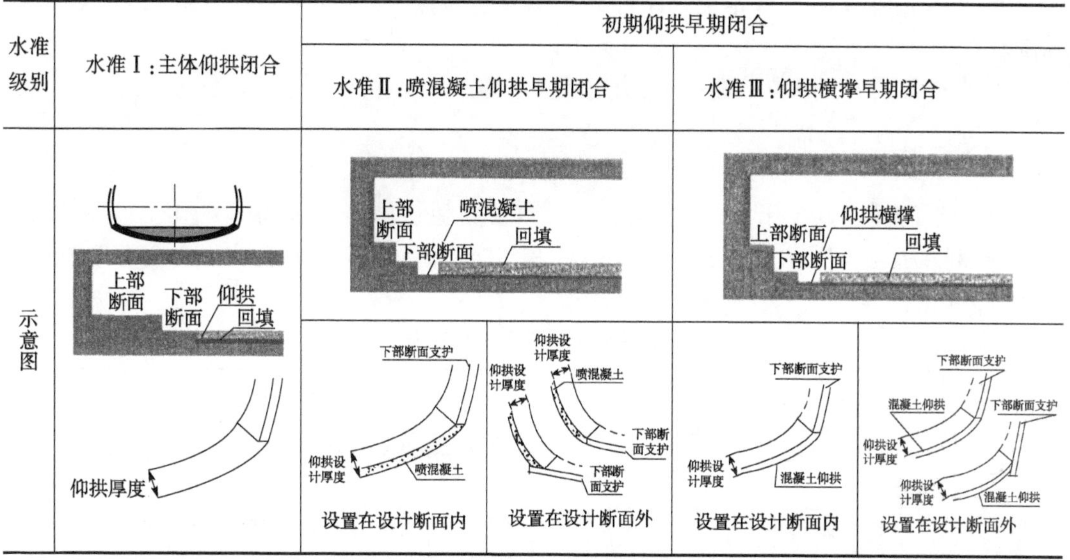

水准级别	水准Ⅰ:主体仰拱闭合	初期仰拱早期闭合			
		水准Ⅱ:喷混凝土仰拱早期闭合		水准Ⅲ:仰拱横撑早期闭合	
示意图		设置在设计断面内	设置在设计断面外	设置在设计断面内	设置在设计断面外

如何实现断面早期闭合,我们已经认识到了,但还没有做到。其基本前提是采用大断面开挖、缩短单项作业的时间、提高综合作业的机械化水平。这要依靠隧道施工机械的开发和利用。否则,断面早期闭合,仍然是句空话,而这一点恰恰是我们亟待解决的薄弱环节。

2. 开挖断面早期闭合工法的基本模式

目前,日本采用的开挖断面早期闭合工法已标准化,其标准模式如图 5-2-2 所示。

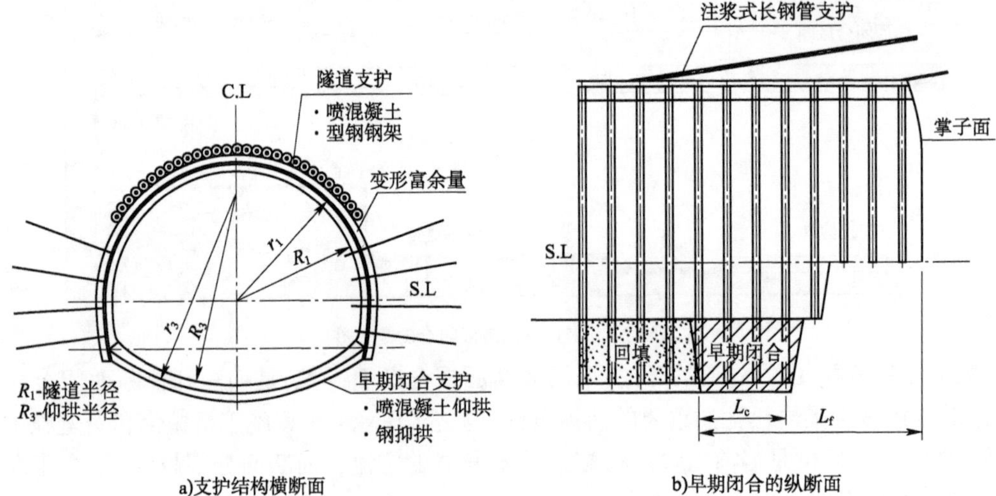

a)支护结构横断面　　b)早期闭合的纵断面

图 5-2-2　早期闭合的标准模式

开挖断面早期闭合模式的内涵如下：

- 施工采用 330kW 软岩隧道掘进机进行全断面早期闭合；
- 早期闭合距离，以 L_f =6m 为基本，视初期位移速度($d\delta/dt$)，选定 L_c =3m 和掌子面闭合；
- 采用稳定形状的曲线掌子面，为确保掌子面作业的安全，防止掉块、剥落，可喷射掌子面混凝土；
- 开挖的辅助工法，基本上采用注浆长钢管超前支护，必要时研究采用掌子面锚杆补强围岩；
- 根据量测的初期位移速度等，决定下一步施工。

3. 实例分析

为了便于分析，选定了 22 个实例。按日本公路隧道围岩分级，其中选出 DⅡ-1 2 例、DⅡ-2 8 例、DⅢ-1 3 例、DⅢ-2 6 例、E-1 3 例(相当于中国的Ⅳ～Ⅵ级围岩)，并划分了 5 种早期闭合模式(表 5-2-2)。

隧道断面早期闭合的划分　　表 5-2-2

闭合模式	力学性质	围岩强度应力比 G_n	早期闭合的目的、效果
DⅢ-1	未固结、强度不足的围岩	—	由于早期闭合，形成稳定的隧道结构体，抑制过度位移的发生
DⅢ-2	保护环境，抑制开挖影响	—	由于早期闭合，抑制塑性变形向深部发展，从而抑制隧道开挖影响的扩展
DⅡ-1	需要设变形富余量的强度不足的围岩	$1 < G_n \leqslant 2$	塑性土压小，但不采用早期闭合隧道结构体难以稳定的场合
DⅡ-2	需要设变形富余量的挤压性围岩	$0.9 < G_n \leqslant 1$	预计有塑性土压作用，不采用早期闭合难以确保隧道结构体稳定和抑制大变形困难的场合
E-1	出现大变形的挤压性围岩	$G_n \leqslant 0.9$	位移速度快，预计有高土压作用，需要采用高承载力、高刚性结构体，确保力学稳定的场合

采用早期闭合方法的原因汇总在表5-2-3。

采用早期闭合的原因 表5-2-3

采用原因 \ 闭合模式	DⅢ-1	DⅢ-2	DⅡ-1	DⅡ-2	E-1	合计
1. 根据量测A结果判断						
初期位移速度在20~40mm/d，位移没有收敛迹象	1		1	2		4
发生过大拱顶下沉(40~300mm)，没有收敛倾向			2	2	2	6
发生过大净空位移(60~260mm)，没有收敛倾向			1	2		3
支护构件发生变异、破坏			2	2		4
小计	1		6	8	2	17
2. 根据围岩条件精查结果判断						
预测发生大变形	1		1	1		3
围岩强度应力比<1和挤压性围岩，预测支护承载力不足	1			1	2	4
根据环境保护的地表面下沉的控制，抑制对近接结构物的影响		3	1			4
抑制滑坡等的影响		1	1	1	1	4
小计	2	4	3	3	3	15
3. 初步设计		2		1		3

从日本收集发表的43篇采用早期断面闭合工法的隧道的文章来看，采用早期断面闭合工法的理由可归纳为：

(1)为了抑制埋深大、不良围岩的净空位移；

(2)作为洞口段的滑坡对策，抑制对周边围岩的影响；

(3)抑制埋深小的存在重要结构物的地表面下沉等。

隧道断面早期闭合工法实施的围岩状况列于表5-2-4。

围 岩 性 质(实例数) 表5-2-4

围 岩 性 质	闭 合 模 式					合计
	DⅢ-1	DⅢ-2	DⅡ-1	DⅡ-2	E-1	
挤压性、膨胀性				8	1	9
未固结	2	3	1		1	7
滑坡		1	1		1	3
高水压						0
其他	1	2				3
合计	3	6	2	8	3	22

事例中DⅡc1、DⅡc2、Ec1的早期闭合隧道的构造列于表5-2-5。Ec1的构造如图5-2-3所示。

早期闭合隧道的构造　　表 5-2-5

早期闭合模式		DⅡc1	DⅡc2	Ec1
最大埋深 h(m)		145	100	155
预计围岩强度应力比 G_n		0.5～1.0	1.0～2.0	0.1～0.3
一次掘进长度(m)		1.0	1.0	1.0
变形富余量(cm)		0	0	10
支护构造	喷混凝土厚度(cm)	20	15	30
	29d 抗压强度(N/mm^2)	36		
	型钢钢架	NH-150	NH-125	NH-200
	锚杆参数	L=4m,170kN(16 根,9 根)		
早期闭合构造	早期闭合构件	上下半断面相同		
	构造半径比(r_3/r_1)	2.0	2.0	1.5
	早期闭合距离 L_f(m)	6		
衬砌厚度(cm)		30		

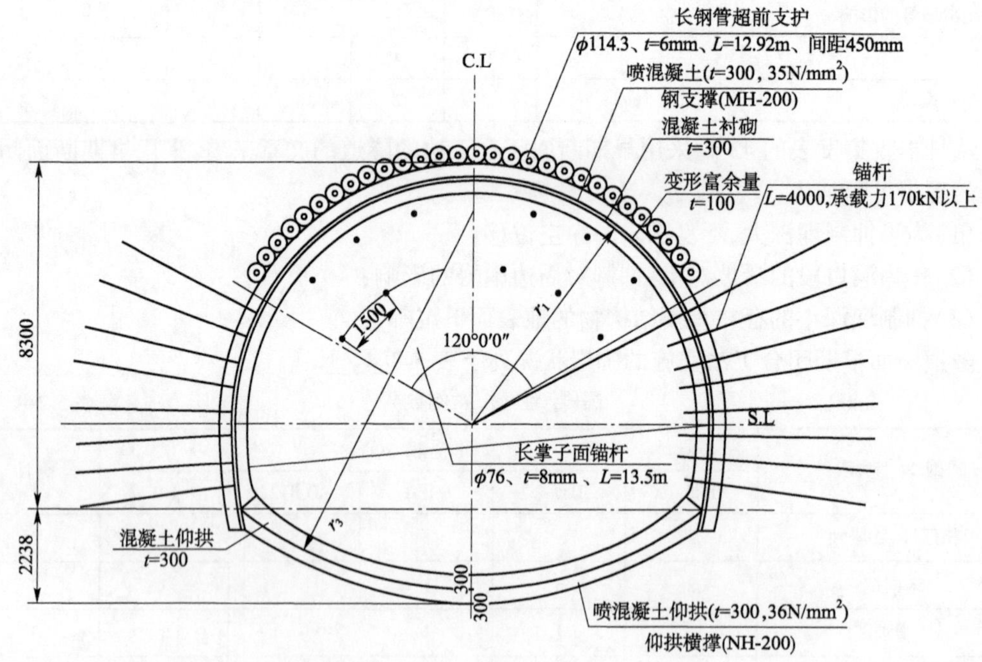

图 5-2-3　早期闭合构造(Ec1)(尺寸单位:mm)

早期闭合构造的构件与隧道支护结构规格相同。因为要缩短早期闭合距离,确保隧道的力学稳定性,抑制过大变形的发生,变形富余量应与衬砌位移速度对应,在 DⅡ级围岩设定为 0,在 E 级围岩设定为 10cm。

4. 早期闭合隧道的施工方法

全断面早期闭合方法，是按全断面开挖和每次 3m 早期闭合的模式交互施工。早期闭合距离基本上取 $L_f = 6m$。早期闭合施工单元，考虑施工性和施工速度，取 $L_c = 3m$。在早期闭合的施工步骤中，一次掘进长度为 1m，全断面开挖①、②、③的 3m，而后一次开挖仰拱④、⑤、⑥3m。设置 3 榀仰拱型钢钢架，喷混凝土在 3m 间进行喷射，开挖弃渣临时回填仰拱 3m，这样就完成了全断面早期闭合的 1 个循环。

掌子面在清除易于剥落的岩块后，修整成曲面形状，采用能够提高掌子面自稳性的稳定形状的曲面掌子面。

此曲面掌子面是由直平面和曲面构成的。掌子面开挖长度 L_s的目标是一次掘进长度 L 的 2 倍(包括架设型钢钢架的富余 0.3m)，即基本上 $L_s = 2L$。

5. 全断面早期闭合的施工管理方法

下面通过事例说明全断面早期闭合施工的管理方法。

日本七尾公路隧道长 1760m，通过的地质条件为凝灰角砾岩、白色凝灰岩层以及含砾砂岩层等，根据围岩试件的试验结果，几乎所有项目都显示是具有膨胀性的围岩。在这些地段为了抑制变形的增大，采用了全断面早期闭合的施工方法。采用全断面早期闭合区间的横断面和纵断面示于图 5-2-4 和图 5-2-5。

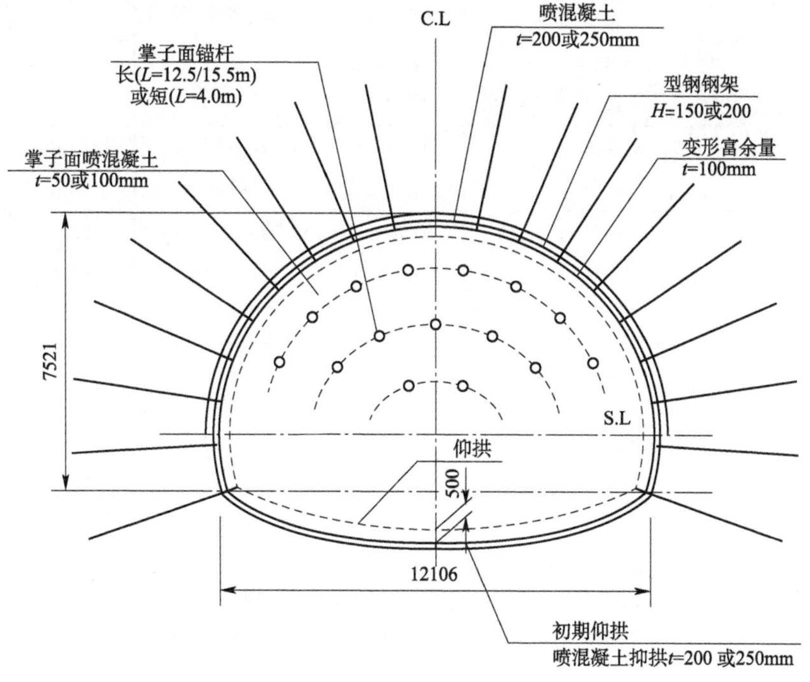

图 5-2-4　七尾隧道的横断面(全断面早期闭合区间)(尺寸单位:mm)

根据施工实际设定了表 5-2-6 所示的全断面早期闭合模式的基准。同时，根据“洞内位移的最终位移值”、“洞内位移的初期位移速度”、“掌子面评价点”三个指标设定了模式的变更基准，来综合判据是否变更模式(加强或减轻)。

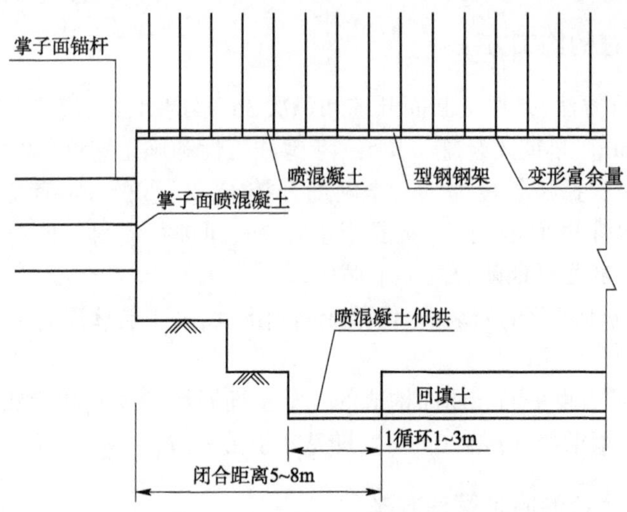

图 5-2-5　七尾隧道的纵断面(全断面早期闭合区间)

全断面早期闭合模式的基准(用于第 1 区间)　　表 5-2-6

	闭合模式等级	支护		一次仰拱		闭合距离(m)
		喷混凝土	型钢钢架	喷混凝土	钢横撑	
围岩变好(减轻)	A-1	$t=200$mm $\sigma_{ck}=19\text{N/mm}^2$	H-150 (SS400)	$t=200$mm $\sigma_{ck}=19\text{N/mm}^2$	—	9
⇕	A-2	$t=250$mm $\sigma_{ck}=19\text{N/mm}^2$	H-200 (SS400)	$t=200$mm $\sigma_{ck}=19\text{N/mm}^2$	—	9
	A-3	$t=250$mm $\sigma_{ck}=19\text{N/mm}^2$	H-200 (SS400)	$t=200$mm $\sigma_{ck}=19\text{N/mm}^2$	H-200 (SS400)	6
(加强)围岩变差	A-4	$t=250$mm $\sigma_{ck}=36\text{N/mm}^2$	H-200 (SS400)	$t=200$mm $\sigma_{ck}=36\text{N/mm}^2$	H-200 (SS400)	5
模式变更基准	加强基准: (1)最终位移值 ·拱顶下沉:40mm 以上; ·水平净空位移:90mm 以上 (2)掌子面通过后的初期位移速度 ·拱顶下沉:10mm/d 以上; ·水平净空位移:20mm/d 以上 (3)掌子面评价点下降		减轻基准: (1)最终位移值 ·拱顶下沉:25mm 以下; ·水平净空位移:50mm 以下 (2)掌子面通过后的初期位移速度 ·拱顶下沉:10mm/d 以下; ·水平净空位移:20mm/d 以下 (3)掌子面评价点上升		

七尾隧道共有四个区间,总长 366.6m,采用了全断面早期闭合工法。其洞内位移数据(最终位移值)如图 5-2-6 所示。这是隧道开挖后产生的最终位移值,不包括仰拱施工时发生的位移值。

为了合理地应用全断面早期闭合,通过七尾隧道研究了全断面早期闭合的施工管理方法。其对象是以“抑制埋深大的不良围岩的过度变形(松弛)”为目的采用的。首先,设定全断面早期闭合的施工中的管理项目(表 5-2-7),以其中比较重要的管理项目——最终位移值作为管理基准值。而后为推定最终位移值,利用初期位移速度的方法,设定初期位移速度的管理基准值。

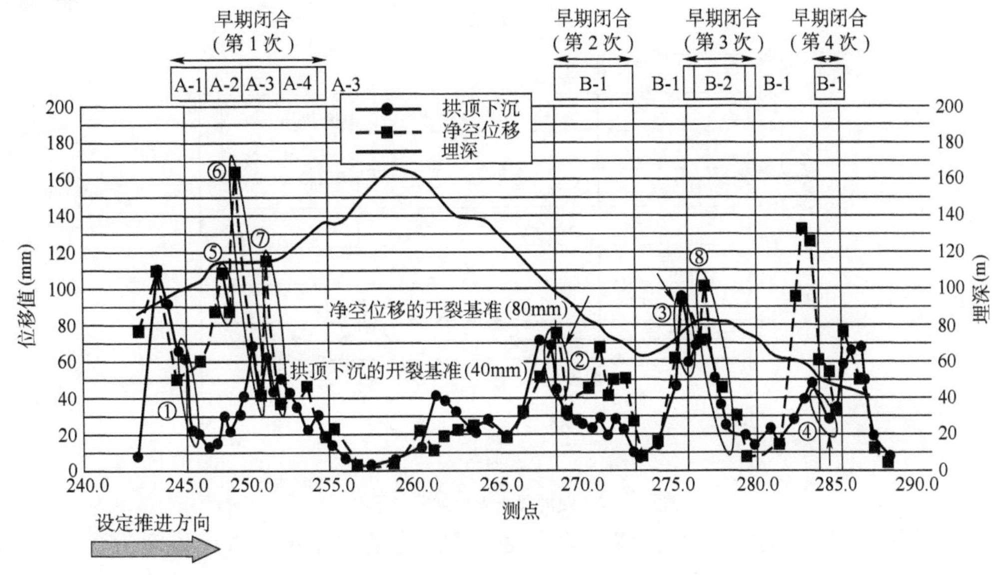

图 5-2-6 隧道扩挖时的位移值(最终位移值)

1)全断面早期闭合的管理项目

表 5-2-7 列出全断面早期闭合的管理项目。

全断面早期闭合的管理项目 表 5-2-7

管理项目	意义、地位
最终位移值	围岩及支护的重要管理项目
初期位移速度	根据开挖后的量测值推定最终位移值的大致基准
掌子面评价点(掌子面观察)	用肉眼视认围岩的同时,验证量测数据是否妥当
初期仰拱闭合后的位移速度	确认初期仰拱的闭合效果,特别是评价回填后不能视认的初期仰拱的稳定性

但在施工管理中,最终位移值,在隧道开挖后迅速判断支护的稳定性是很困难的。为此,一般都是根据初期位移速度来预测最终位移值。全断面早期闭合的场合要针对最终位移值的管理值设定初期位移速度,而利用初期位移速度的管理基准值进行施工管理。

2)最终位移值的管理基准值的确定

在七尾隧道中,根据围岩的极限应变设定最终位移值的管理基准值。施工一开始,决定以拱顶下沉 40mm,净空位移 90mm 作为基准值进行施工管理。其结果在全断面早期闭合区间,喷混凝土发生了裂缝,其裂缝状况如图 5-2-7 所示。据此,认为拱顶下沉在 30mm 以上,或者净空位移在 60mm 以上,喷混凝土会发生裂缝。

喷混凝土发生裂缝时的应变 ε 是按评价围岩稳定性基准值的“极限应变和单轴抗压强度的关系”(图 5-2-8)决定的。首先,根据下式决定喷混凝土发生裂缝时的应变 ε。

$$\varepsilon=\frac{\delta}{r}\times\frac{1}{1-\alpha}\times100=\frac{30}{6000}\times\frac{1}{1-0.4}\times100=0.9\%$$

式中:ε——喷混凝土发生裂缝时的应变;

δ——七尾隧道的喷混凝土发生裂缝时的隧道壁面位移(30mm);

r——七尾隧道的半径(600mm)；

α——隧道先行位移(取全位移的40%)。

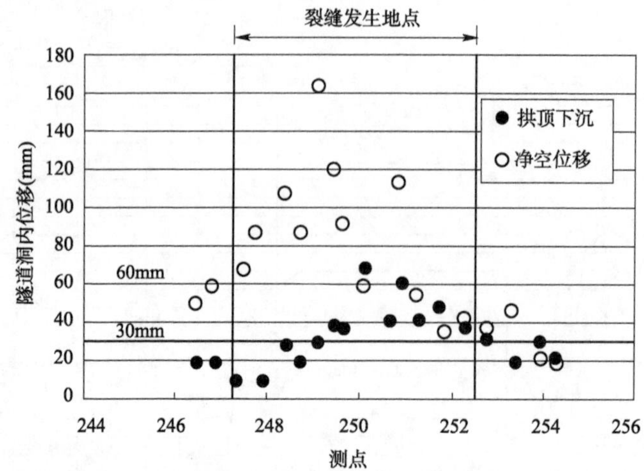

图 5-2-7　喷混凝土发生裂缝的状况

此外,调查了以往的施工实际情况,全断面早期闭合适用于单轴抗压强度为0.1～3MPa的围岩,此范围如图5-2-8所示。

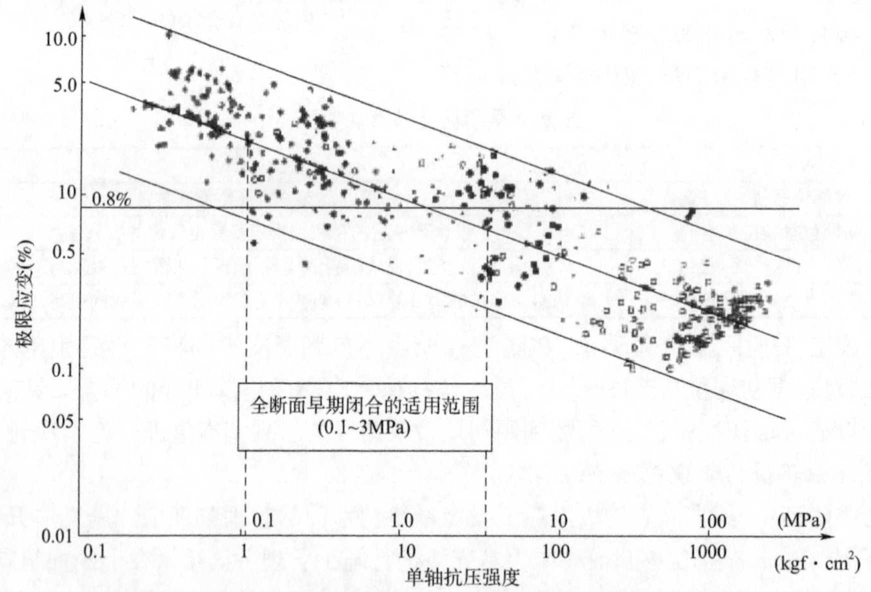

图 5-2-8　极限应变和单轴抗压强度的关系示意图

据此可得,需要采用全断面早期闭合工法的围岩,其极限应变(分布带的中央值)比喷混凝土发生裂缝时的应变大。这说明即使喷混凝土发生裂缝,也不会损伤该时点的围岩稳定性。总之,在全断面早期闭合中,喷混凝土即使发生裂缝,如采取措施及时应对,围岩也不会发生松弛。

依上所述,在全断面早期闭合中,由于完成后支护的健全状态,能够确实地发挥抑制位移的效果。为此,既要考虑围岩的稳定性,也要考虑支护的稳定性,来设定管理基准值。

在实际施工中,喷混凝土易发生裂缝,支护强度降低的场合,准备好能够迅速实施对策的体制是很重要的。

采用全断面早期闭合时,设定最终位移值的管理基准值的方法流程如图 5-2-9 所示。流程图中的“管理基准值(δ_c)的设定”,要根据左上方的极限应变和右上方的确保喷混凝土稳定两方面决定。实际上,喷混凝土等发生变异时的洞内位移的设定方法是个问题。

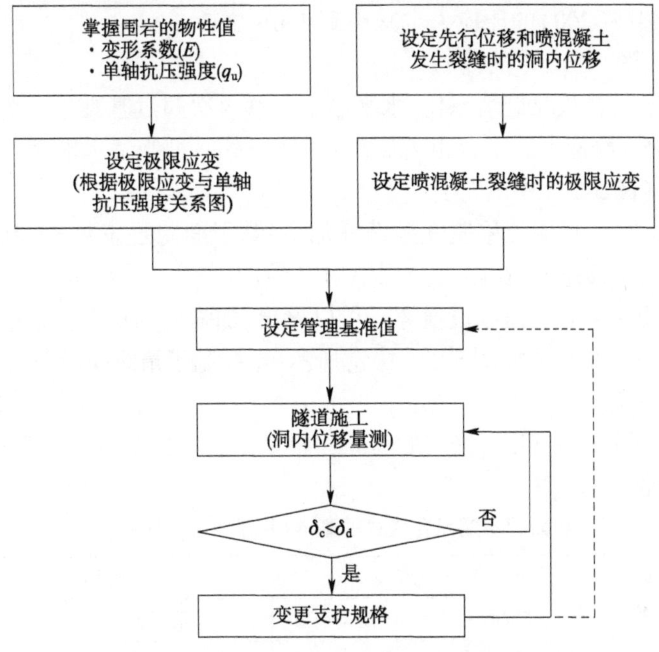

图 5-2-9 全断面早期闭合区间管理基准值设定步骤

根据七尾隧道的事例研究,如前所述,**拱顶下沉在 30mm 以上,净空位移在 60mm 以上,**喷混凝土会发生裂缝。这是根据一个施工实际得到的值,只能作为双车道公路隧道设定管理基准值的一个参考。

3)*初期位移速度的管理基准值*

如图 5-2-7 所示,喷混凝土发生裂缝时的最终位移值,是拱顶下沉 30mm,净空位移 60mm。把此值与图 5-2-7 和图 5-2-8 的回归直线相交,求出交点,其交点的值可作为初期位移速度的管理基准值的大致基准。此外,根据七尾隧道的施工实际,**将拱顶下沉速度 10mm/d,净空位移速度 20mm/d 作为大致基准。**

在实际施工中,首先全断面早期闭合开始时可参考初期位移速度的大致基准(拱顶下沉 10mm/d,净空位移 20mm/d)和最终位移值的大致基准(拱顶下沉 30mm,净空位移 60mm),设定管理基准值。全断面早期闭合开始后,反馈施工实际,来修正初期位移速度和最终位移值的管理基准值。

在实际施工中,基于施工实际修正模式采用基准如下:

(1)第 1 个区间支护模式的修正

第 1 个区间是根据表 5-2-2 的模式进行变更的。

①加强到 A-2(图 5-2-6 中的⑤)。

采用全断面早期闭合工法后，围岩状况恶化，水平净空位移超过基准(90mm)。同时根据量测，型钢钢架(H-150)的压应力从拱顶到拱肩出现很大的值(510N/mm^2)。根据此量测数据可以看出采用全断面早期闭合工法时，型钢钢架负担很大的荷载，为了发挥控制变形的效果，需要采取具有充分承载力的支护模式。

把型钢钢架改为H-200，喷混凝土厚度从200mm增加到250mm后，其结果控制了水平净空位移，型钢钢架(H-200)的压应力也减小到390N/mm^2。

②加强到A-3(图5-2-6中的⑥)。

加强到A-2后，围岩状况继续恶化，水平净空位移再次超过基准值。为此采用了仰拱横撑(H-200)，同时把一次仰拱的闭合距离从9m缩短到6m，抑制了水平净空位移的发展。

③加强到A-4(图5-2-6中的⑦)。

加强到A-3模式后，初期位移速度显著增加，在掌子面附近发生不能设置横撑的状况。为此，为了抑制初期位移速度，在隧道全周喷射高强度($\sigma_{ck}=36N/mm^2$)混凝土。一次仰拱施工循环从2m缩短到1m，迅速架设横撑。可以看出，加强前的初期位移速度是43.9mm/d，加强后是17.3mm/d。其结果如图5-2-6中⑦所示，也控制了最终位移值。

④基准的修正内容。

根据第1个区间的施工实际，修正的全断面早期闭合模式的基准列于表5-2-8。作为第2、3区间的应用基准。

全断面早期闭合模式的基准(用于第2、3区间)　　表5-2-8

围岩变化及模式变更基准	闭合模式等级	支护		一次仰拱		闭合距离(m)
		喷混凝土	型钢钢架	喷混凝土	钢横撑	
围岩变好(减轻)	B-1	$t=250mm$ $\sigma_{ck}=19N/mm^2$	H-150 (SS400)	$t=250mm$ $\sigma_{ck}=19N/mm^2$	—	9
⇕	B-2	$t=250mm$ $\sigma_{ck}=36N/mm^2$	H-200 (SS400)	$t=250mm$ $\sigma_{ck}=36N/mm^2$	—	9
	B-3	$t=250mm$ $\sigma_{ck}=36N/mm^2$	H-200 (SS400)	$t=250mm$ $\sigma_{ck}=36N/mm^2$	H-200 (SS400)	6
围岩变差(加强)	B-4	$t=250mm$ $\sigma_{ck}=36N/mm^2$	H-200 (SS400)	$t=250mm$ $\sigma_{ck}=36N/mm^2$	H-200 (SS400)	5
模式变更基准	加强基准： (1)最终位移值 ·拱顶下沉：40mm以上； ·水平净空位移：90mm以上 (2)掌子面通过后的初期位移速度 ·拱顶下沉：10mm/d以上； ·水平净空位移：20mm/d以上 (3)掌子面评价点下降			减轻基准： (1)最终位移值 ·拱顶下沉：25mm以下； ·水平净空位移：50mm以下 (2)掌子面通过后的初期位移速度 ·拱顶下沉：10mm/d以下； ·水平净空位移：20mm/d以下 (3)掌子面评价点上升		

(2)基于第3个区间施工实际的修正

①加强到B-2(图5-2-6中的⑧)。

在第3个区间优先采用高强度喷混凝土，其结果如图5-2-6的⑧所示，没有设置横撑，只用高强度喷混凝土就可以提高控制变形的效果。

但是,在优先采用高强度喷混凝土的区间,如图 5-2-10 所示,虽然在一次仰拱施工后,水平净空位移立即收敛(图 5-2-10 中的 *A*),但拱顶下沉仅抑制了位移速度,并没有收敛的趋势,而且水平净空位移在距掌子面 30m 后再次增加(图 5-2-10 中的 *B*)。

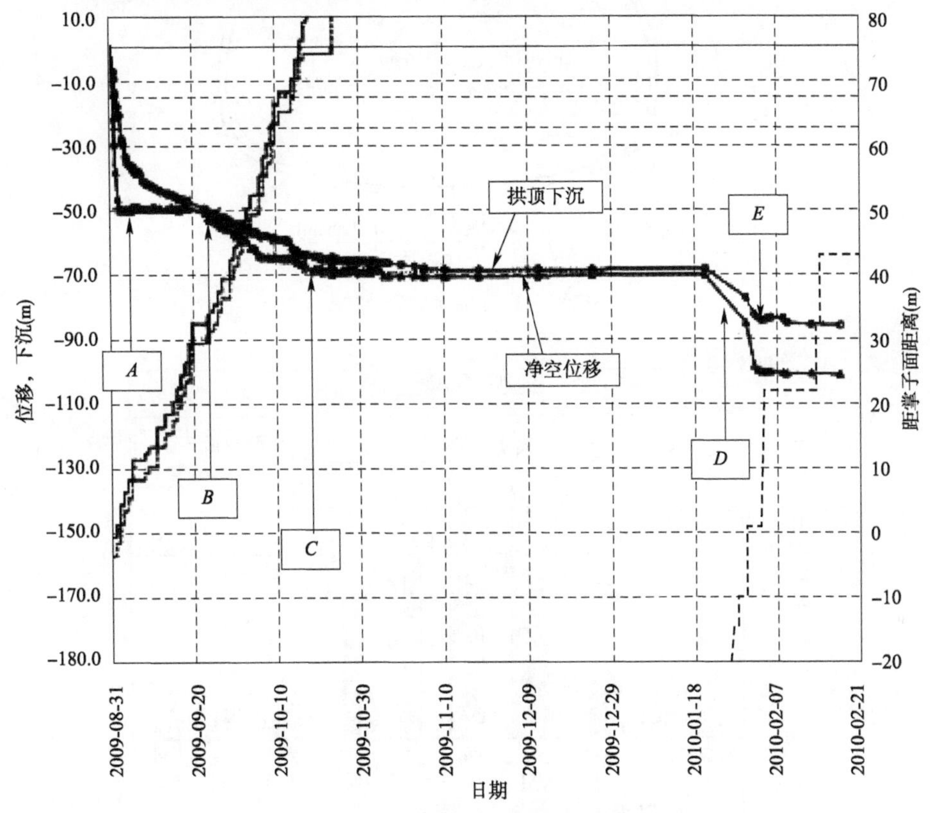

图 5-2-10　洞内位移数据

为了掌握其原因,对此进行观察,发现在隧道脚部喷混凝土发生了裂缝。隧道脚部出现很大的下沉损伤了一次仰拱的连续性。所以推定这可能是由于洞内位移不收敛造成的。

为了让洞内位移收敛,使隧道脚部一体化是很重要的。为此,如图 5-2-11 所示在脚部喷射高强度混凝土($\sigma_{ck}=36\text{N/mm}^2$)。其结果洞内位移收敛了(图 5-2-10 中的 *C*)。

但是在此区间浇注仰拱混凝土时,洞内位移再次增加了(图 5-2-10 中的 *D*)。图 5-2-12 是仰拱施工时的洞内位移数据。从此图可以看出,拱顶下沉最大位移是 19.6mm,水平净空位移是 30.9mm,都是很大的。此位移都是取掉一次仰拱上的回填物发生的,回填物的重量也起到控制隧道位移的作用。

考虑取掉回填物时的位移值,为确保净空断面达到要求,浇注了刚性大的混凝土仰拱。其结果是洞内位移收敛了(图 5-2-10 中的 *E*)。

因此,考虑仰拱施工时的稳定性设定了加强模式的基准。根据前面所述的施工实际,证实横撑与型钢钢架接续形成环状闭合体是很重要的。从一次仰拱闭合后的位移速度(表 5-2-9)来看,当一次仰拱闭合后出现 5mm/d 以上的位移速度时,在下一循环要设置横撑。修正后的基准列于表 5-2-10。

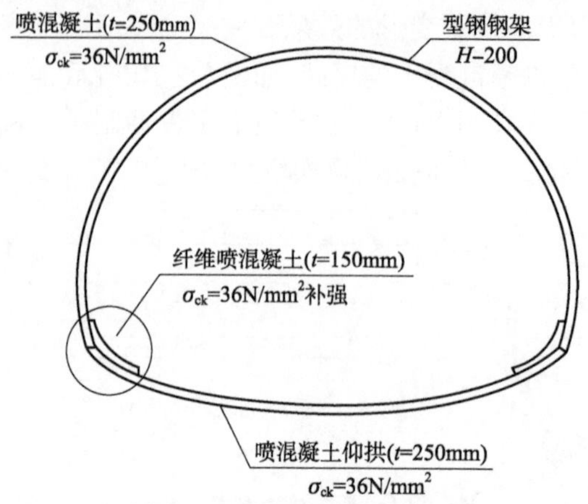

图 5-2-11　脚部加固的对策

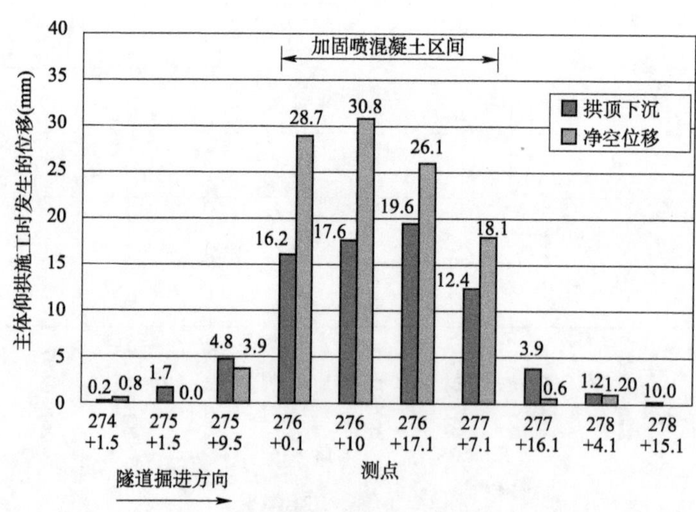

图 5-2-12　仰拱混凝土施工时的洞内位移值

一次仰拱闭合后的位移速度　　表 5-2-9

测　点	一次仰拱闭合后的位移速度(mm/d)		备　注
	拱顶下沉	水平净空位移	
276 +0.1	3.2	-0.1	
276 +10.0	9.9	0.2	喷射脚部混凝土
276 +17.1	5.1	0.4	喷射脚部混凝土
277 +7.1	5.0	0.6	喷射脚部混凝土
277 +16.1	4.0	2.6	
279 +4.1	1.9	0.9	
279 +15.1	0.9	-0.2	
279 +6.1	2.1	0.7	
279 +17.1	1.4	0.5	

全断面早期闭合模式的基准(用于第4区间)　　表5-2-10

	闭合模式等级	支护		一次仰拱		闭合距离(m)
		喷混凝土	型钢钢架	喷混凝土	钢横撑	
围岩变好 (减轻)	B-1	$t=250$mm $\sigma_{ck}=19$N/mm^2	H-200 (SS400)	$t=250$mm $\sigma_{ck}=19$N/mm^2	—	9
⇕	B-2	$t=250$mm $\sigma_{ck}=36$N/mm^2	H-200 (SS400)	$t=200$mm $\sigma_{ck}=36$N/mm^2	—	9
	B-3	$t=250$mm $\sigma_{ck}=36$N/mm^2	H-200 (SS400)	$t=250$mm $\sigma_{ck}=36$N/mm^2	H-200 (SS400)	6
(加强) 围岩变差	B-4	$t=250$mm $\sigma_{ck}=36$N/mm^2	H-200 (SS400)	$t=250$mm $\sigma_{ck}=36$N/mm^2	H-200 (SS400)	5
模式变更基准	加强基准: (1)最终位移值 ·拱顶下沉:40mm以上; ·水平净空位移:90mm以上 (2)掌子面通过后的初期位移速度 ·拱顶下沉:10mm/d以上; ·水平净空位移:20mm/d以上 (3)掌子面评价点下降 (4)闭合后的掌子面位移速度 ·拱顶下沉:5mm/d以上; ·水平净空位移:5mm/d以上			降低基准: (1)最终位移值 ·拱顶下沉:25mm以下; ·水平净空位移:50mm以下 (2)掌子面通过后的初期位移速度 ·拱顶下沉:10mm/d以下; ·水平净空位移:20mm/d以下 (3)掌子面评价点上升		

6. 软弱围岩隧道大断面施工技术的基本经验

从总结国内外软弱围岩施工的实例,特别是开挖断面早期闭合的事例中,我们可以吸取一些经验,归纳如下:

(1)尽可能地采用大断面开挖技术,是实施"快挖"的前提条件。

在技术条件成熟时,可选择全断面法或超短台阶的全断面法;日本的隧道工程,基本上采用全断面法和超短台阶的全断面法。根据统计,日本在建和已建的隧道70%以上是采用台阶法施工的。开挖进尺大都控制在1.0~2.0m之内,最差的采用1.0m,最好的也不超过2.0m。即采用我们所谓的"短进尺、多循环"的开挖循环方式。实际上,在有足够长的超前支护的条件下,进尺采用不小于1.0m是比较合适的。

(2)采取有力措施缩短开挖循环的作业时间,如多数采用单臂掘进机开挖、机械架设型钢钢架、锚杆机械手、大容量的喷混凝土机等,确保在要求的闭合距离内完成相应的作业。

(3)施工机械也很有针对性,如能够从下半断面进行上半断面开挖的钻孔机械、预先打设拱脚锚杆或锚管的施工机械等。应该说,提高施工的安全性,施工机械的开发与应用起着重要的作用。例如,首先从掌子面撤出作业人员,而采用远距离控制处于掌子面的机械进行开挖作业,是目前世界各国都在实施或研究的方法。

(4)"快支"包括两方面,一个是初期支护,一个是预支护。在初期支护不能控制围岩松弛(变形)的条件下,必须采取预支护的对策,变被动为主动。

(5)按围岩分级选定初期支护参数、钢架量测数据判断,初期支护不能满足控制变形要求时,主要采取变更其规格,而不是采取增加厚度、加密间距等方法。如采用高强度喷混凝土、变更钢架的规格、增加短超前支护(如小导管)等。因为无论是增加喷混凝土厚度,还是缩短钢架的间距,都将增加该项作业的时间,并无谓地扩大开挖断面,从安全性和经济性上看是不利的。

(6)采用解析方法或经验预计隧道开挖后可能发生的变形的量级,这是最大的难题。日本规定,软弱围岩隧道量测到的位移超过100mm(围岩的单轴抗压强度为5MPa,极限应变为2.0%,开挖半径为5.0m,可能量测的位移是总位移值的50%条件下的净空位移值),就属于大变形的范畴。量测位移超过100mm就意味实际位移可能超过200mm。因此,日本是以100mm作为一个基准。也就是说,在软弱围岩隧道必须采取各种措施把**量测位移**控制在100mm以内。这也是日本隧道在极为软弱围岩中设置预留变形量的一个基准(在其他情况下均不设预留变形量)。

因此。建议施工目标就是把**量测位移**控制在100mm以内。

当挤出位移较大时(例如根据计算或量测预测可能超过50mm时),必须采用补强围岩的对策予以控制。

在台阶法中,控制脚部下沉异常重要,要预先采用预加固对策对脚部围岩予以补强。

(7)"快闭合"指尽可能地缩短闭合距离,让开挖断面早期闭合。一般说,闭合距离应控制在开挖断面宽度1倍以内。也就是说,开挖后到变形收敛的距离也应在这个距离内完成。断面越大这个距离要相应缩短;日本收集了30座发生挤压性大变形隧道的实例,其中72%是采用所谓的超短台阶的全断面法。在通过断层破碎带和围岩强度应力比在0.7~1.2的软弱破碎的蛇纹岩地带的三远公路隧道中,断面闭合距离取距上半断面掌子面7~9m,而意大利采用全断面法开挖时,闭合距离只有0.5*D*左右。

(8)必须坚持二次衬砌在变形收敛后设置的原则。即二次衬砌不承载的原则。只要各项技术到位,是完全可以做到这一点的。但在断层破碎带以及特殊围岩中,为了承受可能产生的"后荷"现象,必须修筑二次衬砌(这意味着,在其他场合,可以不修筑二次衬砌,把初期支护+围岩作为永久支护)。

(9)重视对揭露的掌子面围岩的观察,加强初期位移速度的量测,为预测最终位移值创造良好条件。

(10)把**"技术到位",技术上"精益求精"作为重点**,加强施工管理。

在大规模的隧道工程建设中,我们存在一个非常实际的问题,就是技术不到位。如果这个问题解决了,很多不应该出现的问题将"迎刃而解"。例如喷混凝土,我们要求一天的初期强度达到9~10MPa,要求锚杆都要设置垫板,钢架要求与围岩或喷混凝土密贴等,都存在技术不到位的问题。由此引发的大变形、塌方等事例是不少的。

开挖断面早期闭合的方法,普遍适用于软弱围岩及特殊围岩。特别是对控制大变形具有指导意义。我们在实际施工中也开始体会出这种方法的价值,也积累了一些经验。把掌子面前方围岩的补强与掌子面后方开挖断面早期闭合结合在一起,在有水的条件下,再把掌子面前方围岩的超前钻孔预测组合在一起,是解决不良围岩隧道施工的基本方法。

三、构筑衬砌厚度偏差小的二次衬砌

目前的二次衬砌施工，喷混凝土是在开挖作业完成后，立即施作的，因为被覆隧道开挖面，可以促使隧道早期稳定。由于是沿围岩暴露面施工的，所以喷射后，会与围岩表面同样产生凹凸不平。为此，考虑防水板的铺设与凹凸的关系，要留有适度的富余。但防水板的富余过大和富余不足，都会造成防水板的扭曲和拉伸，这不仅是防水板破损的主因，也是衬砌混凝土充填不足而产生空洞的主因。此外，衬砌背面的凹凸约束了混凝土的收缩动态，也是发生有害裂缝的主因。因此，造成二次衬砌背面不平整、衬砌厚度厚薄不匀。为了消除上述衬砌施工中的问题，日本在一些隧道中，结合防水板铺设进行了衬砌背面平滑化的衬砌施工技术的试验研究。

为了改进防水板的铺设工艺，日本近期在修建东京都最后一条通向筑波的一些铁路隧道中采用了一种改进的防水板铺设方法。此法是把防水板直接铺设在防水板台车上，焊接成要求宽度的防水板。并用活动模板台车把防水板设置在规定的位置，固定好，而后向防水板和喷混凝土间的空隙灌注回填的充填材料。其施工顺序如图 5-3-1 所示。

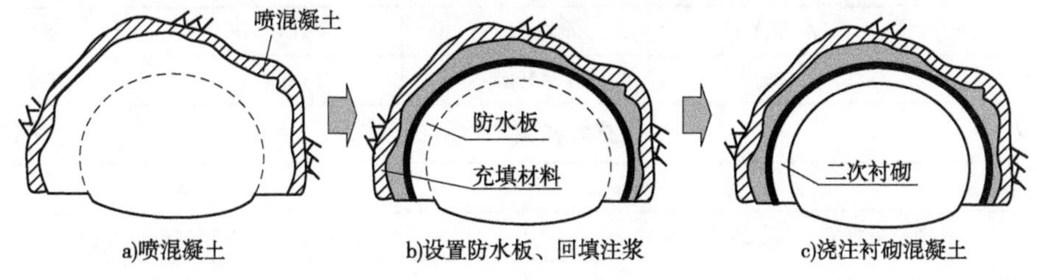

图 5-3-1　施工顺序

在此工法的启发下，形成了构筑衬砌背面平顺的，厚度偏差小的衬砌工法。衬砌施工如图 5-3-2 所示。

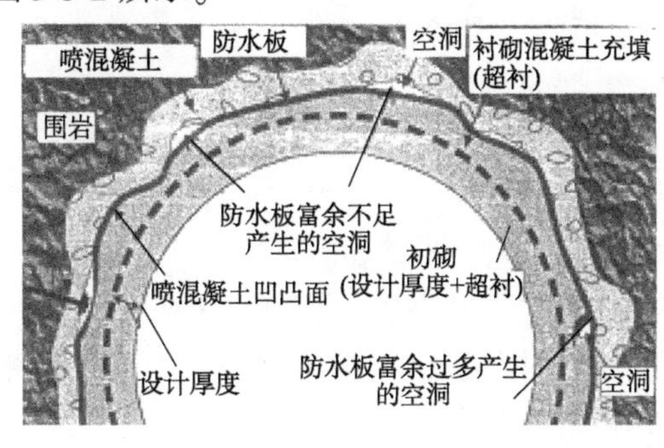

a)过去的衬砌施工

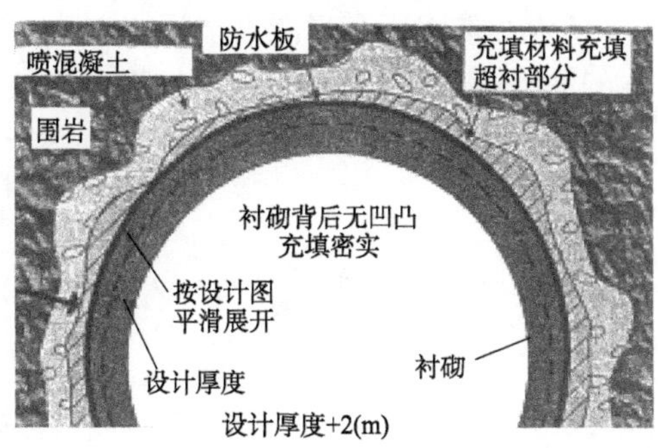

b)改进后的衬砌施工

图 5-3-2　衬砌施工图

新工法是用与衬砌施工的活动模板不同的专用模板（以下称为专用模板）进行施工的。把防水板在专用模板上展开，喷混凝土和防水板间的空隙时，用喷混凝土泵把现场拌和的砂浆等作为充填材料压注到空隙中，构筑防水板表面平滑的形状，背面没有凹凸的衬砌工法。

本工法的施工需要专用模板及充填注浆泵，其他均可采用过去工法的机材和设备，不需要特殊的技术就能够提高衬砌的质量。

由于防水板的展开实现了机械化，解放了过去防水板固定等人力作业。

此外，由于采用6.3m的宽幅防水板，在现场焊接的点减少1/3，同时，由于机械化铺设，也大幅度地提高了焊接作业效率和焊接的可靠性。在混凝土的浇注作业中，由于防水板面平滑，也提高了堵头板安装及捣固的作业效率。

采用本工法时，在专用模板和充填注浆泵的设备方面增加了成本。但充填比超衬的混凝土便宜的砂浆材料，而且防水板不需要富余等，从施工的综合效果比较，整体成本是缩减的。

本工法采用的防水板与过去一般采用的相同。防水板本体（厚0.8mm）和缓冲材料（厚3mm）构成的防水板。因为防水板是在专用模板上用卷扬机展开的，有可能采用与专用模板相适应的宽幅防水板。在工程试验中采用的宽幅防水板是用过去2.2m防水板在工厂焊接加工成6.3m宽的防水板，用滚筒搬入作业地点。宽幅防水板也有加工到9m的事例。

充填材料的配比如表5-3-1所示，充填材料的性能要求，抗压强度与衬砌混凝土相同，为18N/mm^2，充填性根据本工法的实践，规定为能够自由流动性的流动值为150～200mm，根据试验拌和决定（表5-3-2）。

充填材料配比 表5-3-1

普通水泥 C(kg)	水 W(kg)	碎砂 S(kg)	W/C(%)	S/C
563	366	1190	65	2.11

充填材料的性能 表5-3-2

项 目	性 能
管理材龄强度（材龄28d）	18N/mm^2（与喷混凝土相同）
充填性	砂浆流动值：150～200mm
附着强度（模板脱模时）	0.03N/mm^{2}以上

充填材料的作用：

(1)充填防水板和喷混凝土间的空隙，确保防水板的平滑性；

(2)填充衬砌背面的空隙，实现背面的密实构造，防止压馈等变异；

(3)使防水板（背后缓冲材料）和喷混凝土成为一体。

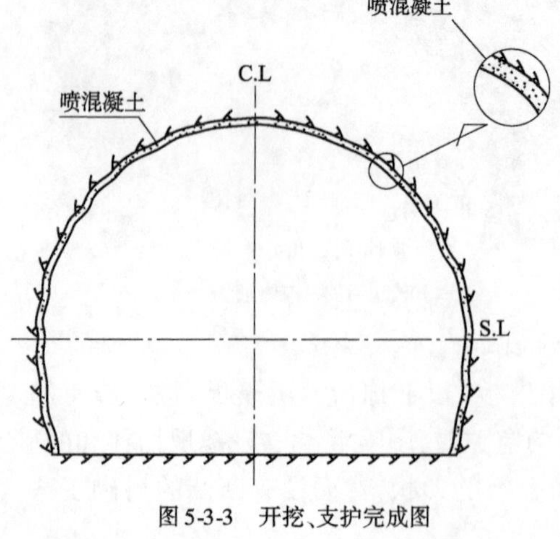

图5-3-3 开挖、支护完成图

本工法的施工步骤如下：

(1)开挖、支护完成，如图5-3-3所示。

(2)专用模板就位，在专用模板上展开防水板，如图5-3-4所示。

(3)压注充填材料，如图5-3-5所示。

(4)养生后脱模、移位，如图5-3-6所示。

基本的作业循环，白天按脱模—移动—注浆准备—注浆—清理进行，夜间是充填材料的养生时间。

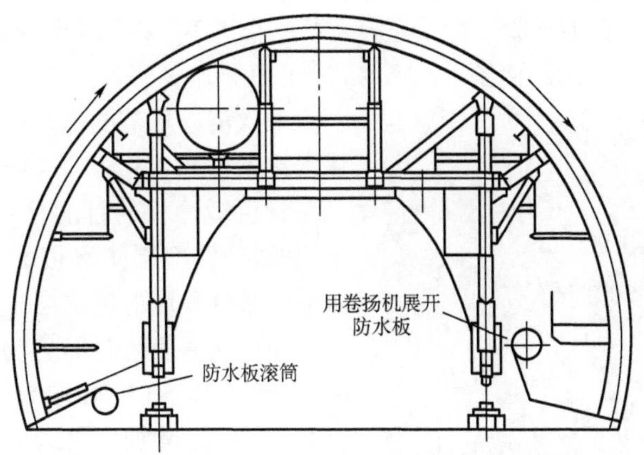

图 5-3-4 防水板的展开方法

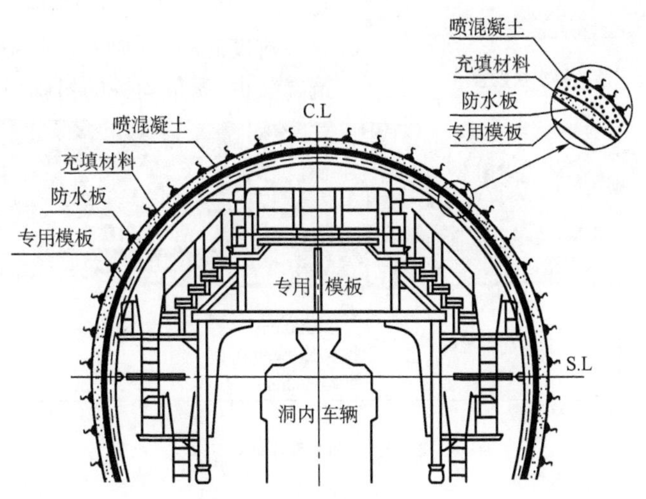

图 5-3-5 压注充填材料

对于衬砌混凝土的浇注,因为防水板表面是平滑的,没有阻碍混凝土在模板内的流动性,也提高了捣固作业的可靠性及施工性。

因为没有超衬的多量混凝土的浇注,一个环节的浇注可节省 2.5h。不管哪一跨,浇注量几乎是一定的,能够防止由于追加混凝土而等待而造成管路闭塞和冷缝的发生。

衬砌混凝土达到根据解析规定的脱模强度就可以脱模,基本上是 2 天浇注一次混凝土,浇注时间的缩短,相对可以延长养生时间。

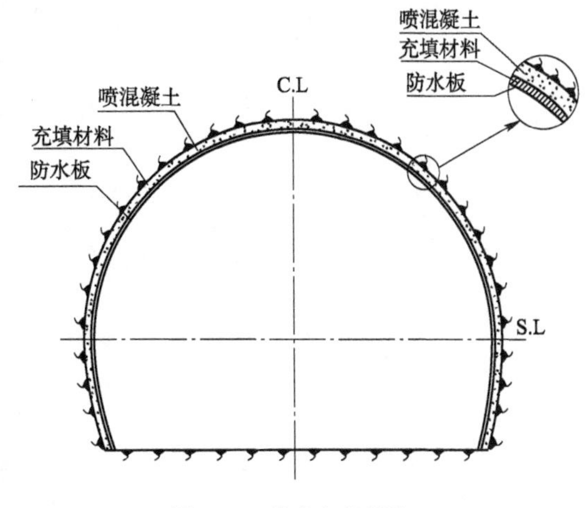

图 5-3-6 作业完成后图

因为此工法要在喷混凝土和防水板间的空隙注入充填砂浆等充填材料,可能会损伤无纺布部分的导水性,因此要充分考虑对涌水的处理。考虑排水功能的重要性,在此法中不管开挖时有无涌水,均在喷混凝土侧设置排水板。图5-3-7是在喷混凝土面设置排水板的概貌。图5-3-8是涌水处理的断面图。

图5-3-7 施工前的排水板设置示例

一次浇注环节的平均浇注量约29.6m,平均注入速度为5.8m/h,平均浇注时间约5h。

背后缓冲材的目的是缓冲防水板和喷混凝土间的接触,抑制防水板的破损,以便在衬砌背面形成某种程度的透水层。

脱模前的养生时间约为16.5h,根据过去工法预计的14h,推定衬砌本体强度是2.3N/mm²(14h养生),增加到3.2N/mm²(16.5h养生)(图5-3-9)。本工法浇注时间的缩短,有利于混凝土结构极为重要的初期强度的发现。

衬砌混凝土的厚度是300~345mm,能够构筑离散少、质量均一的衬砌(表5-3-3)。

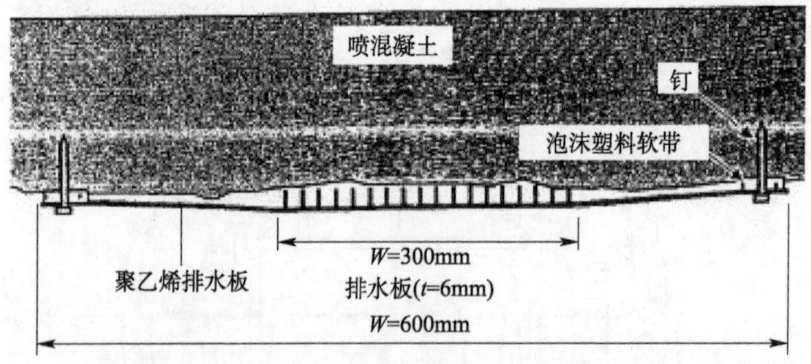

图5-3-8 涌水处理的断面图

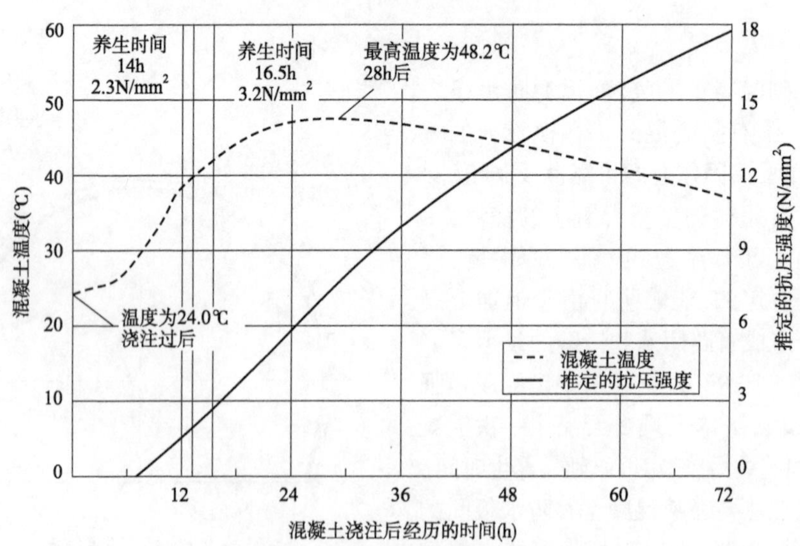

图5-3-9 衬砌本体强度的发展

衬 砌 厚 度(mm) 表5-3-3

衬　　砌	衬砌混凝土	充 填 材 料
设计厚度	300	—
实测平均厚度	315	226
标准偏差	9	135

注:实测平均厚度是在每跨端部,共7个测点处测定的结果。

此工法同时改善了防水板的铺设工艺。工程试验的结果证实,此法的优点如下:

(1)提高防水性

- 可把一定长度的防水板,在厂内加工成要求的长度并运入施工现场,减少了现场的焊接作业;
- 减少了锚杆头部的突出对防水板的破损;
- 减少了钢筋组装作业的破损,容易补修;
- 因为防水板与喷混凝土是密实的,能够形成牢固的防水屏障。

(2)提高衬砌混凝土的品质

- 拱厚一定而且均匀;
- 提高衬砌与喷混凝土的隔离效果;
- 不妨碍防水板侧的混凝土充填,形成与混凝土密着的构造。

(3)降低成本,与过去的防水板铺设方法,成本基本相同

- 即使降低防水板的品质,防水效果也是充分的;
- 不需要修补喷混凝土地凹凸部,对掌子面循环无影响;
- 能够适应不同情况(全断面、半断面等)的防水要求。

(4)降低作业环境、周边环境的负荷

- 防水板的铺设可以采用人力或机械方式,作业强度低;
- 实现了防水板从焊接到铺设、回填压注一体化施工。

此工法已在日本数十座隧道中推广应用,效果良好。

寒区隧道发生结冰对隧道的适应性影响很大,因此,对其防水性要求较高。要求进入隧道内的冷空气不使衬砌背面侧的涌水冻结也是很重要的。为此,采取的对策是在防水板表面喷射硬质尿烷作为隔热层,设置在衬砌背面防止冻结。但过去的方法是在防水板和喷混凝土间有空洞的状态下喷射的,这是不得已的。在衬砌背面平滑化的施工技术中,因为没有空洞,可以提高防止冻结的效果,提高其耐久性。此外,隔热层的喷射厚度的管理也比较容易,品质的离散性、施工数量都大为改善,与过去方法相比是经济的。

四、大变形的控制技术

从20年前的家竹箐隧道的大变形起,我们修建了许多所谓的"大变形"隧道,虽然真假莫辨,但也应该从这些隧道的修建实践中积累了不少的经验和教训。然而到今天,谈起大变形,我们好像仍然是束手无策,议论纷纷。譬如说,对于什么叫大变形,大变形是如何发生的,什么样的围岩易于发生大变形,如何有效地整治大变形等问题,大家都是众说纷纭,并没

有得到根本性的解决。其原因何在？值得深思。

实际上，从目前积累的经验和教训看，我们已经认识到以下几点：

(1)不是所有的围岩都会发生大变形，可能发生大变形的围岩是少数。因此，搞清楚哪些围岩可能易于发生大变形，是很重要的。

(2)施工中围岩发生过度松弛是发生大变形的基本原因，控制大变形就必须控制围岩开挖后可能发生的过度松弛。因此，搞清楚那些可能发生大变形围岩的变形动态，则是有效整治大变形的关键。

(3)工程实践充分证实，以现有的技术，只要技术得法、技术管理到位，大变形是完全可以控制的。

经验告诉我们，要从根本上解决大变形问题，必须解决以下几个问题：

(1)大变形的定义；

(2)隧道开挖后的变形动态、软弱围岩开挖后变形的基本概念；

(3)易于发生大变形的围岩条件及环境条件；

(4)大变形的分级及其控制机制；

(5)控制大变形的基本技术。

1. 大变形的定义

首先要说明大变形的概念，这要从隧道开挖后的变形动态说起。过去我们对隧道开挖后的变形动态的认识，多数是从二维的变形动态，即隧道开挖后围岩的径向变形为主进行研究。大变形也是其中的一个表现。但实际上，隧道开挖后的变形动态是三维的，不仅产生径向变形，也同时发生纵向变形，如掌子面纵向挤出变形就是一例。因此，近期特别是在软弱围岩开挖后变形动态的研究中，考虑纵向变形对隧道围岩稳定性影响的研究越来越多就是一个明显的进展。

经验和理论都充分表明：在隧道开挖后的大变形研究中，更不能忽视隧道开挖后纵向变形的影响。

一般说，围岩作为一种特殊天然材料，与其他材料一样，也具有固有的变形特性。但解决围岩的变形特性问题，远较单纯地解决岩石或土的变形问题难得多。因为围岩是由构造不同、岩性不同的岩石或土构成的，具有强烈的不均质性和不确定性。其次，围岩条件沿隧道纵向的变化频繁、时软时硬，其变形动态也是变化的，因此，开挖后的变形动态，很难用单一的模式表述，而是这些围岩特性的综合反应。因此，在一些充满模糊假定的理论研究中，难以获得满意的结果是可以理解的。

经验和理论研究表明：变形研究，特别是大变形的研究要以**开挖后大量揭露的掌子面的围岩状况为基础，结合经验判定，利用统计分析等方法进行研究。**

如果仅仅从变形的角度出发，开挖后发生弹性变形是必然的，也是容许的，发生少许塑性变形也是容许的，但不容许发生超过围岩极限应变的变形。因为超过极限应变的变形，实质上是围岩稳定性开始丧失的变形，所以这是不容许的。因此，从理论上说，如把容许变形值定义为围岩极限应变的变形，或者定义为容许发生一定塑性变形的变形，则**超过容许变形值的变形都可定义为大变形或过度松弛变形。**

例如,日本樱井教授,在早期的岩石的应力—应变特性的研究中给出的岩石单轴抗压强度与极限应变的关系如图 5-4-1 所示。并提出极限应变超过 0.8% ~1.0% 的围岩易于发生大变形。

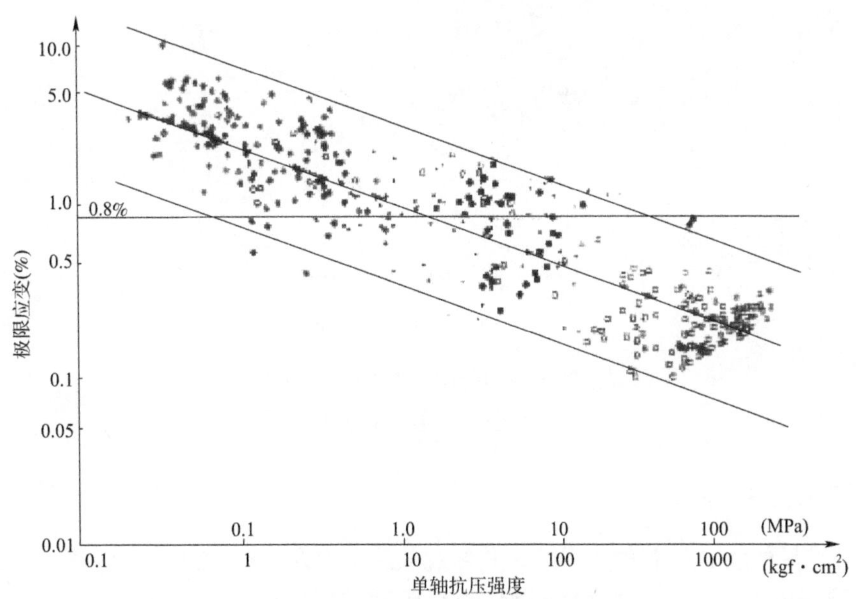

图 5-4-1 极限应变和单轴抗压强度的关系示意图

据此,日本一般把超过 100mm(单轴抗压强度为 5MPa,极限应变为 2.0%,开挖半径为 5.0m,可能量测的位移是总位移值的 50% 条件下的净空位移值)的位移定义为大变形。也就是说,把预测可能发生的全位移超过 200mm 的变形,谓之大变形。因此,在隧道施工中,原则上,日本都要求把能够量测到的变形控制在 100mm 以内。或者,根据初期位移速度把全位移控制在 200mm 以内。

Chern(1998)根据图 5-4-2 给出的围岩强度与隧道应变的统计数据,认为隧道的“应变”如超过约 1%,隧道的稳定性就会发生问题。因此定义隧道应变超过 1%,称之为大变形。1% 的概念是:在隧道直径为 10m 的场合,能够量测到的净空位移为 100mm。与日本的要求基本相同。

从图 5-4-1、图 5-4-2 可以看出,可能发生大变形的单轴抗压强度(或围岩强度)都在 0.1 ~ 1.0MPa 范围之内。

这种观点,在理论上是有意义的,但在实际应用中,还存在一定困难。最大的困难是:围岩的极限应变如何确定。可以肯定地说,不能单纯地用岩石的单轴抗压强度确定。用本来就是模糊概念的围岩抗压强度确定,也有困难。因此,如何从应用角度确定围岩极限应变或围岩强度等仍然是一个难题。最好的办法,就是按围岩级别,通过大量的数据统计直接给出相应的极限应变(或容许应变)值或围岩强度值。我们修建了上万公里的山岭隧道,如果能够通过统计分析隧道围岩级别与隧道应变或围岩强度的关系(类似图 5-4-2 的关系),这个问题就可迎刃而解。因此,建立大变形隧道的数据库,是非常重要的。

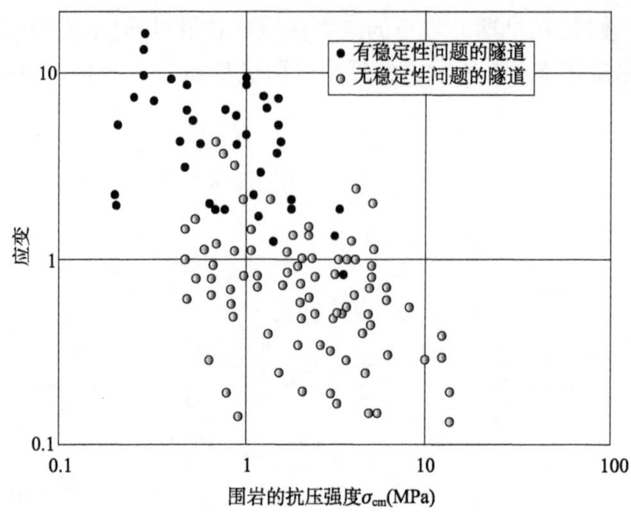

图 5-4-2　围岩强度和应变的关系

注：应变 $=\frac{\text{净空位移}}{\text{隧道直径}}\times 100\%$。

2. 大变形发生的机制

围岩开挖后的动态是多种多样的。其外观的综合表现，就是**变形（包括掌子面的挤出变形、体积膨胀的变形）、掉块、滑移或松弛（动）、流动、崩解等。**过去仅仅用"变形"一词很难概括隧道开挖后的围岩动态。围岩开挖后动态的不同，决定了对应的支护对策和施工方法的不同。仅从变形的概念出发，可以看出可能发生大变形动态的围岩主要指：易于发生塑性动态（初期挤压或岩石膨胀）的挤压性围岩或膨胀性围岩以及浅埋的松散围岩。

一般说发生大变形都与掌子面的稳定性有关。例如意大利学者 Pietro Lunardi 教授提出的掌子面前方围岩的变形响应，具有图 5-4-3 所示的 3 个可能的状态。即：

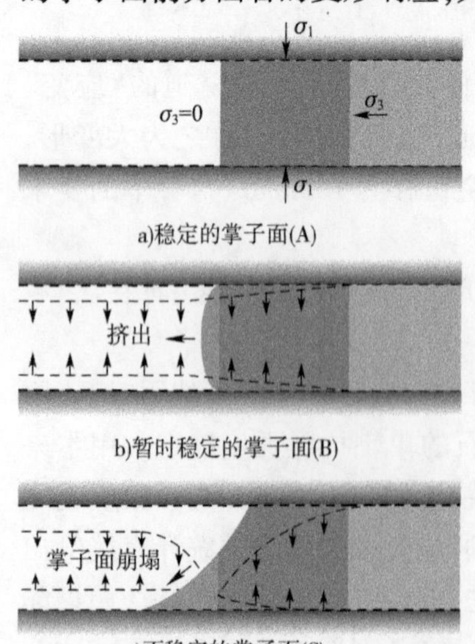

图 5-4-3　掌子面动态的分类

- 稳定的掌子面动态［图 5-4-3a）］；
- 暂时稳定的掌子面动态［图 5-4-3b）］；
- 不稳定的掌子面动态［图 5-4-3c）］。

稳定的掌子面动态（A）是自身形成稳定的状态。B 和 C 的动态是属于暂时稳定和不稳定的状态，为使它们处于 A 的稳定状态，就必须采取事前的约束围岩的对策。此分类的重要性在于：隧道变形，不能仅仅考虑平面变形，也必须考虑掌子面的纵向变形，即我们所谓的掌子面挤出（压）变形。意大利 Pietro Lunardi 教授，利用三维解析方法得到的掌子面前方围岩开挖后产生的塑性区如图 5-4-4 所示，此图说明，掌子面后方的变形动态与掌子面前方围岩的动态是紧密相关的，如果能够控制掌子面前方围岩塑性区的发展，就可以极大地减小掌子面后方围岩的变形。同时也说明，**易于发生大变形的围岩，必然伴随发生较大**

的掌子面挤出变形，两者是密切相关的。过去单纯地考虑掌子面后方围岩动态的做法是有待商榷的。

结合上述两种围岩动态的分类方法，隧道开挖后的三维变形动态如图5-4-5所示。

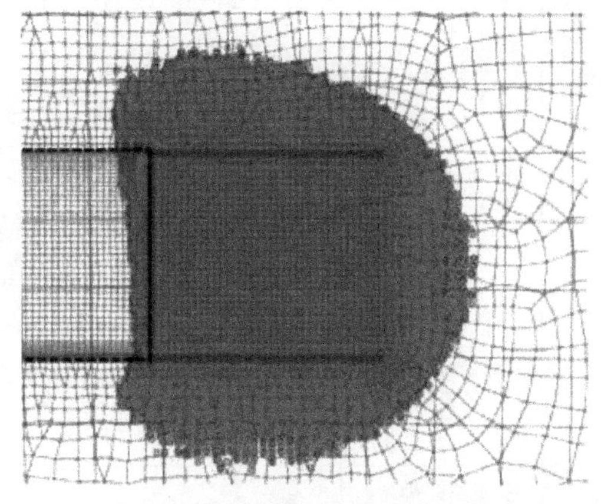

图5-4-4 隧道掌子面前方围岩塑性区

图5-4-5所示为软弱围岩隧道开挖后的变形动态的基本概念。不管变形大小，整治变形的技术都应以此为基础展开。例如，在一般变形条件下，只要控制好净空位移（或拱顶下沉）即可，但对大变形来说，其整治的重点就应放在先行位移和掌子面变形上，即掌子面前方围岩的变形上。实际上我们过去经常采用的留核心土或超前支护的方法，就是维护掌子面稳定的方法之一。但对控制大变形来说，仅仅用留核心土或超前支护的方法有时也是勉为其难、力不从心的，需要采取更强有力的方法才行，如近期出现的补强掌子面前方围岩的方法，发展极为迅速，就是明显的例证。

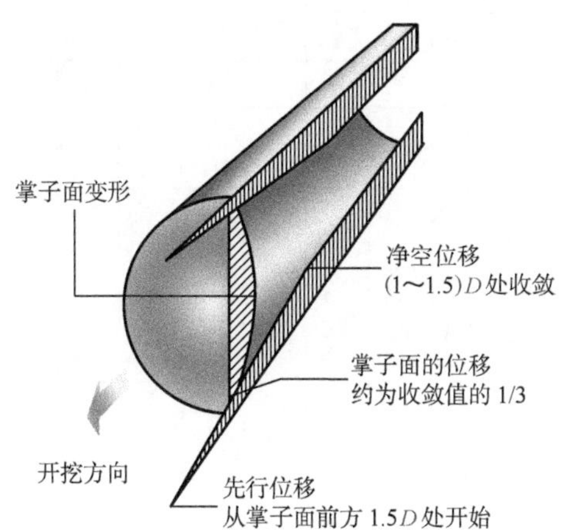

图5-4-5 隧道开挖后围岩三维动态概念图

3.易于发生大变形的围岩条件及环境条件

为了分析易于发生大变形的围岩条件及环境条件，日本对国内易于发生大变形的挤压性围岩，建立了挤压大变形隧道数据库（表5-4-1），可供参考。

（1）收集的32个实例（其中包括意大利2例）分别发生在泥岩、凝灰岩、蛇纹岩等软岩中，其中泥岩占了一半；

（2）围岩强度应力比多数在1.0以下，占总数的2/3以上；

（3）单轴抗压强度多数在1.0MPa以下，也占总数的2/3左右；

（4）埋深小于50m的占总数的1/3以上。

挤压大变形隧道数据库

表 5-4-1

岩类	编号	隧道名称	施工时间(年)	区间长(全长)(m)	单轴抗压强度(MPa)	埋深(m)	围岩强度应力比	支护构造变更前后	开挖工法	支护构造				衬砌(含仰拱)	位移值(mm)		闭合距离(m)(闭合天数)	掌子面稳定对策					增打锚杆	位移控制对策									返工
										喷混凝土	锚杆	型钢钢架	变形富余量(mm)		拱顶下沉	净空位移		掌子面锚杆	长掌子面锚杆	小导管	长钢管支护	其他		增喷混凝土	脚部扩大钢架	脚部补强锚杆	临时仰拱	注浆	早期闭合			其他	
																													横撑	喷混凝土	仰拱		
泥岩	1		1989～1991	348(474)	0.4	40	0.4	前	台阶法	19	4m×18根	H150，间距1.0m	10	30(50)	100以上	200以上							○		○		○			○	○		
								后		20	4m×18根	H150，间距1.0m	10		50	20				○					○						○		
	2		1987～1994	380(2124)	0.3～1.0	110	0.19～1.0	前	台阶法	355SFRC	4m×18根	H150间距1.0m	上:35 下:25	80(80)	3120	2997		○		○	○		○	○	○	○	○	○	○	○	○		○
								后	圆形导坑超前	35SFRC	4m×18根	H150，间距1.0m	上:35 下:25		85	33									○		○		○	○	○		
	3		1973～1995	2500(9117)	0.14	150	0.08	后	中央导坑超前	分3层喷射SFRC		1层:H175@0.5m;2层:H150@0.5m	上:15 下:10	20SFRC			1.5	○										○	○	○			
	4		1992～1996	390(4303)	3.1	240	0.56	前	台阶法	25	4m×29根	H200，间距1.0m	15	35(50)	112	180		○							○	○	○		○	○			○
								后	上断面超	35二次25SFRC		H200，间距1.0m	15	SFRC10(SFRC10)	20	60	8	○											○	○			
	5		1994～1996	296(831)	1.5	50	1.1	后	3台阶法	10	6m×20根，自钻式	H150，间距1.0m	15	30(45)	150	210	25(25d)	○		○		留核心土	○				○	○			○		
	6		1996～1998	95(210)	0.3	39	0.35	前	台阶法	10	4m×8根	H150，间距1.0m	30	165	210												○			○	○		
								后		10	6m×10根	H150，间距1.0m		75													○				○		
	7		1991～1998	242(242)		40		前	台阶法	25	4m×8根	H200，间距1.0m		35	190	280		○									○				○		
								后		25	4m×25根	H200，间距1.0m	10		95	60	9	○							○	○					○		
	8		1994～1999	2590	0.9～4.8	150	0.3～1.9	后	超短台阶	30仰拱20	4m×10根	H200，间距1.0m	上:25 下:15	40(60)		100	5				○				○		○		○	○			
	9		1995～1999	107(1025)	0.8	30	1.3	前	台阶法	20	4m×10根	H200，间距1.0m		30(50)	600	150																	
								后	台阶法	25	4m×18根	H150，间距1.0m			200	160	20					高压旋喷			○		○		○	○	○	高压旋喷	
	10		1997～1999	115(267)	0.1	14	0.1	后	侧壁导坑	25仰拱25		H200，间距1.0m		45(50)	19	13		○	○		○			○		○	○			○			
	11		1999～2004	150(1045)	0.59	47	0.7	前	台阶法	25	6m×26根	H250，间距1.0m(含仰拱)	全周20	SFRC80	221	692	8(10d)	○		○	○		○						○	○			
								后	中央导坑超前	25	6m×26根	H250，间距1.0m(含仰拱)	全周20	SFRC80	50	105	5(5d)					导坑							○	○			

续上表

岩类	编号	隧道名称	施工时间（年）	区间长（全长）（m）	单轴抗压强度（MPa）	埋深（m）	围岩强度应力比	支护构造变更前后	开挖工法	支护构造				衬砌（含仰拱）	位移值（mm）		闭合距离（m）（闭合天数）	掌子面稳定对策						位移控制对策									返工
										喷混凝土	锚杆	型钢钢架	变形富余量（mm）		拱顶下沉	净空位移		掌子面锚杆	长掌子面锚杆	小导管	长钢管支护	其他	增打锚杆	增喷混凝土	脚部扩大钢架	脚部补强锚杆	临时仰拱	注浆	早期闭合：横撑	早期闭合：喷混凝土	早期闭合：仰拱	其他	
泥岩	12		1999～2002	2921	3.4	240	0.56	后	超短台阶	高强30	4m×18根	HH200，间距1.0m		30（30）	24	60													○	○			
	13		1999～2002	150（1045）	0.59	47	0.7	前	台阶法	25	6m×25根	HH200，间距1.0m	上20	40	820	630	25		○		○		○		○	○	○	○			○		
								后	中央导坑	25	6m×25根	HH200，间距1.0m	上20	40	200	20	50								○						○		
	14		1998年开始	−22275	0.6～3.2	200	0.26	前	超短台阶法	25	4m×18根钢管膨胀型29根	HH200，间距1.0m	20	30（45）	281	669	14（6d）			○	○		○	○							○		○
								后	超短台阶法	1层252层25SFRC	上4m×10根，下钢管膨胀型16根	1层：HH200，间距1.0m；2层：H150，间距1.0m	上20下15	30（70SFRC）	110	240	6（2d）	○					○	○									
	15		1999年开始	22275	9	150	2～4	前	台阶法	25	4m×10根，4.5m	HH200，间距1.0m	上20下15	30	110	350		○		○			○			○					○		
								后	超短台阶法	1层25，2层12.5	4m×10根，6m×6根	1层：HH200，间距1.0m，2层：H150，间距1.0m	1次20，2次10		60	170	（35d）	○											○		○		
凝灰岩	16		1987～1990	320（1234）	1	100	0.5	前	台阶法	20	4m×18根	H150，间距1.0m	10	30（50）	224	105	50（40d）	○		○			○		○		○				○		○
								后		25	4m×32根	H200，间距1.0m	30		279	461	50（42d）	○							○		○		○		○		
	17		1987～1991	88（1335）			0.1	后	台阶法	25，仰拱25	4m×14根，6m×8根仰拱4m×12根	H200，间距1.0m	上10	30（50）				○		○			○				○				○	斜锚杆	
	18		1989～1991	25310	2～6	80	0.5～1.6	前	台阶法	20	3m×12根	H125，间距1.0m			65	380		○					○	○							○		○
						140		后		25	4m×26根	H200，间距1.0m	上20下12	30（45）	35	184	（40d）	○							○						○		
	19		1990～1994	6165				后	台阶法	25	4m×27根	H200，间距1.0m	上20，下12	30（喷射25）		300		○		○							○			○			○
	20		1990～1995	140（2488）	0.13～0.48	140	0.5～1.5	后	超短台阶法	15仰拱15	3m×8根，4.5m×12根	H200，间距1.0m，含仰拱	20	30	20	252		○		○			○						○	○	○		
	21		1988～1998	220（3260）	3	140	1.1	后	台阶法	25抑拱20	3m×16根，6m×12根，9m×18根仰拱14m×12根	H150，间距1.0m	30	30（50）	237	201							○	○		○	○			○	○		○
	22		1991～1997	25810	0.2	70	0.2	前	台阶法	20	4m×20根	H150，间距1.0m	上10，下6	30（45）	367	864	55								○						○		○
								后		25	4m×26根	H200，间距0.75m	上20，下12	30（45）	24	52	30		○						○		○		○		○		

续上表

岩类	编号	隧道名称	施工时间（年）	区间长（全长）（m）	单轴抗压强度（MPa）	埋深（m）	围岩强度应力比	支护构造变更前后	开挖工法	支护构造					位移值（mm）		闭合距离（m）（闭合天数）	掌子面稳定对策					位移控制对策										返工
										喷混凝土	锚杆	型钢钢架	变形富余量（mm）	衬砌（含仰拱）	拱顶下沉	净空位移		掌子面锚杆	长掌子面锚杆	小导管	长钢管支护	其他	增打锚杆	增喷混凝土	脚部扩大钢架	脚部补强锚杆	临时仰拱	注浆	早期闭合			其他	
																													横撑	喷混凝土	仰拱		
凝灰岩	23		1992～1999	3511	1.2	180	0.5	后	台阶法	25	4m×9根，6m×10根	H200，间距1.0m，含仰拱	上10	30		190			○	○						○	○		○		○		
	24		1994～1999	480（7550）	0.19～0.34	400	0.1	前	超短台阶法	1层30，2层15，仰拱10SFRC	45m×16根	H200，间距1.0m	15			410							○				○			○			
								后	台阶法	30	3m×6根 4.5m×16根	1层H250，间距1.0m 2层H150，间距1.0m	上15 下20	30（25，喷射20）		110	（34d）			○							○		○		○		
	25		1999～2002	1244	1	100	0.5	后	台阶法	30	4m×8根	H250，间距1.0m		30	59	92	58		○		○				○	○	○		○		○		
	26		1999～	6251	6	340	0.6	前	超短台阶法	25	钢管膨胀型4m×8根，钢管膨胀型6m	H200，间距1.0m	上10，下5	30（30）		161	40（22d）	○														○	
								后		25	钢管膨胀型4m×8根，钢管膨胀型6m	H200，间距1.0m（含仰拱	上10，下5	30（30）		55	9（5d）	○	○											○	○		
蛇纹岩	27		1991～1993	305（430）	0.1	30	0.15	后	中央导航	25	6m×18根	H200，间距1.0m	上15 下10	30（50）	250	30		○		○						○		○					
	28		1991～1996	115（4700）	3	140	0.5～1.3	前	超短台阶	12.5	3m×14根	H125，间距1.0m		30	35	130	30（25d）							○	○							○	
								后	台阶法	上20，下15	3m×10根，1.5m×12根	H150，间距1.0m	上20 下12	30（30）	50	65	10（13d）										○			○	○		
	29		1993～1996	340（617）	0.16	80	0.5～1.0	后	台阶法	25	4m×7根 5m×20根	H200，间距1.0m	上10	30（50）	61	57				○			○		○		○			○	○		
	30		1999～2001	155（401）	0.1	20	0.25	后	台阶法	20	4m×10根	H150，间距1.0m		30（50）	300	100			○		○				○	○	○			○	○		
	31	意大利	1984～1996	6200		100		后	ADECO－RS全断面法	20						80	11		○			高压旋喷									○	掌子面前方围岩补强	
	32	意大利	1998～2002	10367		200		后	ADECO－RS全断面法	20SFRC				90			4		○												○	掌子面前方围岩补强	

此外,日本从收集的187个施工事例中,能够获得约60座隧道的围岩可能发生大变形的岩类分类如下:

- 软质泥岩类:包括泥质岩等软质的沉积岩类;
- 片岩类:包括页岩等软质的沉积岩类;
- 蛇纹岩类:橄榄岩等超盐基性岩遇水而蛇纹岩化的岩类;
- 凝灰岩类:包括凝灰角砾岩等火山碎屑岩类;
- 花岗岩类:包括酸性火山岩类。

4. 大变形的分级建议

视围岩特性及施工技术水平,开挖后发生大变形的程度,也是不同的,采用的对策也是各式各样的。因此,为了使控制大变形的技术规准化,对其分级是必要的。但如何分级,观点极为分歧。

众所周知,从产生大变形的根源看,大变形多发生在遇水可能发生膨胀的膨胀性围岩,或者是在高地压条件下的挤压性围岩以及浅埋条件下的土砂围岩中。因此,单纯地针对大变形的分级不多,多数是针对膨胀性围岩,或挤压性围岩进行分级的。下面简要说明与大变形分级有关的一些建议。

1)按围岩膨胀性分级的建议

日本电力中央研究所在其研究报告《膨胀性围岩预测评价方法(提案)》(2011年3月)中,从收集的60座膨胀性围岩隧道的施工事例中,采用坑道变形量被坑道宽度除之的δ/D作为评价膨胀性程度的指标,对新干线隧道(宽度约10m),以$\delta/D=1.5\%$、3%为阀值,分为A、B、C三个级别(表5-4-2)。

围岩膨胀性的分级 表5-4-2

新奥法的膨胀性泥质岩的围岩分级				本研究报告的分级	
级别	划分依据	净空位移值	开挖工法	级别	δ/D
I_N	施工能够控制位移	150mm以下	分部开挖	A	1.5%以下
I_S	仰拱早期闭合能够控制位移	150~300mm	留核心土	B	1.5%~3.0%
特S	需要反复施工	300mm以上	掌子面补强	C	3%以上或圆形断面
	流动化,掌子面不能自稳	特别大(大致在600mm以上)	中央导坑、圆形断面		

其中的B、C是按大变形处理的级别。

2)Hoek(2000)等对挤压性围岩分级的建议

Hoek基于图5-4-6 Duncan、Fama(1993)及Carranza-Torres和Fairhurstn(1999)进行的静水压条件下的圆形隧道的数值解析结果,认为,如地质模式可靠性高的场合,易于发生大变形的挤压性围岩可以按图5-4-7(或按表5-4-3的"应变")进行分级。此分级是以围岩强度应力比σ_{cm}/P_o(围岩单轴抗压强度σ_{cm}和原位应力P_o之比)作为评价开挖后围岩变形的指标。

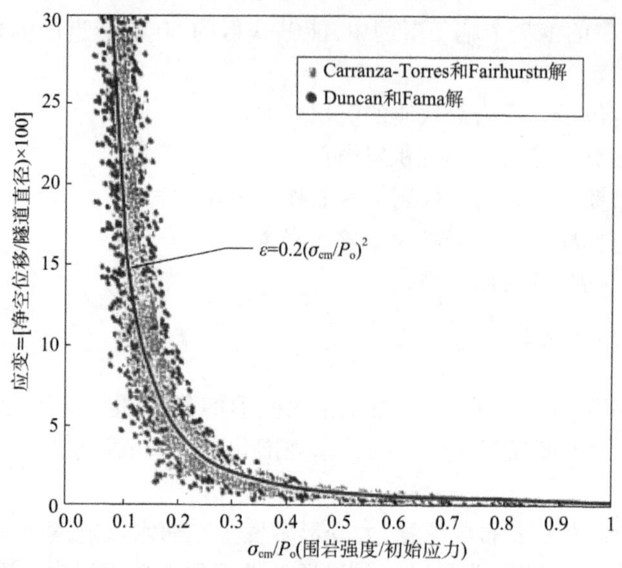

图 5-4-6　无支护时围岩强度应力比与应变的关系

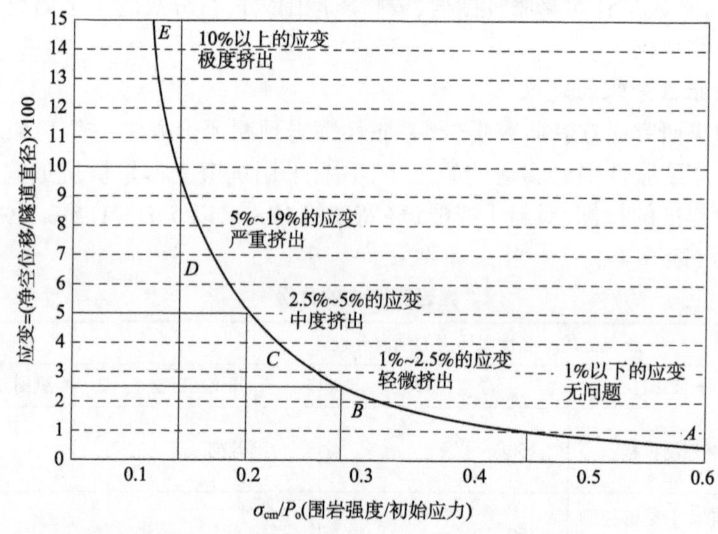

图 5-4-7　围岩强度应力比与应变关系的分级

与图 5-4-7 对应的分级见表 5-4-3。

挤出性围岩按应变分级的建议(提案)(Hoek,2000)　　　　表 5-4-3

级别	应变 ε(%)	设计和技术上的问题	支护类型
A	1 以下	安全性几乎没有问题,可采用非常单纯的支护。作为基于围岩分级设计隧道支护的基础	隧道开挖很容易,支护一般采用喷混凝土和锚杆
B	1 ~ 2.5	采用净空位移约束法,预测隧道周边的塑性区,明确塑性区的发展与各种支护的相互关系	轻度的挤出,单采用锚杆、喷混凝土能够对应,也可追加轻量支护和格栅支护,提高其安全性
C	2.5 ~ 5	一般采用考虑开挖过程的二维有限单元法解析,掌子面稳定性没有很大问题	挤出的可能性大,支护应及早设置并进行慎重的施工管理

续上表

级别	应变 ε(%)	设计和技术上的问题	支护类型
D	5~10	对隧道设计,掌子面稳定性是基本因素,可采用二维有限单元法解析,单对确保掌子面稳定性的辅助工法进行评价	挤出的可能性非常大,掌子面稳定性也有问题。要采用超前支护和喷混凝土、钢支撑
E	10~15	挤出性很大,掌子面非常不稳定,现状是基于经验进行设计	极度的挤出。当然要采用超前支护和掌子面补强,极端的场合应采用可缩式支护

同样地,日本也根据隧道施工事例的净空位移和拱顶下沉量测结果、实施的支护模式及数值解析结果,得到围岩强度应力比与断面变形率的关系,如图5-4-8所示。其结果与上述的图5-4-7极为类似。

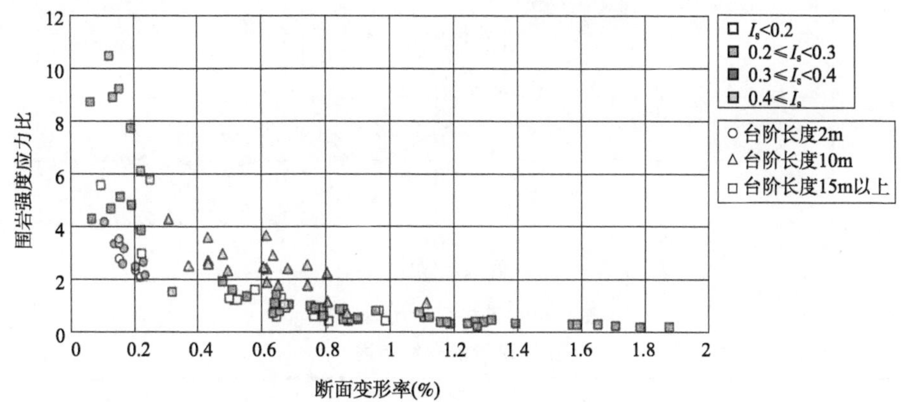

图5-4-8　围岩强度应力比和断面变形率

上述分级表明,在低围岩强度应力比条件下,隧道应变大于1%后,挤压性变形会急剧增加,因此,原则上要求把可能发生的应变抑制在1.0%以内。

上述分级在欧洲各国得到广泛应用,这与欧洲的地质条件和技术水平是相适应的。他们采用"围岩强度应力比"作为判定指标的条件,而我们由于对"围岩强度应力比"这个指标缺乏深入地研究,至今还不能完全适应。

3)以现行围岩分级为基础的方法(建议)

许多国家,特别是采用标准设计的国家,在围岩分级的同时都给出了围岩的力学计算参数,如弹性系数E、泊松比μ、内聚力c及内摩擦角φ等。例如,表5-4-4就是我国铁路隧道和公路隧道给定的各级围岩的物理力学指标。

各级围岩的物理力学指标　　表5-4-4

围岩级别	弹性模量 E(GPa)	泊松比 μ	内摩擦角 φ(°)	内聚力 c(MPa)
Ⅰ	>33	<0.2	>60	>2.1
Ⅱ	20~33	0.2~0.25	50~60	1.5~2.1
Ⅲ	6~20	0.25~0.3	39~50	0.7~1.5
Ⅳ	1.3~6	0.3~0.35	27~39	0.2~0.7
Ⅴ	1~2	0.35~0.45	20~27	0.05~0.2
Ⅵ	<1	>0.45	<20	小于0.1

上述给定的力学参数(c、φ值),实质上,就是围岩强度值。在《隧道工程设计要点集》一书中,曾根据既有的数据,利用摩尔—库仑理论式反算围岩强度的结果,如图5-4-9所示,或按表5-4-5采用。

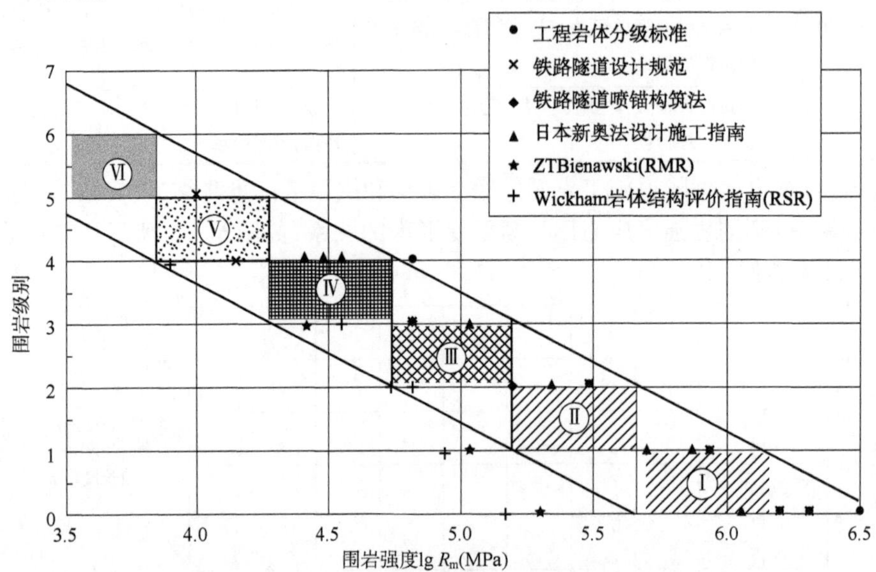

图5-4-9 围岩强度的统计结果

围岩级别的分级标准 表5-4-5

级别	Ⅰ	Ⅱ	Ⅲ	Ⅳ	Ⅴ	Ⅵ
R_m(MPa)	>30	6.5~30	1.5~6.5	0.3~1.5	0.065~0.3	<0.065

从上述换算的围岩强度看,Ⅳ级及以下的围岩,由于围岩强度很低,如施工不当,皆可能发生大变形。

因此,根据现行的围岩分级,建议把Ⅳ~Ⅵ级围岩视为可能发生大变形的级别,在此范围内如遭遇易于发生大变形的围岩,例如膨胀性围岩、挤压性围岩以及土砂围岩等,则按可能发生大变形的围岩处理,不必另起炉灶。

参考上述建议及我们的工程实践,建议的分级基准列于表5-4-6。

大变形分级 表5-4-6

级别	划分依据	净空位移值	δ/D
Ⅳ	小导管及强化初期支护控制位移	150mm以下	1.5%以下
Ⅴ	仰拱早期闭合控制位移	150~300mm	1.5%~3.0%
Ⅵ	补强掌子面前方围岩及掌子面后方早期闭合控制位移	300mm以上	3%以上

5.变形控制的基本原则

一般说,**开挖和支护的基本原则就是把对周边围岩的变形控制在容许变形值范围之内**,不让大变形发生。开挖后的围岩不松弛是理想的状态,实际上是不可能的,因此,只能要求把松弛控制在最小限度。实际上,从目前的隧道开挖方法看,盾构法是周边围岩松弛最小的方法,开挖和支护基本上是同时进行的。掘进机(TBM)及其他机械开挖方法次之,其围岩松弛主要是由机械振动所造成的。而矿山法的周边围岩的松弛,则与围岩性质及开挖支护技术有关,相对来说,可能是最大的。

"变形"控制,实质上是"围岩松弛"控制,根据可能发生的围岩变形大小或围岩松弛程度不同,控制方法也有所不同。

在隧道工程实践中,是通过开挖和支护两大技术来控制变形(或松弛)的。因此,合理地解决开挖和支护的关系,对控制变形是非常重要的。

在变形控制的众多实践中,我们可以总结出以下控制变形的方法。

(1)从信息角度出发,确实地掌握掌子面前方围岩的状况,是确保施工安全、决定开挖、支护对策的基础资料,因此"探查先行",摸清掌子面前方围岩的状况是非常重要的。

(2)从开挖角度出发,全断面一次开挖是最理想的控制围岩松弛(变形)的方法,其次是台阶法。全断面一次开挖,对围岩的扰动最少,在硬岩中如果能够合理地控制爆破震动的影响,就更为理想。但大断面开挖需要大型施工机械的支援。在软弱围岩中,则需要创造大断面施工的条件,如对掌子面前方的围岩的预补强,才能实现全断面开挖。这是目前隧道开挖技术发展的主流。

(3)从支护角度出发,控制变形的方法是多种多样的。在以复合式衬砌为主的我国和日本,基本上是用初期支护控制开挖后的围岩变形,促使全断面早期闭合,使隧道构造稳定。但在软弱围岩、土砂围岩及土砂围岩中,仅仅用初期支护控制变形是有困难的。此时,视围岩变形的大小,可采用不同的变化方案,如:

- 加强的初期支护,如采用高强度喷混凝土、锚杆及钢架等;
- 超前支护(小导管、长钢管超前支护、旋喷注浆等)+初期支护;
- 掌子面补强(掌子面喷混凝土、掌子面锚杆、掌子面旋喷注浆等)+初期支护;
- 初期支护+二次衬砌等。

(4)控制大变形的基本方法是:以**掌子面前方地质超前预报为前导,补强掌子面前方围岩为主;掌子面后方开挖断面初期支护早期闭合为辅**;切实地把围岩变形控制在容许值范围之内。

依上所述,控制大变形的技术对策如下。

第1步:确定易于发生大变形的围岩。易于发生大变形的围岩为膨胀性围岩、挤压性围岩以及断层破碎带等松散围岩。

第2步:根据现行围岩分级,确定围岩级别。可能发生大变形的围岩级别,基本上在Ⅳ、Ⅴ、Ⅵ级围岩中。

第3步:确立大变形的控制基准。不分围岩级别,把可能量测到的变形,控制在100mm以内(这意味开挖后的全变形为200mm左右)。

第4步:预测可能发生的大变形级别,确立规范化的控制大变形的技术对策。

例如,不考虑围岩级别,施工方法基本上采用全断面法和台阶法。

Ⅳ级围岩:超前支护+初期支护+断面早期闭合($1.0D \sim 1.5D$ 范围内闭合);

Ⅴ级围岩:掌子面局部补强+超前支护+初期支护+断面早期闭合(小于 $1.0D$ 范围内闭合);

Ⅵ级围岩:掌子面全面补强+超前支护+初期支护+断面早期闭合(小于1.0*D*范围内闭合)。

控制大变形,要变被动为主动,不要在大变形发生后再去处理,而是主动采取预防大变形发生的对策,这会取得事半功倍的效果。

五、量力而行,不断提高隧道施工机械化的水平

古语说得好"工欲善其事、必先利其器","巧妇难为无米之炊",我国的隧道施工机械化,有赖于适应隧道施工要求的施工机械装备的开发和研制。在向"装备强国"迈进的今天,对隧道施工机械的开发和研制也应该提到日程上来。

由于各种隧道施工机械的开发和发展,目前隧道的基本作业都已实现了机械化作业。但视各国的国情不同,机械化的程度有所不同。现状是:我国缺乏专门研制和制造隧道施工机械的企业;隧道施工机械化的水平参差不齐;由于客观原因,一些大型施工机械得不到充分利用,甚至弃之不用;遇到施工难题没有可以选择的施工机械可以利用,制约了隧道施工机械化的发展。

因此,提高隧道施工机械化的程度,大幅度缩短单项作业的时间,发挥综合机械化的威力,确保快速施工和工程质量是当务之急。

在一般围岩条件下,我国重点隧道的施工机械化水平,与国外相比,虽然有一定差距,但基本上还是能够满足施工要求的。几条作业线基本上能够配套使用。但在不良围岩条件下,机械化的差距,特别突出。这也是我们亟待开发的领域。

一般说,地质条件差,围岩的自支护能力很弱,开挖后掌子面的自稳时间很短,甚至开挖后就立即发生崩塌。因此,在这种围岩条件下,就要采取"先支后挖"的对策。也就是说在开挖前对周边围岩进行补强,提高其自支护的能力,避免开挖后产生过大的变形或崩塌。这种技术我们称为预支护或围岩补强技术。与之相适应的施工机械的研制和开发必须提上日程。

目前,隧道施工讲求一个"快"字,要求大力缩短单项作业的时间,提高作业效率,这也要求隧道施工机械能够适应"快"的要求。因此,大功能的施工机械不断涌现,就是一个证明。

在隧道施工机械化方面,如何发挥隧道施工机械的综合能力,即所谓的配套能力,是非常重要的。我们必须针对其中的薄弱环节下功夫。

1. 与围岩补强或预支护相适应的施工机械

围岩补强或预支护技术的牵涉面较多,其中包括超前支护、拱脚下沉控制以及掌子面锚杆等,此处仅以应用较多的长钢管超前支护、拱脚下沉控制重点进行说明,详细内容请参见《软弱围岩隧道施工技术》一书。

(1)长钢管超前支护

长钢管超前支护,日本称之为AGF(All Graund Fastening)工法,是已经标准化的支护方法(图5-5-1)。此方式是开挖前在掌子面前方沿隧道外周配置长10~15m的钢管,形成拱形

结构。为使钢管和围岩间形成一体,应在其间充填水泥浆或其他注浆材料。

去钢管超前支护在洞内或洞外施工的概貌如图 5-5-2 所示。

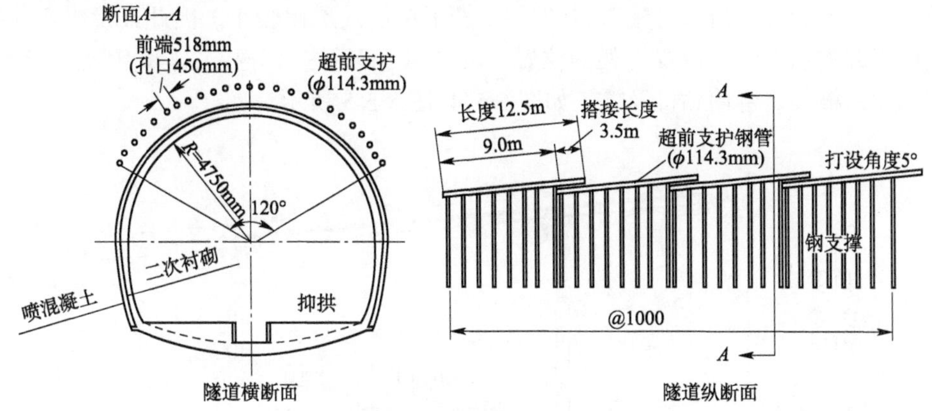

图 5-5-1 长钢管超前支护

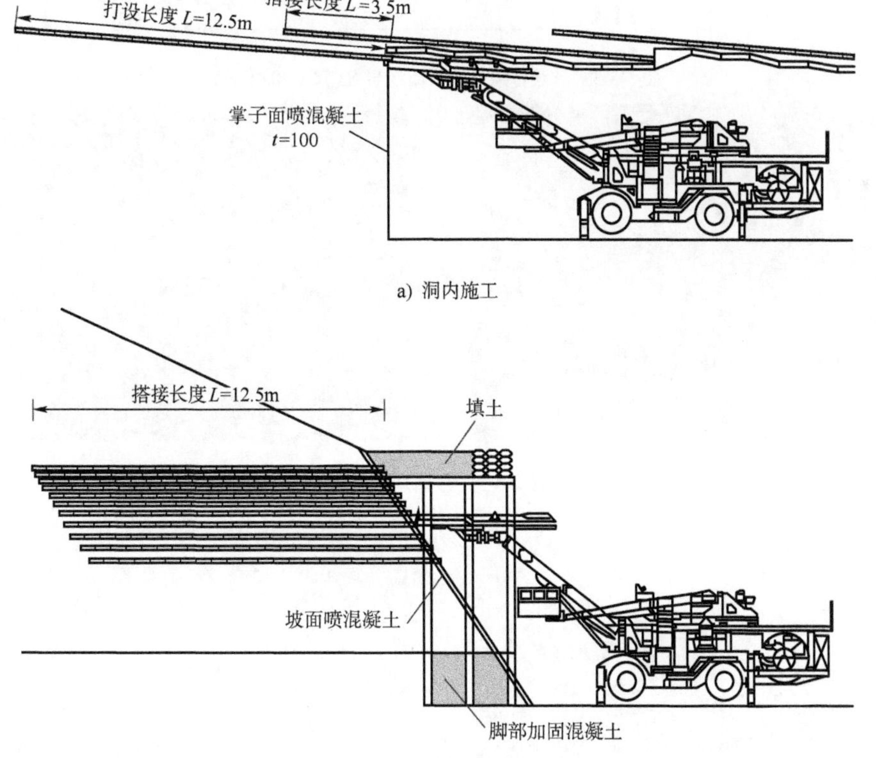

a) 洞内施工

b) 洞口施工

图 5-5-2 长钢管超前支护示意图

钻孔多采用类似图 5-5-2 所示的专用钻机钻孔并注浆。也有采用图 5-5-3 所示的搭载在钻孔台架上的液压钻进行钻孔。

(2)拱脚下沉控制

隧道支护脚部的围岩强度不足是引起隧道开挖的地表面下沉和隧道整体下沉的重要原

因之一。作为支护脚部下沉的对策，我们基本上是采取钢架下设置垫板、扩大拱脚、打锁脚锚杆(管)的方法。日本基本上采用以脚部钢管为代表的脚部补强桩。但在过去的对策中，因为是在上半断面开挖后进行施工，其抑制初期下沉的效果比较小。因此开发出弯曲钻机，预先在围岩开挖前在预计设置钢架的位置打支持桩，而后进行开挖并架立钢架。对控制脚部下沉的效果极佳。弯曲钻机及施工如图 5-5-4、图 5-5-5 所示。

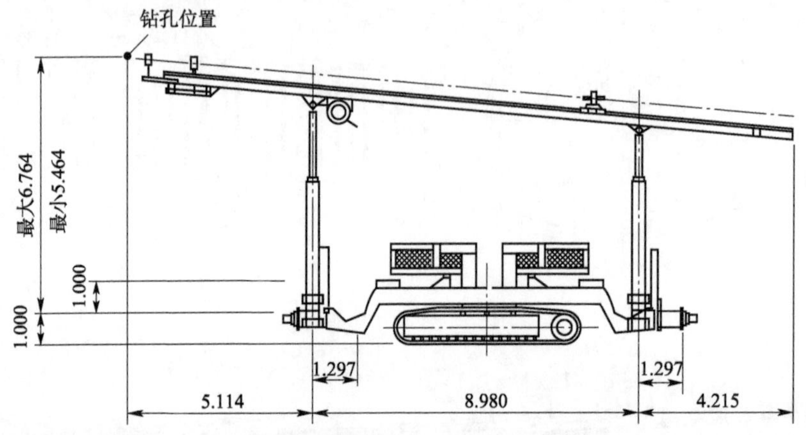

图 5-5-3　搭载台架上的液压凿岩机(尺寸单位：m)

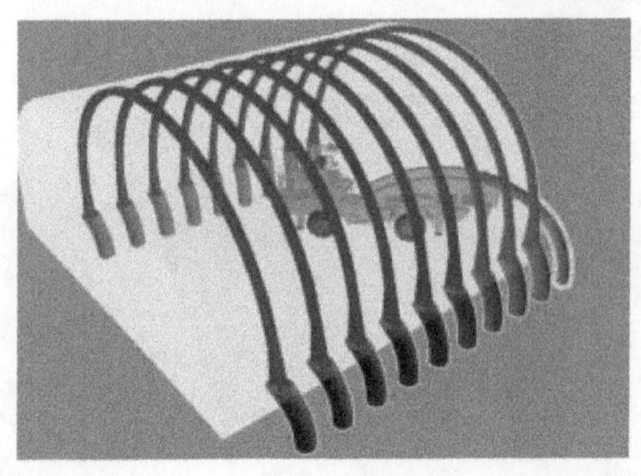

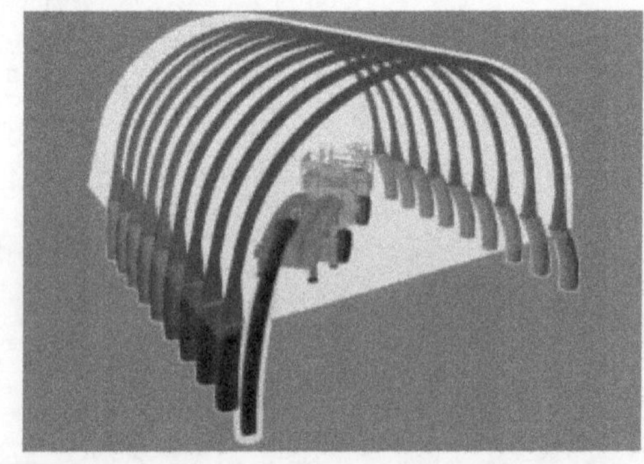

图 5-5-4　弯曲钻机施工

a)机械全景

b)机械安装状况

图 5-5-5　弯曲钻机

该钻机具有以下特点：

(1)能够进行弯曲钻孔,对掌子面前方脚部围岩进行补强;

(2)采用弯曲干钻钻孔,能够不扰乱围岩施工;

(3)能够制造 ϕ500mm、深 3.5m 的大口径、高强度的桩体;

(4)适应地质范围广,包括黏性土、砂质、砾质土、固结粉砂岩、泥岩等。

2. 提高施工效率的施工机械

例如提高钻孔效率的"排钻"、型钢钢架的架设机械、大容量喷混凝土机械等,都是为此目的而开发的。

(1)钻孔机械

现状:在大多数场合,我们钻孔仍然处于手持式风钻的水平,一部分隧道采用了 2 臂或 3 臂钻孔台车。也引进了微机控制的钻孔台车,但应用效果不佳,甚至弃之不用。

为了满足隧道大断面开挖的要求,我们开发了多功能钻孔台架。可以在台架上同时采用 20 台手持式风钻钻孔。这是不得已的办法。

日本在新干线隧道、双车道公路隧道,开挖面积在 80 ~ 100m^2 的上半断面开挖中,多采用 3 ~4 臂台车(3 臂:1 ~2 台)。最近因为钻机性能的提高,多采用 3 臂台车。而在超短台阶与全断面法结合的方法中,3 臂台车已经成为主流的机型(图 5-5-6)。为了能够在超短台阶的全断面法中,从下部断面直接进行上部断面的钻孔,最近的机型有了改进,出现了上下 4 臂的钻孔台车(图 5-5-7)。

在大断面开挖中,过去多采用 2 台 3 臂钻孔台车并用,在实际操作上多有不便,因此又开发出 6 臂钻孔台车(图 5-5-8),用 1 台进行全断面钻孔,大大缩短了钻孔时间。

为了减少超挖和提高钻孔定位的准确性,微机控制的钻孔台车的使用越来越普遍。

隧道爆破通常采用光面爆破或控制爆破,特别是采用预裂爆破的场合,要沿开挖轮廓开槽形成自由面,为此日本开发了所谓的"排钻"(图 5-5-9),大大地缩短了钻孔时间。2 台 4 孔凿岩钻孔台车如图 5-5-10 所示。

此钻机也可以用于预衬砌的施工。

图 5-5-6　最新的 3 臂钻孔台车

(2)喷射机械

对于大断面隧道,为满足快速施工,缩短施工循环时间,日本开发了重视早期强度发现的干喷、大容量、低粉尘的新型喷射系统 F2(2 台喷射机 AL-285 机械手 AL-306,图 5-5-11)。

本系统的特点如下:

- 由于采用 2 台喷射机,能够进行大容量(20 ~ 24m^3/h)的喷射,喷射时间比过去缩短一半;
- 2 台喷射机设置在台车中央侧部,荷载平衡改善了走行性,而且缩短了材料管的长度

(比过去缩短一半);

● 喷射机械手具有升降机构,也能够适应超短台阶的喷射;

● 由于采用低粉尘干喷工法,因 W/C 小,早期强度发现快,特别是大涌水时也能用喷混凝土突破。

图 5-5-7 4 臂钻孔台车

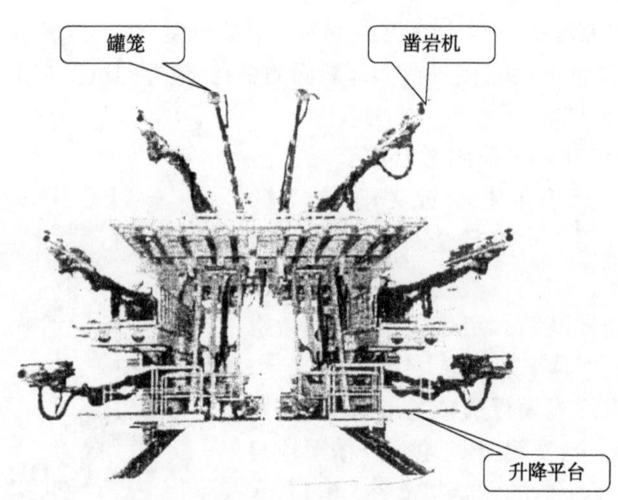

图 5-5-8 6 臂钻孔台车(新干线铁路隧道)示意图

无论哪一种机械都搭载了每小时喷射量在 20m^3 以上的高能力的喷射机。即使是水灰比小、黏性高的混凝土,只要给予适当的和易性,就能进行稳定的喷射作业。喷射机械手,对应上半断面台阶法和超短台阶的全断面法等开挖方法,包括掌子面正面和仰拱前方及向下方的广范围内都能喷射。这样,实用的喷射机械,就要具备以快速施工的大容量喷射和高质量化为目的的有效的喷射混凝土的能力。

通常,喷射作业为改善操作员的安全和卫生环境,可通过遥控喷射机械手进行远距离喷射。

一般来说,如果能够在开挖后、出渣前进行喷混凝土作业,就能够抑制掌子面前方松弛区域的扩大。但是,通常的喷射机的臂长,受到喷射可能范围的制约,都必须在出渣后才能进行喷射作业。因此,加长喷射机的臂长,使之能够在渣堆存在的情况下进行喷射作业

(图 5-5-12)，在喷射的同时，还可以进行出渣作业(图5-5-13)是比较理想的，为此日本古河会社和清水会社共同开发了长臂喷射机。

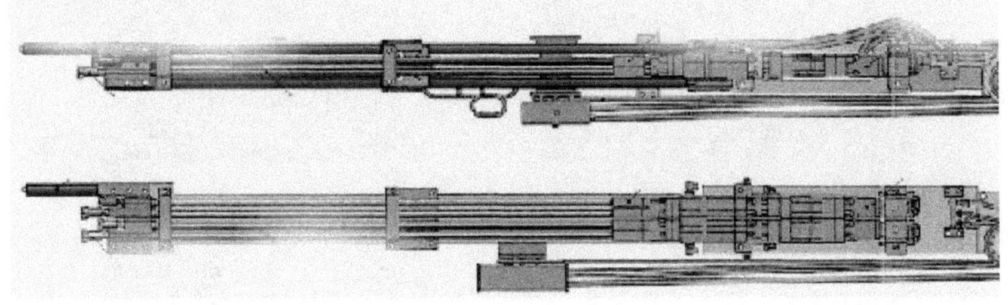

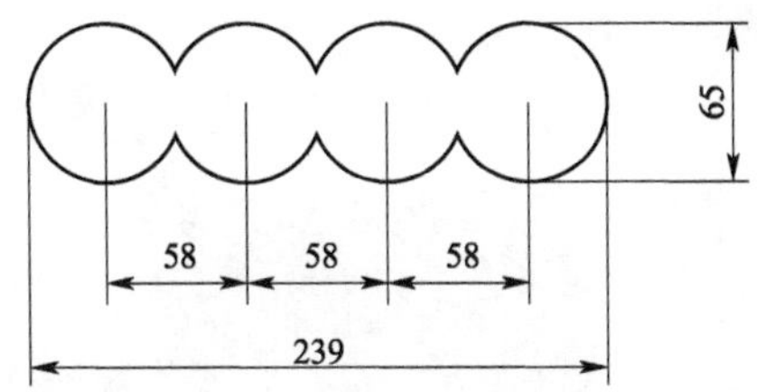

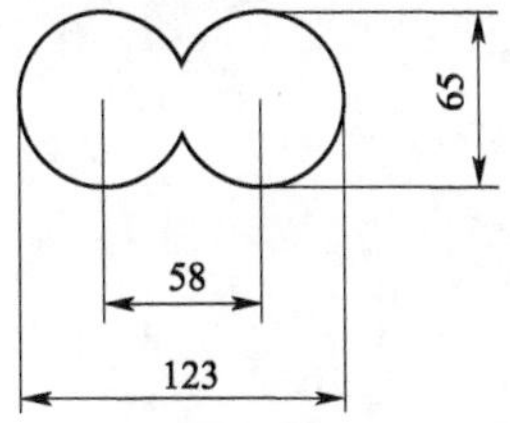

图 5-5-9　多孔液压凿岩机(尺寸单位：mm)

与通常规格比较其喷射范围达宽 17.1m，高13.1m，图 5-5-14 表示伸展最长的状态。

如图 5-5-15 及图 5-5-16 所示为试验施工的概貌。

(3)仰拱栈桥

在大多数场合，仰拱或者与二次衬砌同时修筑，或者提前二次衬砌修筑。但后者的情况居多。为了不影响后续作业的进行，仰拱多采用仰拱栈桥修筑。为此，开发了各种构造的仰拱栈桥。

图 5-5-17 ~ 图 5-5-19 分别为日本采用的 1 跨、2 跨、3 跨仰拱栈桥的标准构造。一般采用单跨仰拱栈桥较多。为了加快仰拱的修筑速度，可以采用双跨或三跨仰拱栈桥。

图 5-5-10　2 台 4 孔凿岩机钻孔台车

图 5-5-11　SF-2 型喷射机械手

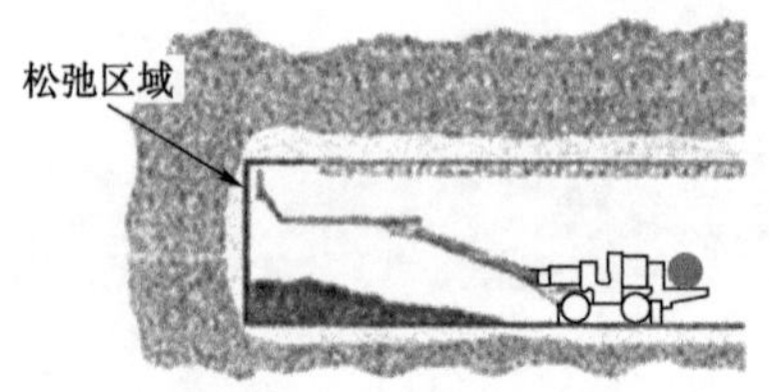

a)长臂喷射机(出渣前喷射)

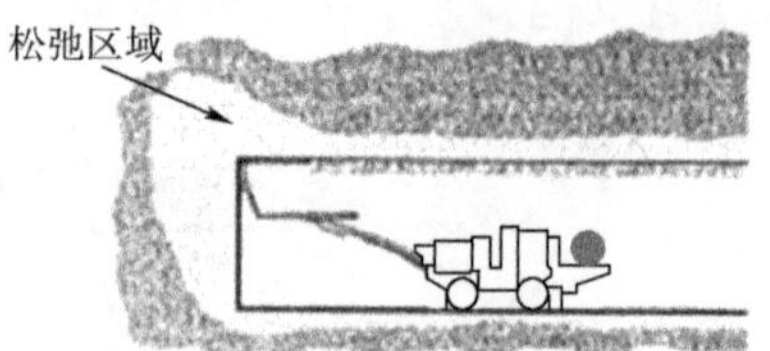

b)普通喷射机(出渣后喷射)

图 5-5-12　抑制松弛区域的扩大

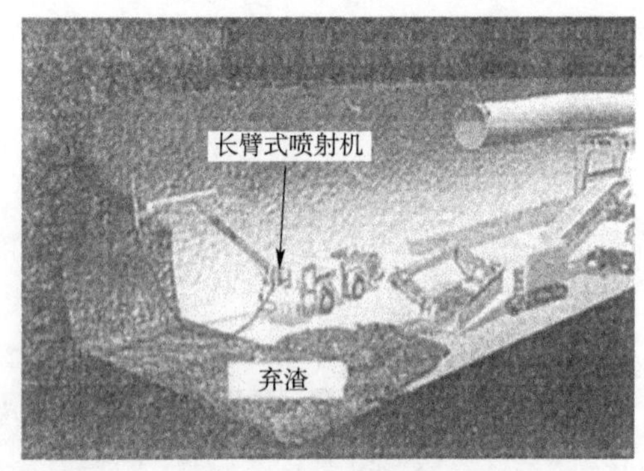

图 5-5-13　出渣与喷射平行作业示意图

图 5-5-14　长臂喷射机外貌

图 5-5-15　洞口喷射状况

图 5-5-16　从堆积渣堆后方喷射状况

图 5-5-17　单跨仰拱栈桥

图 5-5-18　双跨仰拱栈桥

图 5-5-19　三跨仰拱栈桥

中铁隧道集团、中铁二局集团以及中铁岩锋成都科技有限公司也都相继开发了仰拱栈桥，但都是单跨的。

3. 充分发挥施工机械综合能力的措施——施工机械的集约化发展

目前，在隧道内可能采用的各种机械如图 5-5-20 所示。

这些机械在长时间内都是单独应用的，各自发挥其功能。所谓的配套，就是把它们组合在一条线上，发挥相互支援的作用。

目前的倾向是首先实现机械组合化，例如把钻孔机械与喷射机（图 5-5-21），或与型钢钢架架设机（图 5-5-22）等搭载在一个台架上，同时进行喷混凝土作业与架设型钢钢架作业，大大缩短了循环作业时间。

在爆破后为了能够迅速地进入下一循环，必须让爆破后的开挖工作面的环境保持良好的状态，为此进行通风和除尘作业是必要的。图 5-5-23 也是日本开发的移动式的通风除尘机。该除尘机可以处理 2000m^3/min，吸尘效率达 90%。已在多座隧道施工中应用，且效果良好。图 5-5-24 也是一个移动式的通风除尘装置。这两种方式，都是为了让掌子面附近的空间的空气质量达到要求后，迅速开始下一循环作业。

一般的隧道开挖是由专用的施工机械进行钻孔、爆破开挖（或者机械开挖）、出渣、喷射混凝土、打设锚杆等一系列作业。为此，在隧道狭窄的作业环境下，移动、交替等，由于受到施工性、安全性的制约，掘进速度的提高是有限的。

近年，为解决此问题，开发了改善施工效率、提高掘进速度的方法，开发出以钻孔台车为基础，把各种专用施工机械组合成一台台车的多功能型的全断面开挖机，日本称其为隧道机组工作站（Tunnet Work Station，简称 TWS）（图 5-5-25）。

以泥岩为主体的软岩为对象，以早期闭合的快速施工为目的，由自由断面掘进机、凿岩机、喷射机、全周模板、皮带运输机等组成机械开挖方式的全装备型大断面用 TWS(图 5-5-26)。

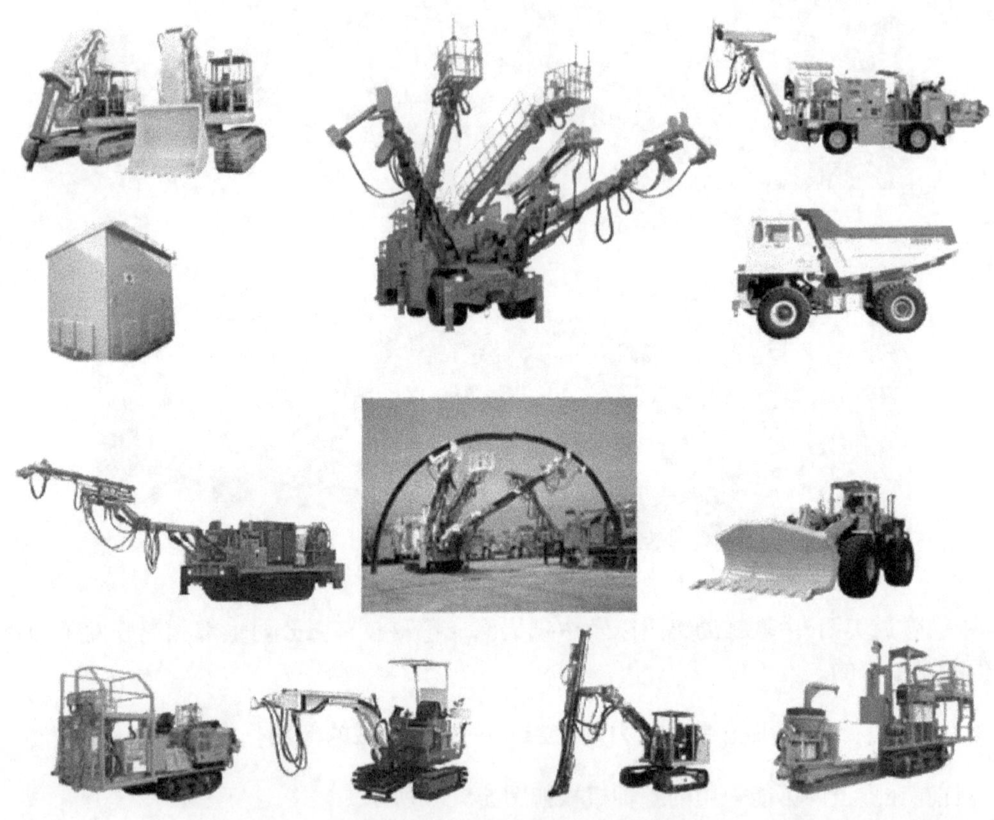

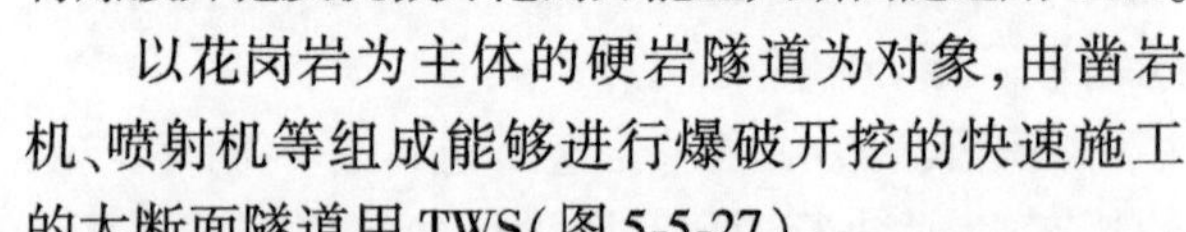

图 5-5-20　隧道可能采用的各种机械

以凝灰角砾岩为主体的中硬岩隧道为对象,由凿岩机、喷射机、钢支撑架设机等组成能够进行爆破开挖及机械开挖的万能型大断面隧道用 TWS。

图 5-5-21　2 臂 TWS(新干线隧道爆破开挖用)

以花岗岩为主体的硬岩隧道为对象,由凿岩机、喷射机等组成能够进行爆破开挖的快速施工的大断面隧道用 TWS(图 5-5-27)。

以安山岩质凝灰角砾岩为主体的软岩本隧道为对象,由凿岩机、喷射机等组成的 TWS 和自由断面掘进机、通风、变电设备用后方台车组成的,适用于小断面隧道的机械开挖的早期闭合、快速施工的系统。

采用 TWS 的最大目的地快速施工与过去采用专用施工机械的方法,根据预算基准值进行比较,在硬岩爆破开挖中,其平均月进尺与过去方式比较约提高 45%。在软岩机械开挖中,平均月进尺与变更前方式比较约提高 70%。

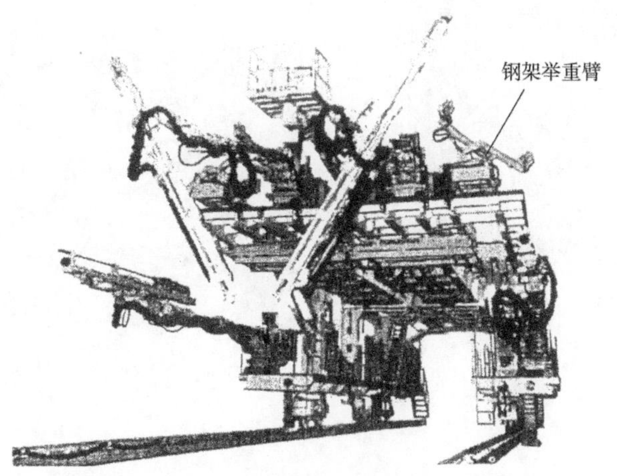

图 5-5-22 4 臂 TWS(新干线隧道爆破开挖用)

图 5-5-23 履带式开挖面通风除尘装置

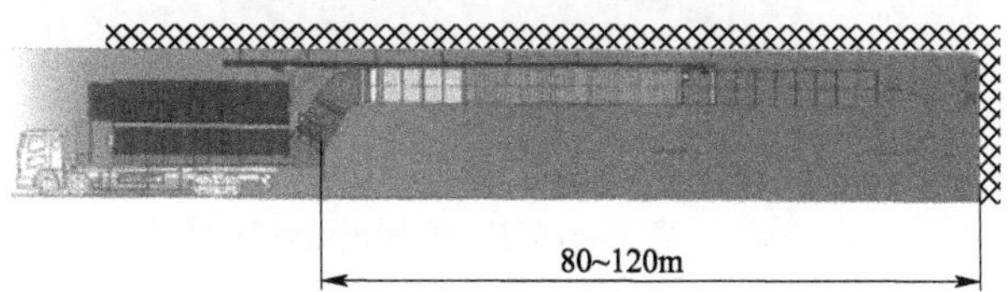

图 5-5-24 搭载在汽车上的开挖面通风除尘装置

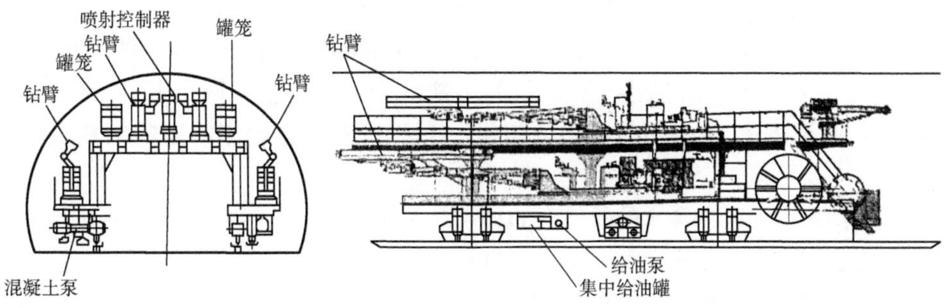

图 5-5-25 4 臂 TWS

a)正面　　b)侧面

c)全景

图 5-5-26　3 臂 TWS(高速公路隧道机械开挖用)

图 5-5-27　4 臂 TWS(高速公路隧道爆破开挖用)

4.超长钻孔机械的开发

在可能发生大量涌水的地质条件下,为了能够让隧道长期的、安全的施工,需要经常掌握掌子面前方约 1000m 左右的地质信息。此外,为了能够进行掌子面稳定的开挖,要尽可能地事先排除发生大量涌水(包括降低水压)的可能。为了满足上述两个条件,必须研发无岩芯、1000m 级、高速掘进、方向可控的钻孔机械。为此日本目前确定的超前钻孔机械的研发目标是:

(1)在高水压、大量洞内涌水的条件下,ϕ20 ~ 30cm 的大口径能够高速掘进(日进最大 100m);

(2)弯曲小(1000m 的误差为 ±5m 左右);

(3)尽力小型化,便于洞内设置;

(4)掘进中的数据能够转换为地质信息,有助于洞内施工。

根据上述要求和目标,目前基本定型的 FSC－100 型超长钻孔控制钻机的规格列于表 5-5-1。FSC-100 型钻机如图 5-5-28 所示。

FSC-100 型钻机规格 表 5-5-1

形式	FSC-100 型		
扭矩能力	低速	中速	高速
回转数(r/min)	0～30	0～54	0～260
最大扭矩(kN·m)	16	9	1.8
活塞内径(mm)	ϕ150		
给进	低速	中速	高速
速度(m/min)	0～5	0～9	0～30
最大给进力(kN)	290	170	50
行程长度(mm)	3600		
尺寸 $L\times W\times H$(mm×mm×mm)	7780×31950×31730		
质量(kg)	9500		
驱动方式	全液压式		
最大掘进能力(m)	1200		
原动机	75kW 200V(或 400V)		

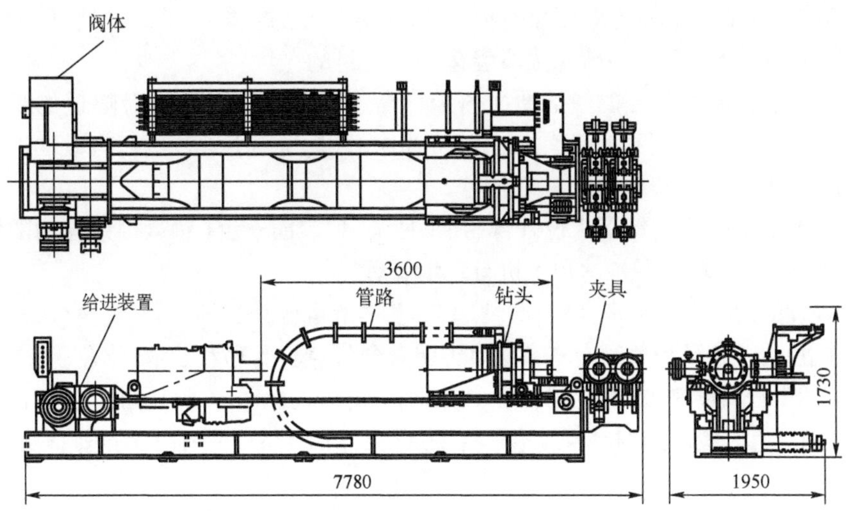

图 5-5-28 FSC-100 型钻机(尺寸单位:mm)

此钻机已在十几座隧道中得以应用。平均掘进速度最小是 18m/d,最大达 37m/d。最大掘进长度达 1200m,掘进速度:最小是 44m/d,最大是 127m/d。最大偏心大都控制在 5m 以内。

六、施工的精细化管理

鉴于隧道工程设计和施工密不可分的关系以及信息化施工组织的特点,为了确保隧道安全、高质量、快速的施工，必须提高现行的施工管理水平，进行精细化的管理。精细化管理应包括隧道设计、施工、运营全过程的管理，但重点是施工管理，同时在施工管理中应体现对设计的管理，例如设计变更就属于施工管理中的重要内容。本章重点说明精细化施工管理中的几个问题。

1. 精细化施工管理的基本内容

隧道施工的主要目的是利用各种可能的技术，安全、高质量、快速、低成本地修建符合设计要求的隧道结构物。因此，施工管理的重点如下：

- 充分发挥各种可能技术功能的管理；如对喷混凝土、锚杆、衬砌等的**技术管理或称为作业管理**；
- 安全是施工的前提，**安全管理**实质上就是**风险管理**；要预知可能发生的风险，及可能采取的降低风险的对策；
- 质量是实现结构物耐久性的基本保障，消除结构物可能**潜在的、显现的缺陷**对像隧道及地下工程这样的隐蔽的隧道结构物来说是非常重要的，也是**质量管理**的重点；
- 隧道施工一般时间都很长，因围岩条件的变更而改变开挖方法、开挖方式，会造成计划进度与实际进度多数不一致，因此，按照在规定工期内能够完成的**进度管理**就非常重要；
- 一般来说，地下工程与地面结构物比较，是造价相对比较高的结构物，因此在确保安全、质量的前提下，降低工程造价是**成本管理**的主要目的；
- 铁路隧道由于在规定的隧道断面内走行高速列车，开挖时，应对隧道的线形（直线、曲线、坡度、缓和曲线、纵曲线、线路中心、结构物中心、轨面高度等）进行有效的净空开挖和净空的**断面管理**；
- 隧道施工中引起的地下水位降低、井水枯竭、地表面下沉（对近接结构物的影响）、噪声、振动等问题，要从环境保护的角度进行**环境管理**。

总之，管理的内容是多种多样的，归纳起来，基本上可分为3类。即：**安全（风险）管理、技术（作业、质量）管理及环境管理。本章重点说明安全（风险）管理和技术（作业、质量）管理**。

从目前的工程实践来看，在上述管理中，特别是精细化管理，虽然与国外有一定的差距，但针对国情我们也有一些成熟的经验。本章将重点说明精细化管理中存在的问题和解决途径。

2. 安全管理

安全管理，实质上就是风险管理。我们在这方面已经有了长足的进步，制定和颁布了有关风险管理的指南、规定等。但如何执行、落实还存在一些问题。

实际上，风险可以分为两大类：一类是可接受的，一类是不可接受的。风险管理的目的就是把不可接受的变成可接受的。能否实现这一点，决定于精细化管理和巧妙的技术。

风险管理的前提之一是：一定要明确哪些风险是可接受的，哪些风险是不可接受的。例如，我们把风险分为4级：低度、中度、高度及极高。其中，低度是完全可接受的，而高度和极高是不可接受的。而中度处于可接受和不可接受之间，视具体情况而定。因此，原则上，要把高度和极高风险采取措施降低到可接受的程度。

风险管理的关键，是要理清隧道施工中可能发生的风险事项，风险可能发生的部位，风险发生前的预兆以及事前对可能发生的风险的应急对策等。因此,可以说**风险预测**是风险管理的前提。

例如,从近几年修建的铁路隧道看,隧道施工中发生的风险,如按围岩级别划分可以归纳在表5-6-1中。

矿山法铁路隧道风险事件 表5-6-1

地质条件	风险事件	可能发生的条件
Ⅰ级围岩	岩爆	极高和高地应力
	岩块掉落	爆破震动
Ⅱ级围岩	岩爆	极高和高地应力
	岩块掉落	不利的岩块组合、断裂带
	涌水或突水	富水或承压水
Ⅲ、Ⅳ级围岩	塌方、岩块掉落	一般断层带、不利的岩块组合、爆破震动等,夹有软弱夹层的互层地段、水平层状围岩
	涌水、突水	富水含有水体的围岩
	洞口风险	洞口边仰坡不稳定、有落石可能、顺层边坡
	其他	
Ⅴ、Ⅵ级及特殊围岩	塌方	断层破碎带、水平层状围岩、构造交汇区破碎围岩 、强风化带
	洞口风险	洞口边仰坡不稳定,存在崩塌危险
	各种类型的大变形	挤压性围岩、膨胀性围岩、破碎带围岩、高应力条件等
	浅埋的隧道整体下沉	埋深小或极小的土质隧道
	掌子面失稳	挤压性围岩、断层破碎带、围岩强度应力比低
	突水(泥、石)	富水、破碎、承压水、充填溶洞等
	其他	
特殊风险	瓦斯、缺氧空气、放射性等	煤系地层及存在有害气体的地层
环境影响	环境影响包括对周边结构物、地下水等的影响	存在近接施工影响的结构物、地下埋设物、埋深小、环境保护区域等
工期影响	包括设置辅助坑道等的影响	特长隧道、工期要求紧迫的隧道

作为风险管理的责任人,对上述关键问题,一定要心中有数,从容应对。

例如,在风险管理中,必须将易于发生风险的部位(掌子面、支护脚部、拱顶、底部等),作为观察、监视的重点,选派有经验的人员进行管理。

例如,风险管理的主要手段是掌子面前方地质预测、掌子面观察和洞内外变形量测。这是发现风险的基本手段,没有可靠的风险信息,就很难进行有效的风险管理。如有可能,应委派第三方进行量测及其管理。

其中,掌子面前方围岩状态的预测是非常重要的。有的国家,例如挪威,目前就规定在不良围岩中,要全隧道进行系统的掌子面前方围岩状态的预测,作为施工组织的一个主要组成部分。过去观察多采用目视方法,在观察手段日益发展的今天,基本上是用数码相机代替了目视。数码相机的应用,为迅速获取有效的信息,及时反馈进行信息化施工打下了良好的基础。

例如,对表5-6-1所列的风险事件,应该采取哪些对策处理,一定要有充分的准备,不能临时抱佛脚，特别是确定事前如何预防可能发生的风险等。

表5-6-2所列的对策可以作为处理风险的参考。

风险事件及其对策 表5-6-2

风险事件	风险等级与对策			
	中度	高度	极高	说明
岩爆	监视掌子面的状况，视情况可采用掌子面释放孔，释放应力或必要时可采用摩擦式锚杆	1. 采用应力释放孔和掌子面摩擦式锚杆； 2. 迅速喷射掌子面混凝土	1. 开挖小断面应力释放应力洞； 2. 爆破后人员及机械立即退出开挖面； 3. 有条件时应设置监控装置	锚杆采用塑料锚杆
大变形	加强初期支护，把变形控制在容许值范围内	1. 设置超前小导管，长度不小于5m； 2. 提高喷混凝土的初期强度等级3h强度不低于10MPa； 3. 采用锁脚锚杆控制拱脚下沉	1. 设置长10～15m的钢管超前支护；或6～8m长的旋喷注浆体； 2. 提高喷混凝土的初期强度等级3h强度不低于10MPa； 3. 采用锁脚锚管、拱脚支持桩等控制拱脚下沉； 4. 注浆补强围岩	注浆补强围岩，视地下水状况，可兼顾堵水功能
突水	1. 先治水，创造无水施工条件； 2. 设超前排水钻孔，排水	1. 设超前排水钻孔，排水； 2. 排水降压，封堵涌水	1. 排水降压，封堵涌水； 2. 设置注浆防水带，将涌水量抑制在施工容许的范围内	
突水（泥、石）	同上			
掌子面失稳	1. 留核心土； 2. 掌子面喷混凝土	1. 设掌子面锚杆（管），长5～8m； 2. 掌子面喷混凝土	1. 设长10～15m的掌子面锚杆（管），或水平旋喷注浆桩； 2. 掌子面喷混凝土	
塌方	1. 加强监视，必要时采用小导管超前注浆； 2. 缩短进尺	1. 快挖、快支、快闭合，在等于开挖跨度1.5倍的距离内闭合； 2. 喷混凝土与钢架配合	1. 快挖、快支、快闭合，在与开挖跨度相等的距离内闭合； 2. 喷混凝土与钢架配合	
浅埋隧道隧道整体下沉	采用扩大拱脚的方法或锁脚锚管	1. 打设水平钢管控制拱脚下沉； 2. 拱部采用长超前支护进行预加固	1. 拱部采用长超前支护进行预加固； 2. 预先设置控制拱脚下沉的支持桩；	
洞口风险	加强监视	1. 处理不稳定的、可能掉落的落石； 2. 设置防护栏等； 3. 洞口采用长10～15m中等长度的管棚进洞	1. 设置喷锚支护稳定边仰坡； 2. 采用长30m左右的长管棚进洞	在管棚进洞的范围内可以取消系统锚杆

3. 技术(设计变更、施工作业、质量)管理

修建隧道的基本作业,主要是开挖和支护。因此,技术管理的重点是对开挖和支护(包括预支护)的技术管理。管理的基本要求是明确的,它包括设计变更、施工作业及质量等内容,其基本要求就是要做到"技术到位",或者说是"质量到位"。由于种种原因,目前开挖、支护技术不到位是比较普遍的现象,如设计变更不及时、各项作业缺乏明确的管理基准和方法等,这是粗放式管理的必然结果。

例如,喷混凝土1d的初期强度,要求达到10MPa,现场是否达到这个指标,多数情况下是不清楚的,这虽然与缺乏快速的测试方法有关,但与管理的关系更大,没有明确的管理喷射混凝土初期强度的意识,是主要原因。

例如,明明知道如果锚杆设置垫板,特别是在软弱围岩中,可以更好地发挥锚杆的支护效果,可是现场很少设置垫板,如果我们都是按设计要求来配置锚杆,技术到位,其效果完全可以显示出来,但实际情况很不理想。

钢架也是如此,钢架与围岩是点接触的,不可能与围岩全周接触,只能人为地用楔块等使之均衡地接触,实际上这一点也没有做到。诸此种种,但在目前的情况下,只要技术到位,质量自然到位,许多不应该发生的现象完全可以避免。这应该成为作业管理的重点。

应该指出:作业管理的基础是"信息管理"。作业质量、作业技术是否到位,可以反映在观察、量测获得的"信息"中。虽然在规范和指南中,一再强调,观察、量测作业是整个施工循环中不可缺少的组成部分,但实际上,我们远远没有做到这一点。下面谈到的管理要点,多数是依靠观察、量测结果来判断的。一个合格的技术管理人员,必须把观察、量测管理作为首要任务,贯彻始终。

1)开挖管理

开挖作业是修建隧道的基本作业。因此开挖作业的管理异常重要。开挖作业管理的重点是对围岩的管理。

围岩管理从目前的施工技术出发,重点应放在**掌子面前方围岩的管理**和对**掌子面的管理**以及**掌子面后方拱脚部位围岩的管理。**

在开挖前我们要知道掌子面前方围岩的状态是什么,向前开挖会遇到什么,此时短距离的超前预报起着重要的作用。必要时应采用中、长距离的超前预报方法。

对掌子面前方围岩,如果判断是不稳定的,就必须采取预支护的方法,如小导管或长钢管超前支护等来提高掌子面前方围岩的自稳能力或自稳时间。

隧道施工的特点就是开挖完之后到设置的支护发挥作用前,开挖面应该是稳定的,或者是暂时稳定的。因此,要把掌子面当作**支护构件**来管理。重点是:提高掌子面的自稳性、延长掌子面的自稳时间,为下一作业的开展创造有利条件。如发现掌子面出现不稳定的迹象,必须毫不迟疑地立即采取对策。"毫不迟疑"就是"当机立断",等待和延误都可能造成不可预料的事故发生。目前许多事故的发生和发展,都是在这种情况下发生的,要引以为戒。

应当指出,隧道施工中的事故,多数是在掌子面及其附近发生的。因此开挖后技术负责人必须亲自用数码相机或目视观察新暴露掌子面的围岩状况,做出判断,坚持和建立掌子面观察的制度是非常重要的。

例如,图 5-6-1 就是利用数码相机对每次开挖后暴露的掌子面图像的结果,据此可以判断掌子面的稳定状态以及预测掌子面前方一定距离内的围岩变化。

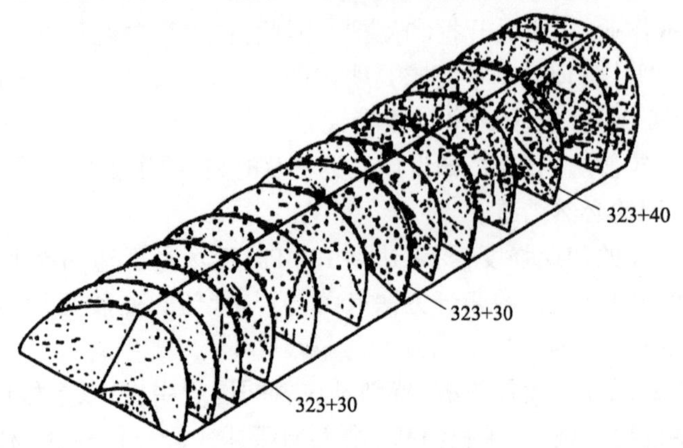

图 5-6-1　掌子面观察图像

采用数码相机或目视观察和量测掌子面是基本的手段,应留意任何微小的征兆,特别是对拱顶部位的观察。

新的掌子面出现后,作为作业管理人员的首要任务是与前一次开挖的掌子面进行对比。有经验的人员,很容易根据对比做出围岩是变好还是变差的结论。这种对比非常重要而且易于实施,特别是在具有现代技术的今天。

开挖面管理的另一个重点是对挤出位移的管理。这在软弱围岩中开挖隧道异常重要。过去我们基本上是忽视该点,其后果就是掌子面的崩塌不断涌现。日本最近正在开发的光位移计(Light Emitting Defamation Sensor)就是一例。所谓光位移计就是图 5-6-2 所示的把量测的变形量的结果,在原位置用 LED 光的颜色表示的方法,也称为“看得见的量测”方法,已在一些隧道中试用。

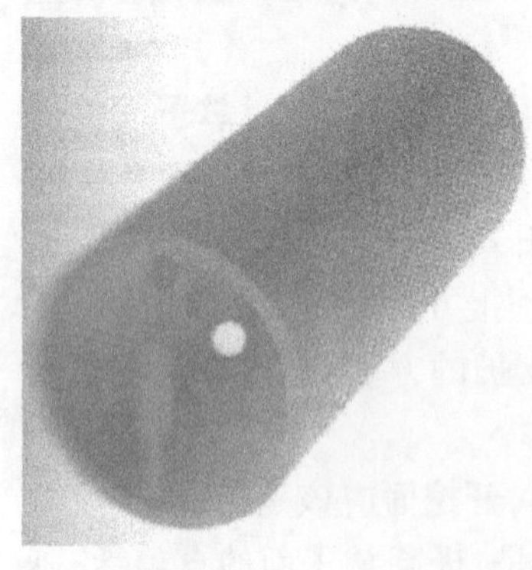

图 5-6-2　光位移计的显示

该方法的基本概念是利用 LED 二极管能够根据变形量而改变光的颜色的功能,来测定围岩的变形(位移值、裂缝状态、掌子面崩塌的预兆等),并用光的颜色显示变形处于何种状态(如设定白色为安全状态、蓝色为警戒状态、红色为危险状态等),是在产生变形时,更快、更确实易于感知的方法。

为了论证本装置的功能,在室内进行了监视掌子面挤出位移的模拟试验。利用单板 4 片(1 片的尺寸为 90cm × 180cm)的空间,取第 2 片和第 3 片的边界线与板的交点为中心,描绘一个半径 180cm 的圆为隧道开挖时的预计开挖面。在其圆周上设几个点,这些点与中心点均作为测点,设置位移计(此次试验每 10mm 颜色改变一次)。固定圆周上各点,把中心点向外移动,模拟再现掌子面开挖的动态。如图 5-6-3 所示,在初始状态是白色的,挤出位移出现后位移计变为蓝色,这种变化,作业人员很容易识别。

目前开发的具有“量测”和“视觉的结果表示”两功能兼备的光位移计,可配置的施工现场,能够尽早开始量测,而且变形一发生,周边的作业人员就可以立即获得信息。

日本在长 4323m 的山岭隧道中的埋深约 300m 的蛇纹岩地段设置了光位移计,进行了实地试验。其设置状况如图 5-6-4 所示。

a)初始状况白色表明安装完成,但是没有位移

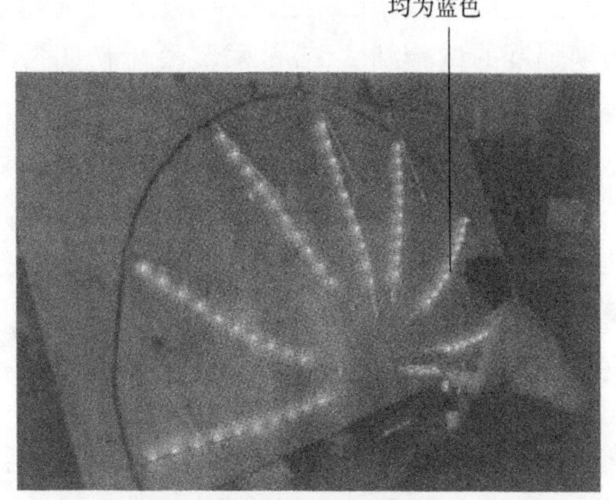

b)蓝色线表明掌子面挤压变形

图 5-6-3　光位移计的模拟试验

掌子面后方围岩的管理重点是初期位移速度,它决定了最终可能发生的位移值。因此,第 1 个量测测点的设置,是极为重要的。一般说,开挖后应在不迟于下一循环开始前,把第 1 个测点设置好。

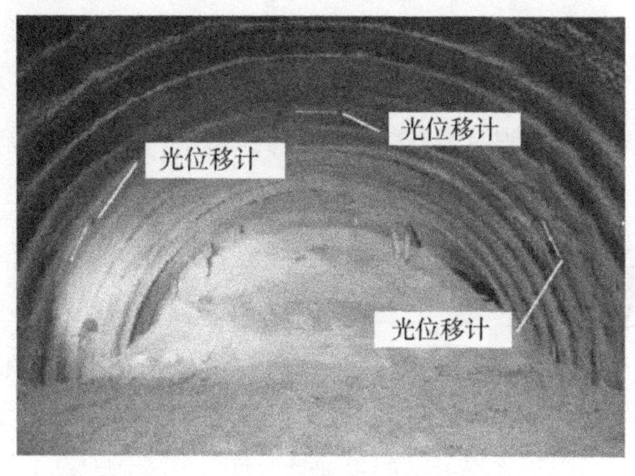

图 5-6-4　在掌子面设置的状况

在软弱围岩中要特别关注掌子面的挤出位移。根据最终位移值、初期位移速度、收敛状况判定隧道及其周边围岩的稳定性外,还可以评价量测结果,采取合适的支护模式。目前,在围岩动态管理中,规范和强化对量测的管理是非常重要的,详情可参考"Ⅵ信息化施工篇"一章。

2) 支护管理

支护管理,包括初期支护和预支护的管理。

初期支护的管理包括喷混凝土、锚杆及钢架的管理。众所周知,初期支护是确保开挖后的围岩稳定的基本作业,是把开挖后围岩变形控制在容许值内的基本手段。因此,支护管理的重点应放在初期支护的技术管理上。

支护管理的最终目的是把**可能发生的位移值控制在容许范围之内**。因此,一方面要知道**可能发生的位移**有多大,一方面要知道**容许位移值**是多大,这两者是密切相关的。前者可能需要借助解析方法,后者可根据有关规定确定。作为管理人员应该认识到:可能发生大变形的围岩是客观存在的,在这种情况下,如何不让大变形发生是我们管理人员的责任。

喷射混凝土的管理重点是强度管理。喷射混凝土的强度一般细分为初期强度、某一龄期强度(如 7d 强度等)及长期强度(一般指 28d 强度或 91d 的强度等)以及喷射混凝土与围岩的附着强度,其中重要的是对初期强度和附着强度的管理。我们的规范要求喷混凝土 1d

的初期强度要求达到8～10MPa。有的国家(如日本)要求3h的初期强度达到3MPa等。为此,喷射前要进行配比试验,确认其初期强度,在喷射后进行检验。此外为确保大断面的喷射质量,不能用多台小容量的喷射机来代替大容量的喷射机等。

这里必须强调的是:最佳的配比是通过喷射试验决定的。现场必须建立测试喷混凝土初期强度的试验制度,规范喷混凝土初期强度的测定方法。

我们都知道,喷混凝土之所以能够发挥支护效果,附着强度起着重要作用。但现场很少测试喷混凝土与围岩间的附着强度。因此,建立喷混凝土与围岩间附着强度的测试制度也是重要的,必须改变目前有强度指标、无检测方法的状态。

对喷射混凝土来说,作为初期支护的仰拱,具有及时闭合开挖断面的功能,因此在早期闭合的施工方法中,一定要重视喷射混凝土仰拱的管理。特别是对仰拱与边墙连接处的作业管理。

一般来说,锚杆不是开挖后立即施作的,如前面所述,锚杆是离开掌子面一定距离施作的。因此最好采用机械手施作,以避免无支护地段掉块的风险等。为了充分发挥锚杆的支护功能,垫板的设置是必不可少的,特别是对于比较软弱的围岩。而我国基本上不设置垫板,这种情况必须改善。

锚杆应尽可能地采用已经**商品化的锚杆**,即使是现场自行制作,也必须严格按照锚杆的基本规格进行,这是确保锚杆质量的前提条件。

注浆式锚杆的支护效果,决定于注浆的质量。注浆是否密实或充填是否饱满是极为重要的。建立检验注浆密实度的方法刻不容缓,这方面的管理有待加强。

钢架是在不良围岩条件下采用的支护构件之一。钢架变异后要综合分析包括量测值在内的结果,推定变异发生的原因采取切实的对策。一般说,钢架变异多产生于荷载的不均匀作用或局部作用,这与钢架与围岩的接触状态有关。在钢架施工中,一定要做到与围岩均匀接触,让荷载作用均匀。能否让钢架均匀承载,是我们目前钢架架立中亟待解决的问题。

应该指出,初期支护中的喷射混凝土、锚杆和钢架在多数情况下是联合工作的。因此发挥三者的协调作用,非常重要。在管理上,一定要根据暴露的围岩状态,来规划三者的施作顺序。

在软弱围岩中采用的预支护,是属于超前支护范围的。一定要做到长度合适(不宜过短),采用能够形成拱形构造的超前支护。对于这些支护构件的变异,发现时要确实记录,掌握其变异的发展状况也是很重要的。当发现掌子面有不稳定现象时,必须立刻对掌子面采取超前的预补强措施,如掌子面锚杆、喷射混凝土等。

在整个支护管理中,要加强对已支护地段的监视。已支护地段的支护发生的任何征兆,都作为改善未支护地段支护的依据。

有关初期支护、预支护的技术要求,可参见本书“Ⅲ初期支护篇”及《软弱围岩隧道施工技术》一书。

3)衬砌管理

衬砌施工管理的重点是衬砌及仰拱的连接、衬砌的施作时期、潜在的初期缺陷的控制。

衬砌与仰拱的连接面要能够传递轴力,一定要按照设计图施作,让二次衬砌与仰拱能够形成一体的封闭构造,这一点非常重要,否则会极大地降低二次衬砌的承载能力。

衬砌的施作时期视衬砌的功能决定,在一般围岩中,衬砌基本上是在位移收敛后施设的,因为不受土压的作用,裂缝是比较少的。可以在整个隧道开挖完成后施作(这是国外岩石隧道中普遍的做法,特别是在长度较短的隧道)或者离开开挖面相当距离后施作(一般离开100~200m)。但在第三纪的泥岩、凝灰岩、蛇纹岩等围岩中,因其成因和组成,而具膨胀性,开挖后因围岩强度劣化,产生塑性地压,并随时间而增长,提前施作仰拱的情况下,衬砌可在变形基本收敛后施作。

如果初期支护,包括预支护在内,都已达到"技术到位"的要求,二次衬砌施作时期不会产生问题,完全可以从容处理。我们强调的"安全步距",实质上是对初期支护或预支护不放心。强调"安全步距"莫如强调提高初期支护或预支护的技术质量,两者的得失是不能比较的。

衬砌潜在的初期缺陷,是损伤衬砌耐久性的重要因素,衬砌管理必须把可能出现的潜在初期缺陷在施工阶段予以解决,不留后患。如前所述,衬砌的衬砌缺陷包括:**二次衬砌混凝土不密实,因而强度不足;衬砌背后留有空洞;衬砌厚度不均匀,拱顶厚度偏薄且留有空隙;衬砌混凝土存在潜在的裂缝**等。为此,必须有针对性地制定控制初期缺陷的施工要点。例如,日本根据混凝土发生裂缝的主要原因,列出管理的细目(表5-6-3)进行管理,是相当精细的。

混凝土潜在裂缝的分类及其发生原因　　表5-6-3

编号	分类	原因	编号	分类	原因
A1	与材料性质有关的	水泥的异常凝结	B12	与施工有关的	模板拆模过早
A2		混凝土下沉、秘浆	B13		硬化前振动和加载
A3		水泥水化热	B14		初期养生中急剧干燥
A4		水泥异常膨胀	B15		初期冻害
A5		集料中含有泥质	C1	与使用、环境条件有关的	环境温度、湿度变化
A6		采用反应性集料和风化岩	C2		构件两面温湿度差
A7		混凝土干燥收缩	C3		反复冻融
B1	与施工有关的	混合材料分散不均匀	C4		冻结
B2		长时间拌和	C5		内部钢筋锈蚀
B3		泵送时水泥、水增量	C6		火灾、表面加热
B4		浇注顺序不当	C7		酸、盐类的化学作用
B5		浇注速度过快	D1	与构造、外力等有关的	荷载(设计荷载以内的)
B6		捣固不充分	D2		荷载(超过设计荷载的)
B7		配筋乱、保护层不足	D3		荷载(主要指地震)
B8		施工缝处理不当	D4		断面、钢筋量不足
B9		模板移动	D5		结构物不均匀下沉
B10		漏水	E	其他	其他
B11		支护下沉			

例如,在控制初期缺陷上,着手管理制定了衬砌施工上的核查卡(表5-6-4),由监理与施工者在模板设置、混凝土浇注、模板拆除的各施工阶段共同签字认可,予以确认,确保衬砌的施工质量达到设计要求等。

衬砌施工时的核查卡 表 5-6-4

日期	年　月　日	现场代理人：
工程名称		
事务所名称		监督员：
承包商名称		施工负责人：

检查的具体内容	监督员	施工者
1. 模板设置前、设置时的核查要点		
·模板的清扫是否充分？		
· 剥离剂涂抹的是否合适？		
·模板走行道路的支持力是否充分？		
·模板移动时，是否充分收缩到不损伤已浇注的混凝土？		
·决定模板设置后步骤是否不会对既有混凝土挤压过度？是否配置了监督员？		
·是否正确设置到规定的位置？模板固定后浇注中是否产生移动和下沉？		
·是否能确保规定的设计厚度？		
·堵头板的固定是否能够承受混凝土压力？是否会漏浆？		
·堵头板是否会破损防水板？		
2. 浇注时的核查要点		
·模板的配管及泵是否清扫充分？		
·入场的混凝土是否是规定种类的混凝土？		
·混凝土是否符合规定的坍落度、含气量？		
·从混凝土拌和到浇注完成的时间，外气温超过 25℃的时间是否在 1.5h 以内？25℃以下的时间是否在 2h 以内？		
·混凝土是否连续浇注？		
·边墙是否左右对称浇注？		
·边墙混凝土是否从 1.5m 以上落下？		
·一侧使用 2 个浇注口，混凝土浇注时是否没有流动？		
·混凝土再次浇注是否在下层混凝土硬化前进行的？上下层的接触面是否进行仔细底敦？		
·泌浆水是否从堵头板侧排出或采用适当方法清除？		
·更换向上浇注口的时机是否合适？(是否尽可能地从高处进行浇注？)		
·混凝土充填性的确认，是否从拱部的检查孔、堵头部从堵头板慎重进行？		
·捣固器是否使用过度？		
·捣固器是否使防水板和缓冲材破损？		
3. 拆模时的核查要点		
·混凝土是否达到要求的强度？		
·脱模时是否慎重进行，对既有混凝土和浇注的混凝土没有产生力的作用？		
备注：		

综上所述,可以看出,只要管理到位,技术自然会到位,质量也自然会得到保障。因此归根到底,还是要“管理到位”。

表5-6-5给出每个管理项目施工中应着重注意的现象及其对策内容和大致标准。优先选定哪个对策因围岩条件、施工方法、补修的状态等而异,因此应配合观察量测结果进行综合判断决定。

施工中的现象及对策　　表5-6-5

管理项目		施工中的现象	对策A	对策B
			比较简单的变更,就可以处理	需要比较大的变更,才可以处理
开挖面	掌子面	掌子面不能自稳	·缩短一次掘进长度 ·保留核心土 ·掌子面喷射混凝土及打锚杆 ·超前支护 ·留核心土	·长掌子面锚杆 ·超前支护 ·变更开挖方法 ·改良围岩
	拱顶	拱顶崩落,掉块	·超前支护 ·缩短一次掘进长度 ·喷混凝土	·分割开挖断面 ·加钢架 ·变更开挖方法 ·介入钢架 ·改良围岩
	开挖面全部	掌子面涌水或涌水量增大	·为喷混凝土进行排水 ·施工排水钻孔 ·加设金属网 ·促进喷混凝土早期硬化	·采用排水方法(排水钻孔、井点降水等) ·改良围岩
	脚部	围岩承载力不足,下沉大	·脚部打设锚杆 ·加厚脚部喷混凝土,增加支持面积 ·隧道纵向用钢材联系钢架 ·增加钢架底板的接地面积	·缩短台阶长度,早期闭合 ·施作喷混凝土临时仰拱 ·进行脚部补强 ·施作侧方锚管补强 ·钢架加肋 ·钢架的底板下插入先行水平钢管 ·改良围岩
	仰拱部	产生底鼓	·打设锚杆和临时仰拱 ·缩短一次掘进长度 ·路面进行临时排水	·缩短台阶长度,及早闭合 ·加入仰拱横撑 ·仰拱施作锚索 ·改良围岩

续上表

管理项目		施工中的现象	对策A	对策B
			比较简单的变更,就可以处理	需要比较大的变更,才可以处理
支护状况	喷混凝土	喷混凝土剥离,或剥落	·促进喷混凝土早期硬化 ·设金属网 ·设排水孔	·喷混凝土背后进行排水 ·设金属网 ·改良围岩
		喷混凝土应力增加,产生裂缝或剪断破坏	·增加锚杆 ·设金属网 ·增加喷混凝土厚度 ·采用高强喷混凝土	·设长锚杆和具有早期强度的膨胀性锚杆 ·设钢架 ·钢纤维喷混凝土 ·采用初期高强度喷混凝土
	锚杆	锚杆轴力增加,垫板松动,锚杆破断	·增加锚杆	·设长锚杆 ·增加锚杆根数 ·采用高承载力的锚杆 ·设钢架
	钢架	钢架应力增加,产生屈服	·增加锚杆 ·增喷混凝土 ·钢架加肋	·设长锚杆 ·改良围岩 ·采用多重支撑
围岩动态	隧道内	净空位移、拱顶下沉大,不收敛	·增加锚杆 ·增喷混凝土 ·缩短一次掘进长度,及早喷射混凝土	·设长锚杆 ·缩短台阶长度,及早闭合 ·变更开挖方法 ·设临时仰拱
	地中	地中位移大,松弛区域大	·增加锚杆 ·缩短一次掘进长度,及早喷射混凝土	·设长锚杆 ·设钢支撑 ·缩短台阶长度,及早闭合 ·变更开挖方法 ·改良围岩
	地表面	地表面下沉大,下沉不收敛	·缩短一次掘进长度,及早喷射混凝土 ·留核心土	·超前支护 ·采用中壁法 ·采用地表垂直锚杆法 ·采用隔断壁法 ·改良围岩

4.小结

最近,"××精细化管理"、"××精准管理"、"××信息化管理"等词语不断出现,其目的就是要求"技术精细到位"。不管技术多么好,若做不到位,一切免谈。"技术到位"是起码的要求,对隧道这样的隐蔽工程,这一点尤为重要。对技术管理的更高要求是"精益求精",不断创新,在这方面管理层要加大力度,不可等闲视之。

Ⅵ 信息化施工篇

我们一直在谈“信息化施工”，但离实现真正的“信息化施工”还有相当大的距离。然而隧道施工特性，正是能够充分显示“信息化施工”特性的工程，目前以“电子化”、“数据化”为特点的所谓“BIM”、“CIM”、“信息共享”等都是为了实现真正的“信息化施工”而演变的技术。

本篇将集中说明以下几个问题：

1. 实现真正的信息化施工的关键是“信息”
2. 确立获得这些“信息”的可靠方法和技术
3. 建立几个为信息化施工服务的数据库
4. 隧道信息化施工实例
5. 施工信息模型(CIM)

一、实现真正的信息化施工的关键是"信息"

实现信息化施工的前提条件是要有能够**充分表现隧道开挖后围岩和支护构件动态的"动态信息"**。

目前的隧道设计,是以施工前**有限的信息**为基础进行设计的。由于地质的复杂性和不确定性,事前是很难掌握自然围岩的状态和性质的。因此,施工图建议的设计参数和施工方法,**只能是推荐性的**,需要在施工中予以验证、修正与完善,也就是说,在施工中要根据能够**充分表现隧道开挖后围岩和支护构件动态的"动态信息"**来进一步掌握围岩的特性,并进行修正设计。

这说明,信息化施工必须以**"施工中的信息"**为基础,不断地完善设计与施工过程,才能构筑符合要求性能的隧道结构物。

因此,要把**"设计变更"**,作为信息化施工中重要组成部分,开展设计变更基准、方法等内容的研究,是非常重要的。

对信息来说,我们需要的是能够确实反映隧道开挖前后动态、支护前后动态以及使用期间可能出现的变化等信息。例如:

- 能够判定开挖面是否稳定的信息;
- 掌子面前方围岩是否发生变化的信息;
- 已支护地段变形是否收敛的信息;
- 围岩分级是否合适的信息;
- 地下水动态是否变化的信息;
- 使用期间变异发生前后的信息(或数据)等。

在分析、评价上述信息的基础上,来确认隧道施工的安全性、隧道构造的稳定性以及耐久性等。以确定建成的隧道构造是否满足设计要求。

为此,应对各种"信息"提出"质"和"量"的要求。同时也要满足"信息共享"的要求。从当前的施工现状看,我们虽然积累了大量的信息(或数据),但信息的"质"还不能满足信息化施工的要求。也就是说,我们的问题,出现在信息的"质"上。没有"质"的信息,数量再多,也没有用。其次就是信息不能共享,也就是说信息没有规准化,这方面也是我们粗放式管理的一个薄弱环节。

1. 高质量的信息(数据)是信息化施工的基本依据

信息化施工的信息是多种多样的,来源也是多渠道的,既有属性的信息,也有量化的信息。但不管哪种哪类信息都必须是可靠的,具有规律性的,能够实现"信息共享"的。

以量测中的位移量测为例,如图 6-1-1 所示,施工中必须通过量测,切实掌握下面的数据(信息):

(1)初始值(初始位移速度):指测点设置后第 1 天量测的位移值,其值与测点设置的时间或距掌子面的距离有关;

(2)距掌子面一定距离(例如0.5D、1.0D、2.0D)的位移值;

(3)拱顶下沉与拱脚下沉的比值;

(4)最终收敛值;

(5)掌子面通过前的位移值。一般是根据围岩级别估计的。在一般围岩条件下,为总位移值的20% ~30%。在浅埋隧道中,此值可以通过地表面量测得到。也可以根据事前的解析方法提供。

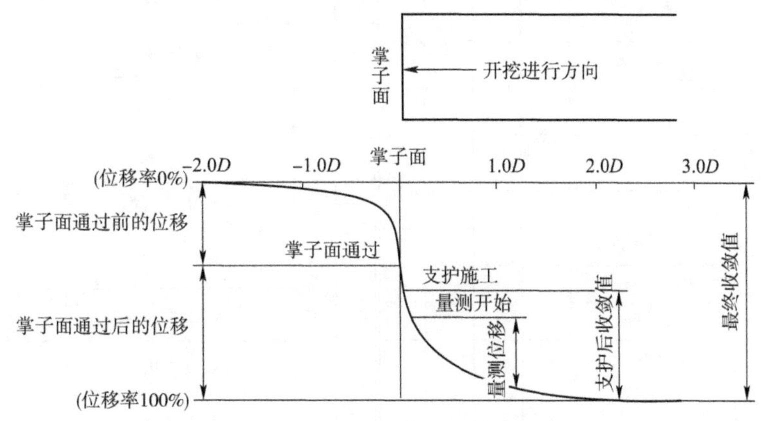

图6-1-1 隧道开挖后变形动态概念图

注:D为隧道开挖宽度。

其中最重要的量测数据是**初始位移速度**(测点设置后第1天的位移值)。它对判定围岩好坏以及最终收敛值的大小,具有直接的重要意义。如果有困难,也可以距掌子面0.5D的位移为基准。因此,我们强调在隧道信息化施工中,尽快、尽早地取得初始位移速度的量值,用以判定可能出现的最终收敛值的大小。日本在2009年的《公路隧道观察、量测指南》中,明确规定应在开挖后3h内,不得已时也应在6h内取得此数据,其他国家如挪威、美国等也有类似的规定,基本上,要求在下一循环前,获取此信息,否则就失去了量测的意义。

其次是**最终收敛值**。最终收敛值指隧道开挖后可能发生的总位移值。其中大多数位移是量测不到的,量测值仅仅是其中的一部分(图6-1-1)。而评价隧道是否稳定,基本上是以最终收敛值为基准的。一般说,最终收敛值是以初始位移速度,或**支护后的收敛值**,或**距掌子面一定距离的位移值**推定的。因此,确保初始位移速度,或支护后的收敛值,或距掌子面一定距离的位移量测值的可靠性,是非常重要的。

表6-1-1为隧道综合数据格式表。另外,为了获得需要的量测信息,日本在《隧道施工管理要领(量测篇)》明确规定量测A、量测B需要提供的量测数据(表6-1-2、表6-1-3)。

2. 信息的"量",是分析隧道工程问题的基础数据

从数量上看,我们量测的数据"量"可能是最多的,理所当然地应该从"量"上找出隧道开挖后围岩动态的规律性,为设计施工提供有针对性的指导建议。遗憾的是,我们目前还远远没有做到这一点。因此,还不能真正做到用观察、量测数据来指导隧道的设计和施工。因此,积累一定数量的,可靠的,能够用于分析、评价隧道开挖后和支护后动态的数据是非常重要的。下面仍以日本的量测事例说明信息的"量"的重要性。

隧道综合数据格式表

表 6-1-1

隧道名称	断面编号	里程	距洞口的距离(m)	断面分类	岩石名称	岩石组	埋深(m)	事前弹性波速度(km/s)	重度(N/mm³)	单轴抗压强度(N/mm²)	点荷载抗拉强度(N/mm²)	针贯入阻抗(N/mm²)	围岩强度应力比	有无AB量测		原设计		支护模式		施工支护模式									
																支护模式				支护的增减	一次掘进长度	锚杆				喷混凝土		型钢钢架	
														A量测	B量测	模式名称	卡片编号	模式名称	卡片编号			长度(m)	横向间距(m)	范围(°)	根数(根)	强度(N/mm²)	厚度(cm)	上部断面尺寸	下部断面尺寸

掌子面观察结果																								有无辅助工法				有无仰拱早期闭合
左肩部								拱顶部								右肩部								掌子面喷混凝土	掌子面锚杆	小导管	其他	
抗压强度	风化变质	裂隙间距	裂隙状态	走向,倾斜与隧道轴		涌水量	劣化	抗压强度	风化变质	裂隙间距	裂隙状态	走向,倾斜与隧道轴		涌水量	劣化	抗压强度	风化变质	裂隙间距	裂隙状态	走向,倾斜与隧道轴		涌水量	劣化					
				直角	平行							直角	平行							直角	平行							

量测 A 数据格式表

表 6-1-2

初期值量测时距掌子面的距离(m)	拱顶下沉(mm)					左脚部下沉(mm)					右脚部下沉(mm)					上半断面水平净空位移(mm)					下半断面水平净空位移(mm)				
	初期位移速度(mm/d)	0.5D	1.0D	2.0D	最终值	初期位移速度(mm/d)	0.5D	1.0D	2.0D	最终值	初期位移速度(mm/d)	0.5D	1.0D	2.0D	最终值	初期位移速度(mm/d)	0.5D	1.0D	2.0D	最终值	初期位移速度(mm/d)	0.5D	1.0D	2.0D	最终值

量测 B 数据格式表

表 6-1-3

测点	地中位移(mm)					锚杆轴力(kN)					喷混凝土应力(N/mm^2)					型钢钢架轴力(kN)					型钢钢架弯矩(kN)				
	0.5D	1.0D	2.0D	下半断面通过时	最终值	0.5D	1.0D	2.0D	下半断面通过时	最终值	0.5D	1.0D	2.0D	下半断面通过时	最终值	0.5D	1.0D	2.0D	下半断面通过时	最终值	0.5D	1.0D	2.0D	下半断面通过时	最终值
下部左脚部																									
上部左脚部																									
拱顶																									
上部右脚部																									
下部右脚部																									

日本高速公路管理局(NEXCO)收集了大量的量测结果,使之数据库化,作为以后设计施工的基础资料。

日本公路隧道研发的矿山法数据库(以下称为DB),收纳了双车道公路隧道施工中从1998~2010年的数据,180座隧道,210个区间,断面数达10388个。研究的断面数共有8196个断面。

从研究的围岩断面分布看,软质岩(层状)有2880个断面,硬质岩(块状)有2196个断面,中硬质岩、软质岩(块状)有2080个断面,中硬质岩、软质岩(层状)有850个断面。没有采用钢支撑的B、CⅠ、CⅡ-a级围岩,块状占大部分。另外,B级中硬质岩(块状)、DⅡ级中软质岩(层状)占大部分。

DB收集的数据中,位移的项目包括**拱顶下沉、上半断面水平净空位移、下半断面水平净空位移、脚部下沉等。量测时点包括初期位移速度、距掌子面0.5*D*时、1.0*D*时、2.0*D*时、下半断面通过时、最终位移值。**此外,还包括:地中位移、锚杆轴力、喷混凝土应力以及掌子面观察的项目等。

日本以数据库的信息为基础,分析了与隧道设计施工有密切关系的各因素之间的规律,并作为施工管理的依据。其中包括:

- 水平净空位移的频率分布;
- 初始位移速度和最终位移值的关系;
- 埋深与最终水平位移的关系;
- 最终位移值与围岩强度应力比的关系;
- 与掌子面评价点的关系;
- 与支护变异的关系。

以初始位移速度与最终位移值的关系为例,获得图6-1-2的关系。

这些关系图已在公路、铁路隧道中作为选定支护模式的大致标准。

上述分析充分说明,根据一定量的数据,完全可以获得与设计施工有关的规律性的结果,用以指导和完善数据施工。我们必须在这个领域中,利用我们的优势(数据量巨大),只要在信息的"质"上下功夫,就能够进行系统地总结和分析,为信息化施工建立良好的施工平台——信息数据库。

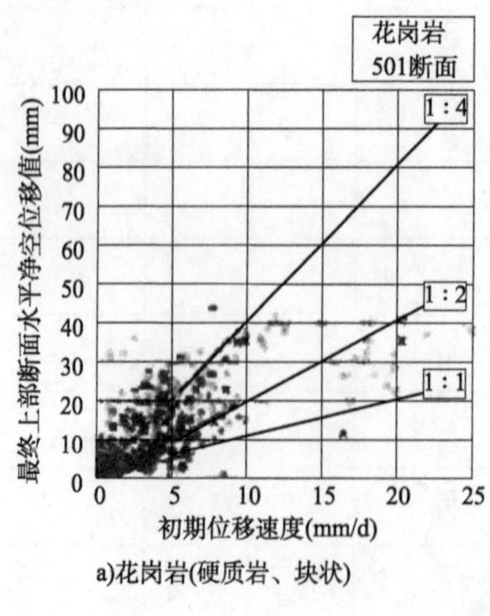

a)花岗岩(硬质岩、块状)

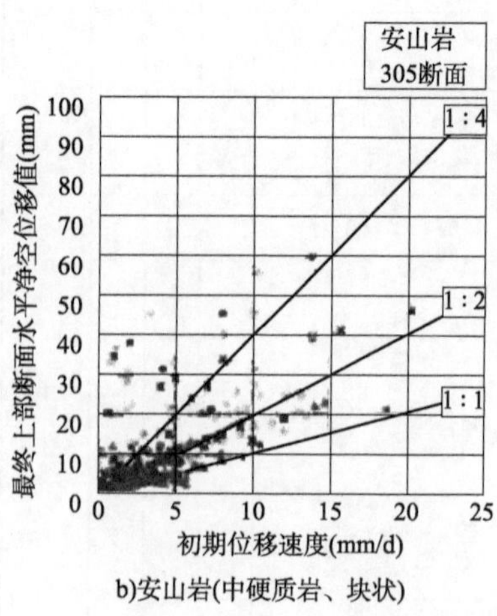

b)安山岩(中硬质岩、块状)

图 6-1-2

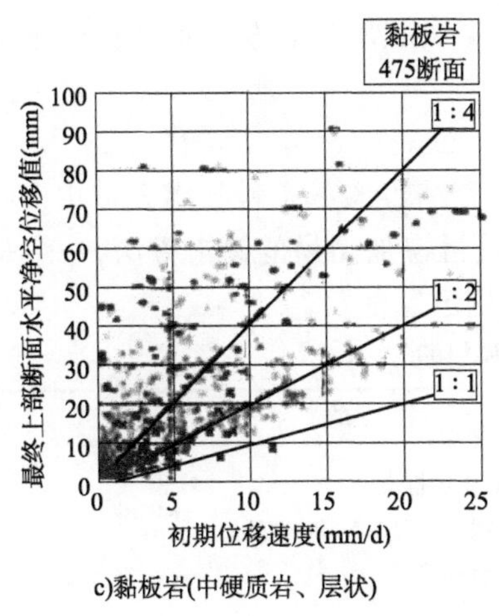

c)黏板岩(中硬质岩、层状)

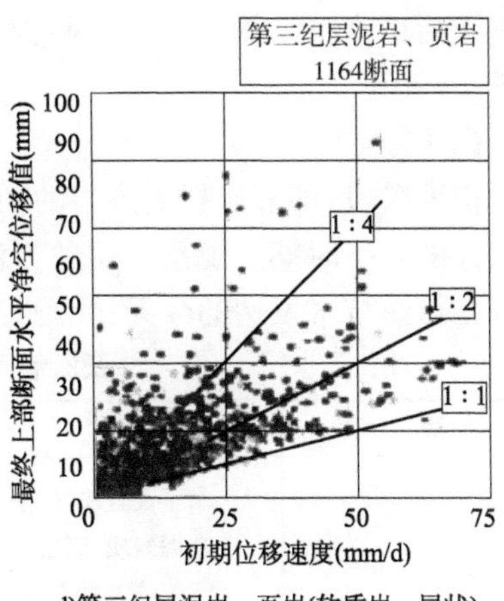

d)第三纪层泥岩、页岩(软质岩、层状)

图 6-1-2 初始位移速度和最终位移值的关系

二、获取"信息"的方法和技术

在信息化施工中,另一个重要的问题,就是确立获得上述"信息"的方法和技术。在这方面,我们与国外的差距,虽然在缩小,但差距仍然不容忽视。

获取信息的途径和方法是多种多样的,其主要方法及内容列于表 6-2-1。主要包括:

(1)掌子面前方围岩的探查;

(2)掌子面观察;

(3)量测;

(4)各种试验(室内的、原位的)。

应该指出,在信息化施工中,**观察和前方围岩探查,可能比量测更为重要**。因为施工主要是针对掌子面前方围岩的变化和对掌子面开挖后的即时判定来采取对策的。量测的数据只能在稍后的时间获取。因此,为确保信息化施工安全、经济、快速,加强掌子面观察和前方围岩探查是很重要的。实际上,**在Ⅰ、Ⅱ级围岩中,观察、施工数据是主要的,**基本上可以不进行量测。而**在Ⅲ、Ⅳ级围岩中,观察、量测是并重的**,而在需要控制变形的围岩中,**量测、前方围岩探查是不可缺少的,例如在Ⅴ、Ⅵ级及特殊围岩中**。但在过去,我们过多地依赖量测,而忽视了观察、试验及掌子面前方围岩预测所提供的信息。因此,今后应有针对性地利用除量测以外的一些方法,获取相应的信息,指导隧道的设计和施工是很重要的课题。

由上述方法获得的信息,数量是可观的,因此对信息的整理、分析、评价是十分重要的作业。只有利用数据库的方法才能予以解决,因此,有计划、有目的地建立隧道信息数据库是刻不容缓的,不能忽视。

1. 观察调查及其作用

隧道施工时的观察调查大体上分为洞内观察调查和地表观察两类。洞内观察调查包括掌子面观察和已施工区间的观察。掌子面观察是以支护施设前的围岩为对象,已施工区间观察则以施工后的支护结构为对象，两者与量测数据一起用来判断支护结构的选定和增减是很重要的。

(1)掌子面观察及其作用

施工的初期阶段，即开始揭露围岩的初期阶段，是有经验的工程技术人员用以判断围岩是否符合预计的最佳时期。观察采用的方法一个是目视加简易的锤击方法，一个是用数码相机摄影。在摄影技术发达的今天，数码相机的应用已经普及。

获取信息的方法和目的 表 6-2-1

方 法		目 的
洞内观察调查		·掌子面自稳性、毛开挖工作面稳定性 ·掌握岩质、断层破碎带、褶皱构造、变质带等的性质 ·掌握喷混凝土等支护构件的变异状况 ·对围岩分级的再评价
原位置调查、试验	洞内弹性波测定	·对围岩分级的再评价 ·松弛区域 ·地层的裂隙、变质程度 ·掌握岩层的强度等
	钻孔调查	·掌握岩质、断层破碎带、褶皱构造、变质带、瓦斯等的性质 ·采取围岩试验用试件
	利用钻孔的调查	·掌握地基承载力(标准贯入试验)、水压、渗透系数(涌水压试验)、变形系数(孔内水平加载试验)等
	岩层直剪试验	·掌握围岩的初期抗剪强度、残余强度及变形系数
	点荷载试验	·点荷载强度
	针贯入度试验	·针贯入深度
围岩试件试验	单轴抗压强度试验	·掌握单轴抗压强度、静弹性系数、静泊松比
	超声波传播速度测定	·掌握P波速度、S波速度、动弹性系数、动泊松比
	重度试验	·掌握重度、含水率
	吸水率试验	·掌握吸水率
	压裂拉伸试验	·掌握压裂拉伸强度
	蠕变试验	·掌握蠕变常数
	粒度分析试验	·土砂围岩的场合，作为判断掌子面稳定性的资料 ·泥岩、温泉余土等场合，作为判断膨胀性的资料
	浸水崩解度试验	·软岩场合，作为判断对水的稳定性的资料
	三轴压缩试验	·掌握内聚力、内摩擦角及残余强度
	X线回析试验	·判定黏土矿物的种类(有无膨胀性黏土)
	阳离子交换容量(CEC)	·推定黏土矿物的含有量

续上表

方　法		目　的
量测	拱顶下沉测定	·监视隧道拱顶的绝对下沉量,了解断面的变形状态,判断隧道拱顶的稳定性
	净空位移测定	·根据位移值、位移速度、位移收敛状况、断面变形状态等判断隧道周边围岩的稳定性、支护结构的设计施工的妥当与否以及衬砌的施设时间
	地表下沉测定	·在洞口段和埋深小的区间,测定隧道纵向的地表下沉,评价隧道开挖对地表面的影响和隧道的稳定性
	洞内地中位移测定	·了解隧道周边的松弛区域和位移值,判断锚杆长度、设计施工妥当与否
	锚杆轴力测定	·根据锚杆的应变,计算锚杆轴力,确认其效果,判断锚杆长度、直径是否合适
	喷混凝土应力测定	·根据作用在喷混凝土背后的土压、喷混凝土应力,确认其支护效果,判断是否增喷混凝土等
	地表、地中的位移测定	·判断隧道开挖对地表的影响和防止下沉对策的效果。推定隧道周边的松弛区域
	钢支撑应力测定	·根据钢支撑应力,判断钢支撑的大小、间距是否合适,并推定作用在钢支撑上的土压大小、方向、侧压系数
	衬砌应力测定	·确认衬砌的稳定性、双设隧道有无相互干扰
	底鼓测定	·判断仰拱的必要性和效果
	AE 测定	·评价岩爆现象发生的危险度
	锚杆拉拔试验	·确认锚杆的锚固效果,根据拉拔承载力选定合适的锚杆锚固方式及锚杆类型
前方探查	洞内弹性波探查	·掌握掌子面前方的断层、破碎带等的位置和宽度
	钻孔检层法	·计算钻孔速度和钻孔能量,掌握围岩状况比较好地掌握断层、破碎带等的位置和宽度
	钻孔岩粉	·简易地掌握掌子面前方的地质状况和地下水状况
	纵向位移量测预测法	·利用洞内纵向位移量测推定掌子面前方围岩的变化

初期阶段的掌子面观察,重点要放在初步设计的围岩级别的核查上。随施工的进展,积累了掌子面观察数据和量测数据,掌子面观察可以用于选定支护模式。也就是说,根据积累的掌子面观察数据和量测数据,可以整理出掌子面的围岩条件和合理的支护模式的相关关系,对未施工区间(新的掌子面),掌子面观察结果可用于选定支护模式。

在掌子面观察中,目前各国采用最多的方法是掌子面观察表法。例如,我国公路隧道规定的围岩级别判定卡(表6-2-2)就是一例。

表6-2-3 是美国在公路隧道中针对岩质围岩的典型的掌子面素描的形式表,用于记录在该地段遇到的地质条件。掌子面素描图反映了每一开挖循环状态,是正式记录,承包商与业主代表签署。

公路隧道围岩级别判定卡

表 6-2-2

检查桩号				埋深(m)								评定
地层岩性		围岩级别	设计	饱和极限抗压强度R_c(MPa)	>60	30~60	15~30	5~15	<5	取样编号	试验编号	坚硬岩/较坚硬岩 较软岩/软岩 极软岩
			实际施工	点荷载强度$I_{s(50)}$(MPa)	>3.63	1.44~3.63	0.57~1.44	0.13~0.57	<0.13			
掌子面上围岩岩体结构特征	层理	产状		单层厚度(m)		层面特征		与隧轴夹角				完整/较完整 较破碎/破碎 极破碎
	节理裂隙	组次	产状	间距(m)	长度(m)	缝宽(mm)	充填物	与联轴夹角	与隧道的关系(平面示意图)			
		1										
		2										
		3										
		4										
	断层	产状		破碎带宽度（m）		破碎带特征		与隧轴夹角		纵波速度(m/s)		
侧壁围岩岩体结构特征	左侧壁						右侧壁					结构面走向与洞轴线夹角<30°，结构面倾角30°~75°/ 结构面走向与洞轴线夹角>60°,结构面倾角>75°/ 其他组合
	层理	产状	单层厚度(m)	层面特征	与隧轴夹角		层理	产状	单层厚度(m)	层面特征	与隧轴夹角	
	节理裂隙	组次	产状	间距(m)	长度(m)	缝宽(mm)	充填物	与联轴夹角	节理裂隙	组次	产状	间距(m) 长度(m) 缝宽(mm) 充填物 与隧轴夹角
		1								1		
		2								2		
		3								3		
		4								4		
	断层	产状	破碎带宽度(m)	破碎带特征	与隧轴夹角		断层	产状	破碎带宽度(m)	破碎带特征	与隧轴夹角	
地下水	涌水位置		涌水量[L/(min·10m)]	无水	滴水	线状	股状	含泥砂情况	侵蚀类型	取水样编号	试验编号	干燥或湿润 偶有渗水 经常渗水
				<10	10~25	25~125	>125					
稳定性	洞周	稳定	拱部掉块	边墙掉块	拱部坍塌	边墙坍塌	塌方>10m^3		塌方<10m^3			
	掌子面	稳定		拱部坍塌		掌子面挤出	开挖后至掉块或坍塌的时间					
侧壁素描						掌子面素描			工程措施及有关参数			
左侧壁			右侧壁			掌子面						
施工方签字			年　月　日			监理签字			年　月　日			

隧道掌子面工程地质素描图 表 6-2-3

日期	时间	位置	循环编号	支护级别	循环长度	格栅编号
试样编号			照片编号			

风化变质						
未风化	微风化	中风化	强风化		全风化	残积土
岩石强度						
极硬	很硬	硬	中硬	软	很软	极软
黏性土						
很软	软	稍硬	硬		很硬	极硬
地下水状态						
干燥	潮湿	湿润	滴水		渗透	流动

不连续面特征					
类型	方位	粗糙度	连续性（ft）	间距（in）	充填物
	走向/倾角				

隧道

类型			粗糙度	间距		连续性		填充物	每码断裂频率	
断层	F	阶梯形S	粗糙r	特密	<1in	很低	<3ft	黏土	很差	>15
节理	J		光滑s	很密	3~1in	低	3~10ft	Mn/Fe	差	15~8
擦痕面	Si		擦痕si	密	8~3in	中	10~30ft	断层泥	一般	8~5
断裂	Fr	波浪形U	粗糙r	中	25~8in	高	30~100ft	断层角砾	好	5~1
片理	Sc		光滑s	宽	80~25in	很高	>100ft	其他	很好	<1
层理	B		擦痕si	很宽	>80in					
页理	Fi	平坦形P	粗糙r							
剪切带	Sn		光滑s							
褶皱	Fo		擦痕si							

岩石性质		围岩动态
委托代表	承包商	SEM隧道承包商

日本在新的《公路隧道观察、量测指南》(2009 年版)中，提出的掌子面观察表，如表 6-2-4 所示。

利用此表可以根据观察项目的评价点计算出掌子面综合评价点。掌子面评价点在评价分级全是“1”的场合，为 100 点，各观察项目如都是最差的围岩评价分级的场合为 0 点。并根据大量的统计数据获得综合评价点与围岩级别、支护模式的大致关系(图 6-2-1)。在现场，用这样的掌子面评价点评价，就可以用于修正围岩级别和选定支护模式。

(2)评价点的计算实例

把掌子面分割为拱顶和左、右 3 个部分，按每一观察项目的评价分级配点合计，再附加涌水调整点计算点数，拱顶部分取 2 倍加权值作为掌子面评价点。表 6-2-5 表示掌子面评价点的计算实例。

掌子面观察表 表6-2-4

<table>
<tr><th colspan="2">观察项目</th><th colspan="60">评价级别</th></tr>
<tr><td rowspan="4">抗压强度
(N/mm²)</td><td>单轴抗压强度</td><td colspan="10">100以上</td><td colspan="10">100~50</td><td colspan="10">50~25</td><td colspan="10">25~10</td><td colspan="10">10~3</td><td colspan="10">3以下</td></tr>
<tr><td>点荷载试验</td><td colspan="10">4以上</td><td colspan="10">4~2</td><td colspan="10">2~1</td><td colspan="10">1~0.4</td><td colspan="20">0.4以下</td></tr>
<tr><td>锤击强度
大致标准</td><td colspan="10">岩片置于地面，用锤强烈打击难以崩裂</td><td colspan="10">岩片置于地面用锤强烈打击可崩裂</td><td colspan="10">用手拿着，用锤打击，可崩裂</td><td colspan="10">岩片轻打能崩裂</td><td colspan="10">两手可局部掰裂</td><td colspan="10">用指甲可划裂</td></tr>
<tr><td>评价级别</td><td colspan="10">1</td><td colspan="10">2</td><td colspan="10">3</td><td colspan="10">4</td><td colspan="10">5</td><td colspan="10">6</td></tr>
<tr><td rowspan="3">风化变质</td><td>风化大致标准</td><td colspan="15">新鲜</td><td colspan="15">沿裂隙风化变质</td><td colspan="15">除岩芯外风化变质</td><td colspan="15">土砂状风化、未固结土砂</td></tr>
<tr><td>热水变质等
大致标准</td><td colspan="15">没有看到变质</td><td colspan="15">变质，裂隙夹有黏土</td><td colspan="15">变质，岩芯强度降低</td><td colspan="15">显著变质，全体土砂状、黏土化</td></tr>
<tr><td>评价级别</td><td colspan="15">1</td><td colspan="15">2</td><td colspan="15">3</td><td colspan="15">4</td></tr>
<tr><td rowspan="3">裂隙间隔</td><td>裂隙间隔</td><td colspan="12">$d \geqslant 1m$</td><td colspan="12">$1m > d \geqslant 50cm$</td><td colspan="12">$50cm > d \geqslant 20cm$</td><td colspan="12">$20cm > d \geqslant 5cm$</td><td colspan="12">$d < 5cm$</td></tr>
<tr><td>RQD</td><td colspan="12">80以上</td><td colspan="12">80~50</td><td colspan="12">60~30</td><td colspan="12">40~10</td><td colspan="12">20以下</td></tr>
<tr><td>评价级别</td><td colspan="12">1</td><td colspan="12">2</td><td colspan="12">3</td><td colspan="12">4</td><td colspan="12">5</td></tr>
<tr><td rowspan="4">裂隙状态</td><td>裂隙开口</td><td colspan="12">裂隙密着</td><td colspan="12">裂隙局部开口
（宽度小于1mm)</td><td colspan="12">裂隙多开口
（宽度小于1mm)</td><td colspan="12">裂隙开口
（宽度1~5mm)</td><td colspan="12">裂隙开口，宽度在5mm以上</td></tr>
<tr><td>裂隙夹持物</td><td colspan="12">无</td><td colspan="12">无</td><td colspan="12">无</td><td colspan="12">夹有薄层黏土
（5mm以下）</td><td colspan="12">夹有厚层黏土
（5mm以上）</td></tr>
<tr><td>裂隙粗糙度</td><td colspan="12">粗糙</td><td colspan="12">裂隙面平滑</td><td colspan="12">部分平滑</td><td colspan="12">有摩擦痕迹</td><td colspan="12"></td></tr>
<tr><td>评价级别</td><td colspan="12">1</td><td colspan="12">2</td><td colspan="12">3</td><td colspan="12">4</td><td colspan="12">5</td></tr>
<tr><td rowspan="2">涌水量</td><td>状态</td><td colspan="15">无，渗水，1L/min</td><td colspan="15">滴水，1~20L/min</td><td colspan="15">集中涌水，20~100L/min</td><td colspan="15">全面涌水，100L/min以上</td></tr>
<tr><td>评价级别</td><td colspan="15">1</td><td colspan="15">2</td><td colspan="15">3</td><td colspan="15">4</td></tr>
<tr><td rowspan="2">劣化</td><td>水的劣化</td><td colspan="15">无</td><td colspan="15">没有产生松弛</td><td colspan="15">软化</td><td colspan="15">流出</td></tr>
<tr><td>评价级别</td><td colspan="15">1</td><td colspan="15">2</td><td colspan="15">3</td><td colspan="15">4</td></tr>
</table>

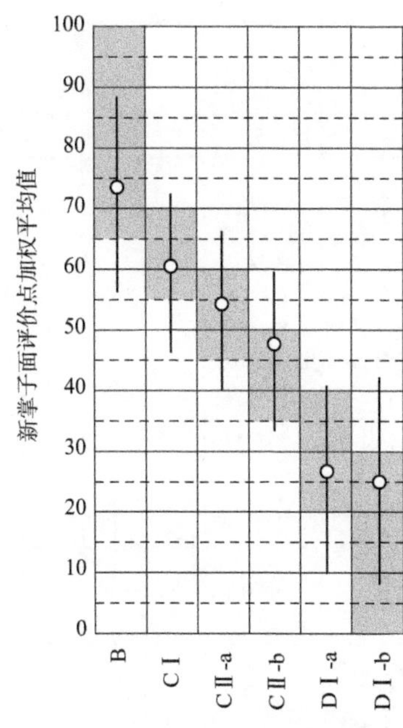

实际

黑线表示“平均+标准偏差”的幅度

○——平均点

大致标准	阴影部分

支护模式	掌子面评价点
B	65~100
CⅠ	55~70
CⅡ-a	45~60
CⅡ-b	35~50
DⅠ-a	20~40
DⅠ-b	0~30

图 6-2-1　掌子面评价点和支护选定的实际和大致标准

掌子面评价点计算实例——掌子面观察数据卡　　表 6-2-5

隧道名称		观察日期		花岗岩，用硬质岩（块状）的配点计算，没有附加涌水调整点的计算实例
测点Sta　＋	距洞口距离	断面编号：	支护模式：	
埋深(m)	岩石名称、地质年代：花岗岩	岩石组（1~5）	岩石名称：	
辅助工法参数：无		增加支护的参数：无	A、B量测	
拱顶；左肩部；右肩部；S.L.；H/2；H/2；B/2；B/2	特殊条件、状态等＿＿＿＿＿＿ 有无崩塌状况＿＿＿＿＿＿ 仰拱是否早期闭合＿＿＿＿＿＿			

观察项目		评价分级						记入评价级别					
抗压强度	单轴抗压强度(MPa)	100 以上	100 ~ 50	50~25	25~10	10~3	3 以下	左肩	中央	右肩	左肩	中央	右肩
	点荷载(MPa)	4 以上	4~2	2~1	1~0.4	0.4 以下							
	锤击的强度基准	把岩片置于地面，用锤强烈打击难以破裂	把岩片置于地面，用锤强烈打击破裂	用手拿着岩片用锤打击能够破裂	岩片自身相互打击能够破裂	用两手能够掰裂	用指甲能划出小的岩片						
	评价级别	1	2	3	4	5	6	2	2	1	30	30	38
风化、变质	风化基准	基本新鲜	沿裂隙风化、变质		风化、变质到岩芯	风化到土砂状、未固结砂							
	热水变质等的基准	没有看到变质	因变质裂隙夹有黏土		因变质到岩芯，强度降低	显著变质，全体呈土砂状黏土化							
	评价级别	1	2		3	4		2	2	1	11	11	17

续上表

裂隙间距	裂隙间距	大于1m	1m~50cm	50~20	20~5	小于5cm						
	RQD	80以上	80~50	60~30	40~10	20以下						
	评价级别	1	2	3	4	5	3	3	2	12	12	17
裂隙状态	裂隙开口度	裂隙密着	裂隙部分开口（宽度<1mm	裂隙多数开口(宽度<1mm	裂隙开口，宽度1~5mm	裂隙开口，宽度>5mm						
	裂隙夹持物	无	无	无	夹有薄黏土（5mm以下）	夹有厚黏土（5mm以上）						
	裂隙粗糙度	粗糙	平滑	一部分成镜肌	有摩擦痕迹的镜肌							
	评价级别	1	2	3	4	5	2	2	2	17	17	17
走向、倾角	走向与隧道轴线成直角	1. 倾角45°~90°	2. 倾角25°~45°	3. 倾角0°~20°	4. 倾角20°~45°	5. 倾角45°~90°	1	1	1			
	走向与隧道轴线平行			1. 倾角0~20°	2. 倾角20°~45°	3. 倾角45°~90°	3	3	3			
掌子面10m区间的涌水量和因水劣化状态的评价												
涌水量	状态	无、渗水1L/min	滴水程度1~20L/min	集中涌水20~100L/min	全面涌水100L/min 以上							
	评价级别	1	2	3	4		1	1	1			
劣化	因水劣化	无	不产生松弛	软化	流出							
	评价级别	1	2	3	4		1	1	1			

注：不计涌水调整点的合计：左肩 70 、中央 70 、右肩 89，则掌子面评价点为（70+70×2+89）÷4=74.75。

由此可见，观察方法是可以数值化的，我们在这方面尚需努力。

2. 已施工区间的观察

对已施工区间进行观察是为了补充量测、确认设计施工是否合适，如有问题可及早发现。一边检查支护的状态一边观察，如有异常立即查找其原因并与其他量测项目加以综合判断，采取适当的措施。已施工期间的观察实例如表 6-2-6 所示。

为了早期发现变异和前兆，进行观察是极为必要的。发生变异的场合，要增加频率进行观察。其次，在分析与量测数据相关性的基础上，为更好地利用已施工区间的观察结果，明确记录变异发生后的变异发展过程是很重要的。

根据已施工区间的观察，认为有变异的场合，首先要分析变异发生的状况。其次，基于分析结果，研究采取的对策和修正未施工区间支护模式选定的基准和再评价管理基准。例如，按图 6-2-2 所示的步骤进行研究。已施工区间观察的利用方法最好是编制能够与量测结果等对比的管理图，进行量测管理。

已施工区间的观察实例 表 6-2-6

分类	项目						
变异	钢支撑	1. 无	2. 变形	3. 屈服	4. 剪切裂缝	5. 挤出	6. 剥离	8. 脱落
变异	锚杆	1. 无	2. 头部变异	3. 头部脱落	4. 破断			
变异	仰拱	1. 无	2. 破损					
变异	衬砌	1. 无	2. 裂缝	3. 显著裂缝	4. 剪切裂缝	5. 破损		
特殊施工	增喷混凝土	1. 无	2. 有( )cm					
特殊施工	增打锚杆	1. 无	2. 有( )cm					
特殊施工	仰拱早期闭合	1. 无	2. 有					
特殊施工	拆除返工	1. 变形富余内	2. 有拆除返工					变形富余( )cm
特殊施工	超前支护	1. 无	2. 斜锚杆	3. 超前小导管	4. 超前支护	5. 管棚		
特殊施工	掌子面支护	1. 无	2. 掌子面喷混凝土	3. 掌子面锚杆	4. 喷混凝土+锚杆	5. 长掌子面锚杆		
特殊施工	横撑	1. 无	2. 有					
特殊施工	环形开挖	1. 无	2. 有					
特殊施工	注浆	1. 无	2. 水玻璃系	3. 尿烷系				
特殊施工	排水	1. 无	2. 排水钻孔	3. 井点降水				
围岩动态	起拱线(S.L)变异	1. 无	2. 流动化	3. 底鼓				
围岩动态	泥土化	1. 无	2. 少许	3. 有				

注:弧形开挖,超前小导管 15 根。

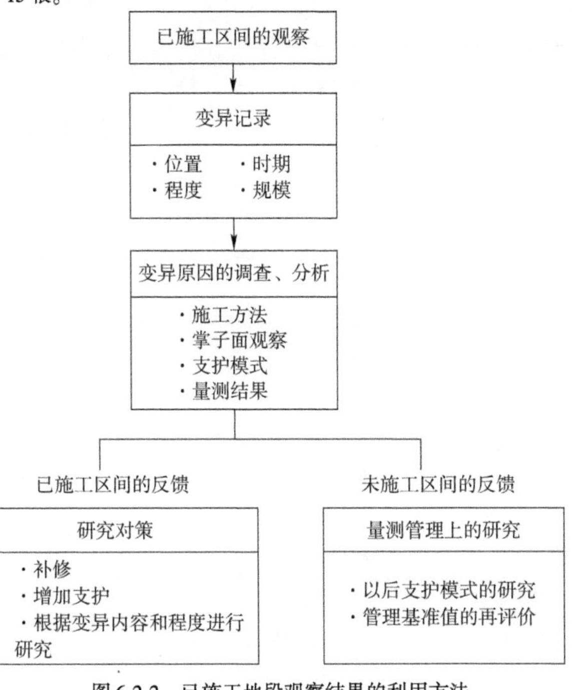

图 6-2-2 已施工地段观察结果的利用方法

对比已施工区间的观察记录和支护模式、掌子面观察结果、量测结果等，掌握变异的发展过程，分析变异发生的原因。喷混凝土发生裂缝的种类有：剪切裂缝（伴有错台的裂缝）、开口裂缝（张裂）、温度干燥收缩裂缝等。其中剪切裂缝是应力过大造成的，比较危险。因此，发现剪切裂缝的场合，要强化管理。评价也应以这种裂缝为重点。

以喷射混凝土为例，根据图 6-2-3，位移值在 80mm 前，变异发生率呈单调增加，但在 80～120mm之间，发生率少许降低，但多发生剪切裂缝、挤出，是比较危险的。一般来说，位移值 80mm 是变异发生的上限值。

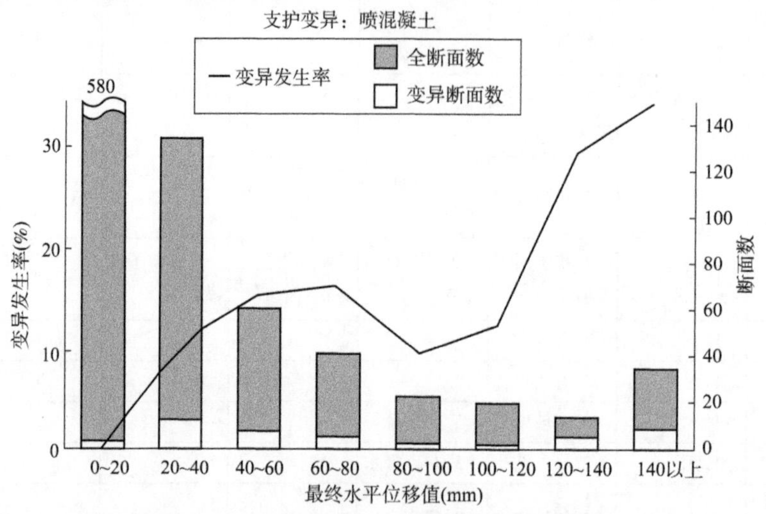

图 6-2-3　最终水平位移值与变异发生频率的关系

掌握这种关系是很重要的。我们应在实际观察中积累这方面的数据，为制定喷混凝土的管理基准打下基础。

按时序系列整理变形形态，其发生时的位移值如图 6-2-4 所示，可以大致掌握其特征的

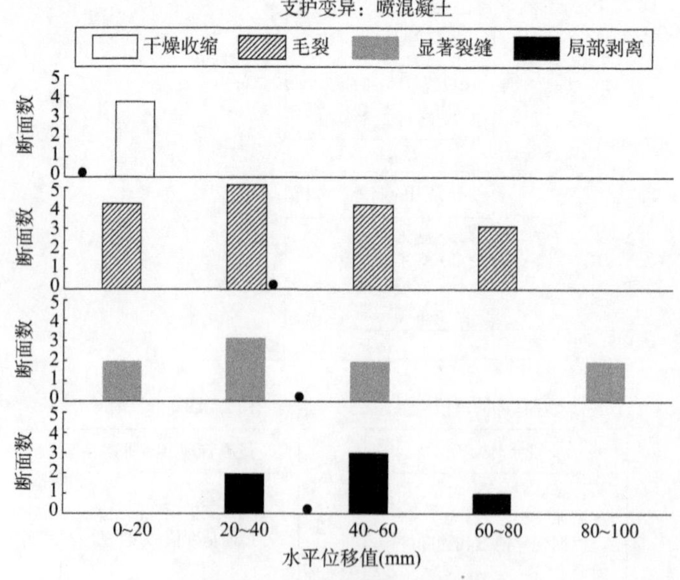

图 6-2-4　变异发生时的位移值

趋势。也就是说，由于干燥收缩产生的裂缝几乎都在10mm以下，发裂、显著裂缝、部分伴有剥离的裂缝等发生时的位移值的峰值及平均值（图中的圆黑点）都随着增大。基于图6-2-3及图6-2-4所示的支护变异的管理基准值，水平围岩在20～40mm，部分喷射混凝土发生剥离。最终位移值在20mm以下的场合，变异发生的频率很小，因此，20mm可以用来作为现场判断的大致标准。

三、建立为信息化施工服务的数据库

在具备“信息”和“方法”的前提条件下，就是如何“处理信息”、“分析信息”、“评价信息”，进而“利用信息”的问题。为此，建立为信息化施工服务的数据库是非常必要的。下面介绍几个与隧道工程有关的数据库概貌。

1. 日本公路隧道数据库

日本高速道路总合技术研究所的NATM数据库系统框架如图6-3-1所示。

图6-3-1　NATM数据库基本框架

NATM数据库要求提出的数据内容如表6-3-1所示。

NATM数据库的内容　　表6-3-1

序号	资料内容	文件格式	媒体	备注
1	掌子面素描	pdf	CD-R	样式1-1
2	掌子面观察数据卡	pdf	CD-R	样式1-2
3	地质平面图	pdf	CD-R	样式2
4	地质纵断面图	pdf	CD-R	样式3
5	地质平面、纵断面图（缩小版）	pdf	CD-R	记入掌子面位置
6	进行数据核查的CSV文件	CSV	CD-R	输入项目的全文件
7	编制CSV文件的EXCEL文件	EXCEL	CD-R	
8	绘制的纵断面图	pdf	CD-R	
9	安装程序的按钮	—	CD-R	NDBS按钮

对要求提供的数据均规定了相应的样式、媒体和文件格式,例如掌子面素描的样式1-1如图6-3-2所示。

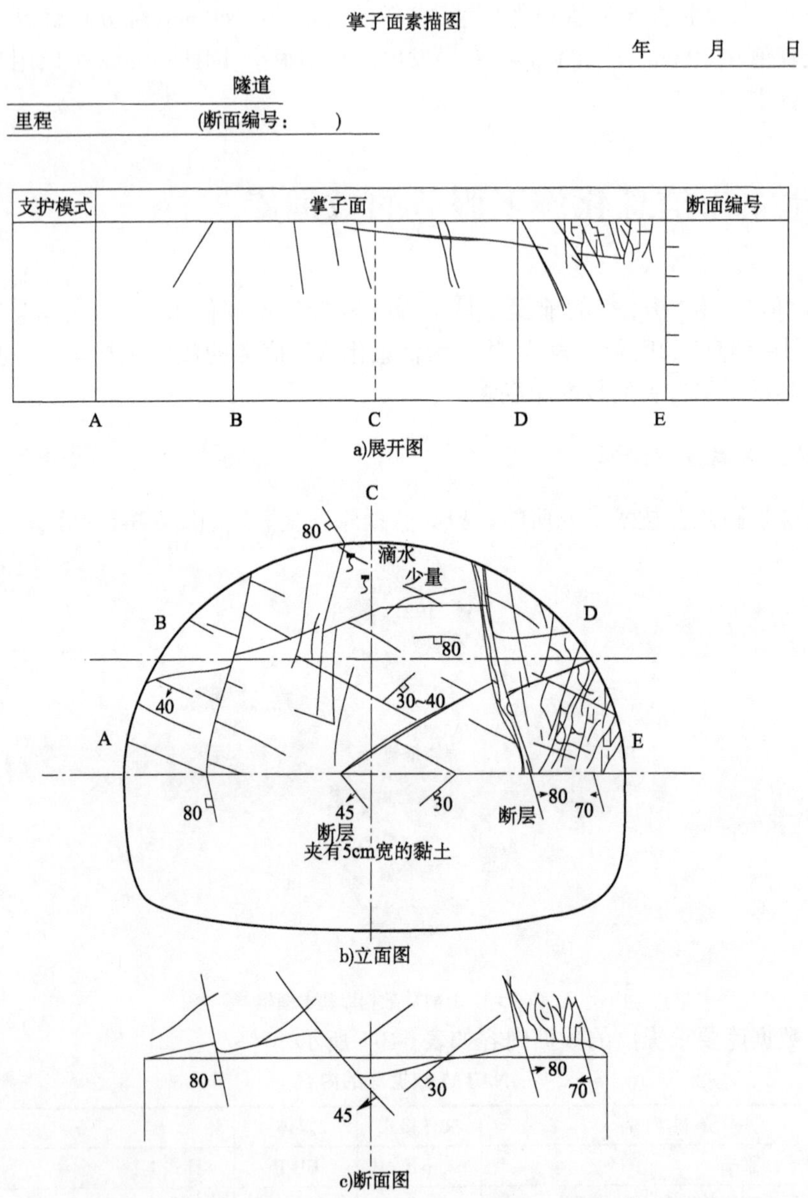

图6-3-2 样式1-1 掌子面观察数据卡(包括掌子面观察数据卡记入实例)

2. 隧道信息化施工支援系统

在隧道的信息化施工中,需进行围岩变形的量测和掌子面的地质观察,与事前的预计进行比较研究。必要时,要实施超前钻孔和TPS探查等,预测前方围岩的状况。担当施工的技术人员,要对这些信息进行综合判断,以便选定稳定性和安全性高的工法。

为了支持技术人员的工作,日本地层科学研究所开发了Geo-Graphial的信息统合和三维可视化系统。据此能够迅速掌握现状和信息共享。

(1)Geo-Graphial 的三维可视化

把与隧道施工有关的信息进行三维可视化(图 6-3-3),迅速掌握现状。获得的信息加入空间坐标进行统合。

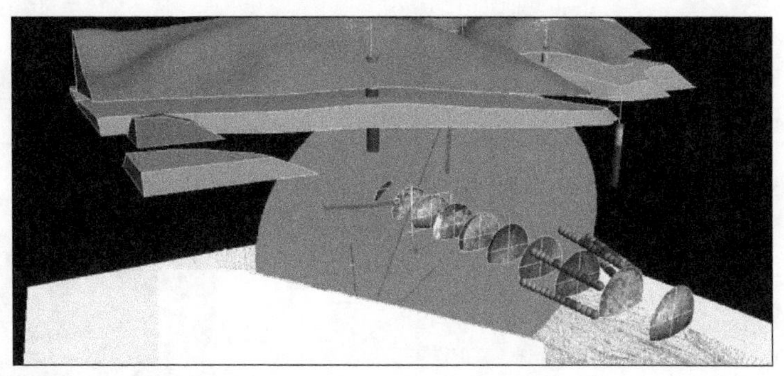

图 6-3-3 Geo-Graphial 的三维可视化

- 有关地质图、设计资料、探查结果图、钻孔调查结果;
- 地形、地质模型;
- A 量测结果、掌子面观察结果、断面量测结果、B 量测结果;
- 前方围岩探查结果(钻孔探查、TSP、超前钻孔)。

(2)更新地质模型进行前方围岩预测

隧道施工开始前,基于以往的资料编制三维地质模型。基于此模型在 Geo-Graphial 上,重合掌子面观察结果、探查数据,与隧道开挖的同时更新地质模型。基于新的地质模型和量测数据,必要时进行数值解析,研究更合适的补强工法和开挖方法(图 6-3-4)。

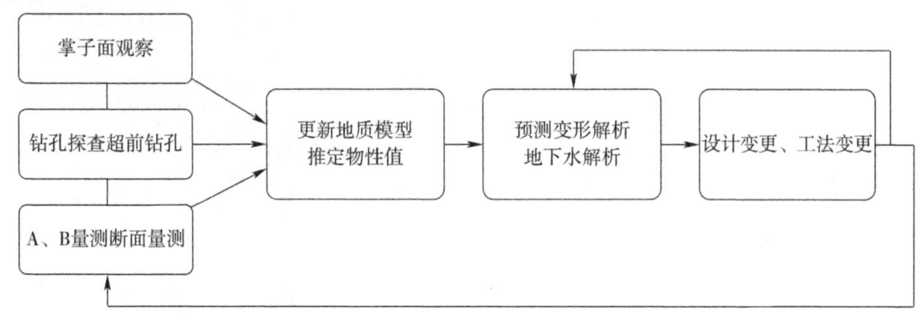

图 6-3-4 更新—推定—解析—变更

(3)信息化施工支援中心

在地层科学研究所内设置信息化施工支援中心,进行数据输入(图 6-3-5)。基于获得的信息共享地质模型,辅助进行前方围岩的综合判断。

(4)支援信息化施工的作业流程

在支援中心,进行如图 6-3-6 所示的作业。

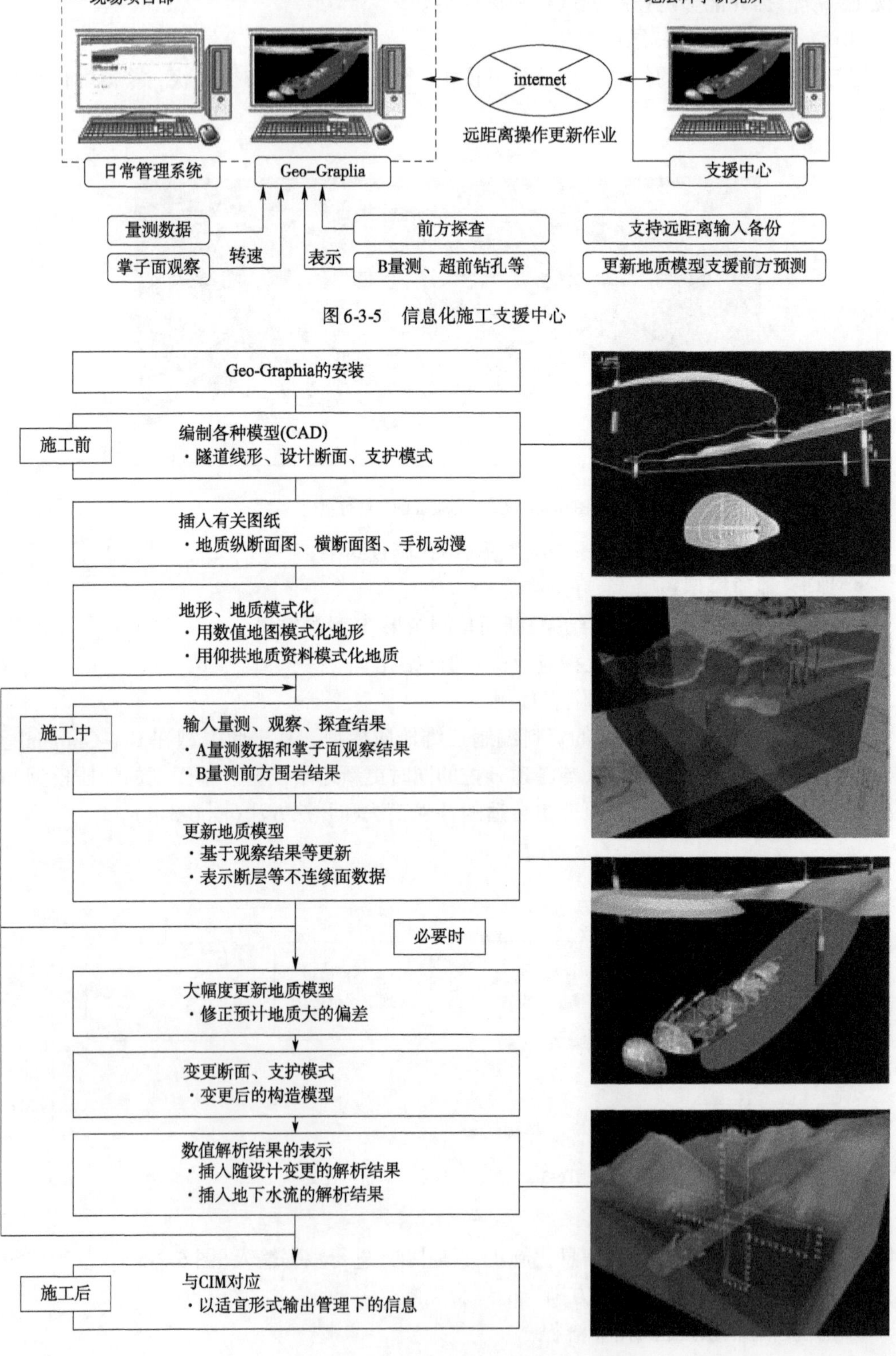

图 6-3-5 信息化施工支援中心

图 6-3-6 支援中心的作业流程

3.隧道地质风险数据库

隧道是修筑的各种地质体中的线状结构物,地质风险也就是决定隧道风险的基本因素。在修建上万座隧道的过程中,我们遭遇和克服的地质风险是各式各样的,国外工程中遇到的我们也遇到了,国外工程没有遇到的我们也遇到了,在这方面应该说,我们的经验和教训是极为丰富的。但我们缺乏认真总结、提炼,使之成为战略性的解决方法。从目前的技术发展趋势来看,建立"大数据"的解决方法,是一条出路。为此,构筑一个能为决策提供有效的技术方法,降低或回避地质可能发生风险的数据库,是十分必要的。

日本土木研究所作为重点研究项目的"隧道工程中地质风险管理手法的研究",就是一例。其中最重要的一个成果就是地质风险数据库的构筑。

(1)地质风险数据库的构筑

在隧道工程中,日本以公开发表的文献为中心,收集了425座隧道567个事例。

这些地质现象按ID编号、隧道名称、事业者名称、路线名称、隧道形式、长度、开挖断面积、最大埋深、开工日期、竣工日期、围岩名称、岩类、纬度、经度、地质现象、地质记录、开挖工法、对策、备注、引用文献20个项目进行了整理。

采用联系形式数据库PostgreSQL构筑了数据库,此次收集的567个事例按前述的20个项目输入。

这些事例采用Google Map API的地图表示(图6-3-7),并用能够检索的PHP程序化。

图6-3-7 地质风险数据库的检索界面示意图

(2)地质风险事例的分析

收集的567个事例的风险现象的内涵如图6-3-8所示。其中,围岩挤出的最多,约198例,占全体的35%,集中涌水约159例(28%),滑坡112例(20%)。此3项占全体的83%。

把这些现象按岩类分析的结果示于图6-3-9。其中,"滑坡"、"顶部崩塌、地表沉陷"、"瓦斯、缺氧"3个现象多集中在沉积岩类,"空洞"在石灰岩类,"岩爆"在花岗岩类,"高热"在火山岩类、凝灰岩及花岗岩类。

"围岩挤出"、"集中涌水"、"土砂流出"等在沉积岩类发生的占多数,"围岩挤出"集中在火山岩类、凝灰岩和蛇纹岩类,"集中涌水"在火山岩类、凝灰岩、花岗岩类、石灰岩类发生,"土砂流出"在火山岩类、凝灰岩、花岗岩类发生的比较多。

特别是"集中涌水"在断层破碎带的背后的含水部和裂隙发育等发生较多,在沉积岩类和火山岩类、凝灰岩的软质岩石地段,石灰岩中的空洞等发生最多。

(1)围岩挤出

围岩挤出的198个实例,按洞内位移值分布和支护模式及基于区间长度500m以上、100~500m、100m以下3种,地质构造按断层破碎带、蛇纹岩侵入、新第三系层的背斜和向斜构造、新第三系的单斜构造、附加体沉积物中的破碎构造、变质岩中的片理构造、热水变质、风化、其他(不明)等分类。

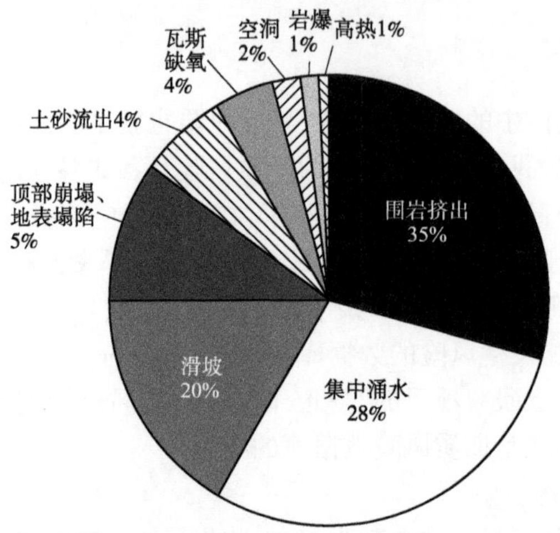

a)地质风险的内涵

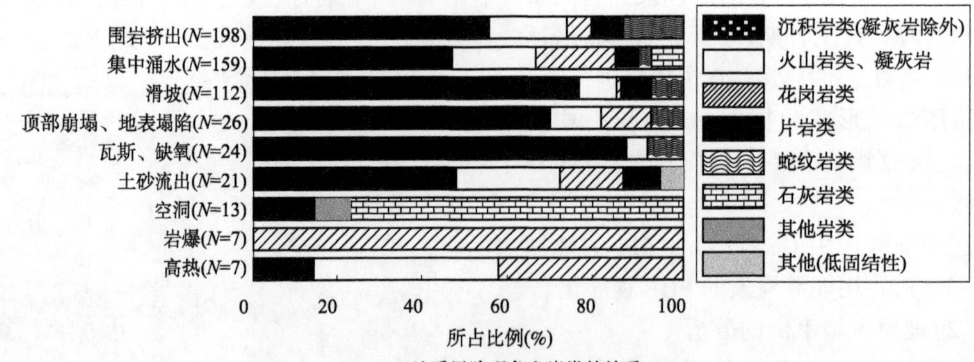

b)地质风险现象和岩类的关系

图 6-3-8　地质风险现象的内涵

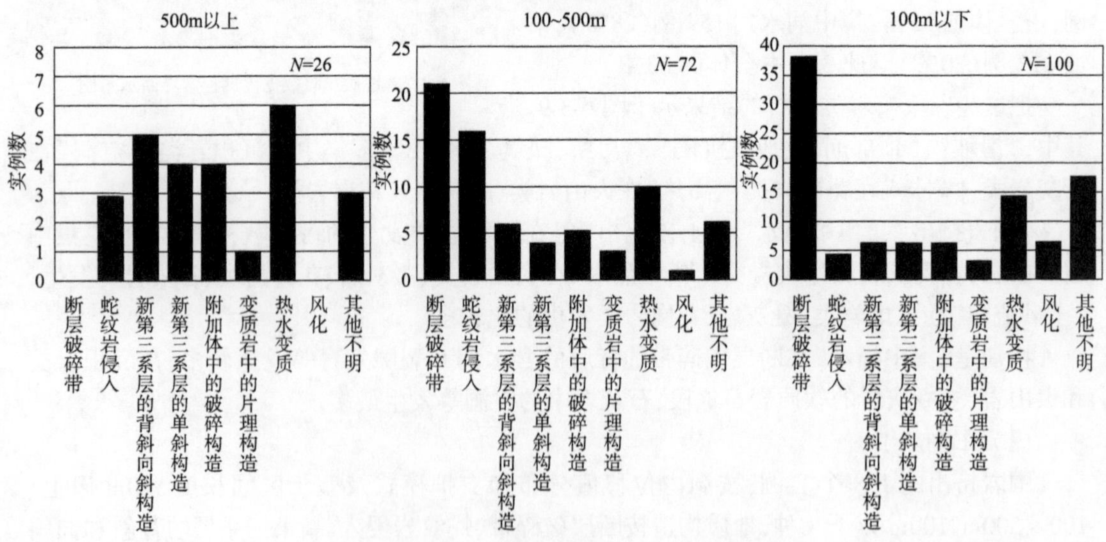

图 6-3-9　围岩挤出风险事例的频率分布(按地质构造)

从两者的关系可以看出，区间长500m以上的26例中，“新第三系层(背斜、向斜构造及单斜构造)”有9例，“热水变质”有6例，“附加体中破碎构造”有4例，共占全体的73%。区间长度在100～500m区间的72例中，“断层破碎带”有21例，“蛇纹岩侵入体”有16例，“热水变质”有10例，特别多。在小于100m区间的100例中，“断层破碎带”有38例比较集中，其次是“热水变质”14例。

根据以上分析结果，可以认为500m以上的区间，“新第三系层”是主要的风险因素，在不满500m的区间内，“断层破碎带”是主要的风险因素。

(2)断层破碎带

在断层破碎带中发生“围岩挤出”现象的58例中，洞内位移明确的有43处，现将开挖前有无断层破碎带位置信息的不同进行比较(图6-3-10)。

比较结果是：无断层破碎带位置信息的有14处，其中80%的位移都超过了150mm，半数超过250mm。有断层破碎带位置信息的有20处，其中70%的位移控制在150mm以下。由此看出，如事前调查掌握了断层破碎带的位置信息，风险会显著降低。

掌握断层破碎带位置信息的实例中，有30%的净空位移超过了150mm，因此针对该部分实例，对其中几个调查项目进行了检证。

其结果为，在净空位移超过150mm的事例中，隧道埋深超过250m的与不超过的有2.5倍的差异；同样的，破碎带宽度超过100m的差异是1.8倍；隧道与破碎带交叉角度小于30°的，差异为4.4倍，由此看出，这些条件对净空位移影响是显著的。

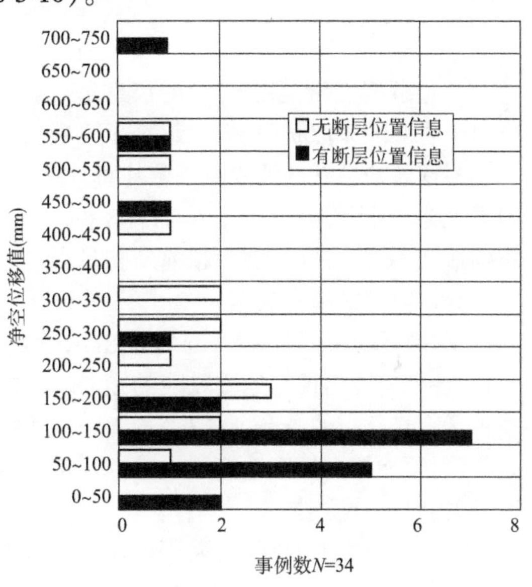

图6-3-10　断层破碎带的净空位移频率分布

据此，在审前调查中，事前掌握断层破碎带的分布及其性状是重要的。预测有断层破碎带的场合，以上这3种情况中有可能发生超过容许位移值的大变形，要加以注意。

(3)集中涌水

为回避、降低集中涌水的风险，事前采取排水工法的有61例。排水工法有先行开挖避难坑道、开挖超前导坑、超前钻孔等，其中利用超前钻孔的最多，达53例。单独采用的有31例，与避难坑道、超前导坑并用的有22例。

其次，为研究各种排水工法的排水效果，按没有发生掌子面崩塌等变异的为“效果好”，发生变异和需要追加排水坑道的为“效果差”进行了整理(图6-3-11)。

其结果为，只有超前导坑的对策下，效果差的事例大于好的事例，在超前导坑和超前钻孔的场合效果好的事例较多。据此，采用超前钻孔作为排水工法，效果是比较好的。

即使采用超前钻孔工法，由于排水不充分，并发土砂流出等变异的效果差的事例，在53例中也有19例，占36%。为此，针对效果差的14例，对预测的地质状况和实际的力学进行了比较。

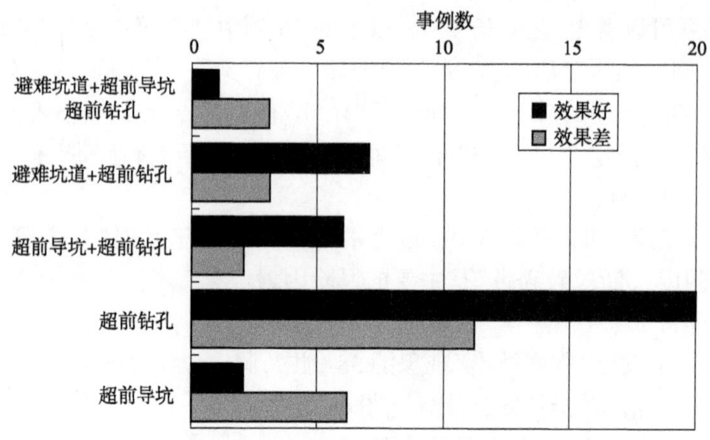

图 6-3-11　排水工法的内容和效果

这些事例说明,超前钻孔的信息是对掌子面和断层空间范围的一个点(或面)的信息,和决定于岩芯的采取状况,但也解释了不确实性的影响。

根据超前钻孔的涌水量与集中涌水量比在 1/10 以下,不需要排水的场合在 53 例中有 10 例,其中误认集中涌水量少的有 8 例,为最多。这也说明不匀质的掌子面和前方围岩的地质构造和不透水性状,因为超前钻孔是点(或线)的位置,是不能发挥其适宜的效果的。

分析收集的事例表明:

①在隧道地质风险中,围岩挤出风险最多,其次是集中涌水,滑坡。这 3 类占总数的 3/4。各种岩类出现的地质风险的倾向也不同。

②围岩挤出的倾向,因隧道长度和地质构造而异,断层破碎带的围岩挤出如能事前掌握其位置,便能够大幅度地抑制风险。风险的降低与埋深、破碎带宽度、断层与隧道交叉角度等有关,要充分注意。

③集中涌水的对策中,采用超前钻孔是有效果的,采用超前钻孔降低风险时,要注意和断层等的空间地质状况的不均一性。

四、隧道信息化施工事例

设计与施工的一体化是隧道工程的特征之一,设计要考虑施工中的“动态信息”,施工要根据“动态信息”进行再设计,再继续施工。因此,矿山法隧道设计、施工的基本原则之一是:**以“施工中信息”或“动态信息”为基础,坚持“信息化设计施工”或“动态设计施工”。**

1.概述

隧道信息化施工的目的是积累通过施工中的试验、观察、量测、掌子面前方地质预报获得的信息,并确实地把分析的结果反馈到施工中,以便从安全性和经济性两方面具体实现隧道施工的合理性。信息化施工在具有许多不确定性因素的隧道施工条件下,追求安全性和经济性,力图使施工最佳化。

隧道是以围岩为对象的工程,在设计阶段有关围岩构造的力学动态要进行确定的预测,即使在各种数值解析方法高度发展的今天，也是不容易的。因为围岩的复杂性，在设计阶段采用的力学模式和输入值很多都具有不确定性，因此，施工中或施工后的围岩和结构物的力学动态与设计阶段的预测不一定是一致的。

为提高预测的精度，实现结构物合理的设计施工的手段，一般采用被称为信息化施工的施工管理方法。即：根据隧道是地中构筑的线状结构物的特殊性，以充分的精度通过围岩调查和试验，掌握自然围岩的状态和性质，实质上是不可能的。开挖工法和辅助工法对围岩动态的影响也是很大的。为此，在初步设计中，不得不根据对围岩大概的评价进行设计。在事前调查和设计阶段中，如不能充分掌握围岩的信息，就要根据施工中现场的观察、量测来掌握围岩的特性，补充设计上的不完善。这样的信息化施工的概念如图 6-4-1 所示。

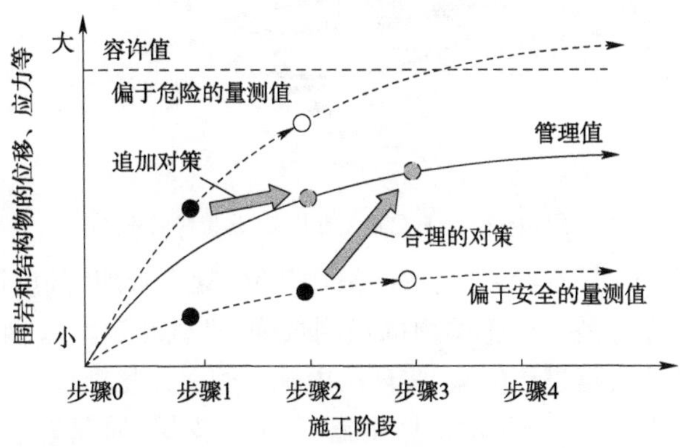

图 6-4-1 信息化施工的概念

信息化施工的主要作用如下：

- 根据事先规定的限界值，预测施工中发生的危险；
- 掌握对周边结构物的影响，保证安全性；
- 分析施工中观察获得的信息，反馈到以后的预测和设计中；
- 明确设计和施工上的不确定性，变更和改善施工方法；
- 力图对策的合理化，保证施工的安全性和经济性；
- 积累量测数据，用于理论的验证和未来的设计。

为实现隧道合理的设计、施工，如图 6-4-2 所示，实现 P（调查、解析）、D（设计、施工）、C（观察、量测）、A（分析、反馈）有机结合的信息化施工的螺旋线上升是很重要的。

2. 信息化施工的定义及事例

1）概述

近年来，由于信息技术的快速发展、各种量测仪器功能的提高、计算机的低价化、信息处理技术的高度化等，出现了土木现场加速利用 IT 技术的环境。其中，在城市隧道、山岭隧道等严酷的环境下的施工，从确保施工质量、削减施工费用、风险管理等观点出发，信息化施工也开始活跃起来。

日本建设省对信息化设计施工管理系统，给出的定义是：**在工程建设的调查、设计、施工、维修管理的实施过程中，以施工为重点，利用在各过程中获得的与施工有关的电子信息和从各种作业中获得的电子信息，根据使用机械和电子仪器、量测仪器的组合加以联动控制**

或实现电子网络的一元化施工管理,以提高整个施工的安全性和生产性。这是一个立足于电子技术和信息技术的建设工程生产管理系统,它监控了设计、施工及运营管理全过程。

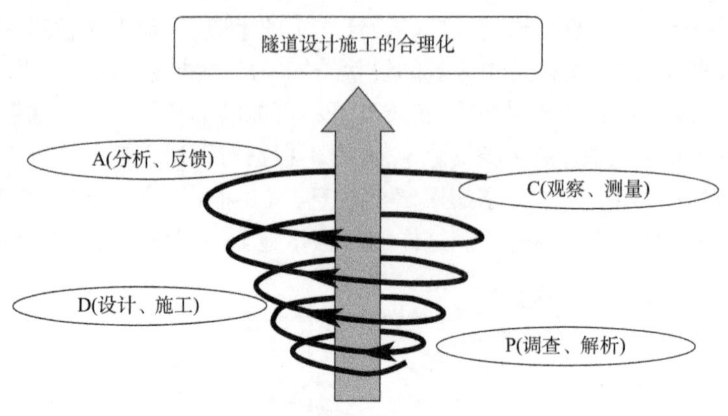

图 6-4-2 信息化施工的 PDCA 螺旋线循环

在这一思想的指导下,日本的一些会社,都在开发"动态管理"的应用系统。例如佐藤工业(株)开发的"SIT 系统",是一个把洞内的量测数据、机械和运输车辆的运行数据、通信数据等信息,用单一的通信线路进行传输,实现洞内施工的一元化管理。西松建设(株)也开发了"隧道综合管理系统"。该系统是由信息化施工、设计支援、质量管理、隧道形状管理四个子系统构成的。其中信息化系统是由 TSP(弹性波探查)、DRISS(钻孔探查)、TDEM(电磁探查)三个掌子面地质超前预报技术组合而成。设计支援系统则由过去的施工实际和支护模式、辅助工法等构成。同样地,在 TBM 的掘进管理中也开发了类似的系统。

意大利在修建 Vaglia 长隧道中,采用了 ADECO-RS(Analysis of Controlled Deformation in Rocks and Soils)系统进行隧道的设计和施工。该系统是一个控制围岩开挖后变形的系统,对该隧道的围岩从调查阶段的地质调查信息,来正确地掌握地质条件的变化,在设计阶段则根据地质条件的工程划分级别,给出基准,最后根据开挖时发生的应力、应变的特性给出适合地质条件的施工方法和支护结构。而其中的开挖后的应力、应变数据(信息)是通过观察、量测方法取得的。

日本在隧道工程系统中已经推进的信息化施工事例,列举如表 6-4-1 所示。

2)隧道信息化施工事例

(1)实时量测、测量、成型管理的施工反馈技术(图 6-4-3)

过去,多数作业人员消耗几小时的测量作业,现在只需要 1 人,在几分钟内就可以完成。其次,无人测量(自动测量)也变为可能,已经能够进行施工中的实时管理。由于作业时间的缩短,NATM 中的"超挖管理"就能够在施工过程中实施。因此也就能够追求施工的正确性和经济性。

此系统对山岭隧道的测量、线形管理等施工管理业务是自动化,是能够实现实时掌握现场状况,及时反馈到施工中的一个系统(称为 CyberNATM)。该系统是一个把全站仪和 PDA 与事务所内 PC 用网络结合的系统,具有多功能的、量测系统,多种多样的激光标点功能,综合的施工管理技术 3 大特征。

日本隧道工程的信息化施工技术事例 表6-4-1

划分	技术名称	技术概要
成形管理	3D-TUBE(SK-120005)	本系统是用三维坐标点进行施工阶段的隧道成形量测的系统,过去都是用钢尺测量的。因为本系统是面的成形管理,能够支持超挖判定和混凝土浇注量的计算等,是全新的信息化施工管理
资材、运输管理	自动追尾式降低超挖系统(KK-100089)	本系统在钻爆法中,是能够用自动追尾测量,正确地进行钻设外周爆眼,能够降低超挖量,同时降低了混凝土衬砌浇注量
	智能手机(KT-120092)	本系统是利用GPS搭载的智能手机的运行管理系统,过去是用引导员进行运行管理的。利用本技术,可以减少引导员的人工费,从而提高施工的经济性
	施工机械的后配套设备移动管理系统(E-JSA)(KT-120038)	本系统是利用GPS和携带电话通信,进行施工机械的后配套设备移动的管理系统,过去是管理人员在现场进行管理的,利用本系统可以远距离进行管理,提高了施工安全性
	ETC车辆运行管理系统(HR-110028)	本系统是利用ETC的弃渣运输车辆的退场记录,而自动进行运行管理的系统,过去是用人员进行记录。利用本系统降低了人员的成本,同时也提高了运行管理的效率
	移动网(HK-100009)	将利用GPS和移动通信网的网络型移动记录器搭载在现场的车辆上,可以进行远距离、实时的运行状况管理。将运行数据用服务器进行一元管理,如有因特网环境,任何时候都可确认状况
	利用IC标识符的移动体管理系统(CG-080022)	本系统是在施工中使用IC标识符,综合管理移动体(例如重型机械、汽车和人等)的管理系统
安全管理	交通灾害防止系统MSCO/DRA(KTK-100008)	利用ICT技术,使用搭载的语音系统的GPS的PDA,与位置信息联动,实时地发出警报的交通灾害防止系统
	安全运行系统NSS(KT-110080)	本系统是对应地域的危险特性的地点信息和运行途径,通过声音和画面让驾驶员了解的技术。过去多是由交通引导员实现
	ETC车辆事故防止系统(HR-110026)	本系统是利用ETC防止车辆事故的系统,过去多由引导员实现。利用本系统,不需要配置交通引导员,在降低成本的同时,也提高了安全性
	紧急时警报共有系统(HK-120035)	本系统是用监视箱监视安全标准,超过监视标准值后用回转灯、警报声等进行警告,并把监视数据等实时地保存在服务器中,同时传递到现场项目部、驾驶室,让监视数据共享,并可以安全利用的系统
	环境监视系统EMOS(CB-090001)	本系统利用图像、声音处理技术,对接近桩等近接施工进行安全监视和噪声对周边影响的实时监视系统

续上表

划分	技术名称	技术概要
量测管理	支挡设计综合系统(KT-980331)	本系统由支挡设计的自动化系统和信息化施工系统构成,过去主要是用正解析系统反复进行计算,求取最佳支挡规格。利用本系统可以缩短支挡的设计时间和提高信息化施工的精度
	施工前利用3D激光扫描的设计核查、确认用地边界的系统(QS-120009)	施工前测量时,用3D激光扫描并记录数据,把设计数据与现况数据整合,来核查设计图及用地边界
	现场定位系统(SCS900)(QS-090020)	本系统是由具有土木施工管理功能的控制软件、测量仪器的GNSS受信机(全地球航法卫星系统)或自动追尾全站仪系统构成,能够准确、高效进行作业
	气象观测系统bis(KT-120111)	本系统是用PC自动集计气象观测值,并用网络浏览器阅览,过去是用人力计算来完成的。利用本系统可不受观测条件、气象条件的影响进行量测,提高了施工效率
	光纤维的结构物监视系统(KT-000059)	本系统是用光纤维传感器监视结构物相对位移的技术,过去多用伸缩计和应变计测量。利用本技术可以获得各种结构物施工中和使用中的监视、管理、补修、补强的效果等信息
	移动实况相机系统(HK-110026)	利用移动通信网的网络相机,即使在远距离也能监视现场状况。如能与因特网连接,任何时候都能确认现场状况
	云数据记录表(HK-100029)	从现场的各种量测仪器收集量测数据,利用移动通信网实时传输
与设计、维修管理的协同	维修管理用的结构物跟踪系统(KK-110010)	本系统是把结构物设计、施工、维修管理的信息与现场信息用IC标识符等进行一元管理,并迅速反映结构物的跟踪状况的技术系统,利用本技术能够瞬时掌握欲确认地点的信息
其他	轻便的、无线的实况传输系统OPECA(HR-120006)	OPECA是用3G回线和无线LAN,将现场状况进行远距离实时传输的中继系统,可以把图像和声音经由因特网实时传送

(2)钻孔台车、装载机等机械远距离监视,确保施工精度的技术系统(MOGRASS)(图6-4-4)

MOGRASS是利用洞内设置的相机图像的AR技术,进行钻孔导向的系统。在钻孔台车上设置相机及几个标点,预先求出位置关系,在钻孔台车停车位置测量标点,获得相机位置和方向的信息。钻孔时把导向的三维信息(目标位置)与相机图像重合,把坐标变换为图像坐标系,表示在修建的映像上。作业人员一边观察PC,一边操作,使之与目标位置重合。

用目视能够操作的重型机械,由于测量和激光技术的快速发展,要求开发更快速、更精确、更安全的作业人员支持系统。

(3)利用检查机器和共享数据,确保施工质量的技术系统(图6-4-5、图6-4-6)

这是把项目部、发包者、协作者用网络连接,进行远距离混凝土检查的系统。该系统不仅没有设备的移动时间,也缩短了等待时间,提高了现场管理的效率。

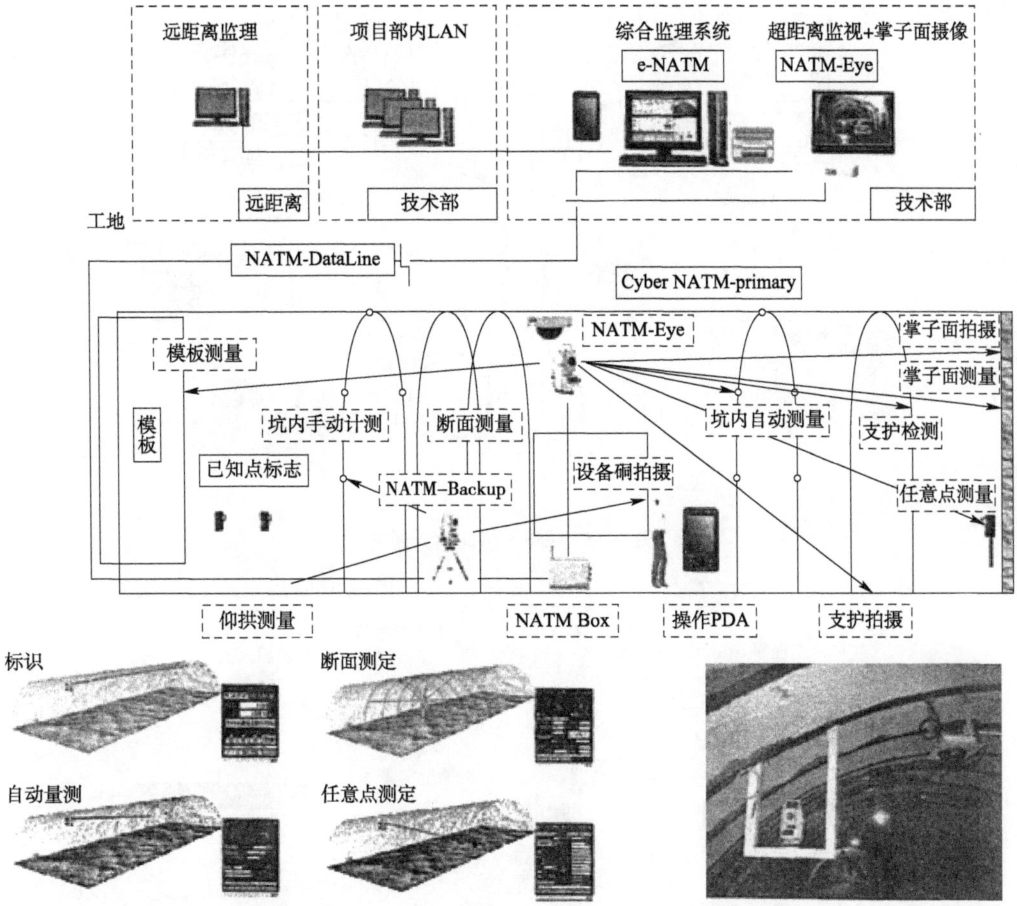

远距离监理
项目部内LAN
综合监理系统
超距离监视+掌子面摄像
e-NATM
NATM-Eye
远距离
技术部
技术部
工地
NATM-DataLine
Cyber NATM-primary
NATM-Eye
模板测量
模板
掌子面拍摄
掌子面测量
坑内手动计测
断面测量
坑内自动测量
支护检测
已知点标志
设备硐拍摄
NATM-Backup
任意点测量
仰拱测量
NATM Box
操作PDA
支护拍摄
标识
断面测定
自动量测
任意点测定

图 6-4-3　量测系统构成图

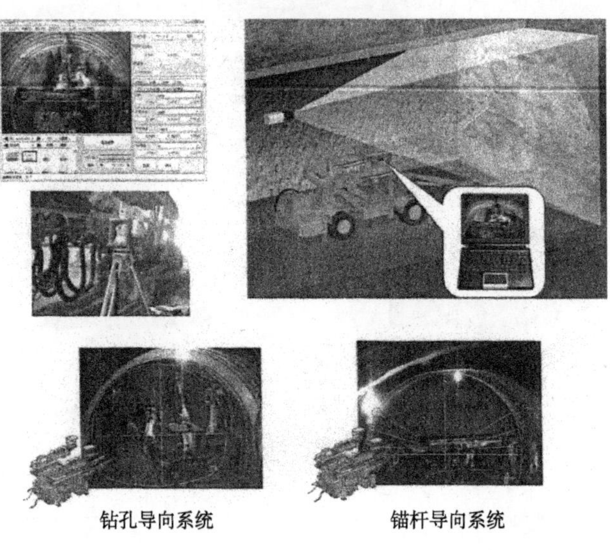

图 6-4-4　利用 AR 技术的导向系统实例

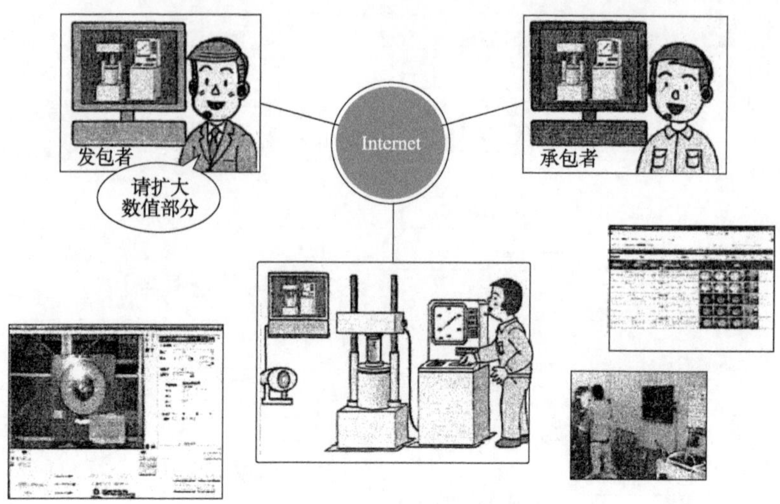

图 6-4-5　混凝土 Web 检查系统

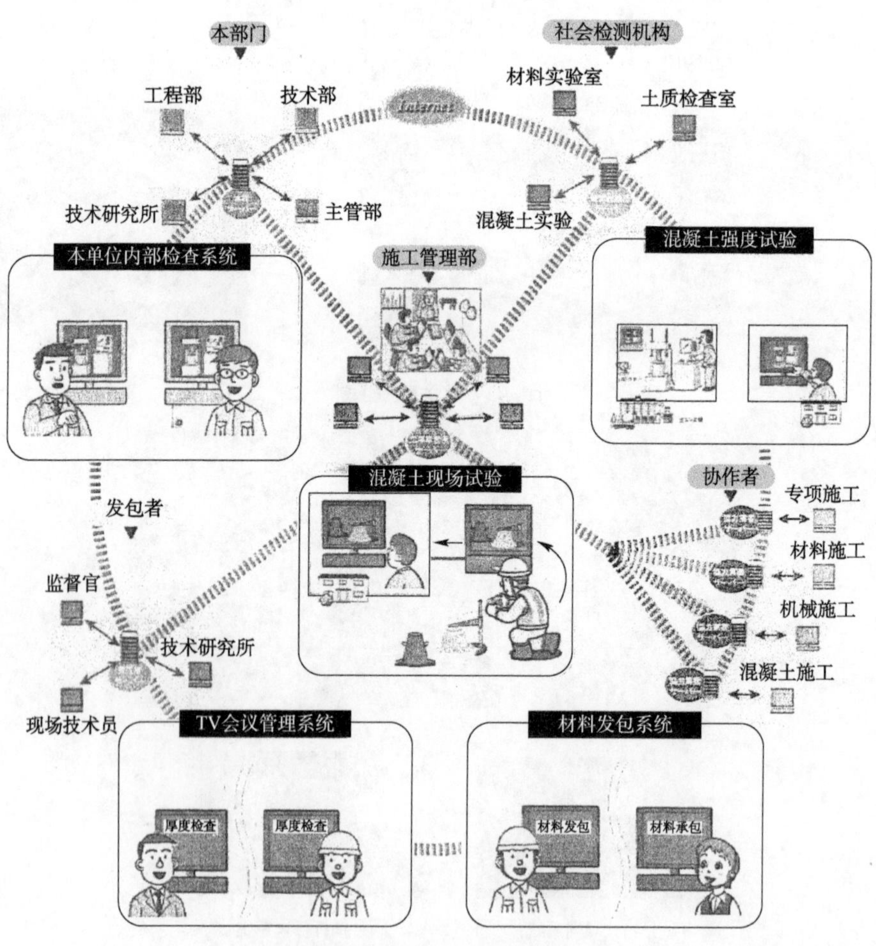

图 6-4-6　利用网络进行检查的示意图

(4)考虑周边环境的施工管理技术

利用无线 IC 信息的通风设备——Eco 控制风机(图 6-4-7、图 6-4-8)。

Eco 控制风机是在掌子面附近,自动检知洞内作业(钻孔作业、出渣作业、喷射作业等),把作业数据自动传送到洞外设置的控制风机上,进行逆变器控制。目的是降低用电量,节约能源。

图 6-4-7 IC 控制技术的通风控制系统

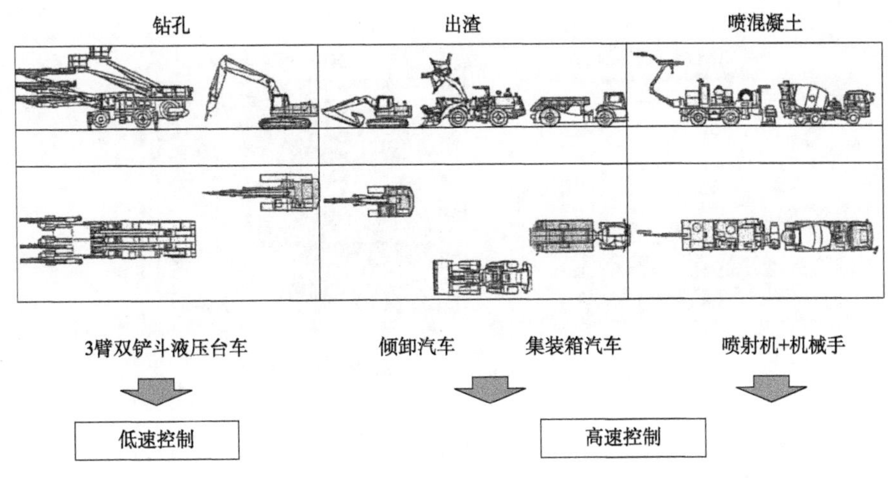

图 6-4-8 隧道工序不同的通风控制方式

(5)掌握机械、洞内作业人员动态的安全管理技术

这是利用无线 IC 控制的位置检知系统,如图 6-4-9 所示。

过去的位置检知功能是利用 GPS 的,但在隧道等地下结构物中,不能使用 GPS。因此,本系统是在洞内构成简易的网络站,根据作业人员携带的标志的电波强度计算作业人员的位置。本系统附加有进入退出洞内的管理功能。锚杆远距离进行洞内作业人员的管理。

(6)利用网络的实时管理,回避风险的技术(图 6-4-10)

这是把洞内的量测信息等实时地传送进行管理的系统。

(7)三维表示现场条件和施工信息的可视化技术

现场信息(地形、掌子面、量测结果等)的三维化:Cyber 3DVIEW(图 6-4-11)。

本系统是用 Cyber 3DVIEW 收集数据(量测结果、断面测定结果)或洞内掌子面观察系统的围岩评价结果、施工实际记录(进度数据、实际模式等)自动地输入 CAD 中,用 3D 模式表示(图 6-4-12)。

由此可见,隧道的信息化施工涉及方方面面,总之,欧洲、日本等国已纷纷开始隧道工程动态管理系统的开发和研制,有的已开始产业化应用,对促进产业现代化、提高生产效率、降低成本、风险都起着十分重要的作用。实际上在这个领域中,我们已有长足的进步,但问题仍然存在。我们也应在大规模的铁路隧道修建的同时,逐步提升自身的隧道施工信息化水平。

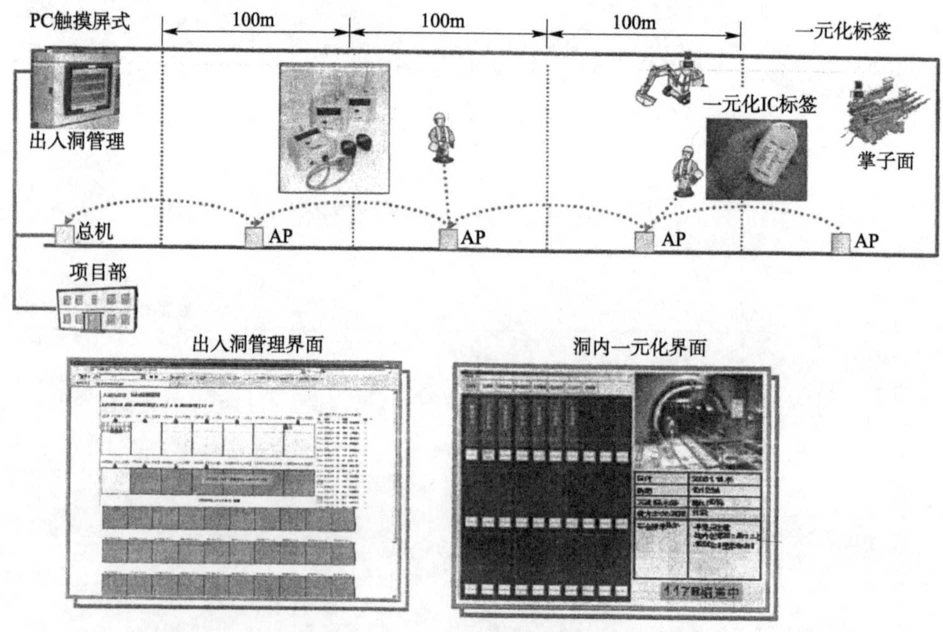

图 6-4-9 利用无线 IC 控制的位置检知系统示意图

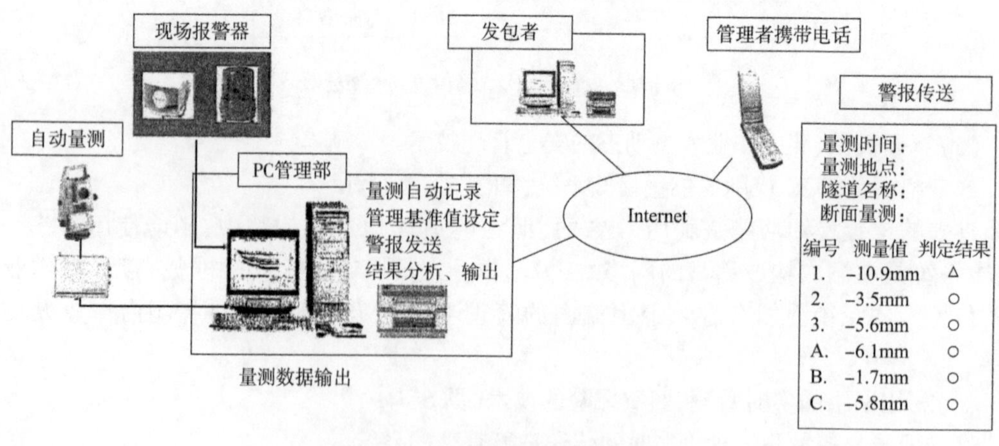

图 6-4-10 利用网络的实时管理系统

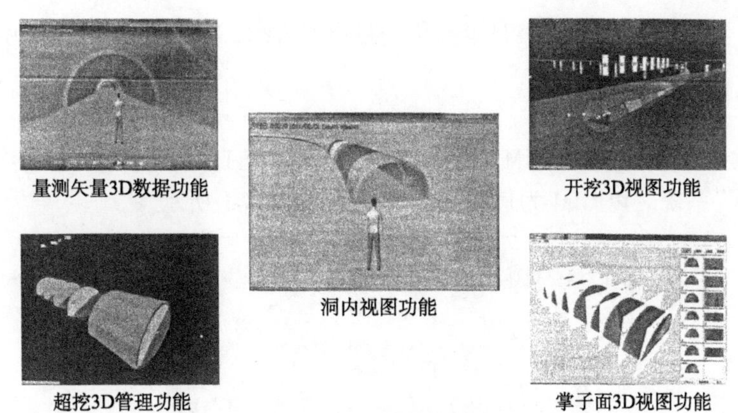

图 6-4-11 山岭隧道的三维模式

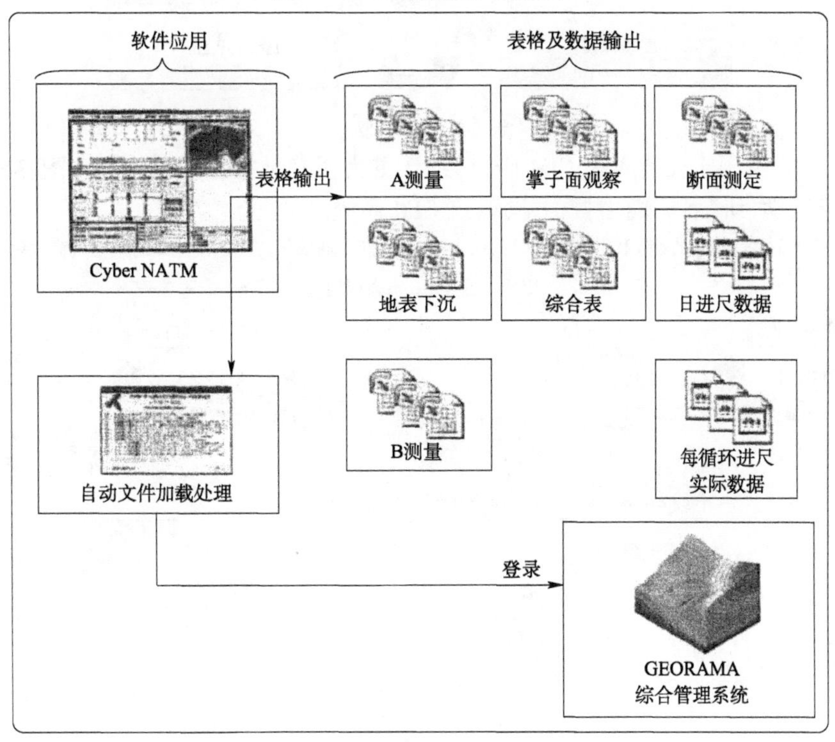

图 6-4-12 三维观察与隧道系统的相关图

五、施工信息模型(CIM)

2015 年 7 月 1 日住房城乡建设部发布了《推进建筑信息模型应用指导意见》,要求到 2020 年年末,在勘察、设计、施工、运营维护中,集成应用 BIM(Buikling Information Modeling)的项目比例达到 90%。最近日本国土交通省提出:在 BIM 基础上,为了"在土木工程领域中,以共享、利用三维模型,缩减有关建设总成本"为目的,实现 CIM(施工信息模型,Construction Information Modeling)的建议。日本见草公路隧道长约2380m,首次把CIM引入隧道工程。

1. CIM的概念(定义)

实际上,无论是BIM,还是CIM,都是为满足信息化施工而形成的以电子化、数据化为基础的“信息管理”系统。以CIM为例,其基本概念如图6-5-1所示。

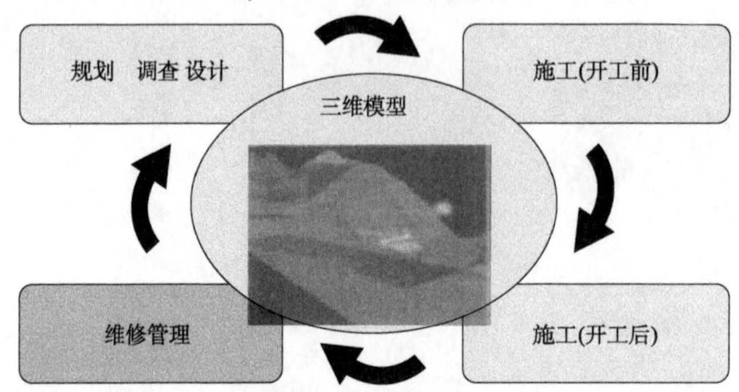

图6-5-1 CIM概念

2014年,日本国土交通省在CIM研讨会上,更为明确地提出CIM概念(图6-5-2),要求充分发挥“产、学、研”各方面力量,共同构筑CIM系统。

<CIM的目标>①信息的有效利用 ②设计的最佳化 ③施工的高效化、高度化 ④维修管理的高效化、高度化

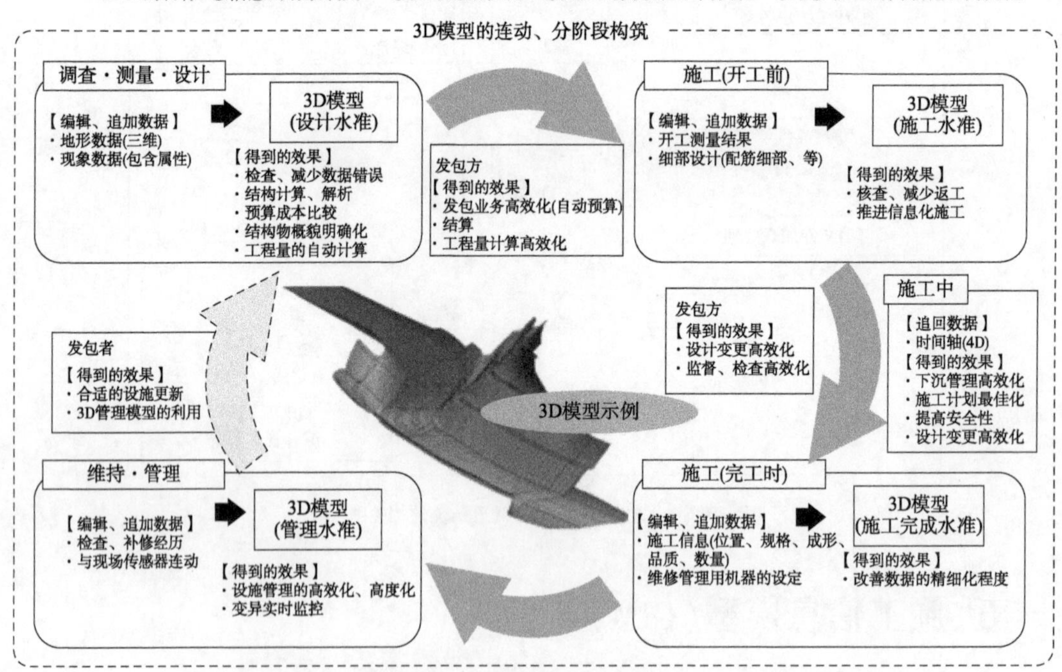

图6-5-2 CIM的基本概念

可见,CIM系统提高效率,是以构筑、利用附有属性的三维模型为前提,利用ICT技术从设计到维修管理,改善业务、提高质量及环境性能,以达到缩减全寿命周期成本为目标的技术系统。

- 信息的充分利用(设计可视化);

- 设计的最佳化(确保统合性);
- 施工的高度化(信息化施工)、判断的迅速化;
- 维修管理的改善及高效化;
- 结构物信息的一元化、统合化;
- 环境性能评价、构造解析等的应用。

2. 隧道中 CIM 系统的应用实例

1)三谷公路隧道(长 2810m)

【导入目的】

进行施工、维修管理等信息的一元化管理,利用三维模型,力图提高施工质量水平、成形管理水平。

【构筑实例】

编制隧道的三维模型,把开挖时的掌子面状况和前方地质状况及衬砌时的品质、成形信息等属性信息输入,进行一元化管理。如图 6-5-3 所示。

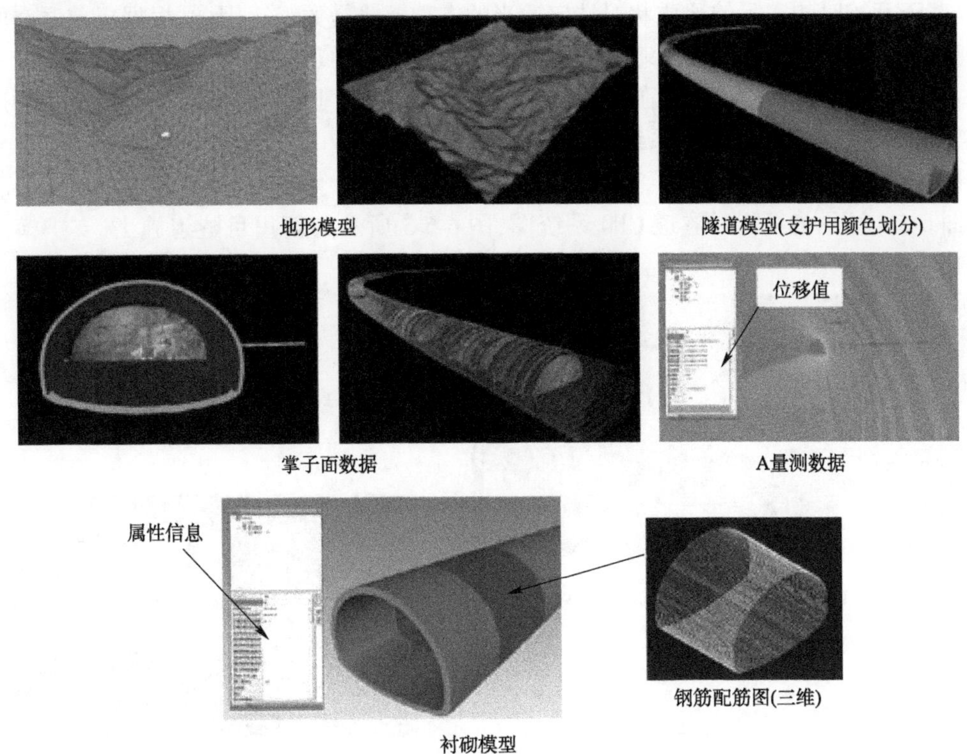

图 6-5-3 三谷公路隧道使用的三维模型

【属性信息】

开挖时:掌子面照片、观察记录、A 量测结果、支护模式等;

衬砌时:每浇注环节的混凝土品质管理信息[浇注日期、坍落度、含气量、温度、单位体积用水量、强度(7d、28d)等];

成形：衬砌厚度、浇注量、成形检测、钢筋等；

其他：打击声检查结果、裂缝状况等。

【效果】

- 施工阶段的信息可以用三维模型表现，对施工前方的地质状况能够预测和采取事前对策，可以提高安全性及确保质量。
- 施工阶段的信息可以数据化，可以使运营后的维修管理高效。

【使用的软件】

CyberNATM 3D View（把取得的数据移行到 3D CAD 的软件）；

GEORAMA For Civil 3D（编制围岩、隧道模型的软件）；

Navis Works（把三维数据作为 CIM 数据集中管理、加工的软件）；

Navis +（用 Navis Works 把属性信息附加到三维数据的软件）。

2）新川目隧道（长 757m）

【导入目的】

为在大断面而且地质构造复杂的围岩中进行有效率地开挖，对施工前地质进行评价的同时，基于开挖时的实际的地质状况选定适当的支护模式是关键。因此，根据事前调查的隧道周边的地质状况和施工进展，基于实施的掌子面和坑壁的观察结果，编制隧道周边的三维模型，导入能够对应“地质状况前方预测”、“围岩判定时的地质状况评价”、“支护模式选定研究”的山岭隧道施工的 CIM 系统。

【构筑实例】

图 6-5-4 所示为新川目隧道 CIM 系统图，图 6-5-5 所示为新川目隧道施工、支护模式的可视化实例。

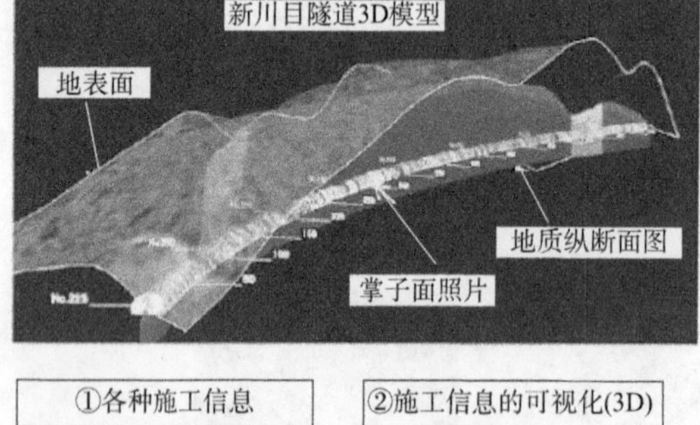

①各种施工信息	②施工信息的可视化(3D)
·掌子面观察卡 ·洞内量测记录 ·混凝土浇注记录等	·掌子面照片 ·地质构造 ·设计支护模式等

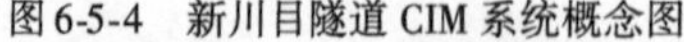
图 6-5-4　新川目隧道 CIM 系统概念图

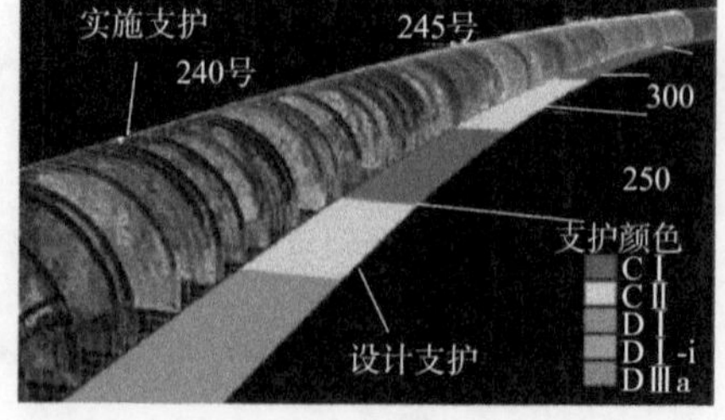

图 6-5-5　新川目隧道施工、支护模式的可视化实例

3）筑峰公路隧道（长 1530m）

【导入目的】

进行以三维模型为核心的施工、维修管理信息的一元化管理，在施工阶段利用 CIM 和构筑维修管理初期模型的 CIM 模型，确认导入 CIM 模型的效果。

【构筑实例】

本工程是与1期线平行的2期线工程,可以利用1期线的各种施工数据。施工前除地形、地质信息外,加上已施工隧道的信息(掌子面照片、掌子面评价点、量测结果等)和现隧道施工信息,用来构筑CIM初期模型(图6-5-6)。此外,为了抑制并设隧道间的相互影响,进行了与CIM模型协调的三维FEM影响解析,并反馈到施工时的量测管理基准中。

特别是,在1期线的隧道变异很大的区间,为摸清地质状况,进行了复数次的水平钻孔探查,用以预测掌子面前方地质状况和选定辅助工法进行妥当性评价。

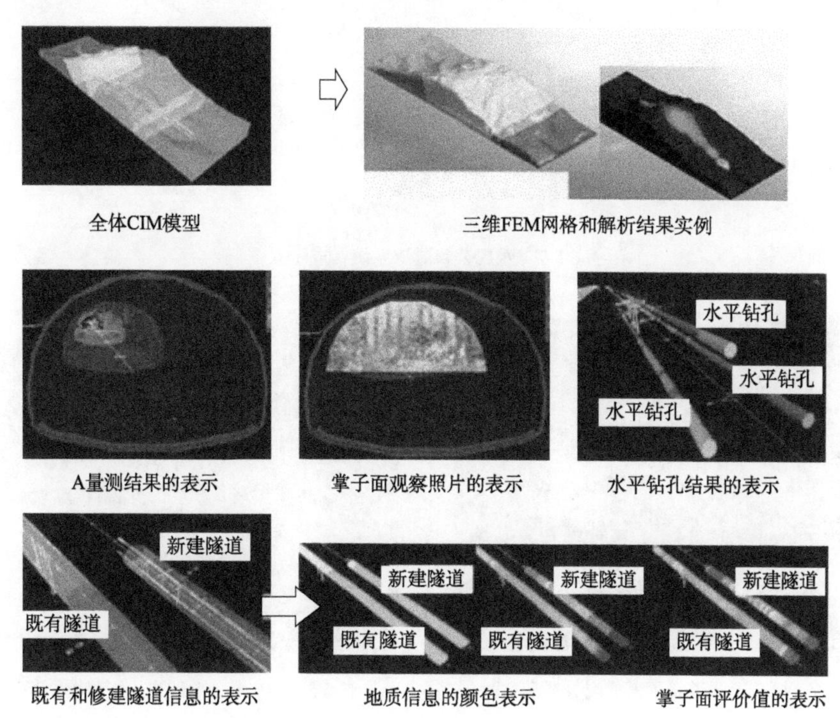

图6-5-6 筑峰公路隧道CIM初期模型构筑示意图

4)八尻公路隧道(长2469m)

【导入目的】

用3D扫描进行量测,可在很短时间内测量隧道开挖形状(图6-5-7、图6-5-8),用以进行隧道成形管理和衬砌厚度管理(图6-5-9、图6-5-10),以达到施工管理简单化、提高生产效率的目的。

【构筑实例】

- 用3D扫描的三维量测进行隧道施工管理。利用量测得到的3D模型和3D设计模型,进行开挖安全管理,同时按其数据进行超挖管理和衬砌浇注管理,提高施工管理水平。

【效果】

- 能够定量地掌握超挖量,一边确保衬砌厚度,一边降低超挖量;
- 在衬砌浇注管理中,能够计算出混凝土浇注数量,提高了管理的效率;

- 能够对设计核查等进行有效率的施工管理；
- 与过去的量测作业相比，大幅降低劳动强度。

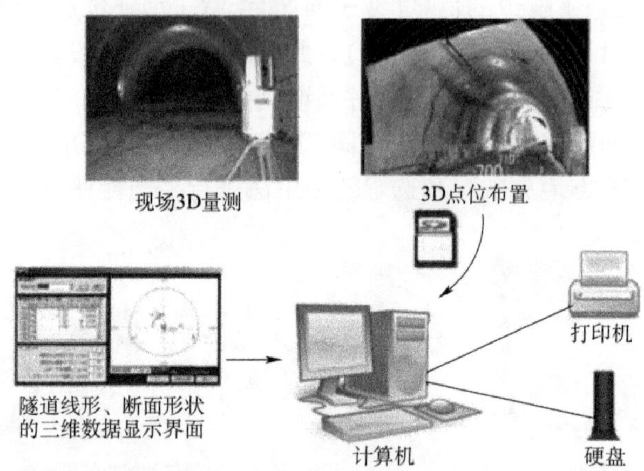

图 6-5-7　八尻公路隧道系统构成示意图

图 6-5-8　八尻公路隧道掌子面量测数据示意图

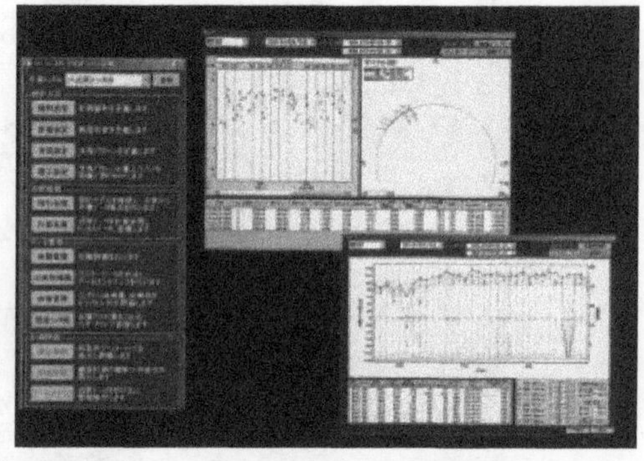

图 6-5-9　八尻公路隧道成形量测结果示意图

5）出合隧道（760m）

【导入目的】

出合隧道整体模型如图 6-5-11 所示。在隧道施工阶段，以施工信息管理为目的，在开挖阶段及衬砌阶段用三维模型进行属性管理（图 6-5-12），以提高施工信息共有水平及施工效率。

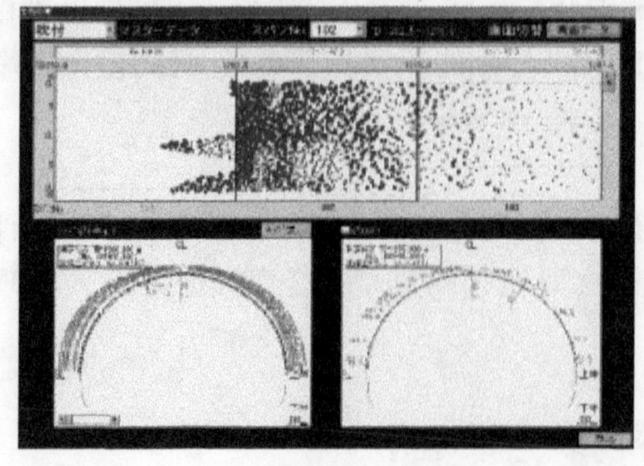

图 6-5-10　八尻公路隧道衬砌厚度管理示意图

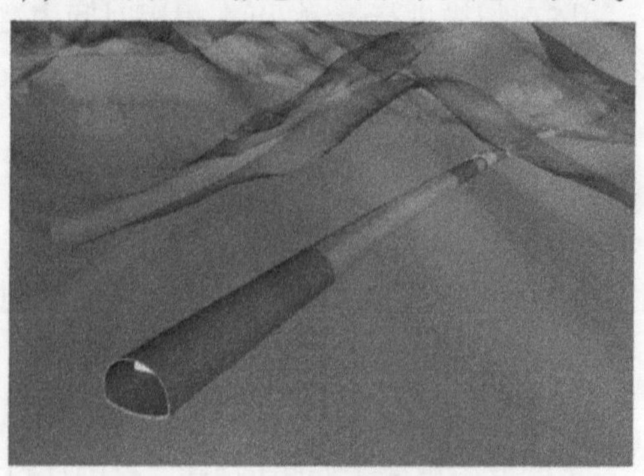

图 6-5-11　出合隧道整体模型示意图

a)开挖状况

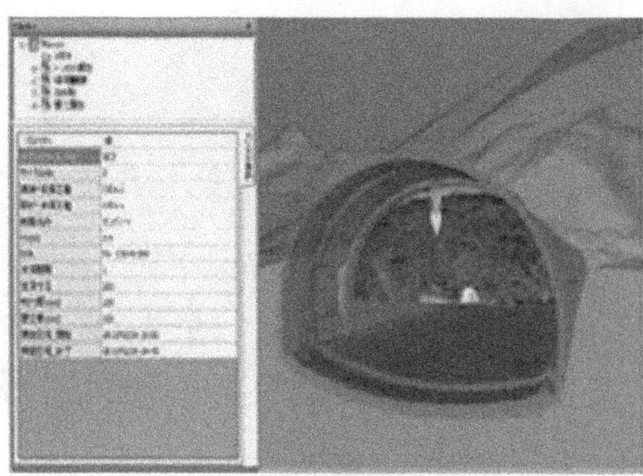
b)开挖模型

c)衬砌混凝土浇注

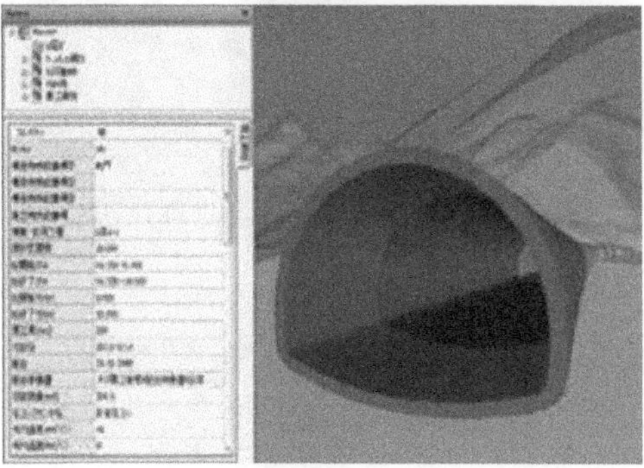
d)衬砌模型

图 6-5-12 出合隧道开挖及衬砌阶段的属性管理示意图

【构筑实例】

进行隧道施工阶段及衬砌阶段的属性信息管理。

输入属性:(开挖阶段)掌子面照片、A 量测数据、支护模式等。

衬砌阶段:日常管理试验数据、配比计划表、材料试验结果表、浇注日期、浇注量、养生记录、出现量测结果等。

【效果】

- 用三维模型进行协议,能够进行通畅的通信;
- 量测结果在模型上可以实现可视化,有关人员可以直观地掌握施工信息;
- 工程的品质管理记录,可以用于维修管理。

6)维修管理初期模型的提案——见草隧道(2380m)

【模型内容】

附有属性的三维模型:模型形状、模块单位。

施工中的信息如图 6-5-13 所示。施工终止前的信息如图 6-5-14 所示。

【属性信息】

属性信息的内容、项目等包括:

隧道:循环次数、实施的支护、设计支护、支护间距、支护尺寸、喷射混凝土厚度、衬砌厚度、实施日期;

掌子面观察信息:观察时间、测点、掌子面评价点、掌子面图像、埋深、涌水量;

a)全体模型

b)支护信息

c)掌子面观察信息

d)断面测定信息

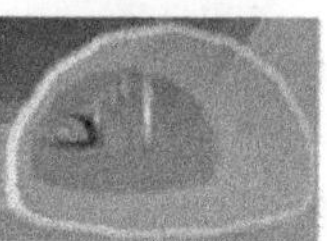

e)量测结果

图 6-5-13　见草隧道施工中的信息

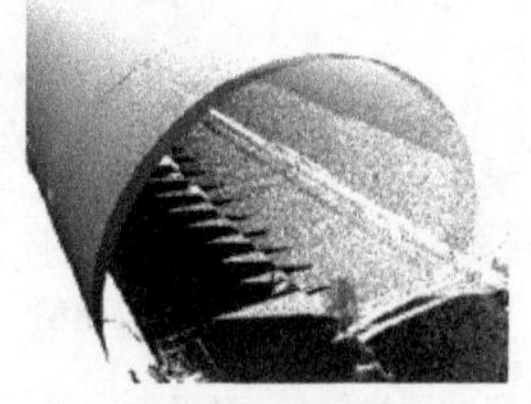

a)点群信息

b)地质信息

图 6-5-14　见草隧道施工终止前的信息

衬砌品质管理:区间长度、浇注日期、坍落度、抗压强度、含气量、单位用水量、混凝土温度、盐分浓度、裂缝信息;

量测信息:A 量测、断面量测。

3. 构筑隧道 CIM

上述实例充分说明,隧道工程导入 CIM 的必要性。隧道与一般结构物不同,是地中线状的结构物。只根据施工前调查进行最佳设计,在技术上、经济上是有局限性的。为此,发包时的设计,不一定是最佳的,要把实际施工中获得的信息,迅速反馈到设计、施工中是非常重要的。

在隧道工程中,过去的地质平面图、纵断面图、标准断面图、支护模式图等二维图形和记录净空位移等量测数据、掌子面的岩质、裂隙间距、频率等的观察信息都是原样表示的。此时,合理预测前方的掌子面状况,取得业主的同意后,及时变更支护模型和采用辅助工法等是特别重要的。对掌子面状况的预测,受现场技术人员经验、与业主意见不一致等的影响,停工、返工的现象时有发生。在为隧道开挖的调查中,数据的评价方法和表现也有很大差异,没有统一的判定工具等。

其次,隧道开始运营后,若某些场地发生事故,则要从庞大的记录中提炼需要的资料进行维修,但施工时的信息不能继续用于维修管理,所以资料的探索也很困难。

因此,在业主、事故者、管理者之间存在信息共有和协调的问题。

为解决以上问题,而进行有效率的施工,导入 CIM 构筑地质信息和施工信息等的一元化管理模型,非常必要。

为此,日本见草公路隧道施工,首次把 CIM 引入隧道工程。下面介绍引入 CIM 的概况。

图 6-5-15 表示日本三维模型的构筑流程。

第 1 阶段、第 2 阶段是根据施工前的数据绘制的三维模型。第 3 阶段是根据施工中获得的数据构筑的模型。

	构筑三维模型流程
阶段1	地形、地质信息的模型
	⇩
阶段2	隧道线形、断面形状的模型
	⇩
阶段3	施工信息组合为模型 ·掌子面观察信息 ·量测管理信息 ·衬砌品质管理信息

图 6-5-15 三维模型构筑流程

1)地形、地质数据、设计数据的模型化(施工前数据)

此次,因在设计阶段没有所谓数据,需要根据地形、地质数据进行编绘。首先把周边地形模型化,使用三维土木地质 CAD 软件(GEORAMA),根据国土地理院公开的 5m 网络的高程数据编绘。洞口段附近要组合填土、桥台等。因此,为取得更详细的数据进行了地形测量,把洞口部模型化(图 6-5-16)。

其次,使用 AutoCAD Civil 3D,根据隧道线形,断面形状数据,与地形、地质数据相结合,编绘施工前的三维模型(图 6-5-17)。据此,施工前的纵断面图、平面图、标准断面等表现的设计信息都已实现三维模型化。

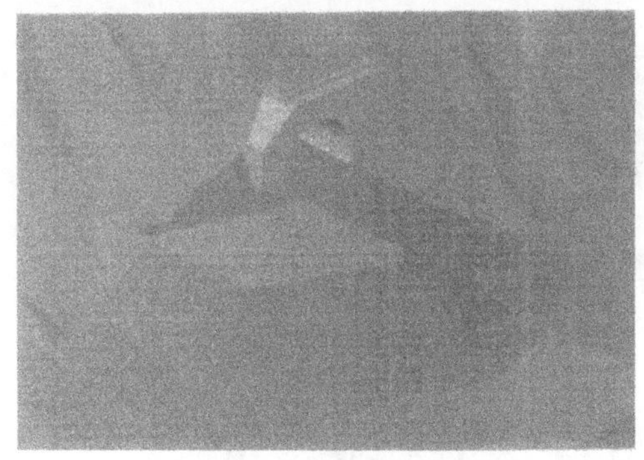

图 6-5-16 洞口部的三维模型

图 6-5-17 地形、地质数据、设计数据的模型化

地表地质踏勘、物理探查、钻孔调查、孔内量测、孔内试验等的调查结果,基于调查位置信息的三维模型可以反映出来。

以地表地质踏勘、物理探查、钻孔调查结果为主,进行三维模型的编绘。以调查数据为主,模型化地层数和构造的复杂程度等,编绘不同时间的模型。对地下水分布的信息也有必要反映在三维模型中,因此要充分考虑模型化对象的种类、数量。

地表地质踏勘的结果、原位试验及室内试验结果,要作为属性附上,也要充分考虑反映踏勘结果的地点和试验数量。

在隧道调查中,除沿隧道中心线调查外,在隧道洞口附近也要进行坡面对策的调查和小埋深为对象的调查。这些调查与隧道主体调查的目的不同,也要绘制与隧道主体调查不同的模型。

2)施工信息引入三维模型

综合模型示于图6-5-18。施工信息包括实际开挖时的掌子面观察记录和施设的支护模型、施工后的量测数据等,这些要反馈到以后的施工中,以便进行最佳的施工。把这些施工信息、设计信息一起整合到三维模型中(图6-5-19),作为一个模型进行管理和评价。

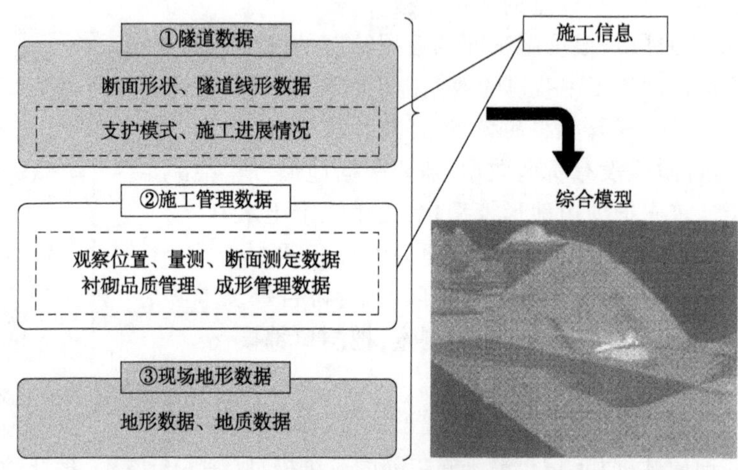

图6-5-18　综合模型示意图

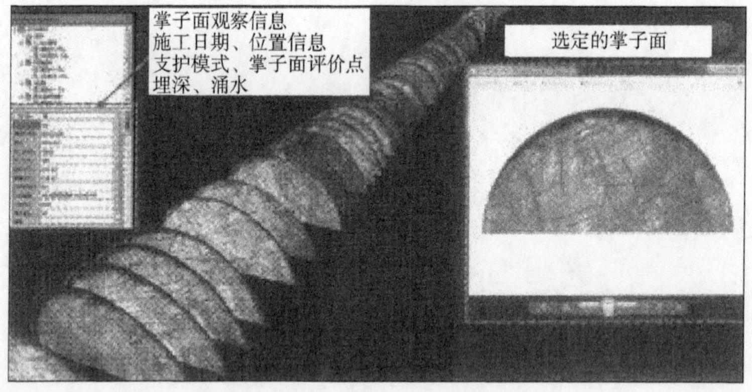

图6-5-19　施工信息整合示意图

量测数据可以根据颜色划分管理水平,实现围岩动态的可视化(图6-5-20)。此外,与掌子面观察相同,通常的量测结果可用CSV输出,统合到模型中。

其次,图6-5-21表示衬砌混凝土管理数据实例。把各浇注环节的浇注管理状况与上述的地质状况用一个模型进行管理,运营开始后的维修管理也能利用该模型。

在量测、衬砌质量管理模型中,施工信息可以迅速、简单地阅览,直接读取CSV数据系统是很重要的,这可以使用已经开发的Navis+软件来实现。

掌子面状态、量测数据、品质管理数据的模型化,能够表现掌子面附近断层、裂隙面方向,易于判断下一循环以后的围岩状况(图6-5-22)。

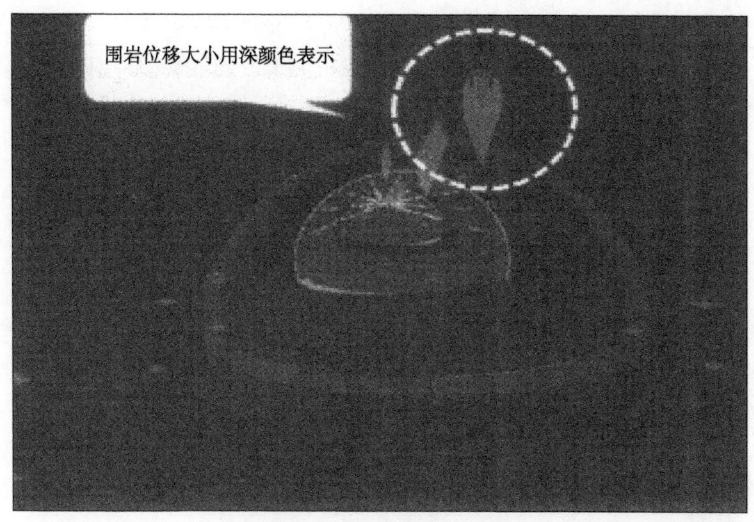

图 6-5-20 净空位移信息示意图

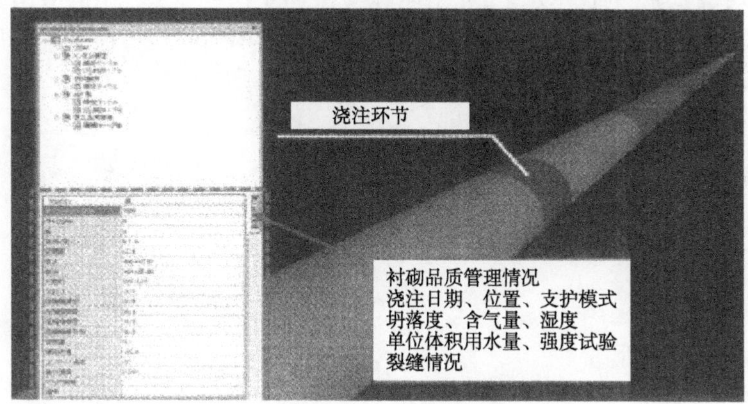

图 6-5-21 施工信息的组合(衬砌混凝土)示意图

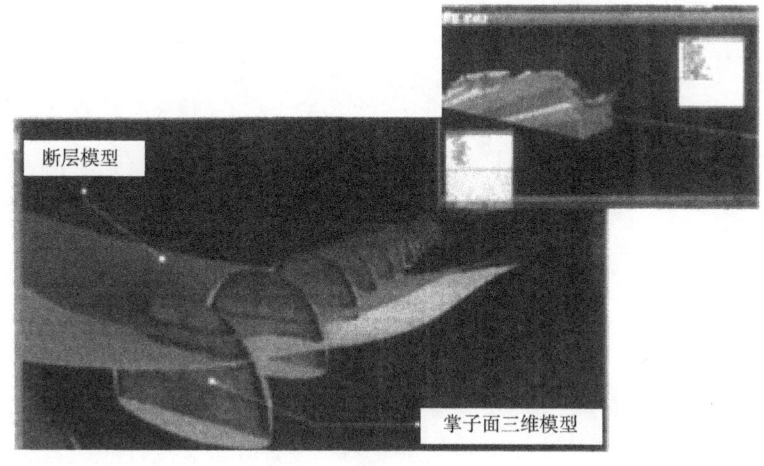

图 6-5-22 掌子面信息示意图

3)CIM与维修管理的统合

在日本国土交通省的CIM组合中,要求施工和维修管理能够统合在一起。图6-5-23表示CIM与维修管理统合模型(草案)。

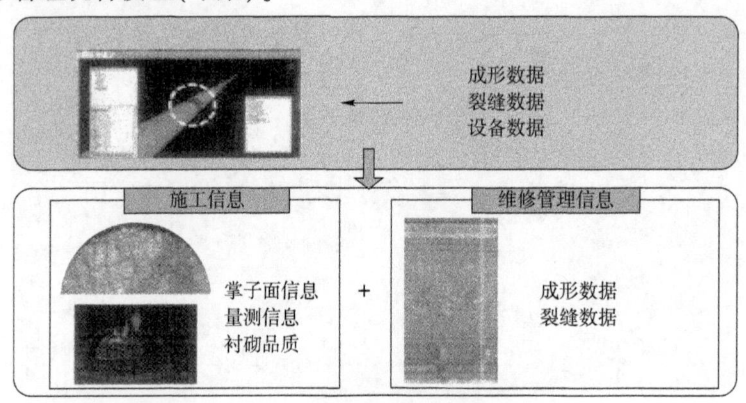

图6-5-23　CIM与维修管理的统合模型(草案)

应该说,以我们现在的技术水平,完全能够实现CIM在各种工程中的应用。为什么目前不能实现,除了深层次的原因外,主要是各企业自主开发CIM的积极性不高。只有引导企业发挥自主开发和利用CIM的积极性,问题才能得到较好解决。

Ⅶ 维修管理篇

为了进行高效维修管理工作，必须针对铁路隧道维修管理的特点，从维修管理体制，隧道变异检查、诊断、对策等方面，实现高效、经济的维修管理。

本篇将集中说明以下几个问题：

1. 隧道维修管理的特点
2. 建立“预防管理”的综合维修管理体制
3. “初次检查”的重要性
4. 开发易于早期发现隧道构造状态变化的调查、检测技术
5. 建立用于“数据管理”的数据库，实现高效、经济的维修管理
6. 运营隧道的底部变异及维修管理

一、隧道维修管理的特点

隧道是地下线状结构物,其维修管理与地面工程不同,具有以下明显的特点。

空间多受到限制:隧道的维修管理,是在闭锁空间内进行的,其空间的大小是左右作业好坏的关键因素之一。因此,确保易于实施维修管理、检查、对策的空间是非常重要的。要采用性能优越、尺寸合适的检查机械和施工车辆,以保证在人力能够到达的范围内的施工较为理想。

隧道施工是隐蔽工程施工,运营后不能直接目视其状况。因此,需要采用能够获得衬砌背后信息的调查方法。

隧道长度长,检查时间也长,而且检查时间受到限制。因此,开发和利用快速、精确、减少对列车运行影响的调查、检查方法是必要的。

隧道性能随时间的变化而变化。因此,为确保隧道具有要求的功能,就必须采取预测性能变化、控制其变化的各种对策。

运营后的周边环境变化(如近接施工、地下水位变动、地震等)。确实地捕捉这些变化,减轻对隧道结构物的影响。

变异发生时的原因是多种的:结构物发生变异多数是由非单一因素造成的,原因极为复杂,为研究其原因和对策需要很多信息。因此,确保能够及时获得维修管理所需信息的手段和方法是很重要的。

二、建立“预防管理”的综合维修管理体制

到目前为止我们已经建成了相当数量的铁路隧道。在这些铁路隧道的运营管理过程中,积累了许多经验和教训。其中之一,就是在铁路隧道的规划、调查、设计、施工中,常常忽略对以后如何进行维修管理问题的考虑。因此,我国的高速铁路隧道建设,从一开始就应把建成后的维修管理工作,放到极为重要的位置。从隧道的规划、调查、设计、施工各个阶段都要考虑为以后的运营创造良好的条件。例如,“少维修”就是一个战略性的考虑。

在《隧道工程维修管理要点集》中,我提出隧道维修管理基本理念的四句话是:

预防为主:经常性、定期的检查、调查、维护体制,防患于未然。

早期发现:新的检测技术的开发,早期发现变异征兆。

及时维护:初期征兆发现后,立即进行维护,控制变异的发展。

对症下药:“症”和“药”的关系,即变异与对策的关系。

这四句话,基本上概括了对铁路隧道维修管理的基本要求、方法和体制。对高速铁路隧道来说也是适用的。虽然是“老生常谈”,但谈总比不谈好。话说起来容易,但如何实现,就

是一个大问题。

这里所说的"预防管理",就是以"预防为主"的管理体制。以前的隧道维修管理,几乎都是采取事后对策。即事故发生后或变异发生后,才采取对策进行管理。以预防为主的维修管理体制,就是一边进行检查,针对可能发生的变异,一边进行及时维护,预防发生变异的管理体制。

众所周知,隧道维修管理的一个基本原则就是**"早期发现、预防管理"**,这样做会取得"事半功倍"的效果。但在隧道黑暗、潮湿环境条件下,早期发现隧道变异是极为困难的。

早期发现:隧道变异的发生一般都是有前兆的,早期发现这些前兆,并做出正确的判定,及时处理可能发生的变异,是当前各国进行隧道维修管理的基本前提。这一点对我们更具有重要的意义。早期发现—正确诊断—推定变异发生原因,应成为我们进行维修管理的重要内容。

预防管理:预防管理包括两个方面,一个是"早期发现"所做出的判定如果不进行处理,可能发生变异的情况,另一个是变异已经发生的情况。对于前者,应立即采取预防变异发生的维护对策,防止其发生;对于后者,应毫不迟疑地采取对策进行处理,拖延处理发生的变异,只会使变异继续发展,最后可能导致隧道事故的发生。实践指出,出现了变异,就要及时处理,会收到"事半功倍"的效果。隧道是修筑在地下的**线状结构物**,也是以**隐蔽工程**为特点的结构物,周边围岩动态及环境条件十分复杂。因此,即使进行了详细调查,有时也很难充分掌握隧道的变异状态。在变异发生的初期阶段,只要采取一些基本的防治措施就可解决问题。但如果变异在发展变化中,就必须采取强有力的措施。

为了建立预防管理机制,必须从根本上解决以下三个问题。

- 明确隧道维修管理的性能要求,建立性能管理的目标。
- 有效率的检查、调查方法。利用这些方法,可获得准确的维修管理信息。
- 确立隧道变异原因模式化的推定方法及变异基准。

隧道结构物的维修管理目标和功能如表 7-2-1 所示,其目标基本上有两点:

(1)确保能够安全通行的空间,即使隧道发生变异,也要保证结构的稳定性,不危及作业者的生命安全。

(2)变异应控制在结构物剩余寿命范围之内。

隧道结构物的维修管理目标和功能　　表 7-2-1

用途	隧道结构物的维修管理目标和功能
公路	车辆按规定的速度,能够安全、通畅、舒适行驶,在规定的使用期内能够进行维护和管理
铁路	列车按规定的速度,能够安全、通畅、舒适行驶,在规定的使用期内能够进行维护和管理

为了能够进行精细化的预防管理工作,日本把隧道的基本性能与施工方法联系在一起,对矿山法隧道的性能进一步细化,其结果列在表 7-2-2 中。这种细化,实质上也是对隧道设计、施工和维修管理的基本要求。

细化后的矿山法隧道的基本性能(公路) 表 7-2-2

目的(功能)	大型项目		中型项目	小型项目
在规定的使用期内,列车能够安全、通畅、舒适走行	使用者的安全性要求	使用者能够安全使用	能够安全地走行	能够确保良好的道路线形
				能够走行
				能够确保建筑限界
				能够确保必要的视认性
			没有直接威胁使用者安全的情况	不产生剥落
				不产生漏水
				能够确保必要的通风能力
			紧急时使用者能够安全避难	紧急情况发生时防灾设备能够正常工作
				能够适当地配置防灾设备
	使用者的使用性能要求	使用者能够舒适地使用	能够舒适地走行	能够确保良好的道路线形
			能够使通行限制在最小限度内	补修频率低
			舒适度良好	不产生影响舒适度的隧道变形
			给予使用者舒适、安全感	无漏水、裂缝
				能够确保必要的视认性
				洞门美观
	结构稳定性要求	预计荷载是稳定的	对长期荷载是稳定的	·没有必要进行结构计算的饰面衬砌 衬砌是稳定的(素混凝土) 围岩是稳定的(素混凝土) ·需要进行结构计算的衬砌构造 衬砌是稳定的(钢筋混凝土)
			具有抗震性能	对使用期内预计的地震,衬砌具有必要的抗震性能
			预计荷载变化是稳定的	对使用期内预计的近接施工影响和周边环境变化、荷载条件变化等,具有必要的承载性能
			火灾时也是稳定的	·衬砌作为结构构件 火灾发生时衬砌稳定
	耐久性要求	对预计的劣化具有耐久性	抗腐蚀性能良好	钢筋等抗腐蚀性能良好
			衬砌材料没有劣化	衬砌材料(混凝土等)没有侵蚀、劣化
			防水性能良好	没有使衬砌、各种设备劣化的漏水
	管理者的使用性能要求	管理者能够进行合理的使用	满足必要的需求	能够确保必要的净空断面(建筑限界)
			能够设置必要的设备	能够布置下不侵入建筑限界的紧急救援设备和管理用设备
	维修管理性能要求	进行科学、合理的维修管理	进行检查、清扫,以保证安全	进行日常的巡回、检查、清扫等
			进行补修、补强	设置脚手架,放置修补补强材料
				确保净空断面有补修、补强的富余量
	对周边环境的影响度	对周边环境影响控制在最小限度内	对地下水的影响小	地下水水位的变动在容许范围之内
				周边的地下水水污染影响在容许范围之内
			对周边环境影响小	地表面下沉、鼓起在容许范围之内
			对周边结构物影响小	对近接结构物、埋设物的影响在容许范围之内
			对周边振动、噪声影响小	施工中、使用中对周边的振动、噪声控制在容许范围之内
			对周边大气环境影响小	对周边大气环境的影响在容许范围之内
			与周边景观相邻的结构物设计美观	通风塔、洞口设计美观,对周边景观无影响

三、“初次检查”的重要性

初期检查是在新建、改建、更换的结构物使用前实施的一次重要检查，目的是掌握结构物的初期状态。因此，应以编制电子变异展开图为基础，采用各种调查方法，进行多项目的调查，力求获取详细可靠的信息。

初期检查发现的变异，应根据其变异内容和变异原因，在使用开始前采取相应对策，因此慎重地确认变异是很重要的。

初期检查记录是隧道运营期间实施各种检查的基础资料，要长期保存并合理利用。

加强隧道竣工后、投入运营前的“初次检查”的力度，切实掌握隧道构造在竣工后的初期状态，作为以后进行维修管理的基本依据，是非常重要的，不容忽视。

日本在《铁道结构物等维修管理标准》中，规定了如图 7-3-1 所示的结构物标准的维修管理步骤，其中，列在首位的是“初次检查”。

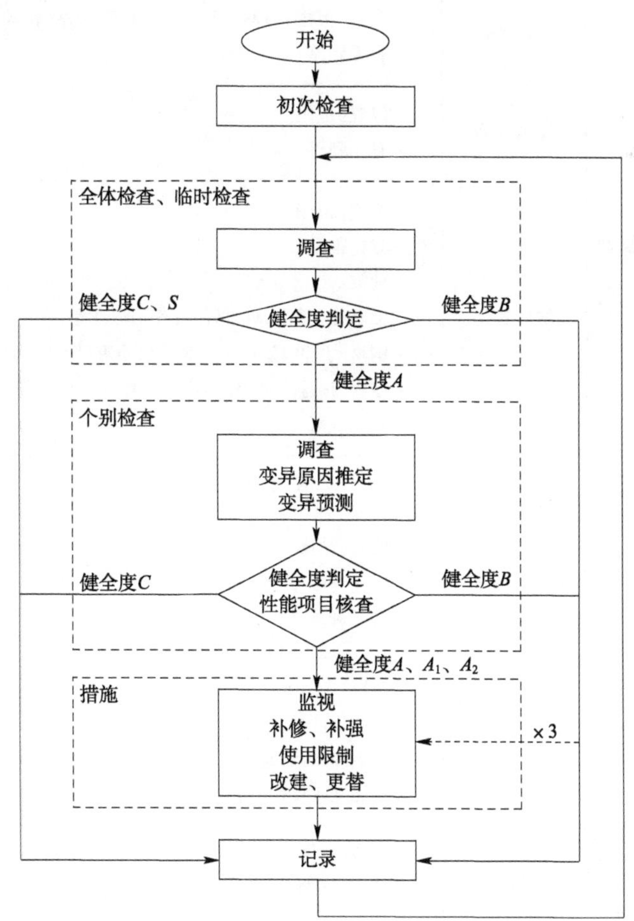

图 7-3-1 结构物标准的维修管理步骤

“初次检查”是为了掌握隧道构造的初始状态而进行的检查。一般来说,初次检查应在隧道使用开始前进行。

初次检查的记录,是结构物使用期间实施各种检查的基础资料,因此在实施初次检查时,要设定适宜调查的项目和调查方法。在结构物竣工时的检查相当于初次检查时,也可以利用该检查结果,但不能完全代替。

在初次检查中,要设定与掌握隧道初期状态有关的调查项目。如设定浇注混凝土的施工裂缝和蜂窝麻面、盾构隧道因施工时荷载造成的裂缝等初期缺陷的调查项目等。

直接影响隧道稳定性的变异有变形、裂缝、漏水、路基变异等。在初次检查中,首先要调查这些变异,因为隧道是地中结构物,变异的发生、发展与周围的环境变化有关,因此,也要掌握周边环境的变化。表 7-3-1 列出了日本铁路隧道初次检查中主要的调查项目。

日本铁路隧道初次检查中主要的调查项目 表 7-3-1

<table>
<tr><th>部位</th><th colspan="2">分 类</th><th>调 查 项 目</th></tr>
<tr><td rowspan="9">拱部,边墙上、中板,柱,管片</td><td colspan="2">变形①</td><td>· 位置(范围)
· 断面形状</td></tr>
<tr><td rowspan="4">衬砌变异等</td><td>裂缝等②</td><td>· 位置(范围)、模式、长度、宽度、台阶差(错动)
· 有无剥落</td></tr>
<tr><td>蜂窝麻面</td><td>· 位置(范围)
· 有无剥落</td></tr>
<tr><td>材料劣化</td><td>· 位置(范围)
· 劣化程度
· 种类
· 土砂化、变色、钢筋露出、有无锈迹等
· 钢材③腐蚀、管片接头螺栓松动等(管片衬砌)
· 母材、接缝不良等(砌块衬砌)
· 有无剥落</td></tr>
<tr><td>凹凸不平</td><td>· 位置(范围)、长度、宽度</td></tr>
<tr><td colspan="2">添加物、补修材料的变异等</td><td>· 位置(范围)
· 劣化程度、螺栓松动④
· 有无剥落</td></tr>
<tr><td colspan="2">漏水</td><td>· 位置(范围)
· 污浊程度、漏水量
· 有无冻结(程度)
· 有无漏水痕迹(游离石灰等)</td></tr>
<tr><td colspan="2">表面污染</td><td>· 位置(范围)
· 种类(煤烟、锈迹等)、颜色</td></tr>
<tr><td colspan="2">结冰、冰盘等</td><td>· 位置(范围)、大小</td></tr>
</table>

续上表

部位	分　类	调查项目
路基、底板	鼓起、下沉、移动①	·位置(范围) ·有无鼓起、下沉(程度) ·有无移动(程度)
	衬砌变异等	(具体见本表表注①)
	翻浆冒泥 土砂流入	·位置(范围) ·流入量、流入物的种类
	排水障碍	·位置(范围) ·障碍物的种类
洞口、与竖井的接续部	前倾、下沉、移动①	·位置(范围) ·位置(范围) ·有无前倾、下沉(程度) ·有无移动(程度)
	衬砌变异等	(参照表注①)
周边环境		·位置(范围) ·有无滑坡、近接施工(程度)等

注:①变形、鼓起、下沉、移动示于下图。

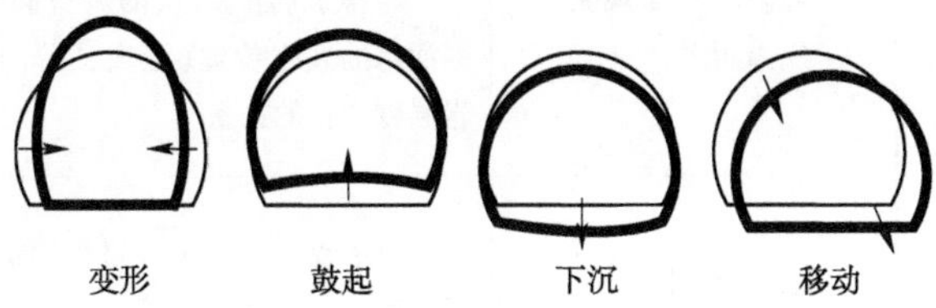

②裂缝等包括压溃、施工缝、浇注缝、错动及冷缝等。

③钢材包括钢筋、钢管片、接头夹具等。

④螺栓包括锚栓、螺栓等。

在初次检查中,基本上采用高空作业车靠近衬砌,在充分照明的条件下目视检查,对产生变异的地点,要采取补充打击声检查。

近年以来,新的检查方法不断涌现,在确认与目视或打击声检查有同样精度时,可以用其代替目视和打击声检查。

在进行初次检查的同时,应对既有资料、周边环境及围岩条件的变化进行核对,并做好记录。

表7-3-2列出对隧道既有资料、周边环境的调查项目、内容及注意事项。

隧道既有资料、周边环境的调查项目、内容及注意事项 表 7-3-2

<table>
<tr><th>调查项目</th><th colspan="2">调查内容</th><th>调查对象资料等</th><th>注意事项</th></tr>
<tr><td>地形</td><td colspan="2">·当地条件
·埋深
·特殊地形(偏压、滑坡、崩塌地带等)
·局部地形
·植被(植被分布、年轮异常等)</td><td rowspan="3">·工程竣工图(隧道平面图、横断面图、地质纵断面图等)
·保存文件(工程竣工记录、量测数据、掌子面观察记录、施工日志等)
·测量成果(地形图、航空摄像等)
·设计成果(初步设计、基本设计、详细设计等)
·地质调查报告书
·土质调查报告书
·检查结果报告书</td><td>·仔细对比既有资料和现场情况,注意近接施工和灾害造成的地形改变,确定测量范围
·注意砍伐植被引起地形的急剧变化</td></tr>
<tr><td>地质</td><td colspan="2">·地质分布
·地质构造(断层破碎带、褶皱等)
·走向、倾向
·风化变质
·膨胀性
·物理力学性质</td><td>·在变异原因推定和围岩劣化范围的调查中,如果洞内调查范围不足或不经济时,有必要进行洞外的调查(钻孔、地中位移测定)
·必要时,追加围岩试件试验和孔内试验等</td></tr>
<tr><td>水文</td><td colspan="2">·地下水水位
·地下水流量
·湖泊、河流分布
·地下水利用状况
·水温
·水质</td><td>·地下水位上升,有可能成为隧道衬砌外压时,应从洞外进行地下水位观测
·要注意暴雨时的地下水位的急剧变化情况
·有可能出现有害水时,要进行水质检查</td></tr>
<tr><td rowspan="2">环境</td><td>气象条件</td><td>·气温(包括洞内温度)
·降水量
·积雪量</td><td>·降雨(雪)量观测
·气温测定</td><td>·寒冷地区的隧道要特别重视
·与排水(涌水)量的调查同步进行,掌握涌水的发生位置(地表、深部)和周边围岩温度变化的关系</td></tr>
<tr><td>土地利用</td><td>·土地利用
·近接结构物
·开发计划</td><td>·城市规划图
·土地利用图
·现场踏勘</td><td>·要尽快获得有关隧道周边的土地利用规划信息
·要事前着手制定开发计划,及早协调,采取对策</td></tr>
<tr><td>地震</td><td colspan="2">·地震历史情况</td><td>·气象台等的相关记录
·出版物等的地震记录</td><td>有可能发生影响隧道的地震场合,有必要通过现场踏勘,掌握其影响程度</td></tr>
</table>

通过初次检查及调查,应对即将开始运营的隧道性能进行健全度判定。

结构物的种类是多种多样的,要求性能也是不同的。作为所要求的性能,首先要满足列车安全运行,旅客、公众的生命不受威胁的稳定性。其他的性能包括,如使用性、恢复性,也要加以考虑设定。

表 7-3-3 列出了隧道的性能要求和具体内容。

隧道的性能要求和具体内容　　表 7-3-3

性能要求	具体内容	表现形式
稳定性	隧道结构的稳定性	隧道不崩塌
	建筑限界和衬砌的间距	不侵入建筑限界
	路基的稳定性	不产生影响列车安全运行的路基鼓起、下沉和移动
	剥落的安全性	不产生影响列车安全运行的混凝土、补修材料等的剥落
	漏水、冻结的稳定性	不产生影响列车安全运行的漏水、冻结
使用性	漏水、冻结的使用性	漏水、冻结对洞内设备的功能没有影响
	表面污染	检查时没有显著的污染
	对周边环境的影响	对周边环境没有有害的影响
恢复性	灾害发生时的恢复性	即使受到偶发的灾害作用，隧道不产生崩塌，而易于恢复

稳定性包括：隧道结构的稳定性，建筑限界和衬砌的间距，路基的稳定性，剥落的安全性，漏水、冻结的稳定性。其中，对铁路隧道而言，近年剥落的问题比较突出，特别是拱部混凝土掉块，对列车安全运行造成影响，因此，防止其发生是很重要的。

针对上述要求性能，表 7-3-4 列出初次检查中隧道健全度的判定基准。

隧道初次检查（包括全体检查）的健全度判定基准　　表 7-3-4

a 项目：隧道结构的稳定性

变异		变异程度	健全度
①	产生变形、衬砌变异等	威胁隧道结构稳定性	AA
		可能威胁隧道结构稳定性	A
		以下情况时，可能威胁隧道结构稳定性 · 变异发展变化； · 不能确认变异有无发展变化	B
		没有发展变化时，可能不威胁隧道结构的稳定性	C

b 项目：建筑限界与衬砌的间隔

变异		变异程度	健全度
②	产生变形、鼓起、下沉、移动等	侵入建筑限界	AA
		有可能侵入建筑限界	A
		有以下情况发生时，可能侵入建筑限界 · 变异有发展变化； · 不能确认变异有无发展变化	B
		没有发展变化时，可能未侵入建筑限界	C
③	结冰、冰盘等	侵入建筑限界	AA
		有可能侵入建筑限界	A
		此状态继续发展、变化，可能产生侵入建筑限界	B
		即使此状态继续发展、变化，也不可能侵入建筑限界	C

续上表

c 项目:路基的稳定性

变　异		变 异 程 度	健全度
④	产生鼓起、下沉、翻浆冒泥等	发生轨道变形,妨碍列车安全运行	AA
		发生轨道变形,有可能妨碍列车安全运行	A
		在以下情况下,发生轨道变形,但未妨碍列车安全运行 · 变异发展变化; · 不能确认变异有无发展变化	B
		轨道变形没有妨碍列车安全运行,也没有发展变化	C

d 项目:漏水、冻结的稳定性

变　异		变 异 程 度	健全度
⑤	漏水、结冰、冰盘等	妨碍列车安全运行	AA
		有可能妨碍列车安全运行	A
		如此状态继续发展变化,可能产生妨碍列车安全运行	B
		即使此状态继续发展变化,也不可能妨碍列车安全运行	C

e 项目:剥落的安全性

变　异		变 异 程 度	健全度
⑥	剥落	打击声检查时发出浊声,而且有可能发生剥落的地段	α
		打击声检查时发出浊声,但要观察未剥落地段的发展变化 打击声检查时发出清脆声,但必须观察其发生、发展变化的地段	β
		打击声检查时发出浊声,但不可能剥落,不必要观察该地段的发展变化 打击声检查时发出清脆声,没有必要观察该地段的发展变化	γ

下面举例说明隧道初次检查的健全度判定实例。

【健全度为 AA 的实例】

①观察到以下变异,有可能因裂缝产生块状化产生崩落的场合:

- 衬砌发生压溃、剪切裂缝、放射状裂缝、显著的开口裂缝(山岭隧道);
- 发生前次检查时没有发现的多条裂缝(城市隧道、山岭隧道);
- 发生目视能够确认的衬砌变形、下沉、移动程度(城市隧道、山岭隧道);
- 产生大范围的衬砌劣化、强度降低(山岭隧道、城市隧道)。

②衬砌和路基产生变形、鼓起、下沉、移动、侵入建筑限界的场合(山岭隧道)。

- 洞门前倾、下沉、移动、侵入建筑限界。

③结冰等侵入建筑限界的场合(山岭隧道、城市隧道)。

④翻浆冒泥、土砂喷出等淹没轨道、路基,或者轨道路基显著下沉的场合(山岭隧道)。

- 鼓起造成轨道显著鼓起;
- 因滑坡等使轨道、路基移动。

⑤漏水传到架空线和绝缘子的场合(山岭隧道、城市隧道)。

- 结冰与架空线和绝缘子接触(山岭隧道、城市隧道);
- 轨道上形成冰盘,使车轮空转(山岭隧道、城市隧道)。

【健全度为 A 的实例】

①观察到以下变异的场合：

- 衬砌发生压溃、剪切裂缝、放射状裂缝、显著的开口裂缝(山岭隧道)；
- 发生前次检查时没有发现的多条裂缝(城市隧道、山岭隧道)；
- 发生目视能够确认衬砌变形、下沉、移动程度(城市隧道、山岭隧道)；
- 产生大范围的衬砌劣化、强度降低(山岭隧道、城市隧道)；
- 主要构件发生裂缝和漏水,使钢材产生显著的腐蚀和混凝土强度降低；
- 断面欠缺并伴有因钢材腐蚀产生的裂缝、漏水,判断混凝土与钢材不能紧密结合。

②衬砌和路基产生变形、鼓起、下沉、移动,有可能侵入建筑限界的场合(山岭隧道)。

- 洞门前倾、下沉、移动,有可能侵入建筑限界。

③结冰等有可能侵入建筑限界的场合(山岭隧道、城市隧道)。

④翻浆冒泥、土砂喷出等使路基鼓起,轨道变形的场合(山岭隧道)。

- 路基鼓起、轨道变形；
- 隧道整体鼓起、下沉、移动,轨道产生变形。

⑤架空线与漏水直接接触的场合(山岭隧道、城市隧道)。

- 结冰在架空线近旁。

四、开发易于早期发现隧道构造状态变化的调查、检测技术

如上所述,隧道状态的调查、检测技术应根据隧道维修管理的特点进行开发和利用。从国内外目前的调查、检测技术现状来看,隧道状态的调查、检查技术正向着四化(省力化、标准化、高速化、电子化)方向发展。

(1)省力化——在黑暗、潮湿的环境中减轻作业强度和提高安全性。

(2)标准化——降低因检查人员的能力不同,使检查精度离散。

(3)高速化——迅速恢复运营限制的技术。

(4)电子化——提高调查信息共享、高效保存的技术。

毫无疑问,进行维修管理必须以隧道运营中获得的“信息”为基础,因此,需要什么样的信息,如何获取和利用这些信息,并把它反馈到隧道维修计划中,是非常重要的。我们与国外在维修管理上是有差距的,主要体现在这方面。

日本在铁路隧道的维修管理中规定的调查项目和方法列于表 7-4-1 中。

日本铁路隧道的维修管理调查项目和方法 表 7-4-1

调查对象	调 查 项 目	标准		详细	调 查 内 容	最近开发的新技术
		A	B			
既有资料	资料调查	○		○	设计图、施工记录、变异调查记录	
气象	隧道内外气温调查			○	气温(温度计等测量)	
地表面、围岩	地形、地质调查			○	地形、地质、地下水等条件	
	围岩动态调查			○	地中位移、滑坡动态、倾斜测定	
	围岩试件试验			○	物理试验、力学试验	

续上表

调查对象		调 查 项 目	标准		详细	调 查 内 容	最近开发的新技术
			A	B			
结构物、衬砌背后	全体	观察、调查	○		○	衬砌裂缝观察、漏水调查、裂缝展开图(使用相机、卷尺等)	衬砌展开图像摄像系统:①CCD 相机(连续拍摄);②氩气激光器;③TV 相机
		打击声检查	○		○	衬砌、洞门表面的打击声异常地点、剥离地点的确认(使用检查锤等)	衬砌材质诊断技术:①红外线相机;②地中雷达;③打击声法;④冲击弹性波法
	裂缝	裂缝简易调查	○			裂缝宽度的变化、长度(使用砂浆饼、机械式裂缝计、标点等)	
		裂缝形状变化调查			○	宽度、错台、深度等(使电气式裂缝计、岩芯钻孔等)	
	漏水	漏水水质试验			○	水温、水质化学分析、pH 试验、导电度试验	
	衬砌厚度	简易钻孔调查		○		厚度、背后空洞、背后围岩状况的观察(使用简易钻机等)	
	衬砌背后	衬砌厚度、背后围岩调查			○	厚度、背后空洞的测定、背后位移状况的观察(孔内摄像机)	衬砌厚度、背后空洞探查技术:地中雷达
	材质	简易衬砌强度调查	○			混凝土试验锤的强度试验	
		衬砌强度调查		○		强度试验(岩芯钻孔等)	
		混凝土材质试验			○	强度、炭化、钢筋劣化调查等	
	形状	简易隧道断面测定		○		隧道断面测定	
		衬砌断面形状变化调查			○	净空断面测定、净空位移测定(使用投影式、激光式、收敛计等)	净空位移、形状量测技术:①光波测距仪;②激光距离计;③3D 激光测试仪
		隧道内测量			○	轨道测定(使用水准仪等)	轨道变异测定:轨道检测车等
	荷载	衬砌应力、衬砌背后土压			○	衬砌应力、背后压力(使用应变计、土压计等)	
其他		补强调查			○	松弛区域调查、补强效果判定、调查等(采用钻孔、孔内捡层、洞内弹性波探查等)	

注:○表示许可。

目前,隧道构造状态变化的调查、检测技术的开发主要围绕以下几个方面开展。

1. 表面劣化的检查技术

一般来说,检查衬砌表面劣化状况可采用目视素描、表面摄影等方法。近些年广泛采用对衬砌表面进行连续拍照,并用图像处理技术,提炼出变异展开图的调查方法。测定方法已从过去采用的激光测定法,发展到采用数码相机拍摄的方法。激光测定法是把激光光线照射到隧道壁面,利用其反射光,捕捉衬砌表面状况的图像。可在比较暗的条件下摄像。数码相机拍摄时一般需要照明。数码相机拍摄技术是把测量器(数码相机)和计算机等数据处理装置搭载在专用检测车上。这在铁路隧道、公路隧道、水工隧洞等工程中都已采用。图 7-4-1 是日本公路隧道采用的激光法检测车,图 7-4-2 是日本铁路隧道采用的摄像法检测车。

图 7-4-1 激光法隧道检测车

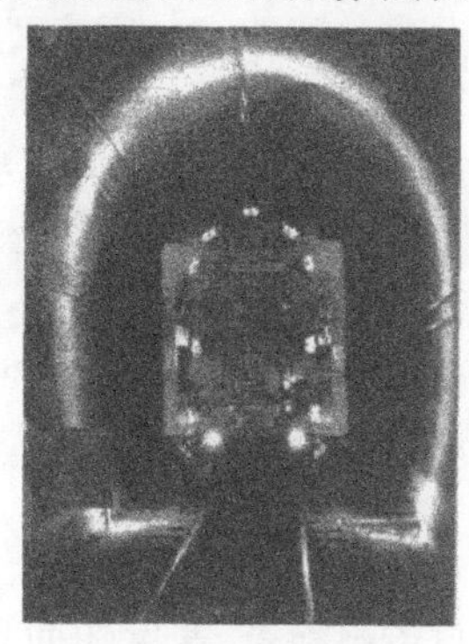

图 7-4-2 摄像法隧道检测车

2. 表面近旁缺陷检查技术

衬砌表面近旁缺陷检查用于对衬砌混凝土劣化、材料不均质等的浮动、剥离、分离面等的非破坏检查。表 7-4-2 是各种非破坏检查技术汇总表。其中,红外线法在铁路隧道中曾用于全线隧道的检查。此外,探查技术的机械化、自动化的研究也取得了一定的进展。

衬砌非破坏检查技术汇总　　表 7-4-2

方　法	概　要
红外线法	用红外线相机拍摄壁面温度分布,进行图像处理检测有无剥离、漏水等。因为隧道洞内温度大致是一定的,可用加热器等暂时对衬砌表面加热,检测出易于产生温度差的地点
电磁波法(地中雷达)	高频率(1.5GHz)的电磁波射入衬砌内,捕捉其反射波,掌握衬砌内部的局部厚度不足和蜂窝麻面等内部异常情况。如衬砌(无筋)厚度 30cm 左右,探查是可能的
打击声法	打击有空洞的衬砌时,可检知与健全部分的音色有所不同
冲击弹性波法	打击混凝土,根据在打击地点附近设置的传感器防水板的到达时间和传播速度,测量构件厚度和内部损伤深度

调查衬砌表面存在的缺陷(浮动、剥离、蜂窝麻面等)时,一般采用锤击衬砌表面的方法,以其音色推定内部是否存在缺陷。以隧道衬砌表面缺陷为研究对象开发的方法,主要有红外线法和打击声法。红外线法是测定从隧道超前发出的红外线的量来检测内部缺陷。最近开发出强制给混凝土加热负荷,利用在健全部和缺陷部产生的温度差推定内部缺陷的方法。具体方法:用加热装置对隧道壁面加热,壁面冷却时,因为健全部向隧道衬砌背后的热传导

性好,衬砌表面温度会急剧下降。而剥离部分有一层薄的空气层,遮挡了向衬砌背后的热传导,衬砌表面温度降低速度要慢一些。此健全部分和缺陷部分可用红外线相机检测,以此判断有无剥离。搭载红外线相机的隧道检查车如图 7-4-3 所示。

采用打击声法的隧道检查装置有多种形式,图 7-4-4 所示,是其中一种形式。但无论哪一种都是用冲击输入装置使内部发生弹性波,而后用麦克风的声音测定衬砌表面振动,进而推定内部缺陷的。打击声法近年发展极为迅速,精度、量测速度的提高很显著。但还需在实用性上下功夫。

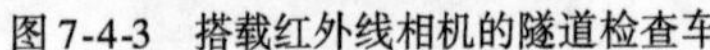

图 7-4-3　搭载红外线相机的隧道检查车

图 7-4-4　隧道衬砌连续打击监测系统

锤击的打击声检查,速度快而且成本低,但评价结果多受检查者的经验所左右,存在客观性和定量性的问题。因此,日本铁道总研(2015 年 4 月 27 日发布)开发了适用于隧道衬砌健全度评价的"总研式打击声装置"。目前,在隧道衬砌检测中应用较多。

总研式打击声装置由以下 3 部分构成(图 7-4-5):

(1)能够给对象物一定的力,进行打击的装置;

(2)能够收集从对象物发出的振动声压的麦克风;

(3)能够收录、解析声压,评价健全度的 PC 机。

总研式打击声装置质量约 5kg,易于在现场使用,该装置附有"隧道衬砌健全度评价程序"。

使用该装置可掌握隧道衬砌中的龟裂和空洞,进行定量的非破坏检查。图 7-4-6 表示了隧道衬砌检查作业实例。隧道衬砌的测定示例如图 7-4-7 所示。

图 7-4-7a)是隧道衬砌健全的测定示例,打击后的声波波形的振幅小,并迅速收敛,判定是健全的衬砌。从频率的峰值位置来看,推定衬砌厚度约 50cm。图 7-4-7b)是隧道衬砌内有龟裂和空洞的测定示例,其与健全衬砌相比,声波的振动大,收敛迟缓。

为了使近接目视检查作业高效化,正在研发高精度的数码相机,以获取隧道混凝土衬砌的图像数据,根据图像数据编成电子变异展开图,可实现缩短现场作业时间、缩短编成变异展开图的时间和提高精度的目的。也可以实现根据图像数据得出裂缝数据,纠正、补充近接目视时的误漏。此方法可以实现以下几方面:

- 沿衬砌全周一次摄影(约 30s),能够获取长 0.8m 的图像数据;
- 采用图像数据专用分析软件,能够以 0.2mm 为单位长度,自动得出裂缝宽度和长度数据;

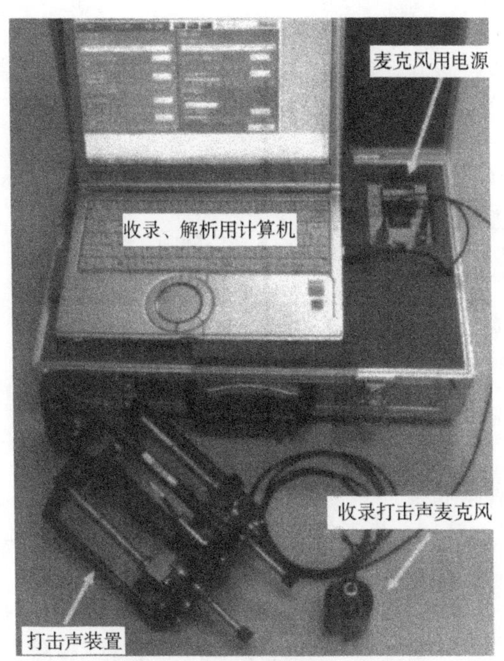

图 7-4-5 总研式打击声装置

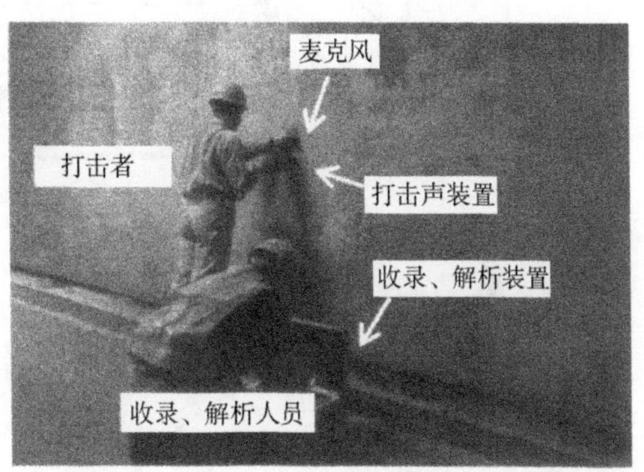

图 7-4-6 隧道衬砌检查作业实例

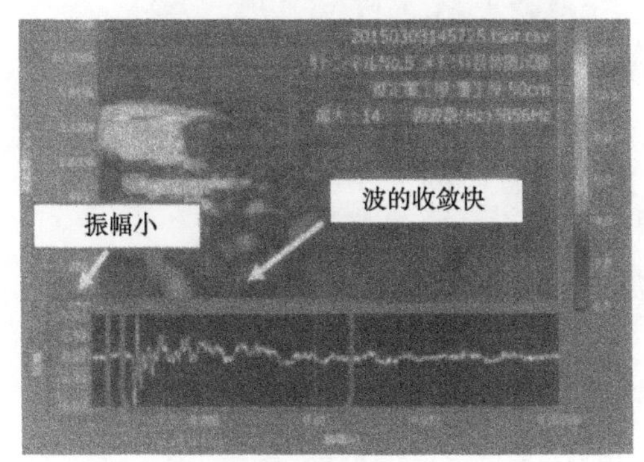

a)隧道衬砌健全测定

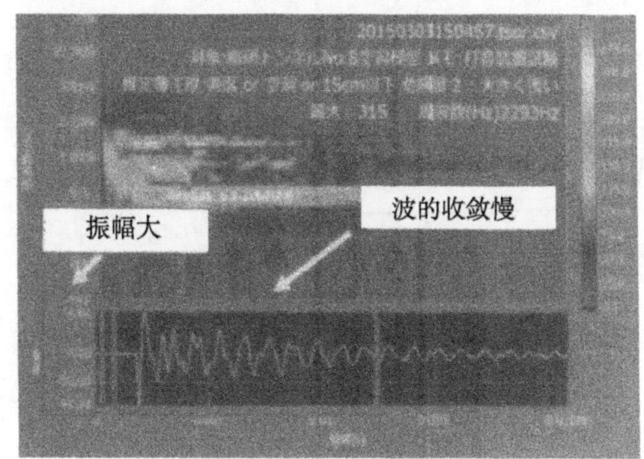

b)隧道衬砌有龟裂和空洞测定

图 7-4-7 隧道衬砌测定示例

- 作为图像数据,可以自动保存、得出裂缝数据,不会发生误漏和误测等人为错误;
- 能够确认裂缝的正确分布,因此,可以推定混凝土浮动地点和裂缝发生的原因;
- 易于确认漏水、剥离及其历年变化。

摄影器材的配置、近接摄像分别如图 7-4-8、图 7-4-9 所示。

【FOCUS-T 规格】

- 裂缝精度和隧道半径:0.2mm 精度,半径 5.3 ~ 5.6m;0.3mm 精度,半径 5.6 ~ 10.0m。
- 摄影速度:6 ~ 7min/10m。
- 获取的数据:隧道混凝土衬砌的高精度图像;0.2mm 或 0.3mm 精度的裂缝数据(宽度、长度);裂缝数据及钢架图像推定的浮动、剥离地点。

- 摄影器材:Nikon D7100 数码相机。
- 质量:约 120kg。

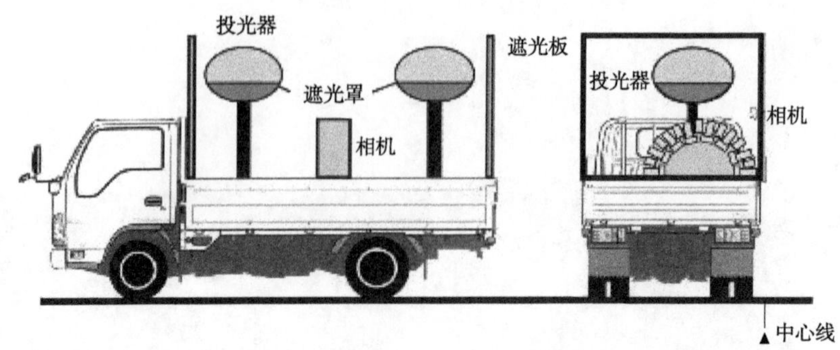

图 7-4-8　摄影器材的配置

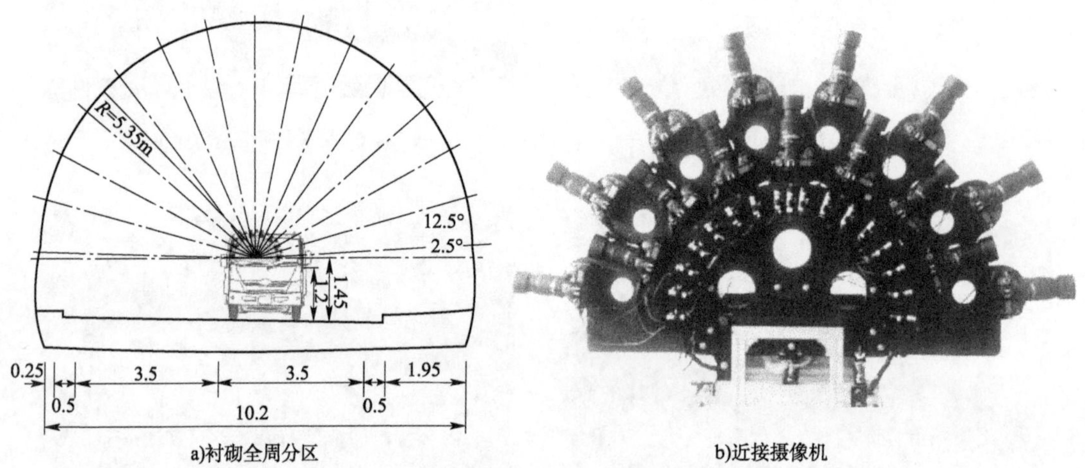

图 7-4-9　近接摄像(尺寸单位:m)

注:用 FOCUS-T 摄影器材拍摄。

3. 内部缺陷、衬砌背后空洞调查技术

对衬砌深层内部的缺陷及背后空洞状况的调查,一般多采用雷达法。雷达法是利用向混凝土中输入的电磁波的反射特性,来推定内部缺陷及衬砌厚度、变化宽度、位置的方法。为公路隧道、水路隧道等开发的专用检测车已经很实用了。但量测结果的判读需要高水平的专门知识,在有铁构件和水存在的场合,测定比较困难,在实用上还有一些不足之处。

日本近期开发的高能效、高精度的雷达检测车(Concrete Lining Inspection Car,简称 CLIC),从 2004 年开始在新干线隧道中加以应用。

隧道衬砌检查车是由进行雷达检测的车辆和量测数据的解析装置构成。

新干线隧道采用的是多通道雷达,能够处理由 16 个送信天线和 16 个受信天线组成的 256(16×16)通道的数据,可以进行衬砌混凝土内部状态的立体解析。

隧道衬砌检查车的概貌如图7-4-10所示,其规格列于表7-4-3中。

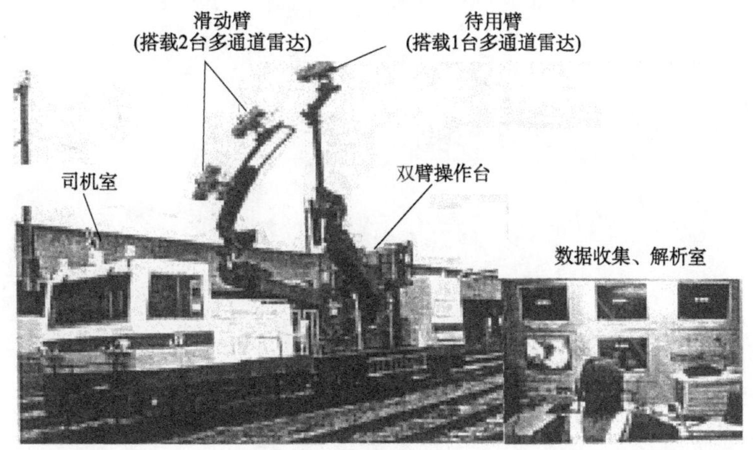

图7-4-10 隧道衬砌检查车概貌

隧道衬砌检查车规格 表7-4-3

车 辆 类 型	新干线用维修车辆(自行式)
车辆参数	长度15.0m、宽度3.3m、高度4.0m、质量33.0t
雷达装置	多通道线性、数组雷达: ·量测宽度:1.0m/台 ·检测混凝土内部缺陷 ·基于数据的三维图像处理,能够进行详细的诊断
雷达支持装置	双臂方式: ·分支臂(搭载1台雷达) ·滑动臂(搭载2台雷达) ·根据量测方向回转 ·量测时的车辆运转台装备(液压走行)
量测参数	3台雷达同时量测: ·量测速度:最大3.5km/h(液压低速运行) ·搭载量测、解析系统

搭载的多通道1台雷达量测宽度为1m,可能探查的深度距衬砌壁面约40cm。量测时把隧道断面分为14等份(图7-4-11),隧道以3台雷达和最大速度3.5km/h进行量测。

由于隧道内有多种设备,为了避免这些设备影响衬砌连续量测,支持雷达探测的臂可以上升、下降。

量测数据用专用程序进行解析。专用程序可以自动检出衬砌内部的变异地点和用三维图像表示的衬砌内部状况(图7-4-12)。

基于隧道衬砌表面摄影车的连续图像绘制的隧道电子变异展开图,具有追加解析雷达检出的变异地点和记录三维图像数据的功能(图7-4-13)。因此,可以对衬砌表面和内部状况的解析数据进行科学管理,也可以把电子变异展开图上的数据导入土木结构物管理系统(MARS),检查数据解析的一元化管理(图7-4-14)。

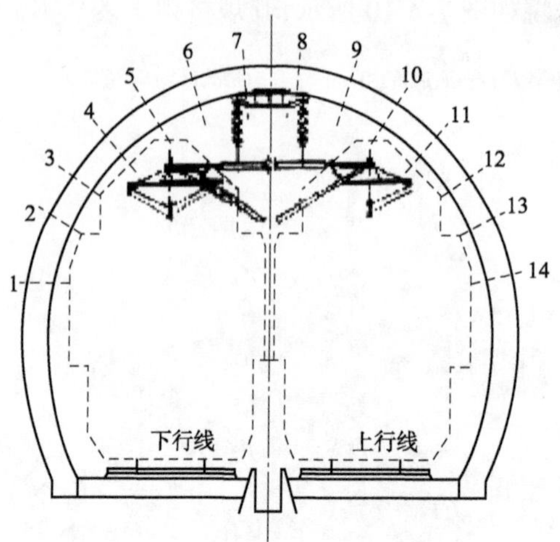

图 7-4-11　衬砌检查时的编号情况

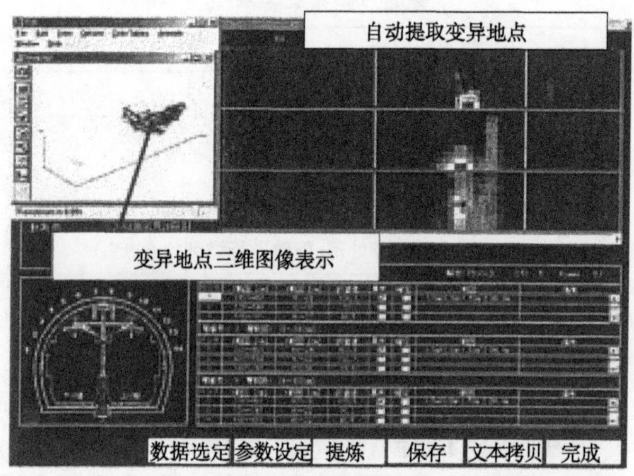

图 7-4-12　量测数据解析用专用程序示意图

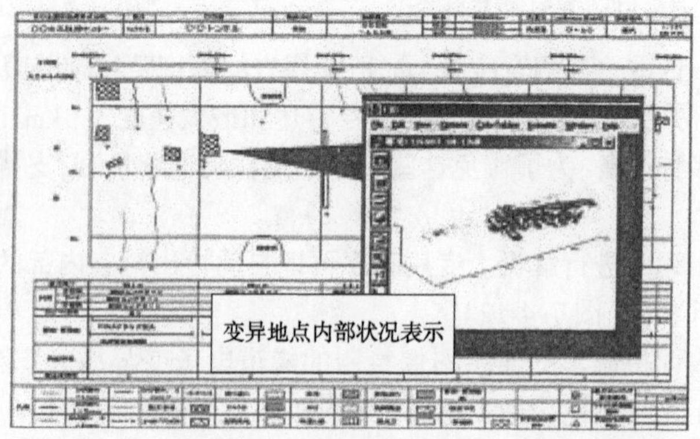

图 7-4-13　追加雷达量测数据的隧道变异电子展开示意图

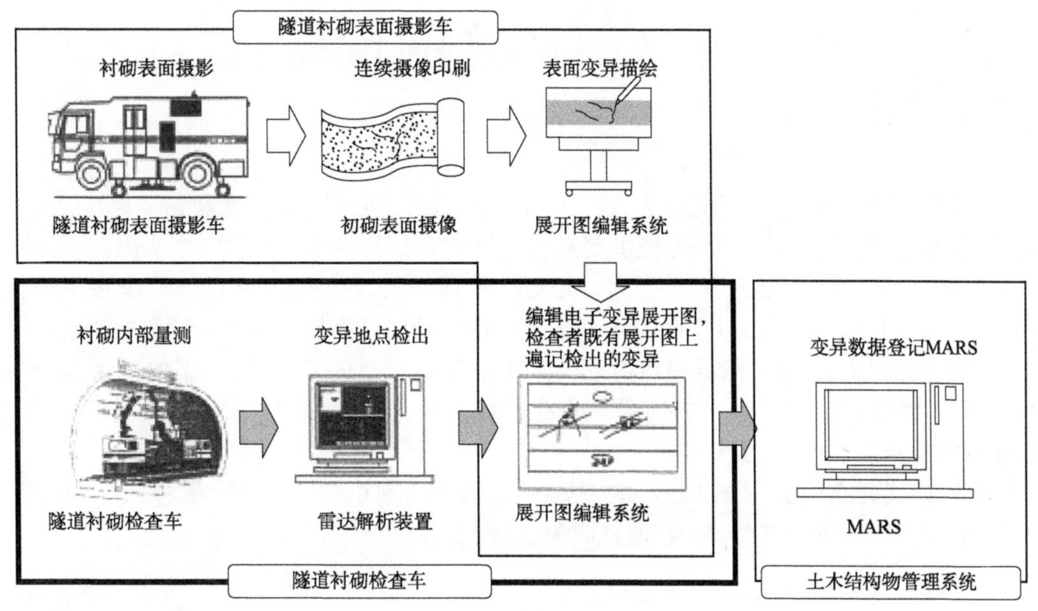

图 7-4-14 隧道衬砌混凝土检查系统

4. 净空位移、形状量测技术

洞内的净空位移量测手段，近年来主要采用光波测距仪和激光距离计。前者能够进行任意测线的测定；后者的测量精度比前者好，但从设置、维持成本来看，适用于时间紧、限定必要区间进行自动量测的场合。

3D 激光素描技术是从隧道洞内用激光照射隧道全周，掌握衬砌的三维形状的装置。滑坡等造成隧道衬砌产生三维位移或变形比较大的场合，能够确认隧道的位移或变形状况。图 7-4-15 是 3D 激光素描的隧道形状测定示例。

图 7-4-15 3D 激光素描的隧道形状测定示例

五、建立用于“数据管理”的数据库，实现高效、经济的维修管理

无论是初次检查，还是定期检查，其目的不外是为推定变异原因、预测变异发展、评价变异程度和健全度、选定对策工法等提供翔实、可靠的信息(数据)。我们应该认识到，目前的工程管理，已经进入“数据管理”的时代。一切让数据说话，对隧道工程的维修管理来说，也不例外。如目前时兴的BIM也好，CIM也好，数据共享也好，都是实现数据管理的技术。

在维修管理中，各种记录是很重要的。其中包括隧道是如何设计、施工的记录，以及已运营的隧道维修管理记录等。这些记录的数据是大量、分散的而且不能共享，但对进行有效、经济的维修管理而言，至关重要。

因此，如何建立用于“数据管理”的数据库，是我们目前亟待解决的问题之一。下面简要说明日本有关部门在这方面的一些研发成果，以供参考。

1. 结构物管理支持系统的开发和应用

铁路隧道的维修管理，在《铁道结构物等维修管理标准及说明》(隧道篇，2007年1月)中做了明确的规定。其中，规定每2年进行一次目视检查和打击声检查。对发生变异的地点要进行更详细的检查。为了实现与维修管理有关的记录数据库化，14个与铁道行业有关的单位与日本铁道总研共同开发了“结构物管理支持系统”，并于2006年在新干线隧道中开始试行。

1) *系统概要*

该系统把结构物参数及检查记录数据库化，并进行一元化管理，可实现对全体检查中的检查记录和变异数据进行累计管理。

2) *系统主要功能*

- 数据的一元化

该系统不仅可对检查记录数据库化，而且与该结构物有关的各种资料都能进行一元化保管和利用(图7-5-1)。

- 提示健全度基准的功能

每次检查都不一定是由同一人进行的，因此判定结果会产生离散。该系统为判定提供参考，设置了基准提示功能，可减少检查人员判定的离散性(图7-5-2)。

- 利用移动端，进行高效检查

在现场持有移动端，不仅可以记录文字，而且可以将变异展开图记录在内，把检查结果(变异位置、类别、判定结果等)输入到移动端，并传送到管理中心(图7-5-3)。

3) *系统运用展望*

运用结构物管理支持系统时，除上述14个单位和日本铁道总研外，可普及到更多单位。

2. 日本国土交通省的“道路管理数据库系统”

道路管理数据库系统(简称道路管理DBS)是为了高效进行道路管理而开发的。对日本

全国的道路和道路设施的信息,由国土交通省统一考虑,并构建数据库系统。在道路管理DBS中,可实现管理桥梁、隧道等的基本数据、图像、照片等。

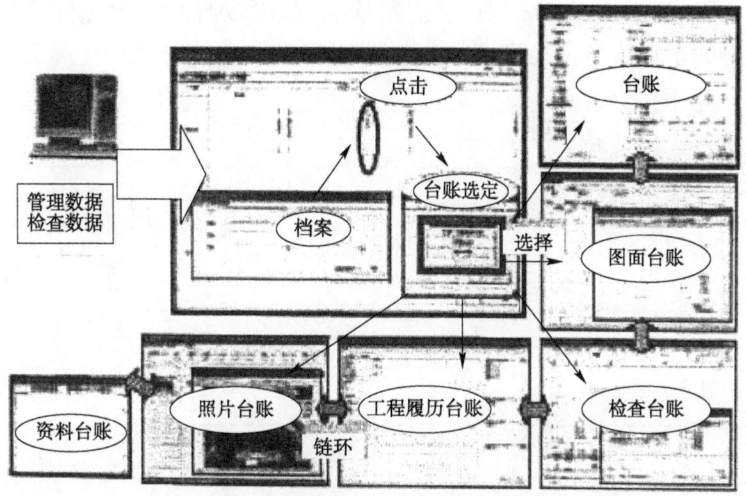

图7-5-1　结构物管理支持系统界面概貌

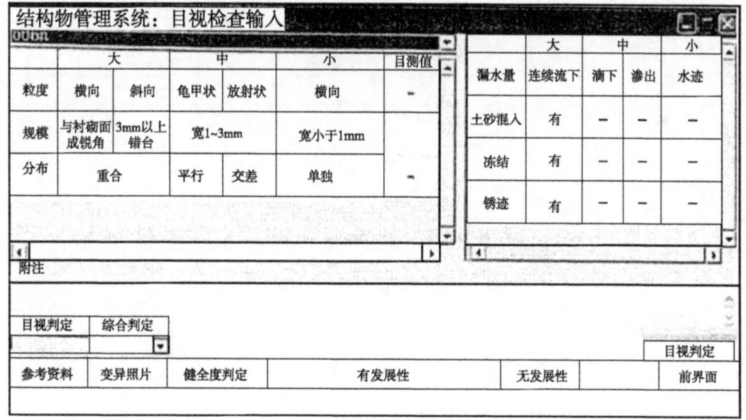

图7-5-2　健全度基准提示界面

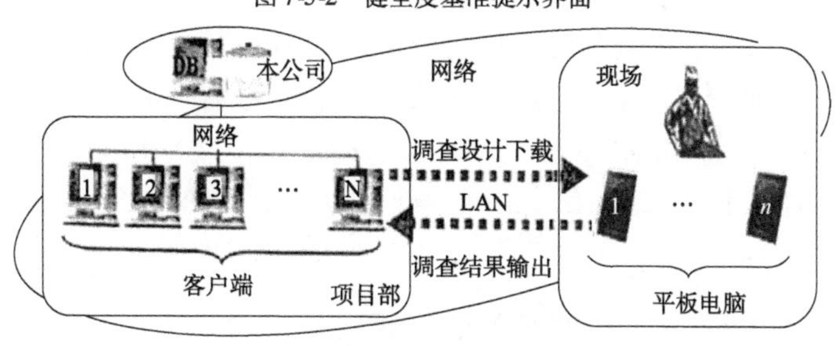

图7-5-3　结构物管理支持系统的网络构成

1)系统介绍

道路管理DBS是由基干系统和连接系统构成。

在基干系统中,道路和道路设施的基本单元都已数据库化,连接系统是桥梁、隧道等的管理信息的数据库化。

2）主要功能

（1）基本台账的管理

隧道基本台账，包括隧道名称、所在地、路线名、长度、埋深、高度、壁面种类、通风方式、完成年份等隧道的基本数据。这些信息输入到隧道的基本台账界面中（图7-5-4）。

<table>
<tr><td colspan="3">隧道台账</td><td colspan="7">(样式-1-1)</td></tr>
<tr><td colspan="2">名称</td><td colspan="5">○○隧道</td><td>路线名称</td><td colspan="2"></td><td rowspan="3">管辖</td></tr>
<tr><td colspan="2" rowspan="2">所在地</td><td>自</td><td colspan="4"></td><td rowspan="2">里程</td><td>自</td><td></td></tr>
<tr><td>至</td><td colspan="4"></td><td>至</td><td></td></tr>
<tr><td rowspan="2">线路</td><td>编码</td><td></td><td colspan="3">隧道等级</td><td></td><td rowspan="3">铺装</td><td>类别</td><td colspan="2"></td></tr>
<tr><td>区分</td><td></td><td colspan="3">交通量</td><td></td><td>厚度</td><td colspan="2"></td></tr>
<tr><td colspan="2">一般收费</td><td></td><td colspan="3">壁面种类</td><td></td><td>面积</td><td colspan="2"></td></tr>
<tr><td colspan="2">隧道分类</td><td></td><td colspan="3">顶板种类</td><td></td><td rowspan="2">照明</td><td>类别</td><td colspan="2"></td></tr>
<tr><td colspan="2">完成年代</td><td></td><td rowspan="4">洞门</td><td rowspan="2">起点</td><td>形式</td><td></td><td>灯数</td><td colspan="2"></td></tr>
<tr><td colspan="2">隧道长度</td><td></td><td>长度</td><td></td><td rowspan="3">换气</td><td>类别</td><td colspan="2"></td></tr>
<tr><td colspan="2">埋深</td><td></td><td rowspan="2">终点</td><td>形式</td><td></td><td>方式</td><td colspan="2"></td></tr>
<tr><td colspan="2">净空断面积</td><td></td><td>长度</td><td></td><td>台数</td><td colspan="2"></td></tr>
<tr><td rowspan="3">宽度</td><td>道路</td><td></td><td rowspan="3">衬砌厚度</td><td colspan="2">拱部</td><td></td><td rowspan="4">路面加热器</td><td rowspan="2">种类</td><td colspan="2"></td></tr>
<tr><td>车道</td><td></td><td colspan="2">边墙</td><td></td><td colspan="2"></td></tr>
<tr><td>人行道</td><td></td><td colspan="2">仰拱</td><td></td><td>长度</td><td colspan="2"></td></tr>
<tr><td rowspan="3">高度</td><td>建筑限界高</td><td></td><td rowspan="3">半径</td><td colspan="2">拱部</td><td></td><td>面积</td><td colspan="2"></td></tr>
<tr><td>中央高</td><td></td><td colspan="2">边墙</td><td></td><td rowspan="5">地区长度</td><td>市名</td><td colspan="2"></td></tr>
<tr><td>有效高</td><td></td><td colspan="2">仰拱</td><td></td><td>县名</td><td colspan="2"></td></tr>
<tr><td rowspan="6">线形</td><td>纵坡</td><td></td><td rowspan="6">占用物件</td><td>种类</td><td>尺寸</td><td>管理者名称</td><td>线路名称</td><td colspan="2"></td></tr>
<tr><td>直线区间长度</td><td></td><td></td><td></td><td></td><td>长度</td><td colspan="2"></td></tr>
<tr><td rowspan="4">曲线区间</td><td>长度</td><td></td><td></td><td></td><td></td><td colspan="2"></td></tr>
<tr><td></td><td></td><td></td><td></td><td rowspan="2">现况</td><td colspan="3"></td></tr>
<tr><td>半径</td><td></td><td></td><td></td><td colspan="3"></td></tr>
<tr><td></td><td></td><td></td><td></td><td rowspan="2">特记</td><td colspan="3"></td></tr>
<tr><td colspan="2">隧道工法</td><td colspan="6">全断面掘进</td><td colspan="3"></td></tr>
</table>

图7-5-4　隧道基本台账界面

（2）检查数据的管理

隧道的检查书包括检查结果汇总表、变异概况、全体变异展开图、按浇注环节划分的变异现象展开图（图7-5-5）、变异照片台账等。

在检查结果汇总表中，作为定期检查结果的汇总，包括检查的日期、使用器具、检查结果的判定分级、浇注环节的编号和变异部位（拱部、边墙等）、变异信息（裂缝的方向、宽度、长度等）。

在变异概况中，管理的主要内容有：劣化症状、打击声检查的异常地点等。

全体变异展开图中，管理隧道全体变异展开图的比例尺为1/400～1/300。

变异照片台账管理中，包含隧道发生变异的环节编号、部位划分、变异种类、判定分级、变异照片等（图7-5-6）。

3. 日本高速公路管理局（NEXCO）的隧道管理系统

1）系统概要

隧道管理系统（TMS）是以掌握隧道构造的历年变化，积累有效的检查数据，并根据裂缝形态、游离石灰和漏水等衬砌表面信息等，评价现状的健全度、推定变异原因、预测以后的劣化及选定对策，支持有计划地维修管理等为目的的系统（表7-5-1）。

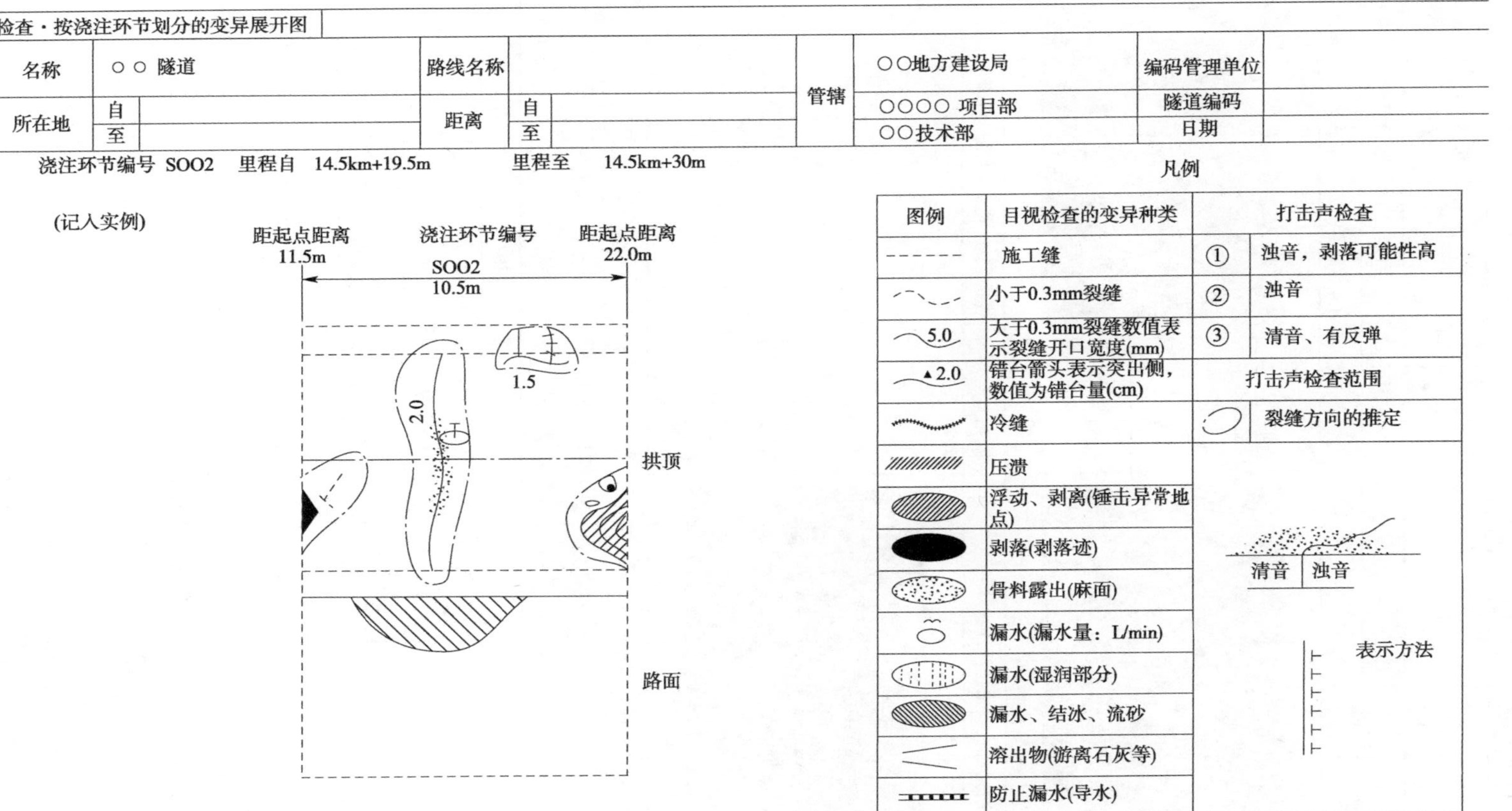

检查·按浇注环节划分的变异展开图
名称
○○ 隧道
路线名称
管辖
○○地方建设局
编码管理单位
所在地
自
至
距离
自
至
○○○○ 项目部
隧道编码
○○技术部
日期
浇注环节编号 SOO2 里程自 14.5km+19.5m 里程至 14.5km+30m
(记入实例)
距起点距离
11.5m
浇注环节编号
SOO2
10.5m
距起点距离
22.0m
2.0
1.5
拱顶
路面
凡例
图例
目视检查的变异种类
打击声检查
施工缝
小于0.3mm裂缝
5.0
大于0.3mm裂缝数值表示裂缝开口宽度(mm)
2.0
错台箭头表示突出侧，数值为错台量(cm)
冷缝
压溃
浮动、剥离(锤击异常地点)
剥落(剥落迹)
骨料露出(麻面)
漏水(漏水量：L/min)
漏水(湿润部分)
漏水、结冰、流砂
溶出物(游离石灰等)
防止漏水(导水)
① 浊音，剥落可能性高
② 浊音
③ 清音、有反弹
打击声检查范围
裂缝方向的推定
清音
浊音
表示方法

图 7-5-5　按浇注环节划分的变异现象展开图

变异照片台账	（模式-B）

名称	○○隧道		路线名称			管辖	○○地方建设局	编码管理单位	
所在地	自		里程	自			○○○项目经理部	隧道编码	
	至			至			○○技术部	日期	

照片编号			照片编号		
浇注段编号			浇注段编号		
部位			部位		
变异种类			变异种类		
判定			判定		
附记	浊音，已块状化，有可能掉落		附记	纵向裂缝，宽 2 ~ 3mm，连续 5.5m	
照片编号			照片编号		
浇注段编号			浇注段编号		
部位			部位		
变异种类			变异种类		
判定			判定		
附记	龟裂状裂缝，宽 1 ~ 2mm，已贯通		附记		

图 7-5-6　变异照片台账管理

隧 道 管 理 系 统　　表 7-5-1

序号	子　系　统	实现的功能
1	裂缝检查系统	保存检查记录数据，并可实现检查结果登录查询功能
2	健全度评价系统	根据检查结果及调查结果，定量评价隧道的现状
3	变异原因推定系统	根据检查结果及调查结果，推定变异原因
4	劣化预测系统	根据现状的健全度级别，推定隧道的剩余寿命
5	对策选定系统	针对变异原因，选定适当的对策

2）主要功能

TMS 具有以下功能：

- 对衬砌表面图像、裂缝展开图等的记录、保存；
- 提出需要进行近接目视、打击声检查的环节；
- 根据检查结果，判定健全度级别；
- 根据当前的健全度，预测使用寿命；
- 根据检查结果，推定变异原因，选定对策。

TMS 数据处理如图 7-5-7 所示。

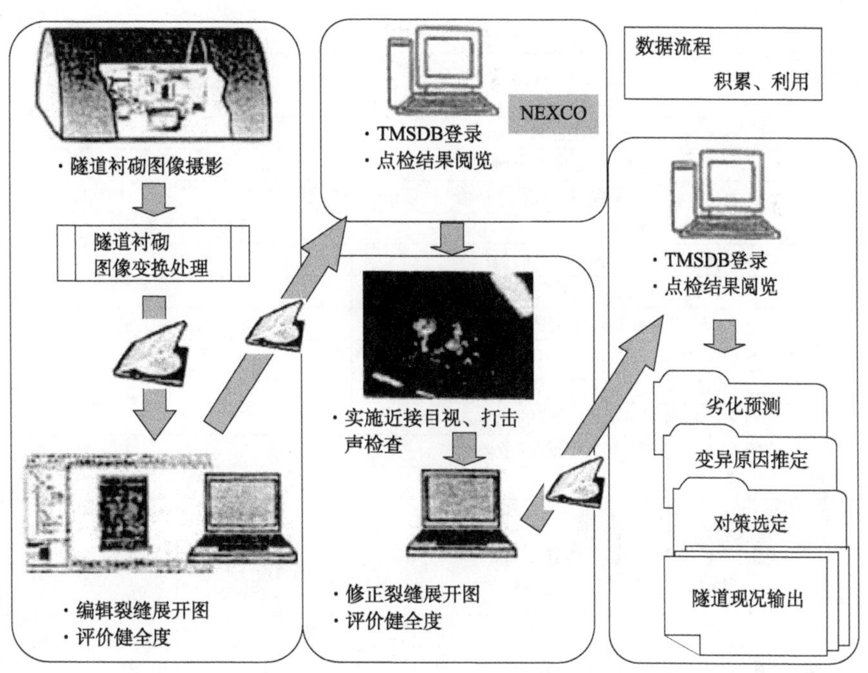

图 7-5-7 TMS 数据处理

其中健全度评价系统,可以根据衬砌表面图像和裂缝展开图(图 7-5-8),用表 7-5-2 的健全度评价卡进行评价。

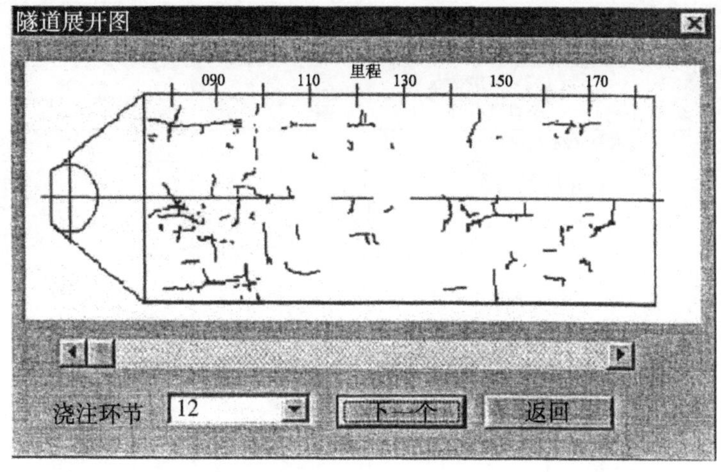

图 7-5-8 裂缝展开图

4. 隧道诊断系统

1)开发目的

随检查结果数据库化的进展,如能积累电子化的变异展开图,就可能实现健全度判定的机上作业。日本铁道总研以山岭隧道为研究对象,根据裂缝等变异数据、地形及地质数据、隧道构造数据等进行健全度判定,推定变异原因,选定对策等。最终开发出“隧道健全度诊断系统”。

健 全 度 评 价 卡 表 7-5-2

1. 隧 道 单 元		
激光量测日期： 年 月 日	记入日期： 年 月 日	编制人：
隧道名称： 里程：	浇注环节编号：	环节长度： m
工法：	设计衬砌厚度： cm	补强：钢筋、钢纤维(SF)、其他

2. 特载事项(紧急补修、对策研究等需要的项目)					
	观 察 项 目	评价		有	无
用图像先行判定	有宽度 2mm，长度 3m 以上的裂缝				
	有宽度 3mm 以上的裂缝				
	浇注缝有新月形裂缝				
	标识等添加物周边有放射状裂缝				
	判断有构造上问题的裂缝				
	有采取砂浆系补修材对策的地点				
	有蜂窝麻面等，有浮动、剥落的危险性				

3. 数 据 卡

观察项目		评价分级：数值计算结果的评价	评价分级：图像目视的评价	核查	外力		剥落		备注
用图像评价	1. 最大裂缝宽度	无	无	☐	0		0		
		最大 1mm 左右	微小	☐	4		3		
		最大 2mm 左右	中等	■	8	8	5	5	
		最大 3mm 左右	粗	☐	11		8		
		最大 4mm 以上	非常粗	☐	15		10		
	2. 最大裂缝宽度	横向	无	☐	0		0		
		横向	不足 1/4 拱部长度	☐	3		1		
		横向	不足 1/4 ~ 1/2 拱部长度	☐	5		3		
		横向	不足 1/2 ~ 1 拱部长度	☐	8		4		
		横向	1 个拱部长度	■	10	10	5	5	
		纵向	不足 1/4 跨度长度	☐	6		2		
		纵向	不足 1/4 ~ 1/2 跨度长度	☐	12		3		
		纵向	不足 1/2 ~ 1 跨度长度	☐	17	17	5	5	
		纵向	1 个跨度长度	■	23		6		
		纵向	无	☐	0		0		
	3. 方向性	无	无	☐	0		0		
		70% 以上为横向	横向主要型	☐	4		2		
		纵横方向各 50% 左右	纵横向分布型	☐	7		4		
		70% 以上为中心、斜向	纵向、斜向主要型	■	11	11	6	6	
	4. 裂缝分布	无	无	☐	0		0		
		密度($20cm/m^2$)	局部发生	■	3	3	4	4	
		密度($20 \sim 50cm/m^2$)	全部分散发生	☐	7		7		
		密度($50cm/m^2$ 以上)	全部发生	☐	10		11		

续上表

3.数 据 卡										
观察项目			评价分级：数值计算结果的评价	评价分级：画像目视的评价	核查	外力		剥落		备注
用画像评价	5.模式	龟甲状	无		■	0	0	0	0	
			1m 以内		□	7		11		
			1m 以上		□	14		22		
		闭合状	无		□	0		0		
			边长 20cm 以内		■	4	4	12	12	
			边长 20cm 以上		□	7		23		
		交差、分叉	无	无	□	0		0		
			不足 5 处	少	■	2	2	4	4	
			5～9 处	中等	□	3		8		
			10 处以上	多	□	5		12		
	6.游离石灰		无		□	0		0		
			少		■	1	1	1	1	
			中等(散在)		□	2		2		
			多(全面分布)		□	3		3		
	7.漏水		无		■	0	0	0	0	
			有		□	2		2		

			漏水	评价点合计		特记事项
外力健全度 VI:30 处以下,V:31～59 处,60 处以上实施详细检查 B						
剥落健全度 VI:18 处以下,V:19～35 处,35 处以上:实施详细检查 B						
				56	42	□检查 B
			□Ⅵ(无)	□Ⅵ	□Ⅵ	
			□Ⅴ(有)	□Ⅴ	□Ⅴ	
				■检查 B	■检查 B	

2)诊断系统介绍

开发的隧道健康度诊断系统,是以山岭隧道的素混凝土衬砌为对象,能够自动进行健全度诊断,推定变异原因,选定对策的系统。健全度诊断是按“维修管理标准”所要求的标准进行。

隧道健康度诊断系统的构成如图 7-5-9 所示。输入隧道系统界面的基本信息后,基于系统检查中的目视和衬砌表面摄像获得的裂缝信息,输出电子变异展开图,提示需要进行打击声检查的地点,而后追加实施打击声的检查结果,进行健全度的判定。

按以下 5 项内容进行健全度的判定:

(1)隧道构造的稳定性;

(2)建筑限界于衬砌间的间隙;

(3)路基部的稳定性;

(4)剥落的安全性;

(5)漏水、冻结的安全性。

对上述的(1)、(2)、(3)、(5)项的健全度判定(A、B、C、S),(1)和(5)项的一部分可根据电子变异展开图进行自动判定,其他的(2)、(3)项用人工输入判定。

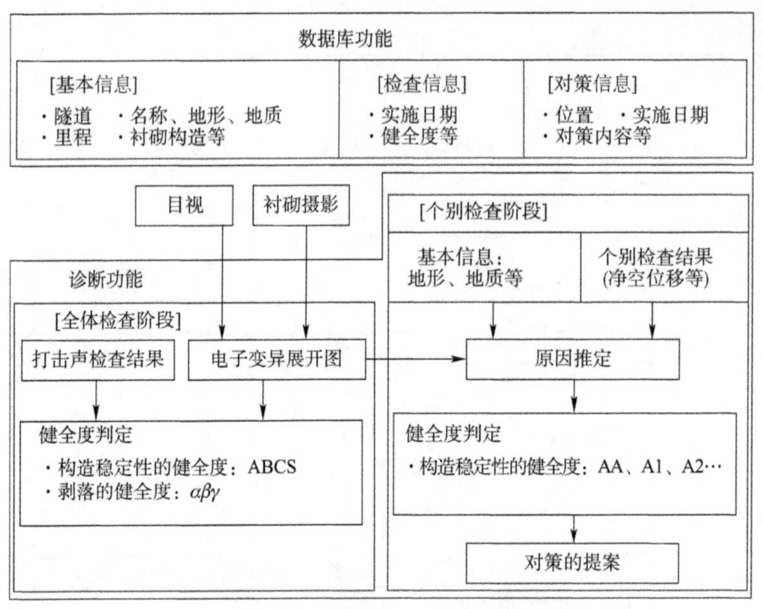

图 7-5-9　隧道健全度诊断系统的构成

然后，对判定为 A 的场合，应基于个别检查中的隧道净空位移速度和埋深、地形、围岩强度、衬砌构造等的详细检查数据，推定变异原因，并进一步进行详细的健全度判定，并提出相应的对策。

该系统具有的其他功能：检查结果及处置的历史、统计管理、界面管理等。

隧道健全度诊断系统的标准界面如图 7-5-10 所示。电子变异展开图的下面表示各性能的健全度诊断结果。

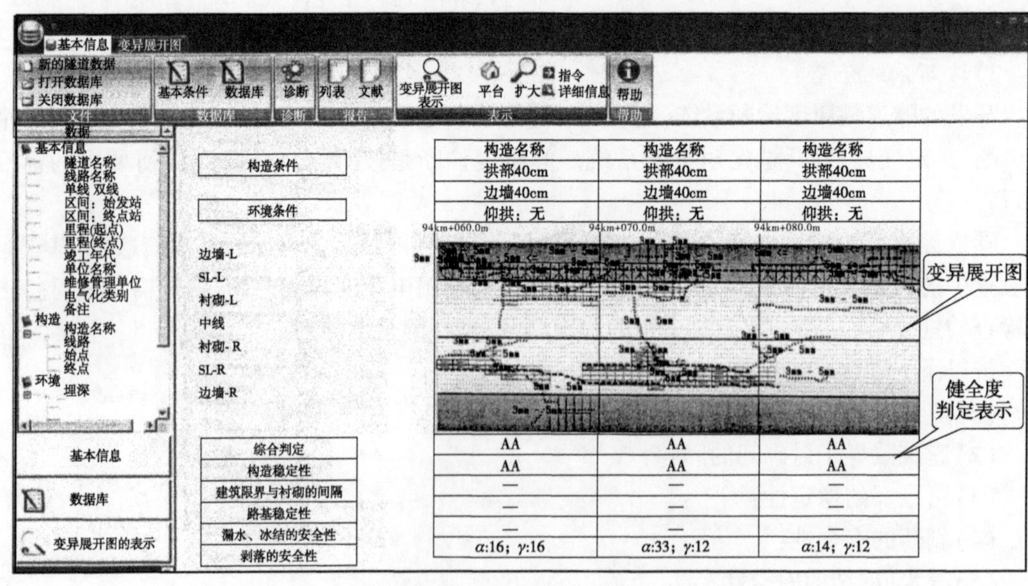

图 7-5-10　隧道健全度诊断系统的标准界面示意图

3)诊断的计数法

(1)健全度诊断

健全度诊断对全体检查、个别检查中的大部分项目都能进行自动判定。健全度判定基准多采用定性的表现(如,有可能威胁稳定性),基于已往的研究成果,尽可能地规定其阀值,编制诊断计数法。

以下,以剥落和隧道构造稳定性诊断为例加以说明。

①剥落的诊断

剥落的诊断是根据电子变异展开图的裂缝信息,自动识别闭合、交差、放射状等模式,输入打击声(清音、浊音)和漏水的信息,进行自动诊断(α、β、γ)。剥落安全性的自动诊断计数法示例如图 7-5-11 所示。

诊断时,沿隧道周围在 32 份分割、轴向按 1m 分割的网络上进行。

②隧道构造稳定性的诊断

隧道构造稳定性根据电子变异展开图的裂缝种类(压溃、开口裂缝等)、宽度、长度等进行自动诊断(A、B、C、S)。

诊断按每一区间(例如一次浇注环节)进行。

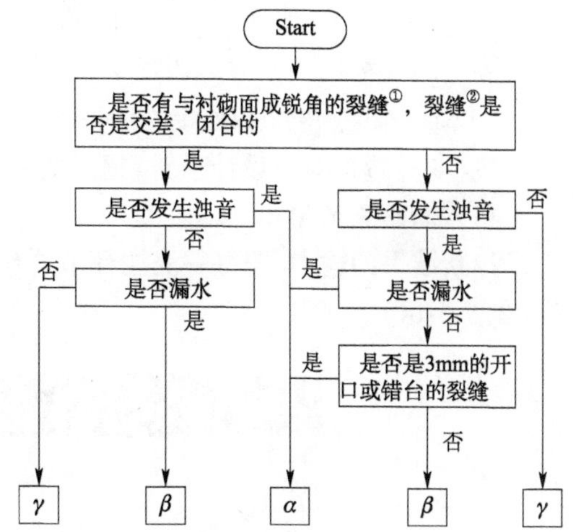

图 7-5-11 剥落安全性的自动诊断计数法示例

①-压溃和剪切裂缝;②-除①外的裂缝、施工缝、冷缝

健全度判定为 A 的区间,应输入个别检查中的净空位移速度和衬砌厚度等信息,进行更详细的自动诊断。隧道构造稳定性的自动诊断计数法示例见表 7-5-3。

隧道构造稳定性的自动诊断计数法示例 表 7-5-3

变异程度 / 发展变化情况 净空位移	裂缝 · $L<5$m 且 $W\geqslant5$mm · 5m$\leqslant L<10$m 且 $W\geqslant3$m · $L\geqslant10$m 且 3mm$\leqslant W<5$mm 压溃 · $L<3$m	裂缝 · $L<5$m 且 3mm$\leqslant W<5$m
10mm/年以上 2mm/月以上	AA	AA
3mm/年以上 10mm/年以上	A1	A1
1mm/年以上 3mm/年以上	A1	A2
无发展性	A1	A2

注:L-裂缝长度;W-裂缝宽度。

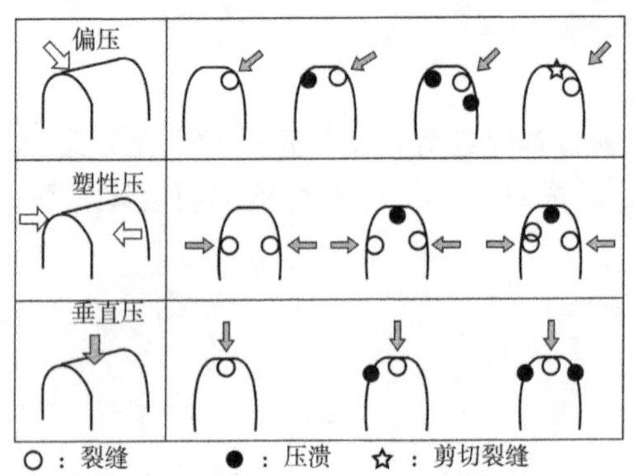

图 7-5-12 偏压、塑性压、垂直压的裂缝模式图

(2)变异原因的推定

推定变异原因时,需要在变异数据上增加地形、地质、构造条件等数据。以外力为主因的偏压、塑性压、松弛产生的垂直压、冻胀压 4 类为对象进行推定。

推定方法是对照事先编制好的裂缝模式图(图 7-5-12)和展开图的裂缝信息,用地形、地质数据(埋深、坡面地形、地质类别、强度等)进行调整,推定原因。

(3)对策

按《变异隧道对策设计手册》提示的补强级别,采用标准设计模式。

4)诊断结果的输出

诊断结果的输出,按每一浇注环节详细输出的结果(图 7-5-13)和全部浇注环节输出结果(图 7-5-14)。

TUNOS诊断　　　　详细判定

隧道名称
线名
判定位置
个别检查
健全度

隧道构造稳定性 健全度：A1 有发展中的变异，性能降低在发展，需及早采取对策	建筑限界与衬砌的间隔 健全度：A2 有使性能降低可能的变异，必要时期需要初砌对策

变异原因推定

滑极、偏压判定 无“地压引起变异”的可能性	塑性压的判定 有“塑性压引起变异”的可能性
围岩松弛的判定 无“围岩松弛引起变异”的可能性	冻胀压的判定 有“冻胀压引起变异”的可能性

注：对变异原因的说明

塑性压的变异：围岩强度应力比小于5，埋深在40m以上。有“塑性压引起变异”的可能性。右边墙因有轴向裂缝，是外力造成的轴向裂缝。

塑性压的对策方案

补强级别	I
拱部变异状况 净空位移速度	压溃 小于3mm/a
对策	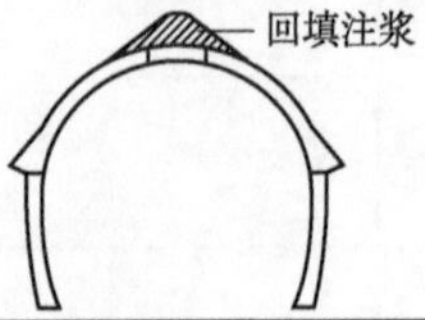 回填注浆

图 7-5-13 每一浇注环节的详细输出结果

隧道检查结果一览表

○隧道基本数据 ·线路名称:实验线 ·构造:新干线断面 ·站间:国立~研究所 ·始点:40000 ·长度:2195m ·竣工:2009 年 1 月 ·衬砌:混凝土 30cm

隧道名	线名	站间			诊断跨(里程)			检查结果 健全度判定											
								检查区分	调查日期	隧道构造稳定性	建筑限界与衬砌的间隔	路基稳定性	漏水、冻结的安全性	剥落的安全性			综合判定		个别检查的变异原因
														α	β	γ	此次结果	前次结果	
TEST	实验线	国立	~	研究所	40000	~	40010	通常检查	2008-3-31	B	C	C	C	0	1	2	B	B	
TEST	实验线	国立	~	研究所	40010	~	40020	通常检查	2008-3-31	C	C	C	C	1	2	3	C	C	
TEST	实验线	国立	~	研究所	40020	~	40030	通常检查	2008-3-31	B	C	B	C	2	2	2	B	B	
TEST	实验线	国立	~	研究所	40030	~	40040	通常检查	2008-3-31	C	C	C	C	3	3	5	C	C	
⋮	⋮	⋮		⋮	⋮		⋮	⋮	⋮	⋮	⋮	⋮	⋮	⋮	⋮	⋮	⋮	⋮	⋮
TEST	实验线	国立	~	研究所	42110	~	42120	通常检查	2008-3-31	B	C	C	C	0	0	4	B	B	
TEST	实验线	国立	~	研究所	42120	~	42130	个别检查	2008-5-1	A1	C	A1	C	2	7	3	A1	A2	偏压
TEST	实验线	国立	~	研究所	42130	~	42140	个别检查	2008-5-1	AA	B	A1	B	3	8	2	AA	A1	偏压
TEST	实验线	国立	~	研究所	42140	~	42150	个别检查	2008-5-1	A2	C	B	C	3	6	4	A2	B	偏压

变异率(最好)

C 19%　AA 7%　A1 7%　A2 11%　B 56%

变异率(前次)

A1 7%　A2 9%　C 48%　B 36%

合计	隧道构造	建筑限界	路基	漏水、冻结	剥落			此次综合判定	前次综合判定
AA	1	0	0	0	α	β	γ	1	0
A1	1	0	2	0				1	1
A2	1	0	0	0				1	1
B	4	3	4	2	19	34	39	6	5
C	5	9	6	10				3	5
S	0	0	0	0				0	0

图 7-5-14 全浇注环节输出结果

5. 水工隧洞管理支持系统

根据水工隧洞数据库系统和对水工隧洞健全度评价,研发了能够推定变异原因和选定对策的“诊断系统”(图7-5-15),用于支持隧洞的维修管理。

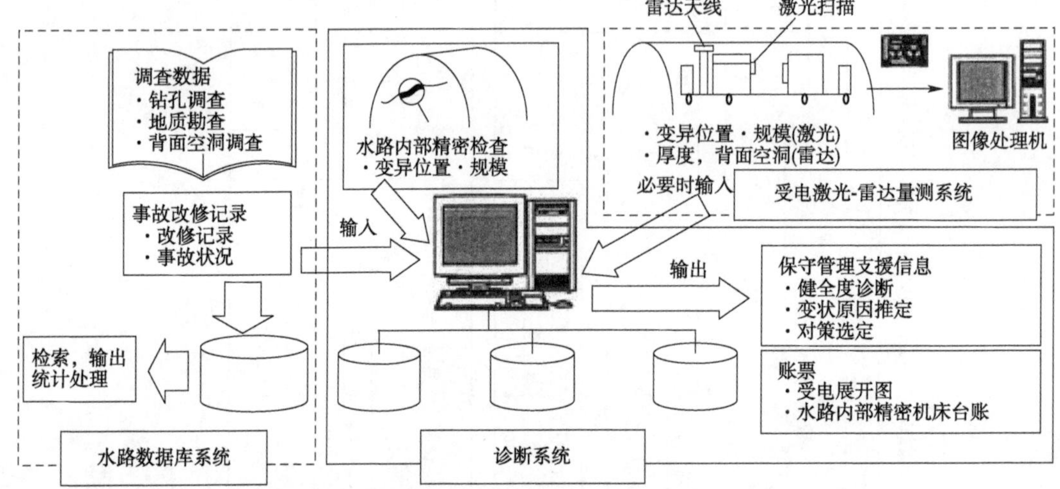

图7-5-15 水工隧洞维修管理支持系统

诊断系统用于是否需要进行补强的判定。其判定流程如下。

步骤1:确定需要研究对策的区间。

在该步骤中,根据实际的裂缝模式和试验、解析,对有无隧洞荷载增大,来判定是否需要采取对策。

诊断系统将重点放在外力为主的裂缝,把实际发生的裂缝模式(图7-5-16)与分类的模式化裂缝进行对比,来判定隧洞构造的稳定性。

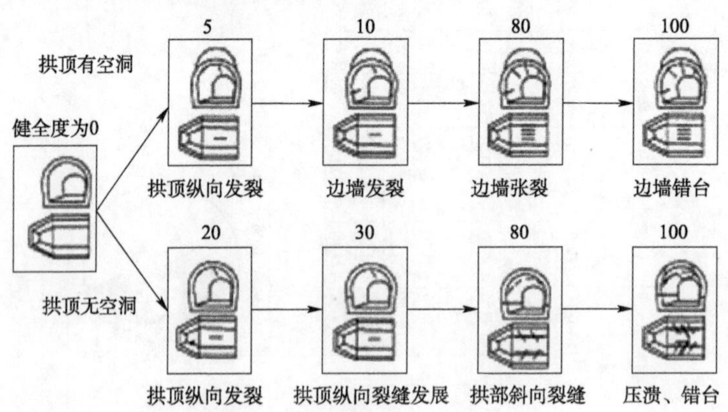

图7-5-16 裂缝模式发展图例

注:1. 隧道健全度 = $\frac{\text{裂缝发生时的外力}}{\text{隧道破坏的荷载}} \times 100$。

2. 破坏试验时,发生裂缝的外力。

3. 破坏试验时得到的破坏荷载。

步骤 2：是否采取对策的判定。

在该步骤中，根据衬砌产生裂缝的残余承载力评价、裂缝发展性评价、荷载增大可能性评价，判定是否采取对策。

残余承载力评价是根据衬砌大型破坏试验和二维有限单元法 FEM 解析获得的裂缝模式和残余承载力关系来评价的。隧道破坏时的裂缝设定为 100，破坏前各阶段的荷载按比例分配，来评价隧洞的健全度。

裂缝发展性评价根据裂缝长度及宽度分为 3 类。

荷载增大可能性评价，则是根据水工隧洞发生的变异实例，按上部陷没，滑坡，挤压性围岩，未固结围岩，风化、破碎带、极软岩，空洞塌方，分为 6 种模式。

步骤 3：健全度诊断结果。

诊断系统的健全度诊断结果如图 7-5-17 所示，对策判定示例如图 7-5-18 所示。

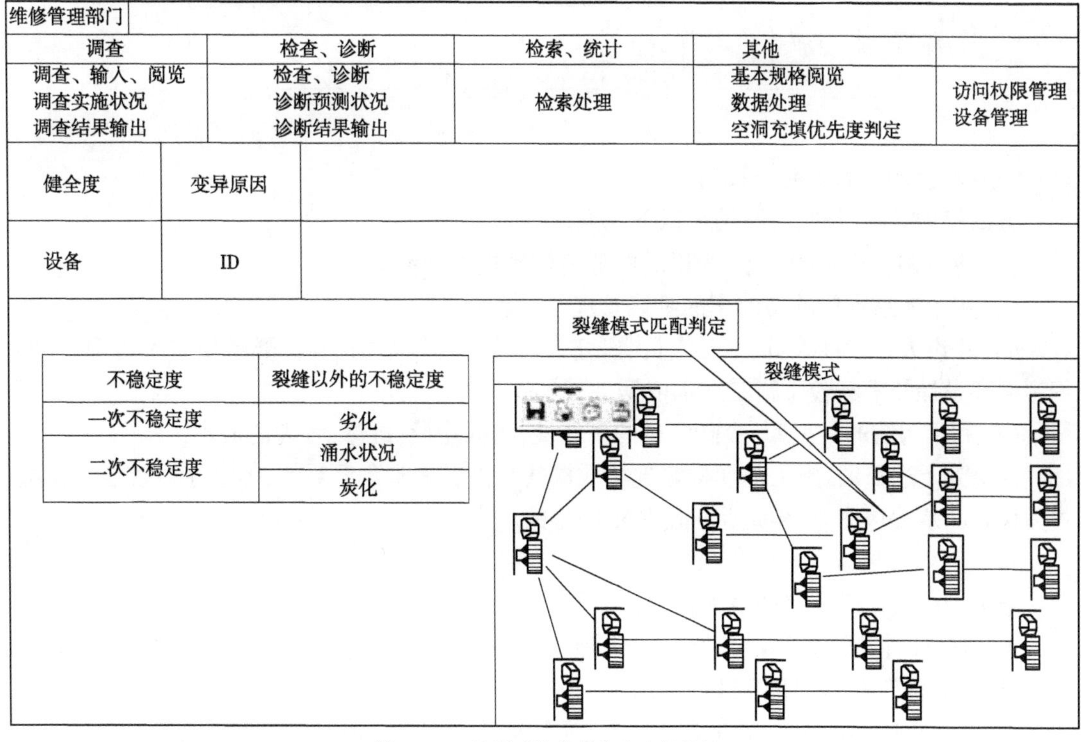

图 7-5-17 诊断系统的健全度诊断结果

6. 记录施工数据的数据库

隧道修筑在地下，对环境的影响相对较小，如能进行适当的维修管理，与其他结构物相比，是能够长期间使用的结构物。但是，隧道是用特殊的施工方法在地下修筑的结构物，易受到施工方法和周边围岩的影响，因此在隧道的维修管理中，施工方法、使用材料、地形、围岩条件等施工时的信息，应如实记录、保存。

1）施工时数据的记录、保存现状

施工时数据的记录及保存是施工从业人员应尽的义务。在未知的地下空间构建隧道时，其施工时的数据也是今后进行同类工程最宝贵的信息资源。为了提高建设生产效率，从继承建设技术方面看,也应向施工时的记录数据库化方向努力。因此,“施工时数据的记录、保存方法的标准化,提高施工的合理化和高效化”就成为当前的重要课题。

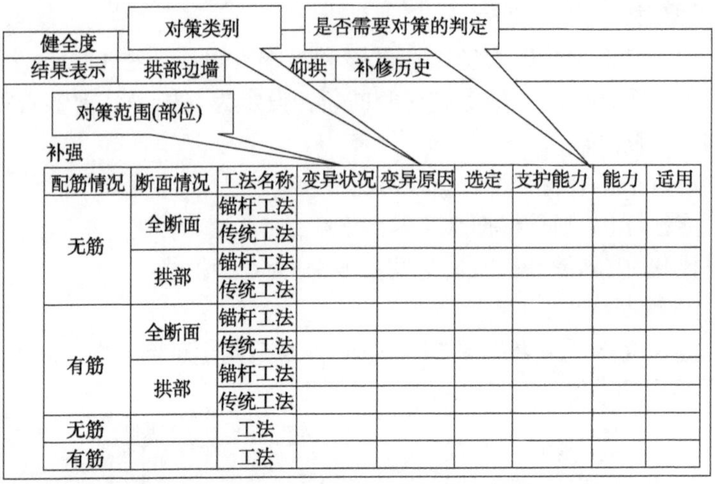

对策类别

是否需要对策的判定

健全度

结果表示 | 拱部边墙 | 仰拱 | 补修历史

对策范围(部位)

补强

配筋情况	断面情况	工法名称	变异状况	变异原因	选定	支护能力	能力	适用
无筋	全断面	锚杆工法						
		传统工法						
	拱部	锚杆工法						
		传统工法						
有筋	全断面	锚杆工法						
		传统工法						
	拱部	锚杆工法						
		传统工法						
无筋		工法						
有筋		工法						

图 7-5-18　对策判定示例

2)数据库构筑的目的和机制

数据库构筑的目的,可归纳为以下几点。

(1)隧道构筑技术的记录,为以后的隧道构筑提供借鉴;

(2)用于隧道本体的高效率的维修管理。

(3)建设人员设计人员、施工人员、研究人员共享现场数据,确保隧道质量及寿命,同时积累循环设计技术经验及施工技术依据

(4)利用构筑的数据库,提高隧道的耐久性,降低建设、维修、管理的成本。

为达到上述目的,施工前期构筑现场数据共享机制是非常重要的,但基于以综合评价方式为代表的承发包形态,构筑此机制是很困难的。

3)施工中的数据库系统

施工中的数据库应包括以下数据:

- 与设计有关的资料:如设计图纸,地质纵断面图,设计报告书,地质调查报告书,下沉、近接影响研究书,辅助工法研究书等;
- 与施工有关的资料:施工计划书、品质管理计划书、工程进度表、裂缝展开图等;
- 竣工有关资料:竣工图、施工照片、竣工验收记录等;
- 施工记录:工程摄像、事故报告书;
- 量测管理数据:量测计划书、量测结果报告书、近接结构物量测结果等;
- 已发表的论文等。

一般采用新奥法(NATM)施工的山岭隧道,是以观察掌子面施工为中心,一边量测、分析实时获得的开挖数据,一边整理、分析,向施工中反馈。因此,施工时记录数据的主体是开挖管理数据(掌子面评价点、掌子面素描、掌子面照片、量测数据、支护模式),各施工人员都有各自开发的系统,力求施工高效、省力。山岭隧道施工实例多的 NEXCO 和铁道运输机构已经具有施工时记录数据的数据库。其代表的数据库有隧道支护选定支持系统、新奥法

(NATM)数据库系统和国铁开发的“隧道数据库系统”。但对维修管理阶段最重要的数据是衬砌浇注管理数据。因此,要形成开挖、衬砌、检查维修数据的一元化综合管理系统。

开挖管理是管理围岩、和评价选定的支护数据。衬砌管理是成形管理、品质管理、初次检查结果等的数据。维修管理则是管理维修检查数据(变异调查、健全度判定、补修补强记录等数据)。施工数据库综合管理系统如图 7-5-19 所示。

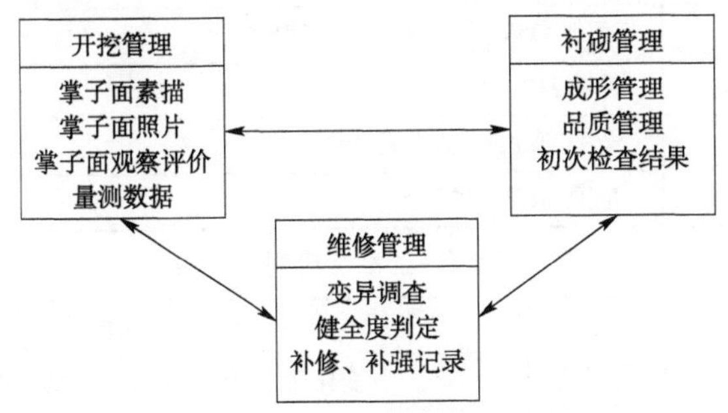

图 7-5-19 施工数据库综合管理系统

六、运营隧道的底部变异和维修管理

1. 概述

一般说,隧道底部的变异,是作为隧道维修管理重要一环加以掌握的。根据隧道的用途,对路基整备的判断基准也是不同的,但多以使用性作为重点,看是否满足车辆安全的运行等使用目的进行维修管理。

发生路基下沉和底鼓等变异的场合,对隧道构造的稳定性当然会产生影响,以不障碍车辆的安全运行为重点,对周边围岩的状况采取对策是必要的。

2. 维修管理基准

1)公路隧道

在公路隧道中,应根据日常检查、异常时检查、临时检查机定期检查确认变异。在这些检查中也同时要确认底部的变异,基于检查结果判定是否进行调查。路基变异的判定基准列于表 7-6-1。

定期检查结果的判定基准 表 7-6-1

检查地点	变异种类	判定划分 A	判定划分 B
路面、路肩及路面排水设施	错台、裂缝、路面・路肩变形	由于侧方及下方应力的影响,铺装及路面排水设备发生错台、裂缝、路肩变形异常,妨碍交通的场合	相邻左列 A 情况,没有妨碍交通的场合
	滞水、冰盘、沉砂	土砂堵塞等任何原因,使集水井、排水设施滞水,妨碍交通的场合	相邻左列 A 情况,没有妨碍交通的场合

2）铁路隧道

铁道结构物的维修管理的初次检查和全面检查中的路基的检查项目列于表7-6-2。路基稳定性判定基准列于表7-6-3。

初次检查和全面检查中路基的检查项目 表7-6-2

分　类	调查项目
隆起、下沉、移动	范围，隆起、下沉程度，移动程度
衬砌变异等	参照表7-3-1
喷泥、土砂流入	范围、流入量、流入无的种类
排水故障	范围、故障物的种类

路基稳定性的健全度判定基准 表7-6-3

全面检查阶段	个别检查阶段		
	发展性	变异预测和性能核查项目的结果	健全度
1. 喷泥、土砂喷出等发生伴随轨道位移的路基下沉 2. 底鼓造成伴随轨道位移的路基隆起 3. 隧道躯体隆起、下沉、移动，产生轨道位移	—	现时点妨碍列车的安全运行	AA
	有	下次检查前，妨碍列车的安全运行	A1
	有	下次检查前不会妨碍列车的安全运行，但安全性降低	A2
	无	现阶段列车安全运行没有问题	B～C

3. 运营中底部发生的问题

1）变异事例分析

表7-6-4表示底部发生的变异现象。底部破坏和底部位移及排水不良是密切相关的，在同一隧道中发生这些复合的事例比较多。

底部、路面发生的变异现象 表7-6-4

分　类	主要变异现象
底部破坏	路面裂缝（公路）
	中央通道裂缝（铁道）
	仰拱剪切破坏（中央部、与侧壁的接续部等）
	仰拱环向裂缝
	侧沟、排水沟损伤
底部位移	路面、轨道隆起
	路面、轨道下沉
	路面、轨道倾斜
	缘石倾倒（公路）
	中央通道前倾（铁道）
排水不良	滞水
	喷泥
	冰盘

2)变异原因、机制

(1)外因和内因

着重底部变异场合的外因和内因,具体的内容见表7-6-5和表7-6-6。

底部变异的外因 表7-6-5

外因	概 要	与之有关的主要变异
地压	伴随隧道周边围岩的塑性化的挤压、膨润性黏土矿物等的吸水膨胀压、蠕变荷载等	裂缝、剪切破坏、底鼓
水压	在地下水位高的区间的排水不良,或者作用在防水型隧道的压力	裂缝、底鼓
冻胀压	因背后围岩的地下水的冻结膨胀产生的压力	裂缝、底鼓
支持力不足	隧道脚部、底部的围岩支持力不足	路基下沉
地震	伴随地震的地壳变动、伴随周边围岩变形的变异	裂缝、剪切破坏、底鼓、路基下沉
近接施工	近接既有隧道修建结构物的影响	裂缝、剪切破坏、底鼓、路基下沉
交通荷载	作用在底部的交通荷载等	底部破坏、喷泥、路基下沉

底部变异的内因 表7-6-6

内因	概 要	与之有关的主要变异
材料不良	起因于混凝土和路基材料不良的变异	裂缝、剪切破坏、底鼓、路基下沉
无仰拱	起因于需要仰拱而省略仰拱的变异	底鼓、路基下沉
仰拱厚度和半径不合适	起因于仰拱厚度和半径不合适的变异	裂缝、剪切破坏、底鼓
主体仰拱早期施工	施工时位移未收敛浇注混凝土,低材龄时受到变形而损伤,仰拱的余力不足	裂缝、剪切破坏、底鼓
仰拱和边墙接续不良	仰拱和边墙的接续不良不能充分传递轴力,接续部发生破坏	接续部剪切破坏、底鼓
仰拱施工时的浇注缝	仰拱分割施工的场合,产生的施工缝发生的损伤	裂缝、底鼓
排水不良	在地下水位高的区间,没有施工适合涌水量、地质的排水设施,造成的底部变异	吸水膨胀和围岩强度降低产生的底鼓、喷泥产生的伴随空洞的下沉

(2)变异机制

隧道变异多是由各式各样的因素复合发生的,因此,变异形态也是各式各样的,其形态和原因不是一一对应的。下面仅就底鼓和路基下沉考察其发生的机制。

①底鼓

根据文献的调查结果,底鼓的发生与有无仰拱有关,发生施工的事例中无仰拱的占80%左右。

无仰拱的场合,多数是在隧道建设时判断围岩良好而不需要仰拱,但其后由于膨润性黏土矿物等的影响,发生吸水膨胀、强度降低及伴随强度降低的塑性地压,可能是发生变异的主要机制。

有仰拱的场合,在隧道建设时发生问题的地点,使用后也多发生问题的事例不少。此时,在低材龄的仰拱混凝土发生过大的应力,存在潜伏弱面的状态下开始使用,不能承受其后增加的应力,仰拱发生变异,也是承受底鼓的机制之一。

此外,隧道建设时,为提高排水性,用易于排水的碎石置换路基,而促进碎石下的围岩劣化的可能性和在仰拱中央部参照仰拱分割施工的弱面而发生裂缝等也是发生底鼓的原因。

底鼓代表性的变异形态及其机制示于图 7-6-1。可以作为今后隧道设计和施工的参考。

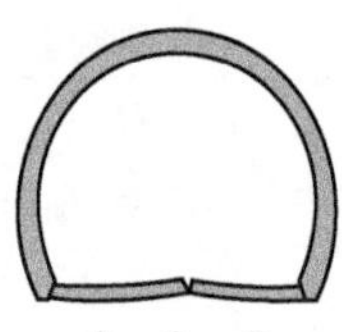

a)底部中央的弯曲开裂

由于从底部下方的荷载作用,发生弯曲裂缝。即使隧道全体受到同等程度的荷载作用,与上半断面和下半断面比较,半径大的仰拱易于发生弯曲裂缝

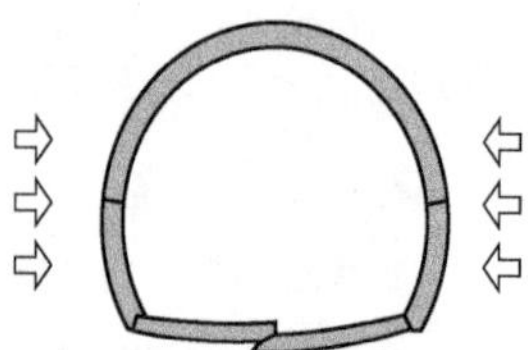

b)底部的剪切破坏

底部的水平方向轴力大的场合,仰拱发生剪切破坏。与发生底鼓的同时,发生边墙显著挤出和裂缝的情况比较多

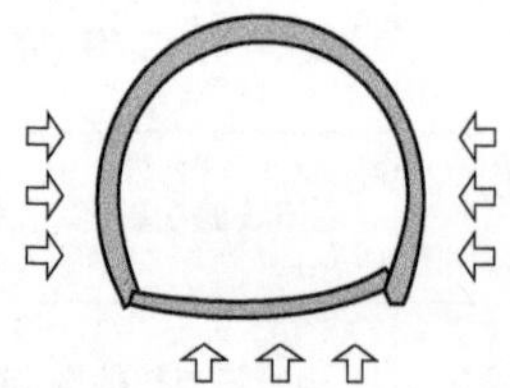

c)仰拱和边墙接续部的剪切破坏

由于来自侧方及下方的荷载作用,仰拱和边墙的接续部发生剪切破坏。特别是仰拱与边墙接续面处理不当的场合,多成为不能传递轴力的构造

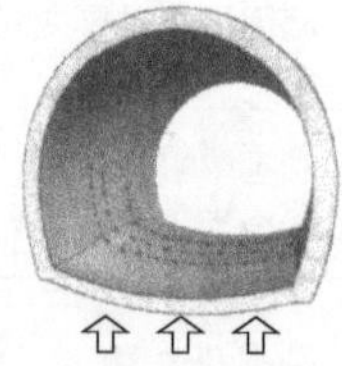

d)环向开裂

由于近接施工和隧道轴向的地形、地质等原因。会发生隧道轴向的不均匀下沉和隆起,仰拱发生环向裂缝。也有发生多条从底部到边墙的连续的环向裂缝

图 7-6-1　底鼓的大变形变异形态模式图

②路基下沉

在铁路隧道中,路基下沉的因素可列举如下。

a. 隧道周边的地下水丰富;

b. 地下水位比路基混凝土下面高;

c. 路基混凝土下面的围岩是软质的。

其中,c 在均质系数小的砂质地层中,是最主要的因素,但即使在黏土质围岩,在地下水存在的状态下,受到荷载反复作用的围岩发生破坏而流出。

此外,在上述因素外,加上以下 d ~ f 的条件的场合,由于围岩中孔隙水的急剧变动,围

岩粒流出，特别易于发生空洞。

d. 地下水移动可能的构造；

e. 侧沟等的裂缝，水向路基下流入；

f. 列车走行的反复荷载的作用。

路基下沉现象的概要如图 7-6-2。

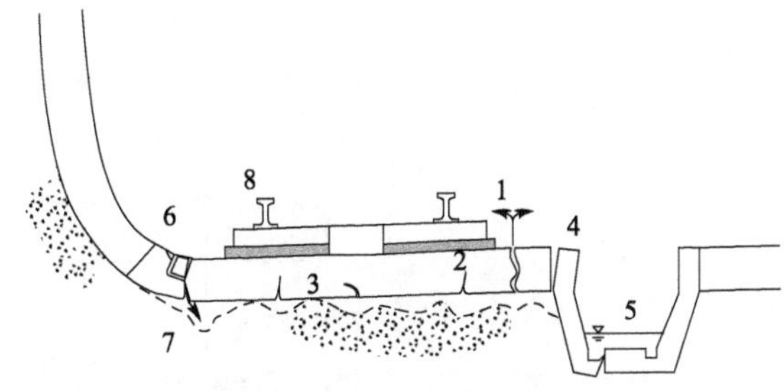

图 7-6-2 路基下沉概要

1-从路基混凝土周围和裂隙喷泥；2-路基混凝土浇注缝附近的开口、滞水、堆砂；3-路基混凝土和底板的破坏、下沉、倾斜；4-中央通道侧壁破损、倾斜；5-中央通道滞水、堆砂；6-侧沟混凝土破坏、不均匀下沉、堆砂；7-向侧沟流水路面混凝土下漏水；8-轨道位移(主要指高低差)

3)底部变异的调查和量测

(1)调查、量测的整理

基于上述的调查和量测得到的结果，整理到地质断面图中，就能够预计底鼓深度等。评价时，要注意以下几点。

a. 在某种程度上确定底鼓和路基下沉影响的隧道周边围岩的区域，是必要的。有钻孔调查和地中位移计等量测数据的场合，最好利用这些信息进行综合评价。

b. 地中位移计的设置深度比较浅，不能达到塑性区域外的场合，得到的地中位移计的测定值可能偏小，会得到过小的评价。最好用水准测量测定地中位移计头部的底鼓值，两者进行比较解析判定。

c. 基于前述的三维底鼓量数据和衬砌的各种量测结果，立体掌握变异区间的地质构造，设定必要的对策范围。

(2)底鼓及路基下沉的评价

设定底鼓及路基下沉最好用确保隧道结构物的稳定性及隧道功能的观点进行评价。

底鼓的对策不能仅看底鼓总量，也要考虑底鼓速度，不能笼统地设定对策。

这里根据文献及变异事例，整理出对策实施时的底鼓总量和底鼓速度的关系，列于表7-6-7和图 7-6-3。

底鼓对策时期的底鼓总量和底鼓速度 表 7-6-7

隧道编号	类 型	底鼓速度(mm/a)	底鼓总量(mm)	对 策
1	铁道	3.3	30	底板
2		6	120	锚杆
3		15	90	锚杆、仰拱
4		5	156	锚杆
5	公路	26	320	锚杆
6		14	200	锚杆
7		10.8	139	追加仰拱
8	高速公路	39	110	追加仰拱
9		40	160	追加仰拱
10		45	175	锚杆、追加仰拱

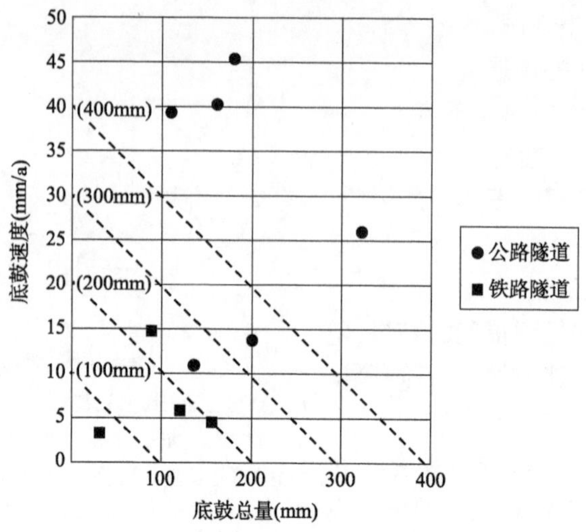

图 7-6-3　实施时的底鼓总量和底鼓速度的关系

4. 底部变异的对策

底部变异具有代表性的底鼓和路基下沉的对策，主要可分为：

(1)在底部围岩配置补强材料的“围岩补强”；

(2)补强隧道构造，提高承载力的“构造补强”；

(3)减小地下水压的“地下水对策”。

表 7-6-8 是底鼓对策的选定基准，表 7-6-9 是路基下沉对策的选定基准。选定对策时，应充分评价调查结果和量测结果，根据隧道的重要度，为回复降低的功能研究最合适的方法。特别是，掌握变异原因是很重要的，是对策设计时的重要指标。

底鼓对策选定基准　　表 7-6-8

分类	对策	变异原因							备注
		外因				内因			
		地压	水压	冻胀压	近接施工	无仰拱	仰拱曲率、厚度、强度不足	仰拱与边墙接续不良	
围岩补强	锚杆、小直径钢管	○	△	○	△	○	○		比较简单的对策，视围岩条件位移抑制效果不同
	注浆锚索	○				○	○		
构造补强	新设、更换仰拱	○	△	○	○	○	○		位移抑制效果比较大，施工规模大
	增打仰拱混凝土	○	△	△	○		△		
	改良仰拱与边墙的接续部							○	
地下水对策	降低地下水位		○	○					

注：○表示有效果；△表示根据情况采用。

路基下沉对策选定基准 表 7-6-9

分类	对策	变异原因			
		外因		内因	
		地下水	软弱围岩	无仰拱	侧沟裂缝等水流入路基下
围岩补强	改良底部围岩	△	○		
	底部注浆、填充空洞	△	○		
构造补强	新设、更换仰拱	○	○	○	
地下水对策	修复和改良排水沟	△			○
	降低地下水位和被覆盖的地表面	○			

注:○表示有效果;△表示根据情况采用。

1) 围岩补强

底部围岩由于打入锚杆、钢管、注浆锚索等补强材料,抑制了底部围岩的塑性化,是补强围岩的对策。表 7-6-10 表示底部围岩补强的主要对策。

底部围岩补强的主要对策 表 7-6-10

对策	示意图	概要
锚杆		在底部下方的垂直方向、斜方向打设锚杆补强围岩的方法。一般说,锚杆直径约 25mm,长度 4~6m。施工是比较容易的,除底部全面打设外,也有局部打设的。也有配合底部补强,对拱部、侧壁打设的,用于隧道全面补强的目的。可以抑制隧道周边围岩的位移的发展,但完全停止发展是困难的
小直径钢管		垂直方向打设 ϕ150~200mm 的小直径钢管,并向钢管周边加压注入水泥系等注浆材料,全面锚固钢管的工法。具有增加支持力和抵抗底部地压的功能。可以抑制隧道周边围岩的位移的发展,但完全停止发展是困难的
注浆锚索		变异规模和地压大的场合,利用长补强材料锚固在松弛区域外的围岩,能够导入预应力,发挥强力补强效果的工法。考虑在洞内施工,也有采用 ϕ20~40mm 的 PC 钢棒的。与锚杆同样,不仅可在底部打设,也有在侧壁打设的事例
注浆 空洞填充 地层改良		围岩从仰拱和路基下方流出,会产生空洞的场合,用砂浆等充填空洞,提高底部的密实性的工法。也有加压注浆改良地层的情况。但要注意施工时会堵塞中央排水沟

2) 构造补强

表7-6-11表示构造补强的主要对策。

构造补强的主要对策　　表7-6-11

对策	示意图	概要
新设仰拱		开挖底部,设置新仰拱的工法。也有设置平坦的底板的场合。不仅对底鼓,对抑制侧方位移也有效果,但因为要荷载传递到衬砌,要研究衬砌补强和与衬砌的接续
更换仰拱		拆除既有仰拱,再次设置仰拱的工法。不仅对底鼓,对侧方位移也有效果,但也要研究衬砌补强和与衬砌的接续
增打仰拱	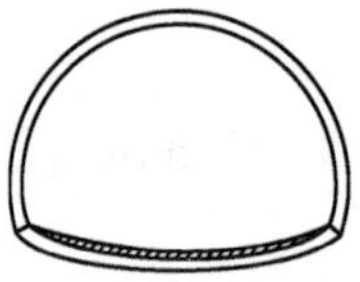	在既有仰拱是上部增打混凝土,提高仰拱承载力的工法。与既有混凝土的界面要用锚栓接续,以便传递荷载,但也要研究与衬砌的接续
改良仰拱与边墙的接续部	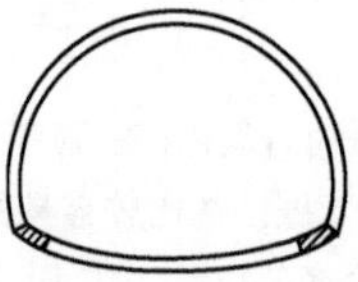	改良构造上应力最集中的衬砌和仰拱的接续部的工法

3) 地下水对策

表7-6-12表示底部围岩主要的地下水对策。

表7-6-13表示铁路隧道路基下沉原因和对策选定大致标准。

底部围岩主要的地下水对策　　表7-6-12

对策	示意图	概要
改良排水沟	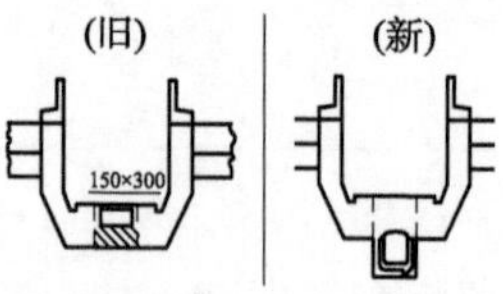 (旧)　150×300　(新)	更换、补修排水沟,防止隧道内的水流入底部下方的工法
降低地下水位	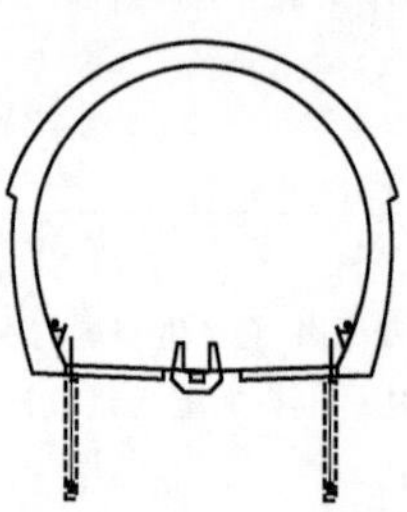	用排水孔、排水钻孔、井点法等降低地下水位的工法。研究时要充分调查地层性状,计算集水量和降低量,决定其规格

铁路隧道路基下沉原因和对策选定大致标准 表7-6-13

对策＼变异原因		隧道周边有地下水供应，周边地下水位高	地下水位比路基下面高	围岩是软质材料	地下水移动可能的构造	从侧沟等水流入路基下面	列车反复荷载作用在路基上
隔断地下水的供应	破坏地表面	○	○				
	改良排水		△			○	
降低水位		○	○				
充填路基下的空洞				△	○		
改良路基等	置换路基		△	○			
	板式轨道						○

注：○为能够采用的对策；△为视条件采用的对策。

5. 维修管理中的注意事项

运营中的隧道底部发生的主要变异是路基的隆起和下沉，这些变异即使设置仰拱也有发生的。从过去的变异事例来看，引起底鼓的主要因素是地压，路基下沉，地下水的存在是主因，但单独的因素，变异不会很显著，多数是复合的因素造成的，为此为了进行有效果的维修管理，要关注以下列举的问题。

(1)施工信息的有效利用

施工期间。对隧道开挖时的周边围岩的动态和支护构件的状态及效果以及地下水的状况等多采用观察、量测等方法研究隧道的稳定性而获得许多信息，而运营中只能获得有限的信息。其次，运营中的变异隧道，推定变异原因和对策设计业离不开施工中的信息，因此，运营中发生变异时，要充分有效地利用施工时的数据是非常重要的。

(2)运营中的底部健全性的量测、调查

为了早期发现隧道底部的变异，基本上要根据主体的检查管理步骤进行管理。量测和调查主要是为了掌握隧道壁面的裂缝状况和变形状态，但在公路和铁路隧道中，其方法是有限定的。例如净空位移的光波测定会受到通过车辆的遮断，得到的数据可能不稳定，在水准测量中，设置的测定标点也可能破损而降低数据的连续性、再现性等。

(3)研发新的路基变异的检测方法

到目前为止，路基变异的调查方法，基本上是采用钻孔测定空隙的方法，但这是局部的方法，很难确实地掌握路基的变异状况。因此，近几年开始研究利用轨道检测车的检测数据推定路基变异和利用路基振动特性的探查方法。

(4)用轨道检测车数据推定的方法

轨道检测值(一般说轨道高低值)及其发展性，推测路基下空洞和路基下变异，已经作为路基注浆等的判断基准采用并已标准化。山阳新干线的轨道是采用10m弦值进行管理的。如图7-6-4所示，假定钢轨头部的10m弦的中间部(5m位置)作为垂直方向的相对位移。路基变异产生下沉后，如图7-6-5所示，可以用10m高低的发展性进行研究。

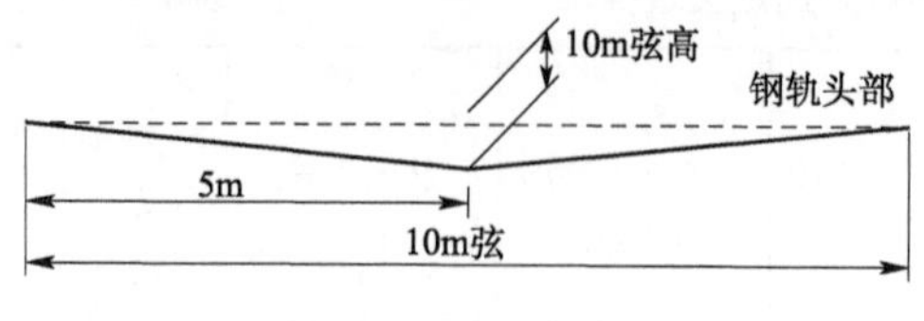

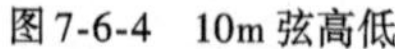

图 7-6-4　10m 弦高低

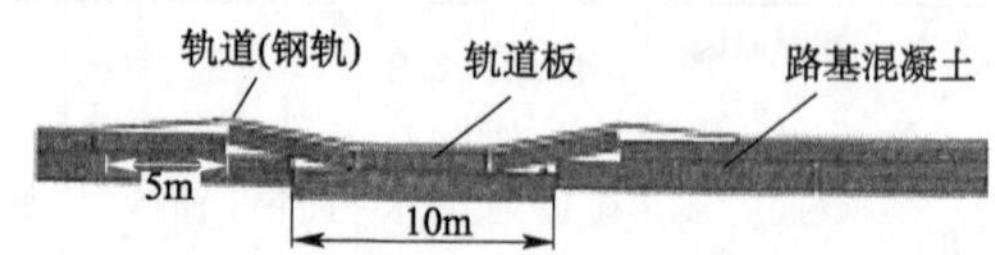

图 7-6-5　路基混凝土和轨道变异的关系示意图

如果年间或半年的 10m 弦高低的发展超过 1mm 的地点实施优先的对策(主要是注浆)。为此,为了有效找出超过 10m 弦高低发展值的地点,在轨道管理系统(LABOCS)中追加了此功能。图 7-6-6 是轨道变异推移输出实例。

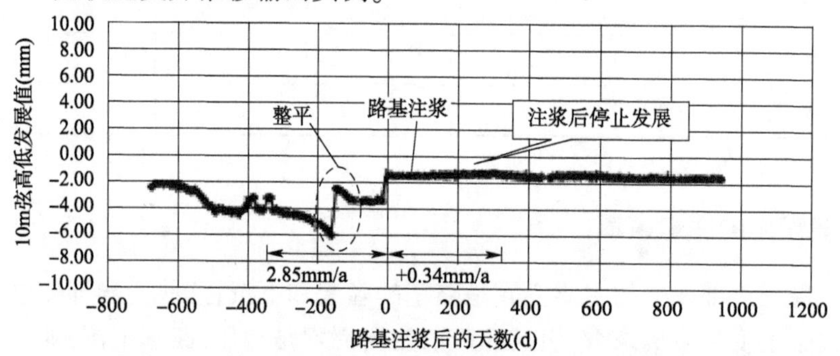

图 7-6-6　轨道变异输出实例

(5)利用振动特性的探查方法

有无路基变异和程度,及其与路基振动特性的相关性,采用小型起振器进行了振动试验。

小型起振器的振动试验是用起振器对结构物施加强制振动,求出结构物固有振动数等的响应特性的方法试验用的小型起振器示于图 7-6-7。其配置示于图 7-6-8。

图 7-6-7　小型起振器概貌

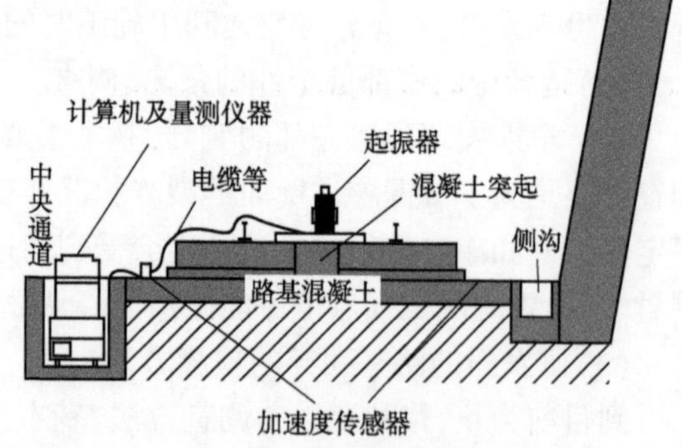

图 7-6-8　量测机器的配置

作为路基振动试验结果的评价指标采用固有振动数和频谱面积 2 个指标。用此评价方法的量测结果示于图 7-6-9。这是在路基变异地点实施注浆前后的振动试验结果。据此,路基注浆后峰值向高振动数区域移动,频谱面积也缩减。

对路基 10 个地点连续加振的结果示于图 7-6-10。据此,说明路基注浆对策效果可以进行定量评价。今后将继续进行相关研究。

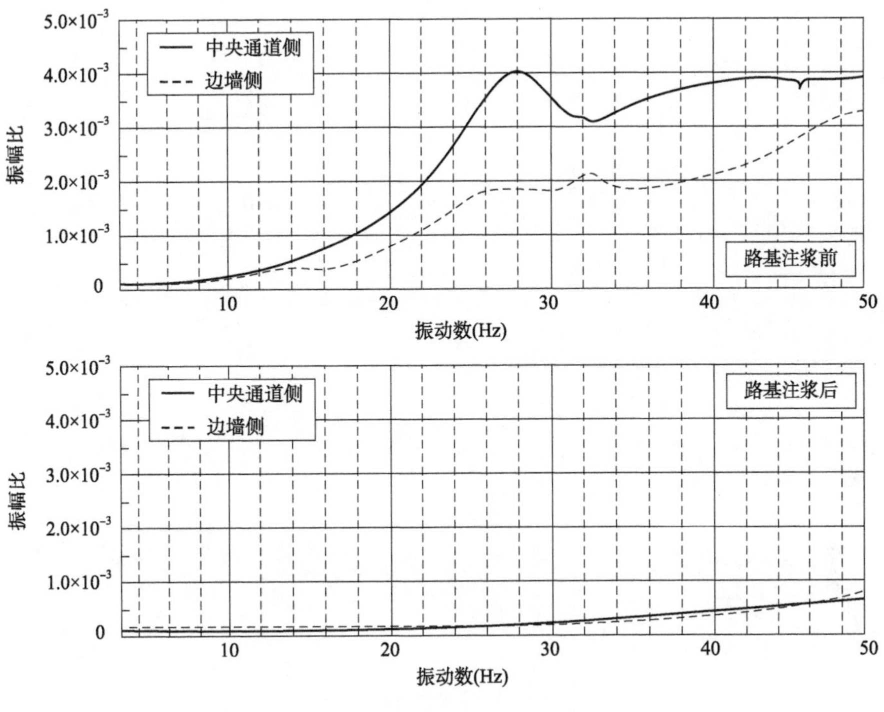

图 7-6-9 路基注浆前后的振动量测结果

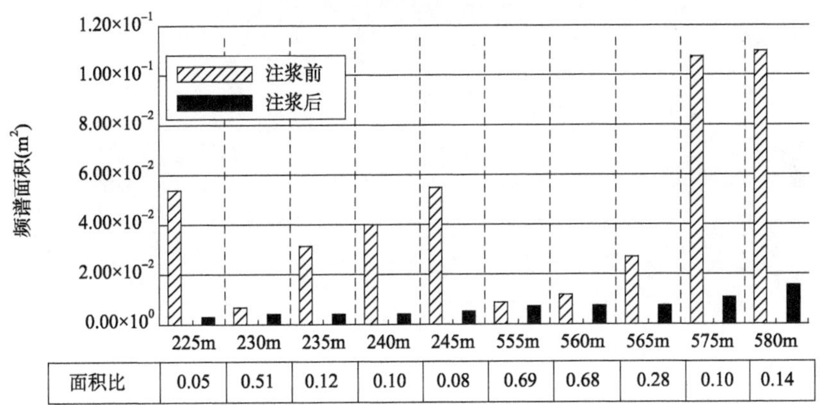

	225m	230m	235m	240m	245m	555m	560m	565m	575m	580m
面积比	0.05	0.51	0.12	0.10	0.08	0.69	0.68	0.28	0.10	0.14

图 7-6-10 频谱面积对比

参考文献

[1] ITA. Shotcrete for Rock Support a Summary Report on state-of-art ,Working Group N12[J]. Sprayed Concrete User, 2007.

[2] Norwegian Tunnelling Society ,Norwegian TunnellingTechnology[M]. Sandvika: Publication, 23,2014.

[3] Norwegian Tunnelling Society,Rock Support in Norwegian Tunnelling [M]. Sandvika: Publication,19,2010.

[4] AASHTO. Technical Manual for Design and Construction of Road Tunnels:Civil Elements [S]. Florida:U. S. Department of Transportation, 2010.

[5] AFTES, Work Group 20. Recommendations for the Design of Sprayed Concrete for Underground support[J]. 2000.

[6] Arild Palmstrom,Hakan Stille. Rock engineering[M]. Ellesmere: Thomas telford, 2010.

[7] Pietro Lunardi. The Design and Construction of Tunnels Using the Approach based on the Analysis of Controlled Deformation in Rocks and Soils[J]. Tunnels&Tunneling international, 2000.

[8] 东、中、西日本高速道路株式会社,设计要领(隧道)[S]. 第3集,2014.

[9] 金尾剑一ら,ラチス-ガ-ダ-支保工ほかか新技术、新工法を试みる[J]. トンネルと地下,2011(42).

[10] 东、中、西日本高速道路株式会社,トンネル施工管理要领[S]. 2013.

[11] トンネル ライブラリ 第21号. 性能规定に基づくトンネルのとマネジメント[M]. 日本土木学会,2009.

[12] 坂口伸也ら. トンネル覆工コンクリ-トの耐久性向上に向けた施工技术の開発[J]. コンクリ-ト工学,2009.

[13] 佐藤淳. 镜の形状が切羽安定性に及ぼす效果の解析的检证と试验施工[J]. トンネルと地下,2012,143(9).

[14] 登坂敏雄ら. 高品质吹付コンクリ-トによる单一覆工构造に関する研究[J]. トンネルと地下,2008,39(12).

[15] 关宝树. 隧道工程施工要点集[M]. 北京:人民交通出版社,2011.

[16] 关宝树. 隧道工程设计要点集[M]. 北京:人民交通出版社,2011.

[17] 关宝树. 隧道工程维修管理要点集[M]. 北京:人民交通出版社,2011.

[18] 关宝树. 隧道及地下工程喷混凝土支护技术[M]. 北京:人民交通出版社,2009.

[19] 关宝树. 漫谈矿山法隧道讲座[J]. 隧道建设.
[20] JIA 支护小委员会,纤维补强吹付けコンクリートの现状と课题,トンネルと地下,2016,47(3).

后 记

虚度八十四载,恰逢本命年,回忆一生的经历,就是做了一件事——当了一名名副其实的"知识搬运工",也算是工人阶级的一份子了,我很知足。

1951 年,我 19 岁,从东北铁路学院土木系毕业留校。1952 年院系调整,我来到唐山铁道学院,即现西南交通大学的前身,之后一直没有离开过学校,做了一名地地道道的、离不开工程实践的"教书匠",历经助教、讲师、副教授、教授、博士生导师的全过程,也经过了历次政治运动的洗礼,酸甜苦辣自在心头。

来到唐山铁道学院后,一个偶然的机会让我接触到隧道学科,开始与"隧道"结缘。1954 年我第一次走上讲台,为我国唯一的"隧道专门化"的学生讲"隧道设计"。台下的学生有的比我年纪还大,有点不知所措,不敢直眼面视。之后,我与隧道的缘分越来越深,把全部精力都投入到了隧道的教学和实践中,唐山 20 年、峨眉 20 年、成都 20 年,一晃就是 60 个春秋。2003 年,我离开了教学岗位。这就是我一生的工作经历。

离休后,虽然离开了教学岗位,却给了我更多接触、参与工程实践的机会,参加了很多学术会议和工程咨询,从实践中获得了许多过去不可能获得的经验和知识,在此基础上我把大部分精力投入到整理我过去积累的文献资料中。我的一个愿望就是把一些可资借鉴的经验、知识"搬运"给仍然战斗在隧道第一线的战友们,也希望这些经验、知识能够对提高我国矿山法隧道的技术水平有所裨益。感谢人民交通出版社的大力支持,先后出版了《隧道工程施工要点集》、《隧道工程设计要点集》、《隧道工程维修管理要点集》、《隧道及地下工程喷混凝土支护技术》及《软弱围岩隧道施工技术》(与赵勇合著),连同这本《矿山法隧道关键技术》,实现了我的愿望,也算我对"隧道界"有了一个交代。

本书共分 7 篇,主要是围绕以下原则和经验展开的:

首先,明确了山岭隧道设计施工的基本对象是周边围岩和地下水。周边围岩和地下水的工程特性决定了隧道工程的基本特性。

其次,明确了矿山法隧道设计施工的基本特性。隧道工学实质上是以"经验"为基础的工学,"经验"才是隧道设计、施工的基本原则和行动准则。

最后,通过各国的工程实践,总结了矿山法隧道设计、施工的基本原则和行动准则(关键技术),具体如下:

原则		行动准则(关键技术)
地质先行		掌子面前方围岩和地下水的探查技术(围岩篇、地下水篇)
松弛有度	先支后挖	掌子面前方围岩补强技术(施工技术篇)
	先挖后支	初期支护闭合成环技术(初期支护篇)
内实外美		提高隧道衬砌的耐久性技术(衬砌篇)
排堵协调		地下水控制技术(地下水篇)
重视环境		环境影响能够接受的技术(施工技术篇)
预防维护		延长结构物使用寿命的技术(维修管理篇)
管理到位		数据管理、数据共享技术 (信息化施工篇、施工技术篇)

这些原则和关键技术构成了本书的基本内容。

写完这本书,仍感到意犹未尽。我们用矿山法技术修建了那么多各式各样、数量可观的隧道,所积累的丰富经验、取得的非凡成就是世界公认的。写这本书的目的是想能够总结出我们矿山法隧道修建的基本经验,直截了当地说,就是想总结出"中国法"的经验和特点。这些经验不仅仅是我们的,也应该是世界公认的。但写来写去,仍然脱离不了我们的现实情况。因此,只能把我个人认识到的、具有普遍意义的经验写出来。其中有我们的,也有其他国家的,是否合适,有待读者指正。

《矿山法隧道关键技术》也作为《隧道工程施工要点集》、《隧道工程设计要点集》、《隧道工程维修管理要点集》及《软弱围岩隧道施工技术》四本书的补遗,介绍了国外,特别是日本等国在隧道工程领域中的一些做法。本书大部分资料来自日本的相关文献。

本书既作为我八十四岁生日的礼物,也送给战斗在"与围岩斗、与水斗" 的战友们,衷心希望能够促进我国的隧道工程领域"更上一层楼",把我国的隧道工程技术提高到与时代并进的水平,为实现"中国法"做出贡献。

关宝树

2016 年 6 月